国家出版基金资助项目

"新闻出版改革发展项目库"入库项目

"十三五"国家重点出版物出版规划项目

国家出版基金项目

NATIONAL PUBLICATION FOUNDATION

中国稀土科学与技术丛书　　主　编　干　勇
　　　　　　　　　　　　　执行主编　林东鲁

稀土顺丁橡胶

姜连升　毕吉福　王　蓓　张学全　编著

北　京

冶 金 工 业 出 版 社

2016

内 容 提 要

本书是《中国稀土科学与技术丛书》之一。全书共分6章，第1章简要介绍了天然橡胶和合成橡胶以及中国合成橡胶的发展过程，第2章以中国顺丁橡胶研发工作为主介绍了工业化生产的 Ti、Co、Ni 以及 Nd 系催化顺丁橡胶的研发及其聚合规律，第3章介绍了 Ni、Nd 催化丁二烯聚合动力学和聚合机理方面的研究，第4章综述了稀土氯化物二元体系的研究进展，第5章介绍了中国在稀土催化橡胶的研发过程中对聚合物结构进行的表征研究工作，第6章概述国内外对稀土顺丁橡胶的物理力学性能的研究评价以及在轮胎方面的应用。

本书可供从事橡胶材料合成、制造和加工工作的科技人员阅读，也可作为大专院校合成材料专业研究生和本科生的参考资料。

图书在版编目（CIP）数据

稀土顺丁橡胶／姜连升等编著 . —北京：冶金工业

出版社，2016.5

（中国稀土科学与技术丛书）

ISBN 978-7-5024-7328-0

Ⅰ.①稀…　Ⅱ.①姜…　Ⅲ.①稀土族—聚丁二烯橡胶

Ⅳ.①TQ333.2

中国版本图书馆 CIP 数据核字（2016）第 235186 号

出 版 人　谭学余
地　　　址　北京市东城区嵩祝院北巷 39 号　邮编　100009　电话　(010)64027926
网　　　址　www.cnmip.com.cn　电子信箱　yjcbs@cnmip.com.cn
丛书策划　任静波　肖 放
责任编辑　李 臻　李培禄　肖 放　美术编辑　吕欣童　版式设计　孙跃红
责任校对　王永欣　孙跃红　责任印制　牛晓波
ISBN 978-7-5024-7328-0

冶金工业出版社出版发行；各地新华书店经销；固安华明印业有限公司印刷
2016 年 5 月第 1 版，2016 年 5 月第 1 次印刷
169mm×239mm；24.75 印张；479 千字；373 页
95.00 元

冶金工业出版社　投稿电话　(010)64027932　投稿信箱　tougao@cnmip.com.cn
冶金工业出版社营销中心　电话　(010)64044283　传真　(010)64027893
冶金书店　地址　北京市东四西大街 46 号(100010)　电话　(010)65289081(兼传真)
冶金工业出版社天猫旗舰店　yjgycbs.tmall.com

（本书如有印装质量问题，本社营销中心负责退换）

序

　　稀土元素由于其结构的特殊性而具有诸多其他元素所不具备的光、电、磁、热等特性，是国内外科学家最为关注的一组元素。稀土元素可用来制备许多用于高新技术的新材料，被世界各国科学家称为"21世纪新材料的宝库"。稀土元素被广泛应用于国民经济和国防工业的各个领域。稀土对改造和提升石化、冶金、玻璃陶瓷、纺织等传统产业，以及培育发展新能源、新材料、新能源汽车、节能环保、高端装备、新一代信息技术、生物等战略新兴产业起着至关重要的作用。美国、日本等发达国家都将稀土列为发展高新技术产业的关键元素和战略物资，并进行大量储备。

　　经过多年发展，我国在稀土开采、冶炼分离和应用技术等方面取得了较大进步，产业规模不断扩大。我国稀土产业已取得了四个"世界第一"：一是资源量世界第一，二是生产规模世界第一，三是消费量世界第一，四是出口量世界第一。综合来看，目前我国已是稀土大国，但还不是稀土强国，在核心专利拥有量、高端装备、高附加值产品、高新技术领域应用等方面尚有差距。

　　国务院于2015年5月发布的《中国制造2025》规划纲要提出力争通过三个十年的努力，到新中国成立一百年时，把我国建设成为引领世界制造业发展的制造强国。规划明确了十个重点领域的突破发展，即新一代信息技术产业、高档数控机床和机器人、航空航天装备、海洋工程装备及高技术船舶、先进轨道交通装备、节能与新能源汽车、电力装备、农机装备、新材料、生物医药及高性能医疗器械。稀土在这十个重点领域中都有十分重要而不可替代的应用。稀土产业链从矿石到原材料，再到新材料，最后到零部件、器件和整机，具有几倍，甚至百倍的倍增效应，给下游产业链带来明显的经济效益，并带来巨大的节能减排方面的社会效益。稀土应用对高新技术产业和先进制造业具有重要的支撑作用，稀土原材料应用与《中国制造2025》具有很高的关联度。

长期以来，发达国家对稀土的基础研究及前沿技术开发高度重视，并投入很多，以期保持在相关领域的领先地位。我国从新中国成立初开始，就高度重视稀土资源的开发、研究和应用。国家的各个五年计划的科技攻关项目、国家自然科学基金、国家"863计划"及"973计划"项目，以及相关的其他国家及地方的科技项目，都对稀土研发给予了长期持续的支持。我国稀土研发水平，从跟踪到并跑，再到领跑，有的学科方向已经处于领先水平。我国在稀土基础研究、前沿技术、工程化开发方面取得了举世瞩目的成就。

系统地总结、整理国内外重大稀土科技进展，出版有关稀土基础科学与工程技术的系列丛书，有助于促进我国稀土关键应用技术研发和产业化。目前国内外尚无在内容上涵盖稀土开采、冶炼分离以及应用技术领域，尤其是稀土在高新技术应用的系统性、综合性丛书。为配合实施国家稀土产业发展策略，加快产业调整升级，并为其提供决策参考和智力支持，中国稀土学会决定组织全国各领域著名专家、学者，整理、总结在稀土基础科学和工程技术上取得的重大进展、科技成果及国内外的研发动态，系统撰写稀土科学与技术方面的丛书。

在国家对稀土科学技术研究的大力支持和稀土科技工作者的不断努力下，我国在稀土研发和工程化技术方面获得了突出进展，并取得了不少具有自主知识产权的科技成果，为这套丛书的编写提供了充分的依据和丰富的素材。我相信这套丛书的出版对推动我国稀土科技理论体系的不断完善，总结稀土工程技术方面的进展，培养稀土科技人才，加快稀土科学技术学科建设与发展有重大而深远的意义。

中国稀土学会理事长
中国工程院院士
2016年1月

编 者 的 话

稀土元素被誉为工业维生素和新材料的宝库，在传统产业转型升级和发展战略新兴产业中都大显身手。发达国家把稀土作为重要的战略元素，长期以来投入大量财力和科研资源用于稀土基础研究和工程化技术开发。多种稀土功能材料的问世和推广应用，对以航空航天、新能源、新材料、信息技术、先进制造业等为代表的高新技术产业发展起到了巨大的推动作用。

我国稀土科研及产品开发始于20世纪50年代。60年代开始了系统的稀土采、选、冶技术的研发，同时启动了稀土在钢铁中的推广应用，以及其他领域的应用研究。70~80年代紧跟国外稀土功能材料的研究步伐，我国在稀土钐钴、稀土钕铁硼等研发方面卓有成效地开展工作，同时陆续在催化、发光、储氢、晶体等方面加大了稀土功能材料研发及应用的力度。

经过半个多世纪几代稀土科技工作者的不懈努力，我国在稀土基础研究和产品开发上取得了举世瞩目的重大进展，在稀土开采、选冶领域，形成和确立了具有我国特色的稀土学科优势，如徐光宪院士创建了稀土串级萃取理论并成功应用，体现了中国稀土提取分离技术的特色和先进性。稀土采、选、冶方面的重大技术进步，使我国成为全球最大的稀土生产国，能够生产高质量和优良性价比的全谱系产品，满足国内外日益增长的需求。同时，我国在稀土功能材料的基础研究和工程化技术开发方面已跻身国际先进水平，成为全球最大的稀土功能材料生产国。

科技部于2016年2月17日公布了重点支持的高新技术领域，其中与稀土有关的研究包括：半导体照明用长寿命高效率的荧光粉材料、半导体器件、敏感元器件与传感器、稀有稀土金属精深产品制备技术，超导材料、镁合金、结构陶瓷、功能陶瓷制备技术，功能玻璃制备技术，新型催化剂制备及应用技术，燃料电池技术，煤燃烧污染防治技术，机动车排放控制技术，工业炉窑污染防治技术，工业有害废气控制技术，节能与新能源汽车技术。这些技术涉及电子信息、新材料、新能源与节能、资源与环境等较多的领域。由此可见稀土应用的重要性和应用范围之广。

稀土学科是涉及矿山、冶金、化学、材料、环境、能源、电子等的多专业的交叉学科。国内各出版社在不同时期出版了大量稀土方面的专著，涉及稀土地质、稀土采选冶、稀土功能材料及应用的各个方向和领域。有代表性的是 1995 年由徐光宪院士主编、冶金工业出版社出版的《稀土（上、中、下）》。国外有代表性的是由爱思唯尔（Elsevier）出版集团出版的 "Handbook on the Physics and Chemistry of Rare Earths"（《稀土物理化学手册》）等，该书从 1978 年至今持续出版。总的来说，目前在内容上涵盖稀土开采、冶炼分离以及材料应用技术领域，尤其是高新技术应用的系统性、综合性丛书较少。

为此，中国稀土学会决定组织全国稀土各领域内著名专家、学者，编写《中国稀土科学与技术丛书》。中国稀土学会成立于 1979 年 11 月，是国家民政部登记注册的社团组织，是中国科协所属全国一级学会，2011 年被民政部评为 4A 级社会组织。组织编写出版稀土科技书刊是学会的重要工作内容之一。出版这套丛书的目的，是为了较系统地总结、整理国内外稀土基础研究和工程化技术开发的重大进展，以利于相关理论和知识的传播，为稀土学界和产业界以及相关产业的有关人员提供参考和借鉴。

参与本丛书编写的作者，都是在稀土行业内有多年经验的资深专家学者，他们在百忙中参与了丛书的编写，为稀土学科的繁荣与发展付出了辛勤的劳动，对此中国稀土学会表示诚挚的感谢。

中国稀土学会

2016 年 3 月

《稀土顺丁橡胶》代序[*]

　　稀土在我国储量丰富，约占全世界总储量的80%。中国又是对稀土催化聚合开展研究工作最早的国家。自20世纪60年代以来，对稀土催化剂与聚合就进行了广泛的探索和研究，积累了大量的经验和信息，取得了较好的成果。

　　稀土在国民经济中有着非常广泛的用途。尤其在冶金、石油加工、陶瓷等方面更显得重要。但用作定向聚合催化剂则是比较特殊的。在合成橡胶工业中，过去对 Ziegler – Natta 催化剂只限于用Ⅳ – Ⅷ族过渡金属，而没有用ⅢB族过渡金属稀土。我们发现稀土催化剂不仅对丁二烯聚合定向效应高，而且对异戊二烯也能聚合成高顺式的聚合物。用稀土催化剂使丁二烯与异戊二烯共聚时，在共聚物两种单体单位的微观结构也都是高顺式的。这种本领是过去常用作合成橡胶催化剂的钛、钴、镍、锂等所办不到的，这是稀土催化剂所特有的优点。这样，用同一种稀土催化剂，同一套聚合装置和相似的流程，既可以生产出高

　　* 这是欧阳均先生编著的《稀土催化剂与聚合》一书的"引言"。欧阳均先生为了中国合成橡胶工业的发展高瞻远瞩，勇敢的面对资本主义世界对我国经济和科学技术的封锁，在国家极其困难的条件下适时组织和带领相关科技人员开展了 Ziegler – Natta 催化剂的研究。不仅研制成功多种合成顺丁橡胶催化体系，为我国独立自主的发展顺丁橡胶工业奠定了坚实的科学基础。而且开展的稀土催化剂研究，更是率先扩大了 Ziegler – Natta 催化剂中过渡金属的研究范围，从ⅣB ~ ⅧB族的 d 电子金属扩展到ⅢB族的 f 电子稀土金属。从而发现双烯烃聚合的理想催化剂，即用同一种金属催化剂可得到多种双烯烃的顺式结构的均聚物或共聚物。出现了一批新型、高性能双烯烃橡胶。为高分子科学的发展作出了突出贡献。他向国家推荐了镍系催化剂合成顺丁橡胶并参与工业化生产技术的研发。中国已成为镍系顺丁橡胶生产大国。为我国顺丁橡胶工业的创建和发展作出了杰出贡献。在晚年忍受着病痛还总结了 20 多年稀土催化剂方面的研究工作，编著了《稀土催化剂与聚合》（吉林科学技术出版社，1991 年）专著，为后人留下宝贵财富。为了纪念和缅怀这位 20 世纪中国知名科学家，本书编著者特将此文放入本书以此代序。

顺式的顺丁橡胶，又可以生产出高顺式的异戊橡胶，还可以生产出高顺式的丁二烯－异戊二烯共聚橡胶。这在合成橡胶工业上是没有先例的。

稀土催化剂可聚合乙烯成超高分子量的聚乙烯，但对 α－烯烃的聚合催化活性低。

用稀土催化剂合成出的聚合物，一般分子量较高，支化度较少。在某种场合下这是它的优点，而在另一场合下又成了缺点，根据不同需要来选其所长，避其所短，是可行的。

稀土元素不同于钛、钴、镍等元素是前者含有 f 电子，而后者没有。f 电子对催化剂的活性和定向效应的影响是复杂的，不含 f 电子的 La 同样具有催化活性，含 f 电子最多的 Lu 则没有活性。而含相等 f 电子数具半充满状态的 Eu 与 Gd 则前者没有活性，而后者具有相当高的活性，似乎 f 电子数与催化活性无关。但用不同稀土催化剂的聚合研究表明：按原子序数，亦即 f 电子数顺序排列，则聚合活性表现为很有规律的变化。显然，这表示 f 电子数是与催化活性密切相关的。Eu 与 Gd 的活性不同，曾有人以 Eu 常还原成二价来解释。但后来的研究表明，二价的 Nd^{2+} 离子也是有催化活性的，不能以一简单的指标 f 电子数来判断。

最早研究的稀土催化剂是稀土氯化物二元催化剂，但活性很低，后用其他稀土盐的三元催化剂，活性得到很大的提高。进一步研究在二元氯化稀土催化剂加入醇类等给电子剂，或制成氯化稀土醇合物，也可得到高活性的二元氯化稀土催化剂。

为提高催化剂的活性中心浓度，后来研究又转向可溶性的均相稀土催化剂。但动力学的研究表明，均相催化体系的活性中心数并不比非均相的高，这可能由于分子结构的内部限制，不能发挥潜在活性中心的有效作用。

从提高活性中心数的观点出发，采用载体催化剂是一有效途径，但实验表明，迄今尚未选得无机载体，用无机载体没有得到有效结果。

用有机高分子作为稀土配合催化剂的载体则是新近所进行的研究，已有一些结果。但跟预想的结果还相差很远。要想在活性上与经济上都得到有益的结果，还须进行很多的研究工作，但不管怎样这毕竟还是一条可行的途径。

稀土配合催化剂结构的研究最近取得一些新进展。从烷氧基钕催化体系分离得活性体的单晶，并用 X 射线测得它的分子结构，显示为多核铝钕双金属配合物的二聚体，与过去所想象的 d 电子过渡金属催化剂结构不大相同。如能从不同稀土与不同催化体系中分离出更多的单晶，则催化剂的结构问题和催化活性问题将能获得更多的准确信息。同时利用已知结构的活性体与单体直接进行聚合研究，则定向聚合机理的研究将会别开生面，创立出直接从实验得出的可靠结论。

从测出的钕催化剂结构可以看到，大部分钕原子都为氯原子所缠绕，呈一种网袋形状，使稀土原子不能发挥应有的作用。如何改变这种状态便成为今后研究的重要课题。可能对一般 Ziegler – Natta 催化剂都存在这个问题。因为实验表明，不论是钛催化剂或稀土催化剂，它们的活性中心浓度都是很低的，不超过过渡金属的百分之几。

过去对稀土催化聚合的研究主要集中在烯烃，特别是双烯。从 20 世纪 80 年代初开始，以沈之荃教授为首的科学家们又转向烃炔的研究，已取得显著效果；最近对环氧烷烃的开环聚合的研究，也取得了有效结果。随着时间的推移与工作的扩展和深入，在稀土催化聚合领域中将会不断取得新的成果，为科研和生产作出贡献。

欧阳均
1991 年秋于长春

前　　言

　　稀土顺丁橡胶是用稀土催化剂引发丁二烯单体聚合制得的顺式－1,4聚丁二烯橡胶的简称。稀土顺丁橡胶是聚丁二烯橡胶家族中的重要成员，后起之秀。稀土顺丁橡胶的问世，使聚丁二烯橡胶的总体性能上了一个新台阶。

　　聚丁二烯橡胶（如丁钠橡胶）是在20世纪初首先实现工业化规模生产的第一个人工合成橡胶胶种。由于其性能远不及天然橡胶，发展很慢。直到发现Ziegler－Natta催化剂后，科学家们先后研发成功Li、Ti、Co、Ni及Nd等金属元素为主催化剂的多种催化体系，合成多种新型聚丁二烯橡胶，在20世纪的60～80年代先后实现了大规模化生产。产品按顺式结构含量不同而有低顺式聚丁二烯橡胶、中顺式聚丁二烯橡胶和高顺式聚丁二烯橡胶，其中高顺式聚丁二烯橡胶用于轮胎可显著改善胎面的耐磨性、胎侧耐疲劳性、降低生热等，从而延长轮胎使用寿命。在20世纪60～70年代汽车工业发展的高峰期，聚丁二烯橡胶也得到了快速发展，到1964年便成为第二大合成胶种延续至今。自此，聚丁二烯橡胶便与丁苯橡胶、天然橡胶一起成为轮胎生产不可少的三大原料胶。

　　中国在顺丁橡胶方面的研发略晚于国外。中国科学院长春应用化学研究所（以下简称为中科院长春应化所）在1964年相继完成Ti、Co及Ni等催化体系合成顺丁橡胶的研发，同时探索了铁、稀土等过渡金属催化体系。根据中国自己的研究成果，全国有关工厂、科研院校等30多个单位先后在锦州石油六厂、北京燕山胜利厂共同组织了两次攻关会战，独立自主地开发了镍系顺丁橡胶生产新技术，于1971年建成投产第一套万吨级生产装置，到1998年中国根据自己研发的技术相继建成7套大型生产装置，中国成为世界镍系顺丁橡胶生产大国。镍系顺丁橡胶生产新技术的研发成功，打破了发达国家对中国橡胶生产新技术的垄断和经济技术的封锁，为民族争了气，为国争了光。"镍系顺丁橡胶生产新技术"于1985年荣获国家科学技术进步奖特等奖。

中国在稀土催化剂合成双烯烃橡胶方面的研发和工业化试验早于国外。中科院长春应化所于1962年首先开展了稀土催化合成橡胶的研究，并于1964年以论文的形式公开报道了部分实验结果（《科学通报》，1964，4：335），引起了世界相关学者的注意和兴趣。中国在研发过程中发现，稀土催化剂对共轭双烯烃单体的聚合具有多功能性，既能制得高顺式均聚物，又可制得高顺式共聚物，并相继研制成功稀土顺丁橡胶、稀土顺丁充油橡胶、稀土异戊橡胶、稀土丁戊共聚橡胶等一系列双烯烃新型胶种。在20世纪的70～80年代与锦州石油六厂、吉化公司合作相继完成了工业化试验。同时还在千吨装置和镍系胶万吨装置上进行了多年试生产。中国不仅对世界镍系顺丁橡胶的发展作出了重大贡献，研发的稀土催化剂和稀土催化橡胶同样对世界合成橡胶的发展作出了杰出贡献。为此，中科院长春应化所在稀土催化剂方面的研究荣获了1982年国家自然科学奖二等奖，在稀土橡胶结构性能表征方面的研究荣获了1982年国家自然科学奖三等奖，稀土顺丁充油橡胶的研发荣获了1988年国家发明奖三等奖等多项国家奖励。

经长时间的研发发现，稀土催化剂在生产工艺、合成聚合物的结构和性能以及催化剂本身，与Ti、Co、Ni催化剂相比有着许多不同特点和优势，因此在高顺式聚丁二烯橡胶已实现工业化生产20多年后，还能以工业规模实现商业化大生产。稀土催化剂采用几乎无毒的脂肪烃作稀释剂，没有具有难闻臭味的低聚物生成，在生产上可用绝热聚合技术降低能耗，生产过程没有污染环境和危害人类健康的排放物，是环境友好的生产技术。稀土催化剂制得的聚丁二烯具有高度规整性，是理想的高顺式-1，4结构的线型大分子，分子量、分子量分布、支化等宏观结构易于调控。稀土催化剂具有准活性特征，生成的大分子链端带有可进行化学反应的金属—碳键，可利用末端改性技术进一步改进顺丁橡胶的性能。稀土催化剂独有的这些特点使得稀土顺丁橡胶成为第二代顺丁橡胶。

稀土顺丁橡胶投产至今已有20多年，促进了绿色轮胎和高性能轮胎的发展。稀土顺丁橡胶在生产工艺、物理力学性能和加工性能方面进行着持续的改进和提高。如拜耳公司（现为朗盛）生产的标准牌号稀土顺丁橡胶 Buna CB24，虽然微观结构未变化，但分子量、分子量分布、支化程度等宏观结构都进行过较大的调整。1988年，其产品分子量分布为13，重均分子量达到100万，且抗冷流性能较差；20世纪末，其产品分子量分布变窄至3.4，重均分子量降到46万，然而抗冷流性能进一步变差；目前，其产品分子量分布为2.7左右，抗冷流性能也得到极大改善。

窄分子量分布稀土顺丁橡胶使胶液的黏度降低，不仅有利于胶液输送、聚合热移出，便于生产，更改进了橡胶的挤出加工性能，降低加工收缩率，提高了橡胶的动态性能。其抗拉强度、耐磨性、滚动阻力等诸多性能均好于宽分子量分布稀土顺丁橡胶，故窄分布稀土顺丁橡胶成为第二代稀土顺丁橡胶。

在绿色节能轮胎发展的推动下，朗盛公司又研发了加工性能极好的高性能钕系顺丁橡胶，并于2013年开始生产，其商品牌号为 Buna Nd 22EZ 和 Buna Nd 24EZ，具有比标准 Buna CB24 还低的门尼松弛值（MSR = 0.45），Buna Nd 22EZ 的门尼值虽然高至63，却与门尼值为44的 Buna CB24 标准胶有同样好的加工性能。这两个胶种的研发成功和生产，很好地解决了在提高轮胎特性与加工难度增加之间的矛盾，这开启了新一代稀土顺丁橡胶产品的研发。由于稀土催化剂独有的特点，稀土顺丁橡胶这个新胶种一直处在改进、提高和发展中，而本书只是总结稀土顺丁橡胶研发初期阶段的工作，因此文献有些久远。

本书主要介绍稀土催化剂和稀土顺丁橡胶方面的研发工作，可供从事橡胶材料合成、加工及制造行业等科技、工程人员参考借鉴，也可作为高等及大专院校高分子合成材料专业研究生和本科生的参考资料。本书共分6章。第1章概括地介绍了天然橡胶和合成橡胶以及中国合成橡胶的发展过程；第2章以中国顺丁橡胶的研发工作为主，简要介绍了工业化生产的 Ti、Co、Ni 及 Nd 系催化剂合成顺丁橡胶的研发及其聚合规律；第3章介绍了 Nd、Ni 催化丁二烯的聚合动力学和聚合机理方面的研究，同时介绍了动力学的研究方法和数据处理技术；第4章综述了稀土氯化物二元催化体系的研究概况；第5章介绍了中国在稀土顺丁橡胶研发过程中对聚合物结构表征方面的研究工作；第6章概述了国内外对稀土顺丁橡胶的研发和物理力学性能的评价以及其在轮胎方面的应用。

感谢李玉廷先生为本书编写提供的资料，本书在编写过程中得到中科院长春应化所图书馆、档案室的工作人员的热情帮助，在此表示感谢。

这是第一本关于稀土顺丁橡胶方面的书。它能出版首先要感谢洪广言先生，在他的鼓励下完成了书稿，并推荐给稀土学会资助出版。同时感谢国家出版基金对本书出版的资助。最后还要感谢沈之荃院士审阅书稿后，对我们的鼓励和支持。受水平所限，本书还会有不妥之处，欢迎读者批评指正。

作 者
2016 年 2 月

目　　录

1 橡胶发展过程概述 ……………………………………… 1

1.1　橡胶内涵的拓展 …………………………………… 1
　1.1.1　"橡胶"一词的来源 ………………………… 1
　1.1.2　天然橡胶与合成橡胶 ……………………… 1
1.2　天然橡胶利用价值的发现 ……………………… 2
　1.2.1　天然橡胶原始态的利用 …………………… 2
　1.2.2　橡胶硫化法的发现及应用价值 …………… 4
　1.2.3　天然橡胶生产的园林化 …………………… 5
　1.2.4　天然橡胶的组成及分子结构 ……………… 6
1.3　合成橡胶的研发过程 …………………………… 9
　1.3.1　对天然橡胶的组成及结构的研究 ………… 9
　1.3.2　合成橡胶研究工作的起步 ……………… 11
　1.3.3　合成橡胶的发展 ………………………… 12
　1.3.4　乳聚通用橡胶生产技术的改进和大发展时期 … 18
　1.3.5　溶聚通用橡胶的飞跃发展时期 ………… 21
　1.3.6　特种橡胶的发展 ………………………… 25
　1.3.7　合成橡胶专用化和高性能化的多元化发展时期 … 26
1.4　分子工程理论的发展及其在开发高性能专用橡胶材料方面的应用前景 … 32
　1.4.1　低滚动阻力橡胶的聚合物设计 ………… 32
　1.4.2　新的抗湿滑性与滚动阻力理论 ………… 33
　1.4.3　低滚动阻力聚合物的开发 ……………… 33
1.5　中国合成橡胶工业发展历程 ………………… 34
参考文献 ……………………………………………… 38

2　顺式-1,4聚丁二烯橡胶(顺丁橡胶)配位聚合催化剂及聚合规律 …… 39

2.1　聚丁二烯橡胶概述 …………………………… 39
　2.1.1　聚合催化剂的发展与聚丁二烯橡胶的沿革 …… 39

　　　2.1.2　聚丁二烯的结构与性能 ……………………………………… 41
　　　2.1.3　顺丁橡胶的应用 ………………………………………………… 52
　　2.2　配位聚合催化剂及其聚合规律 ………………………………………… 53
　　　2.2.1　丁二烯配位聚合催化剂概述 …………………………………… 53
　　　2.2.2　过渡金属配位催化剂 …………………………………………… 57
　　　2.2.3　稀土金属配位聚合催化剂 ……………………………………… 88
　　　2.2.4　茂金属催化剂 …………………………………………………… 106
　　　2.2.5　茂稀土金属催化剂 ……………………………………………… 111
　　参考文献 ……………………………………………………………………… 121

3　稀土、镍催化体系的聚合动力学与聚合机理 ……………………… 131

　　3.1　相关基础知识概述 ……………………………………………………… 131
　　　3.1.1　化学反应动力学与热力学 ……………………………………… 131
　　　3.1.2　微观动力学与宏观动力学 ……………………………………… 132
　　　3.1.3　聚合反应特征及聚合动力学 …………………………………… 134
　　3.2　聚合反应动力学的理论基础 …………………………………………… 135
　　　3.2.1　聚合反应动力学基本定理 ……………………………………… 135
　　　3.2.2　聚合反应过程模型 ……………………………………………… 137
　　3.3　聚合动力学实验数据处理技术 ………………………………………… 139
　　　3.3.1　反应速度常数 K 与反应级数 m、n 的求解 ……………… 139
　　　3.3.2　反应活化能的求解 ……………………………………………… 146
　　3.4　丁二烯均相催化聚合动力学研究方法 ………………………………… 149
　　　3.4.1　聚合反应总速度的测定方法 …………………………………… 149
　　　3.4.2　活性中心数的测定方法 ………………………………………… 153
　　3.5　镍系催化剂合成顺式聚丁二烯聚合动力学及反应机理 ……………… 155
　　　3.5.1　聚合动力学 ……………………………………………………… 155
　　　3.5.2　聚合机理 ………………………………………………………… 166
　　3.6　稀土催化丁二烯聚合动力学及反应机理 ……………………………… 178
　　　3.6.1　聚合动力学 ……………………………………………………… 178
　　　3.6.2　聚合反应机理 …………………………………………………… 206
　　　3.6.3　稀土催化剂活性中心结构 ……………………………………… 217
　　参考文献 ……………………………………………………………………… 223

4　氯化稀土二元催化体系 ………………………………………………… 229

　　4.1　概述 ……………………………………………………………………… 229
　　　4.1.1　无水氯化稀土催化体系 ………………………………………… 229

　　　4.1.2　烷氧基稀土氯化物催化体系 ················· 230

　　　4.1.3　有机稀土氯化物催化体系 ··················· 231

　　　4.1.4　中性芳烃稀土有机配合物催化体系 ··········· 232

　　　4.1.5　烯丙基稀土氯化物催化体系 ················· 233

　　　4.1.6　茂稀土氯化物催化体系 ····················· 233

　　　4.1.7　小结——稀土氯化物二元体系的类型 ········· 234

　　4.2　氧原子配位的氯化稀土催化剂 ··················· 235

　　　4.2.1　$NdCl_3 \cdot nROH - AlR_3$ 催化体系 ··········· 235

　　　4.2.2　$NdCl_3 \cdot nTHF - AlR_3$ 催化体系 ··········· 241

　　　4.2.3　$NdCl_3 \cdot nD$（D：中性磷（膦）酸酯）$- AlR_3$ 催化体系 ··· 245

　　　4.2.4　$NdCl_3 \cdot nD$（含 N、S、O 配体）$- AlR_3$ 催化体系 ··· 255

　　4.3　氮原子配位的氯化稀土催化剂 ··················· 257

　　　4.3.1　氯化钕不同含氮有机物配合物的催化活性 ····· 257

　　　4.3.2　$NdCl_3 \cdot 2Phen - AlH(i-Bu)_2$ 催化体系 ······· 259

　　　4.3.3　氯化稀土有机氮化物配合物的合成 ··········· 262

　　4.4　无水氯化稀土的制备方法 ······················· 263

　　　4.4.1　从氯化稀土水合物制备无水氯化稀土 ········· 263

　　　4.4.2　从稀土氧化物制备无水稀土氯化物 ··········· 265

　　　4.4.3　在常温下从稀土氧化物直接制备氯化稀土配合物 ··· 267

　　4.5　聚合动力学及机理的研究 ······················· 268

　　　4.5.1　聚合动力学参数 ··························· 268

　　　4.5.2　聚合机理 ································· 271

　　参考文献 ··· 279

5　顺式 -1,4 聚丁二烯橡胶的结构表征 ·············· 284

　　5.1　顺丁橡胶分子结构的表征 ······················· 284

　　　5.1.1　顺丁橡胶微观结构的红外光谱分析 ··········· 284

　　　5.1.2　顺丁橡胶分子链节序列结构的分析 ··········· 289

　　　5.1.3　顺丁橡胶的单分子结构的测定 ··············· 290

　　　5.1.4　顺丁橡胶的长链支化及表征 ················· 296

　　　5.1.5　顺丁橡胶中凝胶的表征 ····················· 300

　　5.2　顺丁橡胶聚集态结构的表征 ····················· 304

　　　5.2.1　顺丁橡胶的结晶形态 ······················· 305

　　　5.2.2　影响结晶行为的因素 ······················· 308

5.3　顺丁橡胶的黏弹性能的表征 ・・・・・・・・・・・・・・・・・・・・・・・・・・・・・・ 315

　　5.3.1　应力松弛 ・・ 315

　　5.3.2　流变性能 ・・ 320

参考文献 ・・ 326

6　稀土顺丁橡胶的物理力学性能及其在轮胎中的应用 ・・・・・・・・・・・・ 329

6.1　稀土顺丁橡胶的基本性能 ・・・・・・・・・・・・・・・・・・・・・・・・・・・・・・・・・ 329

　　6.1.1　稀土顺丁橡胶独特的加工性能 ・・・・・・・・・・・・・・・・・・・・・・・・ 329

　　6.1.2　稀土顺丁橡胶与镍系顺丁橡胶基本性能比较 ・・・・・・・・・・・・ 331

6.2　稀土顺丁橡胶的应用试验及工业试生产技术指标 ・・・・・・・・・・・・ 337

　　6.2.1　轮胎试制及里程实验 ・・・・・・・・・・・・・・・・・・・・・・・・・・・・・・・・・ 337

　　6.2.2　钕系顺丁橡胶企业试行标准 ・・・・・・・・・・・・・・・・・・・・・・・・・・ 338

6.3　万吨装置试生产的钕系顺丁橡胶（BR9100）的基本性能 ・・・・ 339

　　6.3.1　混炼胶性能 ・・・ 341

　　6.3.2　硫化胶的物理性能 ・・・・・・・・・・・・・・・・・・・・・・・・・・・・・・・・・・ 345

　　6.3.3　动态力学性能及其抗滑性、滚动性 ・・・・・・・・・・・・・・・・・・・・ 346

6.4　稀土顺丁橡胶在轮胎中的应用 ・・・・・・・・・・・・・・・・・・・・・・・・・・・・ 348

　　6.4.1　在载重斜交轮胎中的应用 ・・・・・・・・・・・・・・・・・・・・・・・・・・・・ 348

　　6.4.2　在全钢载重子午线轮胎胎侧胶中的应用 ・・・・・・・・・・・・・・・・ 351

6.5　国外稀土顺丁橡胶的研发 ・・・・・・・・・・・・・・・・・・・・・・・・・・・・・・・・・ 352

　　6.5.1　德国对稀土（钕）顺丁橡胶性能的研究和评价 ・・・・・・・・・・ 353

　　6.5.2　意大利对钕系顺丁橡胶性能的研究和评价 ・・・・・・・・・・・・・・ 363

参考文献 ・・ 369

索引 ・・・ 371

1 橡胶发展过程概述

1.1 橡胶内涵的拓展[1]

1.1.1 "橡胶"一词的来源

"橡胶"一词源于墨西哥印第安人用一种树割口流淌出来的"白色树汁"捏成的弹力球。约在5世纪前,意大利航海家哥伦布将西印度诸岛居民用"树汁"制作的弹力球、鞋子、瓶子和其他一些用品传入欧洲(1496年),引起欧洲人的注意。欧洲人将弹力球称为橡胶球,能流淌"白色树汁"的树称为"橡胶"树(巴西三叶胶),流淌的"白色树汁"称为"胶乳"。由胶乳中得到的固体物质称为橡胶。直到20世纪初,人们用化学方法制得了与"胶乳"固体物质有相同结构的物质:顺式-1,4聚异戊二烯,"橡胶"一词不再只指"橡胶树汁"中的固体物质,而扩展到人工合成的那些有类似橡胶弹性的物质。为了表明来源,将由"树汁"得到的橡胶称为天然橡胶,用化学方法合成的、又与天然橡胶有相同结构的"橡胶"称为人工合成天然橡胶。而由一种单体均聚或由多种单体共聚合生产的与天然橡胶结构不同的多种类橡胶聚合物则统称为"合成橡胶"。"橡胶"一词虽然沿用至今已近500多年,但它的内涵远不是"树汁"中的固体物质,而是指一大类能从大形变迅速而强烈恢复,且能够或已经被改性成在沸腾的苯、甲乙酮或乙醇-甲苯共沸物中不溶解,但能被溶胀的弹性材料。人们更从分子水平上把橡胶弹性定义为:在较小的外力(<1MPa)作用下,可以发生大形变(伸长率可达1000%),撤去外力后形变又可以恢复,在环境温度下能呈现如上高弹性的聚合物均称做"橡胶"。对橡胶分子的界定为:"橡胶需是高分子量聚合物(分子量一般是数十万到上百万),其分子链间作用力很小,长链分子为柔性链,其玻璃化温度低(-100~-30℃)。在常温无负荷条件下,分子链呈卷曲状并堆积成无定形态;绝大多数情况下,橡胶分子链必须经轻度交联(硫化)才能使其弹性得以充分发挥"(冯新德主编,《高分子词典》,1998:676~677)。橡胶已发展成一大类具有特殊功能的材料,已与钢铁、石油、煤炭统称为四大战略工业原料,是当今人类现代文明社会生活中一类极其重要、不可替代的物质。

1.1.2 天然橡胶与合成橡胶

"橡胶"按其来源可分为天然橡胶和合成橡胶。天然橡胶主要有无定形高弹性橡胶如巴西三叶胶（顺式 –1,4 含量 98% 的聚异戊二烯）和结晶性硬橡胶如杜仲胶（反式 –1,4 含量 99% ~ 100% 的聚异戊二烯）。工业生产中应用的天然橡胶几乎专指巴西三叶胶。人类应用天然橡胶有近千年的悠久历史，记载最早见于 11 世纪在中美洲洪都拉斯附近发掘的橡胶球。而对橡胶利用价值的发现可追溯到距今 500 年以前，但在农业经济时代，橡胶被人们视为一种"奇异的物质"仅能得到原始的应用。直到橡胶硫化法的发现，使天然橡胶从此才真正被确定为具有特殊使用价值的物质。并由珍贵的物质一跃成为一种极其重要的工业原料，随之对天然橡胶的需求迅速增长，促使天然橡胶实现了园林化栽培生产。到 2005 年全世界天然橡胶的产量已达 868 多万吨，成为用途广泛的第一大通用橡胶。

合成橡胶是指由化学方法，用一种单体均聚或多种单体共聚合，由工业化生产的橡胶。从用共轭二烯烃单体合成的类似橡胶弹性的聚合物，如德国 Bayer 公司在 1910 ~ 1932 年间，以二甲基丁二烯经热聚合生产的甲基橡胶，及其俄国 Lebegev 以丁二烯用钠催化剂经本体聚合生成的丁钠橡胶等类橡胶聚合物至今也已有上百年的发展史。尤其在 20 世纪 50 年代后，合成橡胶出现了飞速发展。相继成功地研发和生产了乳聚丁二烯、乳聚丁苯、乳聚氯丁、乳聚丁腈、溶聚丁二烯（低顺式及高顺式）、溶聚丁苯、溶聚乙丙等多种新型合成橡胶。尤其是乳聚丁苯和溶聚丁二烯两大胶种，在 50 年代和 60 年代相继出现飞跃式的大发展，形成产量较高的两大通用合成橡胶品种。到 1962 年合成橡胶的产量和消费量均已超过了天然橡胶。1973 年世界合成橡胶的产量达 776 万吨，耗胶量超过 758 万吨。合成橡胶经过 50 多年的发展，形成了完整独立的工业体系，成为世界经济中主要的战略性的工业原料。

合成橡胶在近百年的发展历程中，无论是在合成橡胶研发的起步阶段，还是在大品种通用胶种的发展阶段，均离不开丁二烯单体和聚丁二烯橡胶，因此，有充分的理由说合成橡胶的发展史，也即是聚丁二烯橡胶发展史。

合成橡胶的出现和发展过程充分证明，人们不必完全按照天然物质的细致结构，同样可合成出对人类有用的材料。由于在天然大分子中，唯独天然橡胶能裂解成已知结构的简单分子，而且这些"结构单元"还能再生成橡胶，所以天然橡胶的研究对推动高分子科学发展所起的作用在许多方面远大于天然多糖和蛋白质的研究。

1.2 天然橡胶利用价值的发现[2]

1.2.1 天然橡胶原始态的利用[2]

远在 15 世纪以前，墨西哥原始森林里居住的印第安人发现一种高大的树（高 40m、树围 2m），刀破之处牛奶似的树汁就会一滴滴地流出来，流出来的白色"泪水"凝固后可以形成不透水的薄膜，也可以捏成有弹力的小球。从树上流出的白色"泪水"就是我们现在所说的胶乳，能流泪的树就是橡胶树，这种橡胶树在墨西哥和中美洲称为"ulli"或"ule"，在南美洲称为"hhévé"或"cau－uchu"，意思是"流泪的树"。这些树的学名为巴西橡胶树（Hevea brasiliensis）。由橡胶树得到的橡胶称为天然橡胶。人类应用橡胶有近千年的悠久历史。关于天然橡胶的记载最早见于 11 世纪在中美洲洪都拉斯附近发掘的橡胶球。对于橡胶利用价值的发现可追溯到距今 500 年以前。但在农业经济时代，橡胶被人们视为一种"奇异的物质"而仅能得到原始的应用。

哥伦布第二次航海过程中，看到西印度诸岛的当地居民用实心胶球玩投石环的游戏，以及用胶制成的鞋子、瓶子和其他一些用品等。并将这些传入欧洲（1496 年），引起欧洲人的注意。西班牙人曾试用过从巴西橡胶树割出来的胶乳（latex）制作防雨斗篷，但是橡胶一经日晒就变软和发黏，他们未能深入研究，仅仅搜集一些当地的橡胶制品带回欧洲作为纪念品。西班牙人虽然最早接触橡胶，并将当地的一些制品传入欧洲，并引起欧洲科学家的注意，但他们并未能认识到橡胶的真正价值。

直到两个多世纪以后，1739 年法国科学院探险队到南美洲测定子午线，考察队的 C. H. Condamine 从秘鲁把几卷橡胶运回法国科学院，同时报道了有关橡胶树的产地、采集胶乳的方法和橡胶在当地利用情况的传闻资料。他在报道中描述了橡胶的采集过程。橡胶胶乳是从一种"三叶树"的切口里流出的（三叶橡胶的名字就来源于此），这种胶乳沉淀在织物上硬化后可作防水鞋和雨衣，也可制造有弹性的蓄水瓶。对于橡胶球，他写道："当落到平面上时能反复弹跳。"他建议用这种橡胶作潜水衣，他曾努力寻找生长橡胶树的地域，并告诫人们所有的制造过程都必须在橡胶树生长的现场进行，因为奶状的乳液从树中流出后会很快变稠并凝固。1747 年，法国工程师 C. F. Fresneau 在圭亚那的森林中发现包括巴西橡胶树在内的几种橡胶树，他在致 C. M. Condamine 的信中除了详细叙述有关橡胶树的情况外，还指出橡胶的可能用途。这封信于 1751 年 Condamine 在法国科学院宣读，并热情地提出橡胶的多种用途，引起欧洲人对天然橡胶的兴趣，并开始深入研究它的利用价值。

1770 年著名化学家 J. Priestley 写道："我发现了一种极好的物质，可用来擦去纸上写的黑色铅笔字"，并称之为"印度橡胶"。5 年后在欧洲出现了擦字用的橡皮。1791 年英国的 S. Peal 用松节油橡胶溶液制造防水材料取得专利权。1825 年法国在巴黎郊外建立世界首家制造橡胶带、橡胶弹簧的工厂。1825 年英国的 T. G. Wales 首先进行了胶鞋生产。在此之后，德国、荷兰、俄罗斯等国家有许多人研究橡胶的用途，兴办了橡胶工业，制造胶管、人造革和胶鞋等。但是，这时期的橡胶制品，凡遇到气温高和经太阳曝晒后就会变软和发黏；在气温低时就又变硬和脆裂。橡胶制品不能经久耐用，因而生橡胶制品常常被愤怒的顾客退回，这曾导致了一系列厂家的破产。为了克服橡胶的这一缺点，人们做了许多尝试，终于发明了橡胶硫化法。

1.2.2　橡胶硫化法的发现及应用价值[2]

长期从事橡胶制品生产的美国人 Charles Goodyear 一直在考虑如何解决橡胶制品会在阳光曝晒后发黏，在热天变软，在冷天变硬、脆裂的问题，曾尝试过许多方法，并对一些并无多大效果的改良方法申请了专利。1838 年 Goodyear 有一次同工厂的领班人 Nathaniel Hayward 谈话得知；当把湿的胶块放在晒场上晒干时，若在胶块上撒上硫黄粉（当时硫黄粉是用来除掉橡胶臭味的）可以避免或减少在晒干过程中胶块互相黏成团，而且与硫黄粉接触的部位，表面不发黏而变得平滑又有良好的弹性。并按领班人 Nathaniel Hayward 的建议，Goodyear 把硫黄掺进橡胶后再在阳光下曝晒，借以除去橡胶的黏性，但这种改进仅限于橡胶制品的表面。在 1839 年 1 月，Goodyear 注意到：一块涂有硫黄的橡胶样品"无意放在火炉上，烧得像块皮革"，这引起他很大注意，因为弹性树脂在高温时总是会熔融的，这个偶然的发现鼓舞了 Goodyear 去探索条件而获得具有理想性质的产品。Goodyear 经过一年多的实验，证明在橡胶中加入硫黄和碱或硫酸铅，经共同加热熔化后，所制出的橡胶制品受热或在阳光下曝晒不但不易变软和发黏，而且仍保持良好的弹性。Goodyear 终于在 1839 年发明了橡胶的硫化法。这个发明是令人兴奋的，但在实际应用中存在许多困难，使得 Goodyear 经过 4 年后才申请这一专利，专利中说："用上面所说的树胶、硫黄和铅白混合成三组分胶，可用以制造一种印度橡胶织物，即把棉布夹在两层三组分胶片之间，然后把这种印度橡胶织物进行高温处理"。Goodyear 提供了一个示例配方：20 份硫黄、28 份铅白（主要是碱性碳酸铅，这是使用的第一个硫化促进剂）和 188 份橡胶，混合后加热到 132.2℃。延迟申请专利使 Goodyear 付出了很高代价。他的硫化胶样品引起了英国人 Thomas Hancock 的注意，他也一直渴望改进天然橡胶的性质，最后终于发现了硫化过程是怎样进行的，并在 1843 年 1 月 1 日将硫黄与橡胶混合加热变硬的发现也申请了专利，比 Goodyear 早 8 个星期，于 1844 年 5 月 21 日取得了英国专利，而 Goodyear 在英国的申请被拒绝了。Hancock 的友人 William Brockedon 把硫黄与橡胶的反应命名为"火和锻冶的神 Vulcan"。由于 Hancock 早在 1820 年已发明了橡胶塑炼机，并第一个在钢制的模具中实施硫化过程，这两个重要的进步为橡胶工业的迅速成长打下了基础。当 Goodyear 1844 年在美国取得了专利时，Hancock 在英国生产了加硫橡胶。橡胶硫化法的发现，使天然橡胶从此才真正被确定具有特殊使用价值，由珍贵的物质一跃成为一种极其重要的工业原料。橡胶消费量 1830 年为 25t，1840 年为 150t，1850 年为 750t，而到了 1860

年达到 3600t，对天然橡胶的需求出现了迅猛的增长。

1840 年水的化学组成还没有明确，但硫化的发现，使得在横跨欧洲和美洲地区却诞生了成为工业革命中坚的橡胶化学工业。随着硫化橡胶制品性能的提高，橡胶的应用也越来越广泛。1845 年苏格兰铁道技师 R. W. Thompson 发明了空气轮胎并取得了专利权，与以往的实心轮胎相比，空心轮胎大幅度地提高了缓冲性能而降低了振动性。到 1850 年天然橡胶的消耗量达到 750t。到 1870 年前后，橡胶工业每年需天然橡胶猛增至 7000 多吨。

1883 年德国人 K. Benz 发明了使用汽油的汽车。而英国爱尔兰人 J. Dunlop 于 1888 年发明充气轮胎而取得专利权，汽车轮胎市场迅速扩大，到 1890 年美英两国耗胶量达 28528t。美国在 1895 年仅有 4 台充气轮胎汽车，而到 1901 年猛增到 14800 台。虽然在 19 世纪，汽车终究是一种奢侈品和特权阶层人的娱乐工具，却促进了轮胎工业的快速发展，耗胶量到 19 世纪末达 4 万多吨。1900 年含有帘线的轮胎开始用于汽车，提高了轮胎的耐用性。美国人 H. Ford 于 1903 年创立了福特汽车公司，1908 年出售了由大规模生产方式制造的"大众牌"和"T 型福特牌"汽车。从此，汽车由特权阶层人的娱乐工具，在进入 20 世纪后，便成为群众的生活必需品，而轮胎工业也随之发展成为大型企业。

1.2.3 天然橡胶生产的园林化[2]

天然橡胶的资源偏产在南美洲，不仅不能满足制品工业的发展，而且使美国和欧洲诸国长期因橡胶资源缺乏而不安。因此，这些国家一方面大力开展合成橡胶的研究，另一方面试图将天然橡胶栽培园林化作为开发橡胶资源和提高天然橡胶产量的措施。当时南美洲当地居民采集的天然橡胶由法国政府独占使用，种子和树苗禁止带出国外。但是，英国皇家植物园长 J. Hooker 说服了植物学家 H. Wickham，于 1876 年从巴西亚马逊河口附近采集 7000 颗橡胶树种子偷带回国，在伦敦皇家基尤（Kew）植物园育苗，并有 2700 颗种子在温室内发芽。第二年将 2000 棵树苗移植到锡兰及东南亚的种植园。5 年后得到了胶乳，10 年后正式开始了正宗橡胶树的引种。这样，栽培橡胶园林化经过约 20 年的品种改良和栽培方法的研究，橡胶园的经营生产终于在 1905 年获得成功。1914 年栽培的天然橡胶产量已远超过亚马逊野生橡胶的产量，到 1932 年已达 70 万吨。经过近一个世纪的发展，到 2002 年全世界天然橡胶投产面积为 767.95 万公顷。亚洲占 89.74%，总产胶量为 696.5 万吨，亚洲橡胶产量为 634.19 万吨，占世界总产量的 91.05%，亚洲已成为天然橡胶的重要供应地。天然橡胶已成为用途广泛的第一大通用胶种，到 2005 年天然胶产量已达 868 多万吨。

我国早在 1904 年南洋华侨首次将天然橡胶引入云南盈江试种，1905 年引入台湾，1906 年引入海南岛[3~5]。到 1949 年全国有胶园 4.2 万亩，年产胶不足

200t。中华人民共和国成立后，政府从部队抽调十万官兵，并从全国各地调集大量技术力量、支边人员及有关设备，组成农垦大军，开赴广东、海南、云南、福建等地发展我国的天然橡胶基地。经过半个世纪两代人的艰苦努力，打破了国外植胶权威专家认为橡胶种植地区限于赤道以南 10°到赤道以北 15°之间的热带地区，中国橡胶工作者经过生产实践和科学实验，成功地在北纬 18°~24°、东经100°~120°的广大地区大面积植胶，已建立起海南、云南、广东中国天然橡胶三大植胶基地，到 2003 年胶园面积达 66 万公顷，年产胶超过 56 万吨，平均单产每亩 75.6kg，创造了世界天然橡胶单产最高水平。中国已成为世界天然橡胶主要产胶国，位居第五位。

1.2.4 天然橡胶的组成及分子结构[6~9]

天然橡胶是在橡胶树体内生物合成的一种物质，这种物质经热裂解后可得到一种低沸点液体化合物。1826 年英国化学家法拉第（Michae Faraday）对这种低沸点物分析后，提出天然橡胶是由氢和碳组成的物质。1860 年俄罗斯大学的学者威廉斯（G. Williams）对天然橡胶进行热裂解也得到了同样的低沸点液体，并取名叫异戊二烯。1882 年英国学者蒂尔登（W. A. Tilden）从松节油热裂解中也得到了低沸点的异戊二烯液体，经分析明确了异戊二烯的组成为 C_5H_8，并确定了分子式为 $CH_2 = C(CH_3)CH = CH_2$，但天然橡胶的分子结构和含量的研究直到红外光谱和高分辨率的核磁共振仪的出现才得以证实，即天然橡胶的分子结构为顺式 -1,4 聚异戊二烯（见图 1-1），含量高达 99%。

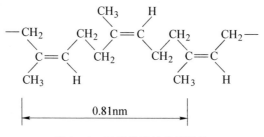

图 1-1 天然橡胶的分子结构

1960 年通过生物化学的研究得知，天然橡胶形成过程的链增长是由糖类的代谢物在酶的参与作用下生成的异戊烯基二磷酸酯（isopentenyl disphosphate, IDP）逐步增长生成。也可由 IDP 异构化作用产生的二甲基烯丙基二磷酯（dimethylallyl diphosphate, DMAD）开始，在酶的催化下，逐步形成橡胶分子链。

1969 年，F. Lynen[7]详细地论述了天然橡胶生物合成的全部历程，最后的过程如下：

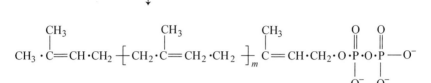

$$\overset{-CO_2}{\underset{ATP}{\overset{-H_2O}{\longrightarrow}}} \ CH_2\!\!=\!\!\overset{CH_3}{\underset{}{C}}\cdot CH_2\cdot CH_2\cdot O\cdot \overset{O}{\underset{OH}{P}}\cdot O\cdot \overset{O}{\underset{OH}{P}}\!\!-\!\!OH$$

异戊烯基焦磷酸酯

$$CH_3\cdot \overset{CH_3}{\underset{}{C}}\!\!=\!\!CH\cdot CH_2\!\!\left[\!CH_2\cdot \overset{CH_3}{\underset{}{C}}\!\!=\!\!CH_2\cdot CH_2\!\right]_m\!\!\overset{CH_3}{\underset{}{C}}\!\!=\!\!CH\cdot CH_2\cdot O\cdot \overset{O}{\underset{O^-}{P}}\cdot O\cdot \overset{O}{\underset{O^-}{P}}\!\!-\!\!O^-$$

聚异戊二烯

ATP 为三磷酸腺苷。由此可知，天然橡胶的分子链带有异戊烯基焦磷酸酯末端。

1973 年，Gregg 等[8]在天然橡胶烃的红外光谱图中发现了内酯基特征吸收的 1735cm^{-1} 谱线。根据红外光谱测定结果，天然橡胶中约含有 0.05% 的内酯基团（Gregg 提出是 δ-内酯），故可把天然橡胶看作是高分子内酯，即带末端内酯的聚异戊二烯：

$$\sim\!\!\!\!\overset{\delta}{\underset{}{CH}}\!\!-\!\!\overset{\gamma}{\underset{}{CH_2}}\!\!-\!\!\overset{\beta}{\underset{}{CH_2}}\!\!-\!\!\overset{\alpha}{\underset{}{CH_2}}\!\!-\!\!\overset{}{\underset{O}{C}}\!\!=\!\!O$$

1980 年利用 ^{13}C–NMR 和 H–NMR 研究天然橡胶的分子结构，发现橡胶分子链的两个末端基。一端是由 IDP 或 DMADP 产生的 2～3 个反式异戊二烯链节接在二甲基烯丙基上，并进一步反应生成带有肟基（protein，蛋白质）的二甲基烯丙基衍生物结构，即：

$$protein\!\!-\!\Big]_{2\sim3}$$

另一端是磷脂类结构（OPR），即：

$$OPR\!:\!\!-\!\!O\!\!-\!\!\overset{O}{\underset{O^-}{P}}\!\!-\!\!O\!\!-\!\!\cdots \qquad \text{或} \qquad -\!\!O\!\!-\!\!\overset{O}{\underset{OH}{P}}\!\!-\!\!OH$$

现已明确了天然橡胶的分子结构，并用图 1 - 2 来描述[9]。

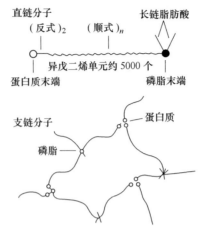

图 1 - 2 天然橡胶分子结构示意图

天然橡胶的分子量及分布与树种品系有关。无性系胶树（是指由单株无性繁殖的橡胶树）的数均分子量（M_n）范围为 25.5 万 ~ 270.9 万。重均分子量（M_w）的范围为 340 万 ~ 1017 万，分子量分布指数（M_w/M_n）在 3.64 ~ 10.94 之间。

天然橡胶的分子量分布一般呈双峰分布规律，有三种形式（见图 1 - 3），当平均分子量较低时，分子量分布曲线有明显的两个峰，峰高几乎相同（曲线Ⅰ）；当平均分子量较高时，分子量分布曲线基本是单峰分布，在低分子量区域呈现肩形的扁平峰（曲线Ⅲ）。一般情况是在高分子量区域的峰高大于低分子区域的峰高（曲线Ⅱ）。形成双峰的原因，据说是来源于胶树体内有两种酶系统参与生物合成的结果，因此这些差异可以采用遗传学的方法加以控制。

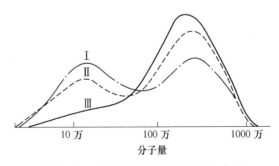

图 1 - 3 天然橡胶分子量分布曲线类型

生物合成的天然橡胶含有橡胶烃（占 92% ~ 95%）和非橡胶烃。非橡胶烃成分在制备干胶过程中，一部分留在乳清中，另一部分与橡胶烃一起凝固在干胶中。非橡胶烃包括可溶于丙酮中的脂肪、蜡类、甾醇、甾醇酯等和不溶于丙酮的磷脂类;以及不溶于水的由 17 种氨基酸组成且含硫、磷较低的 α 球蛋白,溶于水的由 14 种氨基酸组成且含硫较高的橡胶蛋白;另外还含有 0.2% ~ 0.5% 的灰分,主要是无机盐类物质,如磷酸镁、磷酸钙等盐类,并有少量的铜、锰、镁等化合物。

纵观历史,天然橡胶走过了漫长的发展历程,早在 15 世纪西班牙人就已将中美洲印第安人发现的"奇异物质",即今天称作橡胶的制品传入欧洲。又经过两个多世纪,即到了 18 世纪法国科学院才开始对这种"奇异物质"的性能及应用进行研究,从而出现了橡胶制品工厂。又过了一个世纪即到了 19 世纪,由于美国、英国人相继发现橡胶硫化方法之后,橡胶从一种"奇异物质"成为一种重要的工业原料,橡胶工业便迅速发展成为欧洲工业革命的中坚,即橡胶化学工业,橡胶工业的发展进入了快车道。当野生天然橡胶已满足不了工业发展的需求时,英国人又研究开发成功天然橡胶的园林栽培技术。进入 20 世纪便实现了天然橡胶的园林企业化经营生产。亚洲成为天然橡胶的主要产胶基地。

天然橡胶的应用和橡胶工业的起步是高分子材料科学和工业的先河,橡胶所具有的独特的黏弹性和相容性是其他材料无法比拟的,它的利用价值随着经济与社会的发展而日趋广泛。从 19 世纪初橡胶工业萌生至今,经过工业经济时代的发展和科学技术的进步,走过了形成、发展和繁荣的历史时期,形成了独立完整的工业体系,成为世界经济中的重要产业之一。

1.3　合成橡胶的研发过程[10~23]

1.3.1　对天然橡胶的组成及结构的研究

早在 18 世纪欧洲就已有些学者开始观察天然橡胶在水、松节油、醇中的溶解性能。研究天然橡胶裂解干馏物的成分,试图研究解开天然橡胶这种"奇异物质"之谜。虽然在 18 世纪中期俄国化学家罗蒙诺索夫和英国化学家布拉克等开始以称重的方式进行定量的化学分析研究,但由于对物质的化学分解方法研究得很少,对像水、酸等一些复杂物质还当成元素,而金属、碳、硫、磷等真正的元素却当成化合物,也即还未建立真正的"元素"概念,所以是不可能解开天然橡胶之谜的。

19 世纪化学分析方法的发展和完善,使得经验分析的元素概念进一步明确,但还未出现分子和分子量的概念。英国化学家法拉第(Michae Faraday)把从墨西哥获得的橡胶乳液经过水洗、凝固、干燥然后进行破坏性干馏和元素分析,得到的 C/H 质量比是 6.812 (准确的比值是 7.5),他当时所用的碳原子质量为 6,从而得出 8 个碳原子和 7 个氢原子的结果,并于 1826 年提出天然橡胶是由碳、氢组成的化合物,与今天已确定的分子式 C_5H_8 非常接近。1860 年俄罗斯大学的学者威廉斯(G. Williams)对天然橡胶干馏的组分经过反复蒸馏收集 37 ~ 38℃的低沸点物，取名为异戊二烯，并发现该低沸点物会在空气中变成白色海绵状物体。1879 年法国人 G. Bouchardat 在对天然橡胶裂解物进行定量分析研究过程中发现，这种低沸点液体异戊二烯在浓盐酸中加热得到了类橡胶物质。后来又有些学者发现有许多天然物质，经加热裂解均能给出异戊二烯低沸点馏分。1882 年英国伯明翰的蒂尔登（W. A. Tilden）将松节油通过炽热的铁管得到异戊二烯，经分析明确了异戊二烯的组成，并确定了分子式：

$$CH_2 = C(CH_3) - CH = CH_2$$

1892 年蒂尔登发现松节油热解的异戊二烯在长期放置后变成带有黄色的固体，并把它称为印度橡胶（这是因为天然橡胶出现在西印度岛）。

当天然橡胶的基本组成及结构被确定后，化学家的注意力便集中到如何合成异戊二烯方面。1887 年德国人尤勒（H. Euler）用 β - 甲基吡咯烷酮为原料成功地合成了异戊二烯。1903 年 F. Hofrnam 和 Contella 等人从 ρ - 甲酚出发，经加氢、酸化再经 β - 甲基己二酸等六步反应过程，也成功地制得了异戊二烯。早期研究的这些异戊二烯合成方法，受到当时原料价格的影响均难以实现工业化生产。在研究探索异戊二烯低价合成方法时，化学家们也同时注意和开展了其他二烯烃单体的合成方法的研究，如 2,3 - 二甲基丁二烯、戊二烯及丁二烯等。早在 1863 年卡文托（E. Carenton）在热解杂醇油时就已经发现了丁二烯。1866 年白塞罗（M. Berthelot）将乙烯和乙炔混合后通过赤热的瓷制管也制得了丁二烯，1885 年 Ciamician 与 Magnaghi 发表了用吡咯烷酮作原料合成丁二烯的方法；H. E. Armstrong 与 A. K. Miller 发表了由丁烯氯化后再脱氯化氢制丁二烯的方法。后来不断有新的合成方法研制成功。在研究低价合成异戊二烯方法遇到困难时期，也同时将丁二烯作为合成橡胶的原料，而对丁二烯的合成方法进行广泛积极的研究。德国选择了用乙炔为原料合成丁二烯的工艺路线进行全面研究，俄罗斯则从乙醇出发开展了丁二烯合成方法的研究。1915 年 Ostromislensky 研制成功酒精制丁二烯的两步法，即先将乙醇氧化成乙醛，然后将乙醇与乙醛相混通过氧化铝催化脱水制得丁二烯：

$$CH_3CH_2OH + CH_3CHO \longrightarrow CH_2 = CH - CH = CH_2 + 2H_2O$$

Lebedev 又发明了用脱水脱氢催化剂（如硅藻土、铝镁氧化物等）一步法制成丁二烯：

$$2CH_3CH_2OH \longrightarrow 2H_2O + H_2 + CH_2 = CH - CH = CH_2$$

该方法先后在美国（1930 年）、法国和苏联（1931 年）取得专利。此方法的实际收得率不高，但技术比较简单，设备投资不高，成为苏联发展合成橡胶工业的基础。

在天然大分子中，唯独橡胶能够裂解成已知结构的简单分子，并且这些"结构单元"还能再生成橡胶，这一特性不仅提出和解决了这类材料能否合成的问题，而且使人们认识到：不必完全按照天然物质的细致结构就能制备出对人类有用的材料。橡胶的研究对高分子科学的发展所起的推动作用在许多方面远大于天然多糖和蛋白质的研究。

1.3.2　合成橡胶研究工作的起步

19 世纪末由于汽油汽车和充气轮胎的发明，在进入 20 世纪时，橡胶需求量猛增至 4 万吨以上，野生天然橡胶远不能满足需要，天然橡胶园林栽培仍在实验中，产量很少。面对橡胶的高需求，当时一些著名化学家、企业家、研究者们热血沸腾，对合成橡胶的研究表现出极大的热情。1906 年德国 Bayer 公司的 F. Hofmann 向上司提出开展有关合成橡胶研究的建议书。1909 年该公司首先申请了异戊二烯热聚合专利并进行了小规模生产。1910 年英国人 F. Mattews 发现钠可催化异戊二烯快速聚合，并申请专利。德国人 C. Harries 也发现了这一现象，并由 Bayer 公司申请使用钠催化异戊二烯聚合的专利。碱金属催化剂的发明可以说是一个里程碑，后来有人称他们是"橡胶合成创始人"。但这时制得的聚异戊二烯的物理力学性能均不好，异戊二烯合成又困难且价高。1914 年第一次世界大战爆发，战争需要大量橡胶，德国对橡胶未有储备，英国又实行海面封锁，断绝了天然橡胶的来源。德国便投入大量人力、物力研究开发成功了橡胶代用品——甲基橡胶。

甲基橡胶是由二甲基丁二烯聚合制得的类橡胶聚合物。二甲基丁二烯是以丙酮为原料制得的：

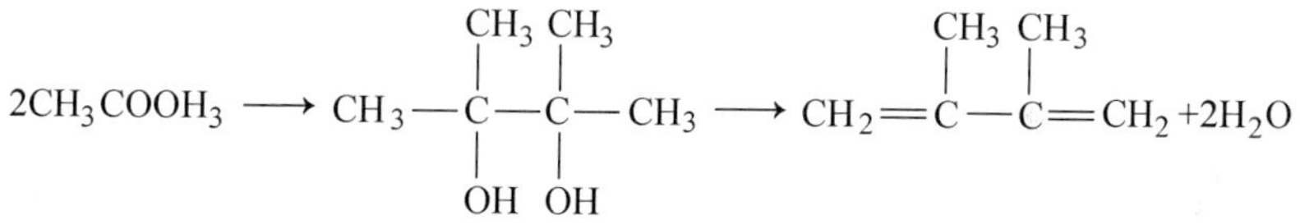

$$2CH_3COOH_3 \longrightarrow CH_3-\underset{OH}{\underset{|}{C}}-\underset{OH}{\underset{|}{C}}-CH_3 \longrightarrow CH_2=\underset{|}{\overset{CH_3}{C}}-\underset{|}{\overset{CH_3}{C}}=CH_2 +2H_2O$$

二甲基丁二烯常温下是液体，易于保存，比异戊二烯和丁二烯有较快的聚合速度，是当时最便宜的二烯烃。1910 年德国人 C. Haryies 已发现用钠作催化剂制得了聚二甲基丁二烯（甲基橡胶）。Bayer 公司用此技术生产的甲基橡胶已试制成功潜水艇电池外壳，并计划大量生产。战争爆发后，Bayer 公司生产 W 型（weich）和 H 型（hart）两种甲基橡胶。将二甲基丁二烯装入锡制反应缸内，缸内有预先加工好的橡胶作起始剂，在 30℃下保持 6～10 周即可制得 H 型胶，此胶适于制造潜水艇用蓄电池外壳，也可用于电线绝缘层。将二甲基丁二烯先经过氧气的预处理然后放于铁缸内，于 70℃下保持 3～6 周，则制得软质的 W 型橡胶，此胶可用于制作轮胎、软管、防毒面具的原料，弹性稍差一些。BASF 公司采用 Holt 法生产 B 型胶，B 型胶是二甲基丁二烯在二氧化碳气体保护下由金属钠催化聚合制得的甲基橡胶。第一次世界大战结束时，德国的甲基橡胶已有月生产

150t 的能力，累积产量已达 2350t。由于该胶加工困难，加硫性不好，性能较差，生产成本过高，战后便停止了生产。

合成甲基橡胶失败的最主要原因，按 Whitby 和 Katz 的分析，是由于当时人们对橡胶复合物制造过程中炭黑补强作用的知识不足所致。他们在专利（德国专利 578965，1933 年）中写到："如果在世界大战中，就认识到在橡胶制品中必须加入炭黑的话，那么在战争中有关合成橡胶的故事就会不同了。"

天然橡胶价格的猛烈波动也是刺激合成橡胶进一步发展的重要因素。1910年天然橡胶的价格空前地涨到每磅 2.88 美元，而在两年后其价格又升高了 2 倍，但到了第一次世界大战末期，由于南美洲大规模扩大了天然橡胶的种植面积，价格又剧烈地跌到 0.50 美元以下。对橡胶市场的竞争在早期仅限于美洲和亚洲的天然橡胶之间。而合成橡胶的竞争，必须考虑到天然橡胶这一对手。

在德国随着战争的结束，以及天然橡胶价格的猛烈下跌，远远低于当时任何一种可能开发的合成橡胶价格，使得合成橡胶工业发展的所有因素都消失了。然而，就在战后几年，天然橡胶生产者的联合协议，迫使天然橡胶价格再次猛烈上涨，从 1924 年的每磅 0.17 美元升到 1925 年的 1.21 美元。促进人们重新考虑发展合成橡胶工业的另一个因素是有机化学教授 H. Staudinger 对于高聚物本质的揭示，即"高分子化合物是由以共价键连接的长链分子所组成的"这一成就使橡胶的研究工作有了更合理的计划。虽然在 1932 年天然橡胶的价格又很快地崩溃到前所未有的最低点，每磅仅 0.035 美元，但是，战略物资必须自给自足的观点强烈影响着德国，并给合成橡胶的发展提供了动力。

1.3.3　合成橡胶的发展

1917 年第一次世界大战结束，战后由于天然橡胶价格暴跌，各国都停止了合成橡胶的研究。英国在利比亚和巴西栽培天然橡胶，法国在印度支那栽培天然橡胶，而对合成橡胶漠不关心。仅有德、苏、美三国可能由于地理位置和出于军事上的原因，于 1925 年又开始合成新品种橡胶的研究，并加强投入，强力推进研究进展。由于异戊二烯、二甲基丁二烯的合成收得率低、成本高，便转为以丁二烯为原料合成新品种橡胶。德国法本（I. G. Farben）公司开发成功 Buna 橡胶，苏联则开始生产 SK 橡胶。

1.3.3.1　德国合成橡胶的发展情况

德国的 I. G. Farben 公司，采用从电石及石油裂解制得乙炔为原料，经乙醛、β-烃基醛、乙二醇脱水制备丁二烯的技术路线，于 1927 年开始生产合成橡胶。BASF 公司 Ludwigshafen 工厂开发了钠催化丁二烯聚合技术，制得的橡胶称为布纳（Buna）橡胶（Buna 即德文 Butadien 中的 Bu 与 Natrium 中的 Na 合起来的读音）。布纳橡胶是以块状本体聚合法制得的，性能比甲基橡胶好，但仍次于天然橡胶，聚合时间长，反应不易控制，制得的丁二烯的物性、加工性和生产性都不能满足要求。为此，I. G. Farben 公司自 1927 年同时开展丁二烯在水中的乳液聚合的研究。为了提高乳聚丁二烯橡胶强度，减少凝胶，于 1933 年在 Leverkusen 主持下，采用过硫酸盐为引发剂，使丁二烯和少量苯乙烯在水乳液中，于 50℃ 下实现了共聚合，开发成功凝胶含量少且性能优于乳聚丁二烯橡胶的新型合成橡胶——Buna S 橡胶。I. G. Farben 公司于 1934 年建立实验厂，生产 Buna S 橡胶用于制造轮胎，Buna S 橡胶制造的轮胎成功地通过了全程行车实验。Buna S 橡胶的研制成功和生产，标志着新的合成橡胶时代的开始。在此同时也开发了丁二烯与少量丙烯腈的共聚物，称为 Buna N。1935 年 Buna S 和 Buna N 合计月生产达 200t，乳液聚合橡胶取代了气相块状聚合的 Buna 聚丁二烯橡胶。

但是乳聚 Buna S 橡胶仍然存在黏度高、可塑性低、加工性非常差的问题。为改进 Buna S 胶的加工性能，于 1936 年在 Leverkusen 的指导下，开展了分子量调节的研究，并研制成功抑制聚合黏度的办法。经过制作轮胎的实验，证明加工性能得到改善。于 1936 年在 Schkopau 建成 Buna S1 生产厂。1938 年后又相继建厂生产 Buna S2 和 Buna S3。Buna S3 含有 32% 苯乙烯，为德国 Buna 胶厂的标样。在生产中加入分子量调节剂则为 Buna S4，美国在此胶种基础上开发了 GR－S10。德国发展的 Buna S 是由于对战争的估计所决定的。由于 Buna S 的价格相当于天然橡胶价格的 5 倍，因此当时德国的财政部长 Schacht 主张储存天然橡胶，而希特勒相信在长期战争中光靠储存是不够的，因而他命令必须不惜代价地推进合成橡胶计划。到 1943 年总产量达 11.8 万吨，Schkopau 工厂产量为总产量的 62%，该厂战后属民主德国，为东欧最大的合成橡胶厂。

第二次世界大战期间，德国合成橡胶工业取得非常大的进展，战前的高温间歇聚合法已向低转化率连续聚合方式过渡。在战争后期，已开发了氧化还原系列引发剂，可在 5℃ 的低温下聚合。这就是战后开发冷橡胶技术的主要生长点。对乳化剂、引发剂、分子量调节剂、聚合配方、聚合转化率与合成橡胶性能等有关问题的研究都取得较好的进展。德国合成橡胶的研究工作在第二次世界大战期间处于世界领先地位。

1.3.3.2 前苏联合成橡胶的发展情况

苏联十月革命成功后，新政权即开始注意合成橡胶的问题，然而内战、武装干涉以及封锁使得这项工作不能开展。苏联政府为了尽快发展合成橡胶工业于 1926 年实行悬赏招贤政策。最高经济会议宣布有奖征求制取合成橡胶的最佳方法，规定在 1928 年 1 月 1 日提出报告以及不少于 2kg 的样品。在应征的提案中，评委会认为值得注意的有两种：(1) Bigov 的"团结即力量"提案，规定在 900℃、绝对压力 5333.28～9066.58Pa(40～68mmHg) 下，将石油或其馏分用热裂解法制造丁二烯，在 100℃ 和能起互变异构的条件下使丁二烯聚合，并决定建立日产

150~200kg 橡胶实验工厂。（2）Lebedev 提出的"二烯烃"提案，规定用酒精借脱水脱氢催化一步法制取丁二烯，并用钠使之聚合，在两年内建立实验工厂。在美国流亡的俄国学者 I. I. Dstromuislenskii 于 1928 年回到苏联，并参加了 Lebedev 提出的"二烯烃"提案的研究。到 1929 年两种合成方法加快了试验研究，并于 1930 年在列宁格勒建立中间实验工厂。以石油为原料的 Bigov 法于 1931 年 5 月 1 日制出了第一批橡胶 SKA 150kg。以酒精为原料的 Lebedev 法中间工厂在 1931 年制得了第一批合成橡胶 SKB 200kg，后来把 Lebedev 的实验室也搬进了工厂，成为酒精法制丁钠橡胶的研究中心。

苏联政府对这两种方法的中间试验进行了评比，认为：（1）用石油热裂解法，由于巨大的经营消费及设备开支而不适于工业化的条件，而且借助重氮氨基苯使丁二烯聚合的方法，由于产率低与质量低劣以及设备昂贵而不适于应用；（2）用酒精法所合成出的橡胶品质较优，具有工业生产的可能性。于是，在 1932 年 6 月，用 Lebedev 方法建成了第一个合成橡胶工厂并开始运转。同年 9 月第二个工厂开工，到 1933 年 7 月第三个工厂开工，以后又相继建立了许多新的工厂，这样使丁钠橡胶的生产在苏联占主要地位，到 1933 年生产 2.2 万吨，以后每年剧增，到 1941 年产量达 12.5 万吨。

此时，苏联科学家对橡胶合成逐渐产生了新的概念，即无须合成与天然橡胶完全一致的橡胶物质，只要其物理性质之一，如长程弹性能接近或超过天然橡胶就行。这集中表现在 Lebedev 的观点上，他于 1932 年在苏联科学院纪念会讲话中说："橡胶的合成有无穷无尽多样性的源泉，理论并不限制这种多样性。然而因为每一种新的橡胶都是它的特有性质的体现者，所以除利用天然橡胶的橡胶工业外，同时还有利用合成橡胶的橡胶工业。不久的将来，橡胶工业将建筑在数种橡胶——天然橡胶及合成橡胶的基础上。"

美国与盟国之间在第二次世界大战期间订有"租借法案"协定，使得苏联得以派人到杜邦公司去实习氯丁橡胶工艺，并于 1934 年建成日产 1t 的试验工厂，产品称为 Sovprene。到 1939 年苏联成为世界上最大的橡胶生产国。

1.3.3.3 美国合成橡胶的发展情况

美国不像前苏联那样对合成橡胶抱有较高热情，但杜邦公司对合成橡胶还是很有兴趣的。美国于 1858 年研发废橡胶脱硫法取得专利，并开始生产再生胶，1926 年生产了 18.1 万吨再生胶。后来对德国的 Buna S 胶生产技术开始感兴趣。实际上于 1921 年 US 橡胶公司的 I. I. Ostromuislenskii（俄国流亡到美国的科学家）和 Maximoff 已着手开发共聚橡胶。到 1924 年前后开始了比较活跃的合成橡胶的研究工作。美国开发的第一个合成橡胶是 1,2 - 二氯乙烷和多硫化钠的缩聚物即聚硫橡胶，是 J. C. Patrick 在试图把二氯乙烷转变成乙二醇时偶然发现的，于 1927 年取得专利，1929 年开始生产，并以 Thiokol 作为商品名，其特点是耐溶剂性好。第二个合成橡胶是聚 2 – 氯丁二烯，即氯丁橡胶，由 Du Pont 实验室与 Notre Dame 大学化学系合作研究开发，由乙炔在氯化亚铜催化下转变成乙烯基乙炔，再与 HCl 进行加成反应制得氯丁二烯，1931 年取得专利，杜邦公司在 1931 年建成年产 3.2t 本体聚合试验工厂，1932 年生产 300kg 氯丁橡胶并开始销售，其商品名是 Duprene；1934 年又在 Deepwater 建立年产 454t 的乳液聚合装置，商品名于 1937 年改为 Neoprene，第二次世界大战前产量达 3000t。氯丁橡胶与天然橡胶相比，耐老化性、耐酸性及耐油性均更为优秀，是第一个可拉伸结晶的合成橡胶。据 J. W. Hill 的回忆，氯丁橡胶的发现完全是偶然的，Carothers 计划用二乙烯基乙炔制备己三烯，并希望由此获得胶，他为了把二乙烯基乙炔和单乙烯基乙炔分开而进行分馏。在分馏过程中，他收集到几毫升中间沸点的液体，这种液体意外地变成橡胶状物质，经分析证实其含氯量较高，Catothers 立刻意识到，这是由于催化乙炔反应的氯化亚铜放出了 HCl，对乙烯基乙炔进行加成的产物，即氯丁二烯。

美国与德国曾于 1926 年签订了 7 年供给石油的协议，协议中包括开发 Buna S 橡胶，1930 年美国新泽西标准石油公司与德国 I. G. Farben 公司共同组建了 Joint American Study 公司，以石油为原料，开始合成橡胶的工业化研究，但这两个公司并未进行实质性的合作。而到 1938 年 Goodrich 公司已研制出 11 种橡胶，并选取 6 种进行重点研究。1939 年第二次世界大战爆发，美国仍未得到 I. G. Farben 有关 Buna S 橡胶的生产诀窍，1940 年 Goodrich 公司宣布合成橡胶开发成功，是用甲基丙烯酸甲酯代替苯乙烯，已用于轮胎制造，并建成年产 2000t 的中间工厂。Goodyear 公司于同年建成月产 1t NBR 的生产能力，其产品取名为 Chemigum。同年美国政府成立"橡胶资源局"（Office of Rubber Reserve），在分析研究当时已有橡胶的制造方法后，决定集中全力从事 GR – S（Government Rubber – Styrene）聚合物的生产。

德国 I. G. Farben 公司于 1930 年在低温下制得聚异丁烯，引起人们的注意。美国 Standard Oil Development（现在的 ESSD Research and Engineering）公司，在同一时期也开展了对轻油催化裂化生产高辛烷值汽油时所得副产品——异丁烯的利用研究；1933 年也在低温下制得固体异丁烯均聚物——"Vistane X"用于电线包皮的配合剂，已作为商品出售。I. G. Farben 公司的"Opanol – B"作为润滑油添加剂的商品出售。这些均聚物由于没有双键不能用硫黄进行硫化，因此不能作橡胶用。但它们是汽车润滑油的卓越添加剂，可防止润滑油在低温时生成凝胶；另外由于它很容易热解成异丁烯，故可用作航空燃料的储备体，还可用作胶粘剂。

1937 年 Standard Oil Development 公司在异丁烯和少量双烯烃的共聚研究中，发现含有 1%～2% 异戊二烯与异丁烯的共聚物是能够硫化的橡胶，成为现在丁基橡胶的基础，并于 1939 年开始中间工厂试验。

1940 年美国政府推进合成橡胶生产作为国防计划的一环时，丁基橡胶也列入此项计划，称为 GR – 1。受到美国政府的委托，1944 年 Esso Standard Oil 公司的 Baton Rouge 工厂和其附属的 Humble Oil 公司 Bayton 工厂开始工业化生产。第二次世界大战结束时，1945 年生产量达 47. 426t。1955 年美国政府将合成橡胶工厂出售私营，这两个工厂分别由 Esso Standard Oil 公司和 Humble Oil 公司买下，两公司制品由 Esso Standard Oil 公司所属的化学制品经售公司 Enjay 公司以 "Enjay Butyl" 作为商品出售。

美国与加拿大在第二次世界大战期间共同制定一项计划作为美国合成橡胶计划的一部分。即建立国营的 Polymer 公司采用美国技术，从 1943 年起开始生产丁苯橡胶和丁基橡胶，1945 年产量达 9. 079t。

1941 年美国橡胶年消耗量约 60 万吨，天然橡胶储存量约 100 万吨。每年需合成橡胶约 4 万吨，由政府主管，交与四大橡胶公司生产。1942 年 1 月，日本侵占了东南亚，切断了天然橡胶的供应，美国便把合成橡胶的生产计划提高到年产80 万吨，由于官僚主义的阻碍，罗斯福总统于 8 月份亲自委派一个研究橡胶情况的委员会，主席是著名的金融家 B. M. Baruch，两名委员是哈佛大学的校长J. B. Conant 博士（化学家）、麻省理工大学的校长 K. T. Compton 博士（物理学家）。这个橡胶调研委员会仅用了一个多月的时间，于 9 月 10 日就把建议报告提呈给总统，在报告的导言中写到："在所有的紧急和战略资源中，橡胶已构成对我国安全和联盟成功的最大威胁。钢铁、铜、铝合金或航空汽油可能不足以如我们所希望的那样使战争迅速并有效取胜，但即使在最坏的情况下，我们仍可保证能充分获得这些物质，使我们的军力加强到极有力的地位，但是如果不能保证迅速提供大量橡胶，那么我们的战争力量和国内经济两者都会破产，因此，橡胶情况升级为最紧急的问题。我们对这一要害商品的意见可简述如下：对橡胶的要求是巨大的，单就民间汽车轮胎而言，1943 年就需要 57. 4 万吨，这可与战前平均总年耗量 60 万吨相比拟，我们不仅要对我们自己的武装力量提供所需要的橡胶，还要为盟军的军事机构提供所需的数量。我们必须装备我们的公共汽车和卡车以及其他商用汽车，还要提供大规模的特殊项目，如工厂的皮带、外科医院和保健所需的橡胶制品，此外，我们还必须为我们民间的 2700 万辆轿车保持最低限度的轮胎供应。否则，我们的经济就像挂在由橡胶支撑的汽车上运行，将会濒临瓦解，这在世界上任何地方都还未碰到过。"

建议中的关键之一是指定一位橡胶领导人，对于橡胶的供应和使用有全面权威，包括立即建造能生产 84. 5 万吨丁苯橡胶的设施。按此建议美国政府投资 7亿美元，由政府委托美国橡胶公司建立 15 个生产单体和聚合物的工厂生产丁苯橡胶，产品取名为 GR – S（政府丁苯橡胶）。在 1943 ~ 1945 年间橡胶出现了

"生产奇迹"，从 1942 年的 0.37 万吨，1943 年的 18.23 万吨，到 1945 年达 72 万吨。仅用两年时间即建成一项新兴化学工业，仅次于随后而来的原子弹发展计划。

1942 年 12 月底，美国政府组织许多学院研究者和工业研究者中的主要科学家讨论了包括全部代替天然橡胶在内的一些科学问题研讨会，制定了"合成橡胶的研究计划"。会后又有国家标准局、梅隆研究院、富兰克林研究院也参加了这一计划，另外还有芝加哥大学 Harkius 教授和两位有名望的化学家：研究有机反应的 M. Karasch 教授和研究物化与表面化学的 W. Heller 教授。康乃尔大学的 P. Debye 教授及 P. J. Flory 教授也先后参与了这一计划。研究计划的任务，包括紧急短期的和长期的，这已在研讨会主席 R. R. Williams 的开幕词中表达出来："我们特别到这里来领取研究任务，现需特别强调的一件事实是橡胶供应仅有 8 个月，现已临近最紧急时期，我们储存的天然橡胶，即使在经济上和保管上尽了一切努力，还是逐渐在消失，到八九月时，即使我们大概能生产出合成橡胶，我们的储存量还是会降到 10 万吨左右。如何能设想这样一种局面，即我们所制造的枪炮、卡车、飞机以及其他军事装备，就仅等着装配橡胶部件以求完成和运输。再设想一下，当国防工业的工人一旦为了自己的汽车和公共汽车缺少轮胎而陷入困境时，他们将如何去上班工作。"

用丁苯橡胶（GR-S）代替天然橡胶需要研究解决的主要科学问题有：
（1）加工困难，即在塑炼和配料时降解和软化得较慢。
（2）抗裂强度较低，即抗张、抗撕、耐磨强度较低，且裂纹扩展较快。
（3）动态性能较差，即在疲劳生热试验中升温较高。

对丁苯橡胶的性质研究得越多，上述（1）和（2）两个问题越易得到解决。因此，采用多种化学添加剂来改善橡胶的力学降解，发展了作为补强剂的新型炭黑显著改进了这种合成橡胶的抗裂强度。但对于第（3）个问题，即丁苯橡胶的回弹性比天然橡胶差的问题，则没有完全解决。因此，在巨型卡车轮胎中不能完全取代天然橡胶。

在这个时期，美国与德国在合成橡胶界的指导思想上是有差别的，为了防止或减少聚合过程中生成凝胶他们都采用添加硫醇或二硫化物作为链转移剂，但德国为了保证最终硫化产品的力学性能添加的链转移剂的用量降至最低，虽然这会在加工上造成困难。而美国则认为重要的是生产方案，橡胶加工要求合成橡胶工业提供最易加工的物料，不惜牺牲些最终性能。

战争期间美国橡胶的生产由政府管理，橡胶的名称均取自 Government Rubber 的第一个字母，称之为 GR-S（SBR）、GR-A（NBR）、GR-I（IIR）、GR-M（CR）等。为满足战争需要，美国一方面致力于特种橡胶的研究，另一方面利用德国 Buna S 技术生产乳聚丁苯橡胶；后经改进工艺和配方，开发了较为先进的丁苯橡胶生产技术，产品取名为 GR－S，并于 1942 年投产。到 1943 年美国建成 15 个工厂全部投产，年产 Buna S 11.2 万吨，GR－S 18.23 万吨。两种丁苯橡胶的主要区别是原料丁二烯的制造路线不同，聚合均采用过硫酸盐（如 $K_2S_2O_8$）作引发剂，于 50℃下引发丁二烯与苯乙烯进行乳液共聚，俗称热法丁苯橡胶。

1945 年第二次世界大战结束，世界年产橡胶能力为 110 万吨，其中美国 75 万吨，加拿大 5 万吨，苏联 15 万吨，德国 15 万吨。

1.3.4 乳聚通用橡胶生产技术的改进和大发展时期

1.3.4.1 乳聚丁苯橡胶合成技术的改进和完善

第二次世界大战结束时，世界合成橡胶的年产能力已达 110 万吨，其中德国、美国、加拿大三国的丁苯橡胶产量约为 81 万吨（1944 年产量），丁苯橡胶在第二次世界大战中就已经成为产量最大的通用胶种。为了改进丁苯橡胶性能，德国于 1939 年至 1943 年间研制开发成功氧化还原新型引发剂，在 5℃下的低温乳液聚合技术，但未能实现工业化生产。美国政府于 1945 年给 Goodrich 橡胶公司的史狄华（Stewart）和费莱令（Fryling）核发应用氧化还原系制造橡胶的专利证，他们于 1943 年初曾报告用氧化还原系加速 GR－S 的聚合作用。黎文斯顿（Livingston）又报告德国方面对低温配方的经验。固特异轮胎橡胶公司托伦斯（Torrance）分厂于同年在 40℃的低温下进行大规模试生产，但因迫于当时作战的紧急需要，经考虑，宁肯墨守成规沿用既定的配方和制法，以便保证橡胶的产量和品质。第二次世界大战后，德国有关橡胶的技术及工厂全部被美国和苏联接收，I. G. Farben 公司解体，德国合成橡胶工业被彻底破坏，并禁止生产合成橡胶。1945 年美国派往欧洲的"技术考察团"带回德国有关橡胶方面的研究报告，其中包括魏德南（Weidlein）对于氧化还原聚合体系的简略说明。德国研究工作报告激发了美国科学家再度提起对低温配方的兴趣。在战争期间为了解决各种生产问题使这件事多少陷于停顿。根据德国报告提供的乳化剂——皂、过氧化二苯甲酰和糖的配方，经各地实验室的实验证明，可产生质地优良的聚合物，但难以控制实验情况。

自 1946 年后，经美国橡胶资源局在大学设立的政府实验室和有关公司均对氧化还原引发剂进行了研究，固特异公司和弗尔斯通（Firestone）公司同时报道了沿用德国氧化还原体系配方在 10℃的低温下进行了实验室规模的研究结果，与此同时，由戈霍夫和费莱令的研究结果获得了适合于工厂操作的配方，采用过氧化氢异丙苯为引发剂，未用德国的烷基磺酸盐（Mersolat），而用美国制造的乳化剂松脂皂，这种乳化剂易于购买，费用低，又可获得较好的橡胶。用氧化还原新型引发剂，于 5℃下在试验厂生产出了新型丁苯橡胶，俗称冷橡胶。由于在低温下的交联反应要比原 50℃下的反应减少 5～6 倍，冷橡胶基本不含凝胶，1947

年完成冷橡胶汽车轮胎行驶实验。美国在完成冷橡胶生产技术开发后，于 1948 年以 Phillips 石油公司的 William Reynold & Charles Frying 研究的配方（见表 1-1）为基础进行标准化生产。

表 1-1　冷橡胶乳液聚合配方（例）

名　称	比例/份	名　称	比例/份
丁二烯	75	雕白粉	0.15
苯乙烯	25	EDTA	0.07
歧化松香皂	4.5	磷酸钠	0.08
Tamol N	0.15	十二烷基硫醇	0.2
对䓝烷过氧化氢	0.1	去离子水	200
硫酸铁	0.05		

1948 年 Recon Struction Finance(RFC) 公司将冷橡胶用于汽车轮胎与原热丁苯橡胶相比显示出优越性能，轮胎花纹耐磨，汽车行驶里程增加。采用新型引发剂聚合速度快，缩短聚合时间，提高了设备生产能力。冷橡胶技术的开发成功，能够生产不含凝胶的丁苯橡胶，并提高了合成胶性能。对于冷橡胶分子量大，而呈现高黏度，使得加工性能变差这种现象，可通过填充 25% ~ 30% 的廉价石油重组分制得可塑化的油展（或称充油）丁苯橡胶。这样既改善了橡胶加工性，又可降低橡胶的价格。

美国政府于 1953 年撤销了使用橡胶的强制令，并将国营工厂出售给民营，橡胶名称由原来的 GR-S 改为 SBR，GR-A 改为 NBR，GR-I 改为ⅡR，GR-M 改为 CR 等。接受出售的各大公司努力增加品种，改善质量，降低成本，开发了适于 SBR 的强力人造丝——尼龙帘绒轮胎，确定了 SBR 通用橡胶的地位。同年生产丁苯橡胶 60 万吨，其中充油橡胶占 15%。

1.3.4.2　乳聚丁苯橡胶在世界各国的发展

第二次世界大战后，除美国政府继续支持丁苯橡胶的生产和科研外，其他国家都在观望乳液聚合橡胶的动态。仅有美国和加拿大生产乳聚丁苯橡胶，美国在第二次世界大战期间已将合成橡胶技术全部提供给加拿大。加拿大在第二次世界大战中已有年产 GR-S 3 万吨、GR-I 0.7 万吨的能力，到 1959 年已达到年产 15 万吨，内消量为 4.8 万吨，生产的合成胶有一半以上出口欧洲各国。德国战后被分割，根据波茨坦条约于 1948 年 6 月 30 日停止合成橡胶生产。美占领的西部有德国最大的生产 BunaⅡ(Marl) 合成橡胶生产厂，1944 年建厂，最高年产量达 3.85 万吨，1945 年由 I. G. Farben 公司的子公司接收并由联合国军支配。合成橡胶生产禁令于 1951 年解除，1953 年 2 月成立新的 C. W. Hiils 公司，在允许年产 0.6 万吨产量的情况下，克服种种困难，开始生产丁二烯系列合成橡胶，并于

1954 年购买 Firestone 公司的 GR－S 中间工厂，1956 年从 Houdry Process Corporation 公司购入从石油中生产丁二烯的技术。1955 年该公司出资 50% 与 BASF 等三家公司共同出资，成立 Buna Werke Hiils 公司，建成年产能力为 12 万吨的乳聚丁苯橡胶（E－SBR）工厂，于 1958 年开始生产，1960 年由石油裂解丁二烯生产了 8 万吨 SBR。英国由于有世界上最大的天然橡胶园，直到 1952 年才确定发展合成橡胶工业的政策。1956 年由 Dulop 公司等六家公司共同出资成立 International Synthetic Rubber（ISR）公司和建设 ISR 工厂，1958 年建成了年产 5 万吨的设备，1960 年生产了 8 万吨 SBR，1964 年达到 12 万吨。意大利 ANIC 公司于 1958 年建成年产 3 万吨 SBR 工厂。法国于 1959 年由 5 家公司共同出资成立ソシェテ·エラストマー·シンテーズ公司，建成年产 6 万吨 SBR 工厂，1960 年投产。荷兰 Shell Netherland Chemie 公司建成了年产 5 万吨 SBR 工厂，1960 年投产。苏联战后接收了德国东部 I. G. Farben 公司的 Schkopau 与 Auschuitz 两个工厂，后者的设备和技术人员都移交给苏联，技术人员都是学 Buna 橡胶技术的，使苏联合成橡胶的生产在 1948 年达到了第二次世界大战之前的水平；1949 年开始生产 SBR，到 1964 年建成 8 个 SBR 生产厂，1960 年计划达到 77 万吨。丁二烯的原料 65% 是由乙醇制得，其余来自石油。日本第二次世界大战后被全面禁止生产合成橡胶，橡胶制品的原料主要是进口的废橡胶；直到 1951 年解除合成橡胶生产禁止令及 1952 年修改物质需给法后，才允许自由进口合成橡胶；1953 年约进口 1500t，其中 99% 是 GR－S，其余为 GR－I。虽然认识到合成橡胶国产化的必要性，但直到 1956 年 9 月日本才形成"生产合成橡胶的计划方案"，同年 12 月，日本 Zeon 公司与美国固特里奇化学公司签订了合成橡胶生产技术合同，1957 年动工建厂，1959 年 5 月完成一期工程，7 月从日本石油化学购进丁二烯，从附近工厂购进苯乙烯，8 月开始生产特殊的 SBR 乳胶；1957 年 12 月政府与橡胶界共同出资成立日本合成橡胶股份公司（开发银行 10 亿日元，民间 15 亿日元），1958 年从美国 Goodyear Tire & Rubber 公司引进 SBR 生产技术，10 月开始筹建四日市 4.5 万吨/年 SBR 生产厂。四日市工厂于 1960 年 1 月开始动工，4 月开始生产 SBR 和 SBR 胶乳。至此之后，日本合成橡胶相继国产化，日本合成橡胶工业进入新的时代。

第二次世界大战后美国在取得德国开发丁苯橡胶资料基础上完善了乳聚冷丁苯橡胶的生产技术，确立了丁苯橡胶作为通用胶的地位，乳液丁苯橡胶在全世界得到了快速发展。美国、苏联、加拿大、英国、德国、法国、日本、意大利、荷兰、中国、澳大利亚、印度、墨西哥等许多国家都建有丁苯橡胶生产装置，到 1961 年全世界丁苯橡胶年生产能力已达 210.9 万吨，1970 年为 347.6 万吨，成为产量最大的通用合成橡胶品种。

1.3.4.3 其他乳聚橡胶的发展

在 20 世纪 30 年代后相继开发的乳聚橡胶还有氯丁橡胶（CR）和丁腈橡胶

（NBR）。

A 氯丁橡胶

1930 年美国杜邦（Du Pont）公司发现氯丁二烯可以合成类似天然橡胶的聚合物；1935 年建成本体聚合试验工厂，1932 年生产 300kg 氯丁橡胶；1934 年又在 Deepwater 建成年产 454t 的乳液聚合装置，商品名改为 Neoprene，这是美国开发的第一个销售成功的合成橡胶。第二次世界大战前美国的氯丁橡胶产量已超过 3000t，1946 年产量已达 4.8 万吨，1960 年产量为 13.4 万吨。到 1968 年已有美国、英国、法国、联邦德国、日本、苏联、中国等国家建有 9 套生产装置，年生产能力达 34.0 万吨。

B 丁腈橡胶

I. G. Farben 公司在开发成功 Buna S 后的第二年即 1934 年又开发成功 Buna N（丁腈橡胶 NBR），丁腈橡胶是丁二烯与 25% 的丙烯腈共聚物，1937 年采用间歇高温乳液聚合方法，年生产 400t，产品名改为 Perbunan，1941 年改为连续聚合方法，年产量达 2631t。美国 1939 年从德国获得专利技术，在 Baton Rouge 建成年产量为 5t 的丁腈橡胶装置，年产量从 1939 年的 12t 增加到 1944 年的 16812t。到 1970 年已有美国、联邦德国、苏联、加拿大、英国、日本、法国等多个国家生产，年产量达 31.9 万吨。丁腈橡胶在耐老化、耐油、耐有机溶剂方面都优于天然橡胶，因此在天然橡胶价格猛烈下跌的情况下仍然能维持正常生产。

1.3.5 溶聚通用橡胶的飞跃发展时期

1.3.5.1 有规立构橡胶的研究与开发

在高负荷下行驶的载重车轮胎，用丁苯橡胶制造的载重轮胎较之天然橡胶制造的轮胎易生热，升温较高，降低了橡胶的强度，缩短了轮胎使用寿命。天然橡胶显示出明显的优秀性能。1945 年德国 I. G. Farben 公司的化学工作者就强调过这可能与天然橡胶的顺式 –1,4 结构有关。Bell Telephone 研究所也认为顺式 –1,4 结构有主要影响。因此一些学者试图用钠等碱金属催化剂制备顺式结构橡胶。1910 年英国的 F. Matrews、德国的 C. Harries 发现钠可催化异戊二烯快速聚合并取得专利。BASF 公司的 Lebhaft 于 1912 年获得有机碱金属作用下丁二烯聚合的德国专利 255.786。

1934 年德国科学家 Karl Ziegler 用丁基锂催化剂开展了丁二烯聚合的研究，1940 年又开展了锂引发异戊二烯聚合的研究。1949 年苏联首先采用以金属锂引发异戊二烯气相聚合的方法，制得含有 90% 1,4 – 链节的聚异戊二烯橡胶（СКИ），1950 年合成规整结构的锂系异戊橡胶装置建成并投入运转生产。

1953 年弗尔斯通（Firestone）公司的 Lynn Wakefield 利用金属锂，采用块状聚合得到了 94% 以上的高顺式 –1,4 结构聚异戊二烯并进行生产。但反应器经常被堵塞, 又易引起爆炸, 后采用 Karl Ziegler 的聚合方法, 将金属锂换成丁基锂催化剂, 使人工合成天然橡胶取得了第一次突破性的进展。

人工合成天然橡胶实现的第二次突破性进展是在 1954 年。固特里奇 – 海湾 (Goodrich – Gulf) 公司采用 K. Ziegler 在 1953 年发现的乙烯聚合的新型催化剂 (Belg. 533. 362, 1953 年), 即四氯化钛 – 三异丁基铝催化剂在 1000gal (约 4m³) 的聚合器中进行异戊二烯聚合实验, 制得了橡胶状聚合物, 其组成为含有 98% 顺式 – 1,4 结构的聚异戊二烯, 分子结构与天然橡胶相近, 并于同年 12 月宣布 "人工合成天然橡胶" 获得成功, 实现了人们长期希望能复制天然橡胶结构的夙愿。此后, 有规立构聚合物的研究出现了蓬勃发展的新局面。

自 1955 年起世界各大公司纷纷参与有规立构橡胶的工业化开发研究。1955 年固特异 (Goodyear) 公司用 Ziegler 新型 $TiCl_4$ – AlR_3 催化剂成功地合成了顺式 – 1,4 聚异戊二烯; 壳牌 (Shell) 公司和弗尔斯通 (Firestone) 公司用锂催化剂也分别成功地制得了顺式 – 1,4 聚异戊二烯。

1956 年菲利普 (Phillips) 石油公司用 TiI_4 – AlR_3 催化剂, 许耳斯 (Hiils) 公司用 $TiBr_4$ – AlR_3 催化剂, 固特里奇 – 海湾公司、蒙特卡蒂尼 (Montecatini) 公司、壳牌公司用 Co – 化合物 – AlR_2Cl 催化剂, 几乎是在同一时期分别成功制得了顺式 – 1,4 聚丁二烯。1959 年日本桥石公司研制成功 Ni – 化合物 – AlR_3 – BF_3OEt_2 催化剂, 后转让给日本合成橡胶公司进行工业化生产。世界各大公司相继发表大量有关双烯烃有规立构橡胶合成专利。

这些由过渡金属化合物与烷基铝或卤化烷基铝组成的新型催化剂, 现在统称为 Ziegler – Natta 催化剂。Ziegler – Natta 催化剂出现不久, 即有很多变型 Zigler – Natta 催化剂陆续产生, 原来的二元体系发展到三元体系、多元体系, 在不同的体系中还加入各种类型的添加剂以提高催化活性和定向效应。Ziegler – Natta 催化剂主要应用于非极性单烯烃如乙烯、丙烯、丁烯和共轭双烯烃如丁二烯、异戊二烯的聚合方面。这些聚烯烃的生产已达到几十万吨至几百万吨的产量规模, 是重要的化学工业产品。

1.3.5.2 有规立构新型橡胶的工业化生产

由 Ziegler – Natta 催化剂制得的顺式 – 1,4 结构含量在 90% 以上的聚异戊二烯和聚丁二烯被称为 "有规立构橡胶"。与乳聚丁苯橡胶不同, 有规立构橡胶更接近天然橡胶, 并具有特殊性能。处在欧美石油化学工业迅速发展时期, 有规橡胶的研制成功, 尤其引起世界各大公司的关注。对于聚异戊二烯和聚丁二烯哪个先工业化有过激烈的争论。由于丁二烯单体较易得, 价格又较便宜, 除苏联外顺式 – 1,4 聚丁二烯便优先在各国投入工业化生产。

进入 20 世纪 60 年代, 在 50 年代后期开发的有规橡胶催化剂相继实现了工业化生产。1960 年美国菲利普石油公司率先建成第一套钛系顺丁橡胶溶液聚合生产装置。1961 年美国弗尔斯通公司建成锂系低顺式聚丁二烯生产装置。1962 年美国固特里奇－海湾公司建成钴系顺丁橡胶生产装置，1964 年苏联也相继建成 8 套有规橡胶生产装置。由于有规橡胶溶聚新装置不断建成投产，到 1962 年合成橡胶的产量超过了天然橡胶，到 1964 年短短的几年内顺丁橡胶年产量仅低于乳液丁苯橡胶，成为第二大通用合成橡胶。1965 年日本合成橡胶公司采用桥石公司转让的镍系催化剂，引进菲利普的生产工业技术实现了镍系顺丁橡胶的工业化生产。到 1968 年全世界聚丁二烯的年产量达 74 万吨。意大利斯娜姆（SNM）公司于 1963 年研发的氢化铝催化剂（$TiCl_4$ – AlI_3 – $HAlCl_2OEt_2$）在 1969 年也实现了工业化生产。中国于 1965 年采用中科院长春应化所研制的镍系催化剂开展顺丁橡胶工业化开发试验，于 1971 年建成生产装置并投入生产。到 1970 年全世界已有 22 家工厂，分别采用 5 种不同的催化体系生产顺式聚丁二烯橡胶，年产量达到 94 万多吨，顺式异戊二烯橡胶年产量约为 21 万吨。

1.3.5.3 其他溶聚橡胶的研究与开发

A 乙丙橡胶

1954 年 Ziegler 采用 $TiCl_4$ – AlR_3 催化剂实现了乙烯的低压聚合。随后 Natta 又发现用 $TiCl_3$ – AlR_3 催化剂可使丙烯进行立体规整聚合，并于 1955 年发表了立体规整的概念。同时，Natta 与蒙特卡蒂尼公司的研究人员一起开展了乙烯与其他 α－烯烃共聚合的研究，即开始了乙烯与丙烯共聚合的研究。但是，用 $TiCl_4$（或 $TiCl_3$）– AlR_3 催化剂未能得到乙烯与丙烯的均匀共聚物，而是具有能结晶部分的各个单一聚合物链段的嵌段共聚物。Natta 等人为制得显示橡胶弹性的非结晶性的乙烯－丙烯均匀共聚物开展新型催化剂研究，发现用钒化合物代替钛化合物能得到均匀的共聚物，特别是可溶性的 VCl_4 为最好，可制得乙烯与丙烯交替共聚物，并于 1957 年的国际橡胶会议上由 Natta 作了公开介绍。1958 年蒙特－埃迪逊公司试验厂生产出了产品 "$C_{2\sim3}$ 橡胶"，并开始在市场上出售，1960 年美国埃克森公司实现了工业化生产。由于乙烯与丙烯都是石油化工的廉价基本原料，乙丙橡胶作为次于丁苯橡胶及聚丁二烯橡胶的 "第三合成橡胶" 或 "最便宜的橡胶" 而受到世界的注意，各国都开展了新的研究工作。二元乙丙橡胶由于分子链中没有双键，不能用硫黄进行硫化。虽然可用有机过氧化物硫化或用有机过氧化物与硫黄的混合硫化方法，但由于所有的硫化胶性能都不够理想，所以硫化问题成了二元乙丙橡胶发展的障碍。

曾参照丁基橡胶的情况，试图将少量共轭双烯类作为第三单体使其共聚生成含有双键的三元乙丙橡胶，但许多实验室都试过共轭二烯烃均未获得成功。而非共轭的二烯烃则实现了与乙烯和丙烯的共聚。1957 年英国邓禄普（Dunlop）公司申请了环戊二烯作为共聚双烯单体专利。1961 年杜邦（Du Pont）公司发表了使用 1,4－己二烯制成的三元乙丙橡胶 "诺德尔（Nordel）"，由此开始了可用硫黄硫化的三元乙丙橡胶的发展。乙丙橡胶成为正式的橡胶原料开始列入工业化生产计划。1963 年杜邦公司、恩吉化学公司，1964 年美国橡胶公司，1967 年荷兰国家矿业（Dutch States Mines），1968 年美国共聚物公司、蒙特－埃迪逊公司等开始工业化生产三元乙丙橡胶。到 1968 年全世界 EPDM 生产能力达 9.5 万吨/年，除杜邦公司外，全世界的乙丙橡胶制造商都与蒙特－埃迪逊公司订有合同。因此，关于三元乙丙橡胶双烯单体的种类及技术，由于专利的广泛交换，可以说各公司都不能加以限制。

三元乙丙橡胶由于主链上不含双键，是一种耐臭氧、耐老化、耐化学品、耐高温的合成橡胶，可用作建筑材料、电线电缆高级电绝缘材料、汽车橡胶件等方面。

B 溶聚丁苯橡胶

溶聚丁苯橡胶是由金属锂或烷基锂（LiR）等锂系催化剂制得的，目前用其他催化剂还未能成功得溶聚丁苯橡胶（S－SBR）。早在 1913 年的专利中已提出 Li 或 LiR 能使双烯烃聚合，1934 年 Ziegler 也报告了这一点。但直到 1954 年 Natta 发现定向聚合前，一直没有引起人们注意。1954 年 Natta 确定立体定向聚合概念后，固特里奇－海湾公司用 Ziegler 催化剂制成了聚异戊二烯。1955 年壳牌公司、弗尔斯通公司各自独立地发现可以用 Li 催化剂使异戊二烯进行顺式－1,4 立体定向聚合后，锂系催化剂的研究才引起人们的注意。

菲利普石油公司用锂催化剂研究了各种单体的聚合及共聚合，于 1958 年发现在溶剂中加入季氨化配合物、二乙基醚、四氢呋喃等试剂，可用锂系催化剂制得丁二烯和苯乙烯的无规共聚物；于 1959 年发表了以溶液聚合制得立体结构 SBR "SolpreneX－40"（后改为 Solprenet1205），这便成为研究溶液聚合 SBR 的开端。SolpreneX－40 是嵌段共聚物，用于非轮胎制品。1962 年弗尔斯通公司申请了丁二烯与苯乙烯无规共聚专利。1964 年菲利普石油公司发表和生产了可用于轮胎的丁二烯与苯乙烯无规共聚通用橡胶 SolpreneX－30 和 SolpreneX－40。同年弗尔斯通公司在锂系异戊橡胶技术基础上生产了名为 "Duradene" 的溶聚丁苯橡胶。同样的，具有锂系催化剂技术的壳牌公司在锂系聚异戊二烯工业化的同时，研制了丁－苯嵌段共聚物 "Thermolastics"，这是一种新型的不需硫化的热塑性橡胶。1967 年日本旭化成公司用弗尔斯通公司的技术，1969 年日本昭和电工公司与菲利普公司合作成立 "AA 化学公司" 开始生产出售溶聚丁苯橡胶。到 1968 年已有美国、英国、日本、西班牙、比利时、澳大利亚等 7 个国家的 8 家公司建有 S－SBR 生产装置，同 E－SBR 相比，S－SBR 可在比较大的范围调节和控制丁二烯组分链节的微观结构、分子量、分子量分布、支化、单体链的长度及分布。这些优点有利于应用高分子设计，适应汽车的发展对轮胎橡胶高性能化的要求，成为高性能轮胎的首选橡胶之一。

C 醇烯橡胶

1936年美国马萨诺塞工学院的莫顿（A. A. Morton）发现用等摩尔的烯丙基钠、异丙醇钠和氯化钠混合组成非均相醇烯引发剂，可在戊烷中制得丁二烯的均聚物，聚合物以反式构型为主，与乳聚丁二烯相近；或制得与异戊二烯、苯乙烯的共聚物，并有极高的活性。美国在1946年至1950年开始用醇烯（Alfin）引发剂研制聚丁二烯橡胶，但聚合速度太快，制得的聚合物分子量高达500万～1000万；生胶加工性差，虽然可以填充100～200份油，但仍难以加工应用。1959年U. S. I 公司辛辛那提（Cincinnati）研究所，又继续开展莫顿的醇烯橡胶的研究工作，改进了催化剂，找到了分子量调节剂：1,4 - 二氢化萘等二氢化芳香族化合物，可将分子量由500万调节到15万左右，获得了适当分子量聚合物，使醇烯橡胶成为通用型橡胶。自1964年U. S. I 公司继续进行工业开发工作，并合成了多种均聚与共聚产品。1968年6月日本电气化学工业公司与日本石油化学公司共同投资建立了日本阿尔芬（Alfin）橡胶公司，采用此法于1971年建成了2.5万吨/年生产装置，实现了醇烯橡胶的工业化，但因价格高等商业原因，无法与丁苯橡胶竞争而停止了生产。

D 丁基橡胶

约于1935年I. G. Farben 公司以乙烯作溶剂，在低温制得具有弹性的固体聚异丁烯，商品名为 Opanol B，1943年生产5000t。此技术在第二次世界大战前由N. J 公司引进到美国，商品名改为 Vistane X。1937年N. J 公司为了改进加硫性在异丁烯中加入8%的异戊二烯并以液体乙烯作冷剂，在 -100℃聚合，开发成功可硫化的丁基橡胶，1940年发表，并在 Baton Rouge、Louisiana 建厂，于1943年开始生产。由于不能用于制作轮胎，仅用于内胎，开始生产规模较小，到1946年产量达到7.3万吨，1960年美国产量为9.8万吨。到1970年世界已有9套生产装置，年生产能力已达34.9万吨，采用的主要是 ESSO 技术。由于丁基橡胶与天然橡胶不具有相溶性，在制造无内胎轮胎时出现困难。1950年固特里奇公司通过混炼机使溴与橡胶混合而将丁基橡胶溴化，解决了丁基橡胶与天然橡胶不相溶的问题。但此技术当时未被市场接受。1965年又转给加拿大聚合物公司，于1972年再次上市。

N. J 公司以气相态的氯将丁基橡胶氯化，并在1959年开展氯化丁基橡胶轮胎试验，1960年开始在中试装置上进行生产。

1.3.6 特种橡胶的发展

自1960年后特种橡胶在美国、日本得到了快速发展，在美国1960年的消费占全部橡胶的21%，1970年达到27%，1980年达到35%。主要的特种橡胶有：

（1）聚硫橡胶 - 多硫化钠与二氯乙烷共聚体（美国1930年）。

（2）聚丙烯酸酯橡胶（美国 1948 年）。

（3）氯磺化聚乙烯（美国 1951 年）。

（4）氯化聚乙烯（美国 1953 年，日本 1968 年）。

（5）聚醚橡胶 – 环氧丙烷与环氧氯丙烷共聚体（美国 1957 年，日本 1970 年）。

（6）氟橡胶（美国 1959 年，日本 1970 年）。

（7）硅橡胶（日本 1952 年）。

（8）热塑弹性体：聚氨基甲酸酯（美国 1958 年）、SBS、SEBS（美国 1972 年）。

20 世纪 60 年代，Ziegler – Natta 催化剂与溶液聚合生产技术的开发和新型有规立构橡胶的大规模工业化生产，使合成橡胶生产技术产生了重大突破，出现重要的新型胶种，合成橡胶的产量也急速增加。顺丁橡胶和异戊橡胶的产量超过了早在 20 多年前工业化的氯丁、丁腈和丁基等橡胶品种，跃居为第二、三大通用胶种。合成橡胶的产量和消费量自 1962 年起便超过了天然橡胶。丁苯橡胶、顺丁橡胶、异戊橡胶、乙丙橡胶、丁基橡胶、氯丁橡胶和丁腈橡胶等七大通用胶种的生产工艺基本定型，生产技术渐臻成熟。到 1987 年西方发达国家七大胶种年产量达 934.4 万吨（见表 1 – 2）。合成橡胶形成了完整独立的工业体系，成为世界经济中重要的战略工业原料。

表 1 – 2　西方发达国家合成橡胶的发展　　　　　　（万吨/年）

胶种	1961 年	1970 年	1975 年	1980 年	1987 年
SBR	210.9	347.6	463.5	501.9	511.9
BR	13.5	91.3	105.9	117.6	141.1
IR		21.0	35.3	28.9	22.0
EP(D)M	—	14.9	35.9	42.8	66.1
IIR	21.1	34.9	39.6	49.8	60.7
CR	16.5	31.9	37.3	41.8	87.1
NBR	14.5	25.5	30.2	31.6	45.5
合计	276.5	567.1	744.4	814.4	934.4

1.3.7　合成橡胶专用化和高性能化的多元化发展时期

世界合成橡胶工业经历乳液聚合和溶液聚合两次大的技术发展，在 20 世纪 60 年代产量平均增加达到 10% 左右。虽然在 70 年代初，受石油危机的影响，合成橡胶发展速度减缓出现"低谷"，但到 1979 年合成橡胶仍达到历史上最好水平，产量为 937 万吨，耗胶量为 921 万吨。进入 80 年代后，由于第二次能源危

机的冲击，资本主义世界又出现了经济危机，合成橡胶市场萎缩，消费量增长减
缓出现第二次"低谷"。合成橡胶面对着汽车设计的改进、轮胎技术的发展、节
能要求的日益提高、汽车燃油组成的变化以及天然橡胶竞争的加剧和发展中国家
或地区合成橡胶工业的崛起等复杂多变而严峻的形势。工业发达国家合成橡胶公
司的经营战略纷纷转向调整或制定新的技术发展方向，重点是开发低耗节能工艺
和高效催化剂，提高工艺自控和质量检测水平，改善橡胶品质，发展分子工程，
开发新型低滚动高牵胎面胶，开发高强度、耐高温、高耐久性等高性能的橡胶及
具有分离性、导电性、刺激响应性等功能的橡胶，致使世界合成橡胶工业从数量
进入质量和多元化的发展阶段。

1.3.7.1　各胶种产耗比例的变化和技术开发重点的转移

丁苯橡胶（E - SBR）是历史悠久、产耗量最大的通用胶种。从 20 世纪 70
年代中期，特别是从 80 年代开始，产耗量虽然仍居各胶种之首，但在合成橡胶
总产量中所占的比率已明显减少，氯丁橡胶也如此。非计划经济国家合成橡胶各
胶种消耗量增长情况见表 1 - 3。

表 1 - 3　各胶种消耗量变化的情况　　　　　　　　　　　　（%）

胶种	1980 年	1981 年	1982 年	1983 年	1984 年	1985 年	1986 年	1990 年
NR	35.7	37.1	39.1	38.6	39.3	39.6	39.9	40.0
SBR	34.6	33.5	32.4	31.6	30.2	27.1	26.9	26.6
BR	10.9	10.9	10.8	11.2	11.5	11.2	11.1	11.0
FPDM	3.8	4.1	3.6	4.7	4.9	4.9	4.9	5.2
CR	3.7	3.8	4.2	3.7	3.6	2.9	2.8	2.7
其他①	11.3	10.6	9.9	10.2	10.5	10.8	10.7	10.9

①包括 NBR、IR、IIR 和特种胶。

汽车工业在 20 世纪 80 年代对 E - SBR、CR 需求量减少 30% 和 28%，而对
特种胶的需求量却显著增加。其主要原因是子午胎的普及、轮胎尺寸的缩小和使
用寿命的延长等。例如，子午胎对 E - SBR 用量比斜交胎减少 15% ~ 20%；而且
随着子午胎对回弹性和耐老化稳定性要求的进一步提高，SBR 用量还将进一步减
少。非轮胎制品方面用量也在减少。因此，在 80 年代中，美国先后关闭了 7 家
工厂，欧洲、日本和加拿大也先后关掉了部分 E - SBR 生产装置，转而开发和生
产性能优异的 S - SBR，以适应轮胎技术的发展和其他制品对原材料特性的要求。

面对世界合成橡胶工业的大背景，大型合成橡胶公司均将经营和技术开发重
点由通用胶种向高功能、高性能橡胶转移，并着手于运用分子工程这一技术手
段。如加拿大 Polysar 公司宣布退出 E - SBR 生产行列，致力于发展 S - SBR、耐
高温耐油橡胶以及精细聚合物和高技术复合材料；日本 JSR 公司关闭或改造部分

E–SBR 和 BR 装置，扩大 EPDM 生产能力，由出口产品改为出口技术或转让技术，在发展中国家或地区建立合营 SR 企业；美国 Goodrich 公司加速扩大特种胶的生产能力；意大利 Enichem 公司则将科研和技术开发重点指向炭黑母炼胶、高性能 S–SBR、稀土系 BR、新型 TPR 以及特种橡胶等。

合成橡胶工业界积极采用和推广各种先进技术手段。如采用微机进行配方和控制工艺过程，建立和健全灵准高效的信息系统，运用预测方法学的手段来掌握市场的未来动向，筛选技术开发的方向和重点，积极开展与用户的合作研究业务等。企业家把这一切视为影响企业未来发展的关键性因素。

1.3.7.2 发展分子工程、开发高性能低滚高牵新型高弹性橡胶[19]

受能源危机的冲击，汽车工业对其产品设计进行了全面改进和革新。主要是改进车型设计以减轻车重和减少空气阻力，设计新型发动机和改革驱动方式。据测定，车重减轻 60～70kg 可节约燃料油 1%。由于子午胎比斜交胎充压高，可使能量消耗降低 40%，磨耗减少 35%，滚动阻力减少 20% 以上，节约燃料油 5%。试验表明，在其他条件相同情况下，膨胀压力为 253.31kPa（2.5 个大气压）的子午胎所消耗的能量仅为膨胀压力 151.99kPa（1.5 个大气压）的斜交胎的60%。西欧在 20 世纪 70 年代以前轮胎基本实现了子午胎化，美国、日本在 70年代初子午胎的比例尚不到 10%，80 年代初乘用车胎中原配胎的子午胎比例，美、日分别达到 80% 和 70% 以上。

对现代轮胎使用性能的基本要求，是行驶安全（抗湿滑性好）、节能（滚动阻力低和耐磨）及乘坐舒适（无噪声、无振动）。然而，作为复合体的轮胎是高技术产品，轮胎在滚动过程中，胎面直接与路面接触，承受荷重并在高速下传递动力于路面，从轮胎制品这种受力和动态特性出发，一般要求胎面胶应耐磨、耐刺扎和耐后期老化。而子午胎则由于其适于高速行驶的结构设计，以及制造中对各种构件的苛刻加工精度，更突出地要求胎面胶的生胶强度高，且有滚动阻力和湿牵引性能的优化平衡。对适应新型轮胎要求的高性能结构材料的开发，正是新阶段合成橡胶工业面临的一个严峻任务，尤其是高弹性橡胶，如 NR、BR、SBR、IR，具有玻璃化转变温度（T_g）低、滞后损失（tanδ）小等特点，是至今轮胎工业仍在大量使用的橡胶，对它们的高性能化的要求越来越迫切，即要求这些高弹性橡胶要具有更高的强度、更高的耐热性、更高的耐久性和更高的耐振动性等物理力学性能。

对于实现轮胎滚动阻力和湿牵引性能的优化平衡已提出多种途径和手段，主要是聚合物并用、控制炭黑分布，以及发展分子工程、开发特别聚合物，尤以后者为当前技术发展的主流。根据对聚合物性能的要求，来设计理想的聚合物化学组成与结构，并选择适当的合成方法与条件来制备这些聚合物，从而开辟了一条不同于原来聚合物的开发程序。在利用高分子设计技术制备兼有低滚动阻力和高抗湿滑性胎面用胶方面已成功地开发与生产了一批符合当代轮胎性能要求的合成橡胶新型品种。

（1）溶聚 SBR Cariflex – 1215：Shell 公司与 Dunlop 公司联合开发，原商品名为 Cariflex SSCP – 901，其特点是分子链末端苯乙烯含量高，微观结构是二元结构，滚动阻力和抗湿滑性平衡优化，可用于制作子午胎和全天候胎，与 E – SBR 相比，抗湿滑性可提高 5%，而滚动阻力降低 13%，节省燃油 2.7%，Cariflex S – 1215 的特性见表 1 – 4。Shell 公司已于荷兰 Pernis 工厂工业化生产，日本合成橡胶公司与 Shell 公司合资在日本四日市建设 31.3 万吨/年生产装置。

表 1 – 4　S – SBR Cariflex S – 1215 与其他 SBR 品种性能比较

性　　能	S – SBR Cariflex S – 1215	E – SBR – 1502	充油 E – SBR – 1712
结合苯乙烯含量/%	23.5	23.5	23.5
1,2 – 结构含量/%	50	15	12
顺式 – 1,4 结构含量/%	20	10	—
反式 – 1,4 结构含量/%	30	75	—
微观结构	二元	无规	无规
T_g/℃	– 40	– 55	– 51
M_n	2.5×10^5	1.1×10^5	—
M_w	5.0×10^5	5.5×10^5	—
相对密度	0.93	0.93	
相对抗湿滑性	105		100
相对滚动阻力	87	—	100
节省燃油/%	2.7	—	—

注：M_n 为数均分子量；M_w 为重均分子量。

（2）锡偶联溶聚 SBR：日本合成橡胶公司与日本桥石公司联合开发。制备技术的关键是当转化率高于 99% 后补加少量丁二烯，使链末端苯乙烯基阴离子转化为丁二烯阴离子，然后加 $SnCl_4$ 偶联剂，生成 Sn – 丁二烯基链，从而使线性聚合物变为具有支化结构的聚合物，锡偶联 S – SBR 结合苯乙烯含量为 10% ~ 20%，1,2 – 结构含量为 40% ~70%，低分子组分含量少，50℃时 tanδ 值小，拉伸强度高。与 E – SBR 相比，其滚动阻力降低 30%，抗湿滑性提高 3%，耐磨性增强 10%。制作的轮胎，在启动、停车时省燃油 3.6%，恒速行驶时省燃油 6.2%。性能显著改善的原因，一是在混炼时，Sn 原子与聚合物链之间的键因剪切和热而断裂，分子量降低 75%，使混炼更加有效；二是链末端活泼的 Sn 原子与炭黑反应可形成更多的炭黑凝胶（其生成量比一般胶料高 10%），从而消除了聚合物链自由末端对滚动阻力的不利影响，也有利于炭黑的分散，进而改善了胶料性能。日本合成橡胶公司已工业化生产，并用于制作轮胎。

（3）低乙烯基顺丁橡胶：日本宇部兴产公司开发，商品名为 Ubepol – VCR。丁二烯先在钴系 Ziegler 催化剂作用下进行 –1,4 顺式聚合，达到一定转化率后，再加入二硫化碳 – 三乙基铝催化剂体系进行间规 1,2 – 聚合。Ubepol – VCR 的顺式 –1,4 结构含量为 91%，间规立构 1,2 – 结构含量为 8%，且部分分子链系 1,2 – 结构的聚丁二烯微区呈细纤状，长度为 $8\mu m$，有促进结晶的作用，从而改善其性能。与 BR 相比 Ubepol – VCR 的回弹性、耐屈挠龟裂性、定伸应力、抗拉强度和抗撕裂强度均优，可用于制作钢丝子午胎。

（4）高乙烯基聚丁二烯橡胶（HV – BR）：由日本 Nippon Zeon 公司开发和生产，商品名为 Nipol BR – 1240 和改性的 Nipol BR – 1245。Nipol – BR 乙烯基含量为 70%，T_g 为 –40 ~ –20℃，滚动阻力小，生热低，抗湿滑性和高温回弹性高，用作胎面胶比 BR 节省燃油 5%，而改性后产品的回弹性和滚动阻力，由于炭黑在胶料中分散状况的改善而又有显著提高。HV – BR 在低频率下的滞后损失小，而在高频下的滞后损失大，其滚动阻力和抗湿滑性有较好的平衡。目前对 1,2 – 结构能改善性能平衡的基本原因尚不十分清楚，仍是弹性体领域里科研主题之一。

（5）钕系顺丁橡胶（Nd – BR）：由意大利、德国开发和生产，商品牌号意大利为 Europeme NEDCIS BR40、BR60、BROE，德国为 Buna CB22、23、24 等系列新胶种。高顺聚丁二烯橡胶其生胶强度显著提高，Nd – BR 分子链线性规整度高（顺式 –1,4 含量在 98% 以上），加工性能及其硫化胶物理力学性能以及抗湿滑性优于其他催化体系产品，特别适于制作胎面和胎侧。Nd – BR 生产技术有四大优点：第一，钕系催化剂是非氧化型催化剂，其残留物不会引发聚合物降解；第二，易调控聚合物门尼黏度和生产高门尼充油基础胶；第三，采用脂肪烃溶剂，有利于环境保护；第四，钕系催化剂催化聚合反应具有准活性特征，Nd – BR 链末端可进一步化学改性。

运用分子工程，开发子午胎用聚合物的技术方向可归纳为两个方面：一是通过化学改性或偶联技术，改善炭黑在胶料中的分散状况，减少聚合物长链末端，从而达到降低滞后损失、滚动阻力和燃油耗量的目的；二是根据 tanδ 滚动阻力和抗湿滑性的关系，胎面运动频率及其温度分布与滚动阻力和抗湿滑性的关系，调节控制或适宜组合聚合物的微观结构，使之达到性能优化平衡、节油和提高行驶安全性的目的。分子工程的发展突破了传统观念的束缚，摆脱了配合技术目前已达顶点、无法跨越进一步改善胎用胶料平衡性能的停滞局面，为性能平衡更加优化、低滚高牵胎面用聚合物的开发开辟了广阔前景。

1.3.7.3 高性能特种橡胶的开发

合成橡胶工业由量向质转变的另一个重要标志，是各合成橡胶公司普遍关心开发并小批量生产适应一些特殊要求的高性能特种橡胶，视之为竞争取胜，跻身于合成橡胶强大企业之列的条件之一。

（1）高饱和丁腈橡胶（HSN）：HSN是由乳聚NBR在溶剂中于钯催化剂存在下，使其双键选择加氢而成。其聚合物链由亚甲基链、侧腈基和少量碳碳双键组成，因而具有优良的弹性、耐热性、耐氧性、耐臭氧性、化学稳定性、耐油性和低温屈挠性，且可用硫黄硫化。

瑞翁公司、Bayer公司和Polysar公司都已工业化生产HSN，商品名分别为Zerpol、Therban和Polysar Tornac。据报道，Zetpol的综合性能优于美国Du Pont公司的FKM系列氟橡胶，以及氯醚橡胶（CO）、丙烯酸酯橡胶（ACM）、NBR和CR等，适于制作汽油、燃油和润滑油系统的零部件，以及油井油田、核能装置和工业用零部件。HSN还可以与其他橡胶并用，其中尤以与EPDM并用更具吸引力。

（2）新型丙烯酸橡胶：日本合成橡胶公司通过分子设计用二烯烃代替原乙叉降冰片烯作共聚单体开发出既可用硫黄又可用过氧化物硫化的新型丙烯酸橡胶JSR-AR，其耐压缩变形、耐油和耐热性能均优于原ENR-AR。该公司特殊设计的含一定量高极性基团的丙烯酸单体共聚而成，其耐高硫燃油性、耐油和耐热性以及低温性能等均优良，主要用于燃油系统零部件。

（3）高功能氟橡胶：日本旭硝子公司生产的四氟乙烯-丙烯-第三单体三元共聚氟橡胶，耐酸碱、耐含胺润滑油和耐冷剂性能优良，使用温度在30℃以上；日本住友公司生产的偏氟乙烯-六氟丙烯-第三单体三元氟橡胶（Florel），耐醇耐胺和耐酸性能优异；Du Pont公司生产的四氟乙烯-烯烃-全氟乙烯醚共聚氟橡胶，由于引入含溴单体作交联点，其耐强酸、强碱性能优良。这些新型氟橡胶主要用于制作汽车、宇航、油田等工业用的密封塑件等。

（4）高性能三元聚醚橡胶：系瑞翁公司开发，由氧化丙烯、环氧氯丙烷和烯丙基缩水甘油醚三元共聚而成，商品名为Zeospah。其耐油、耐低温等性能优于CR、EPDM等，使用温度为-50~140℃，用于汽车零部件。

1.3.7.4 热塑橡胶TPR制备技术的发展[18]

被称为第三代合成橡胶的TPR，在20世纪80年代以来其制备技术的进展十分引人注目，是合成橡胶技术开发领域中甚为活跃的一个方面。如聚酰胺类TPR、热塑性NBR、以硅橡胶为基础的互穿聚合物网络TPR以及离子型TPR等先后问世。其中尤为突出的技术进展有：

（1）聚丙烯（PP）/EPDM共混型TPR。由热塑性聚烯烃（TPO）发展到以动态硫化法制备热塑硫化胶（TPV）。

（2）通过增溶剂降低相界面张力的技术，打破了只有溶度参数相近或表面能差值小的两种聚合物才能制备优良性能TPR的传统概念，制备成功耐油性相当于中腈NBR的PP/NBR共混型热塑性NBR（商品名为Geolast），以及NBR/聚醚胺共混型TPV。

（3）出现熔融加工型 TPR（商品名为 Aleryn），与 TPO 和 TPV 不同，它不是共混物，而是增塑的无定型的高度氯化的聚烯烃，具有与 TSR 相似的应力–应变曲线，无屈服点，且回弹性、耐臭氧性、耐紫外、耐候性和耐油性优良，是一种具有很强竞争潜力的 TPR 新品种。

（4）将 TSR（热固性橡胶）的并用技术用于 TPV，使共混材料兼具两者的优点，亦进一步扩大了 TPV 的应用领域。

1.3.7.5　开发高效催化剂及节能低耗新工艺

合成橡胶的基础原料是石油，而用其制造合成橡胶的过程又是高能耗过程。因此，自 20 世纪 70 年代"能源危机"以来，开发高效催化剂和节能工艺、简化生产过程是 SR 工业技术发展中的重要课题之一。

（1）Montedison 公司开发的高效 Al–Ti 系 EPDM 催化剂，效率达每克 Ti 5×10^4g 胶，比 Al–V 系催化剂高 10 倍，而新的 EPDM 悬浮法聚合工艺比旧悬浮法投资节省 24%，操作费用减少 45%，产品成本降低 4%。

（2）Enichem 公司获专利书的 IIR 连续生产工艺和设备，即自清理式螺杆挤出机器，在较高温度沸腾活塞流条件下，以氯化铝为催化剂和以 Et_2AlCl 为助催化剂，异丁烯和异戊二烯连续聚合成 IIR，聚合物浓度达 50%，比旧法工艺总能耗约降低 80%。

（3）高顺式–1,4 BR 单釜绝热连续聚合技术由 Tirestone 公司于 1984 年开发，其聚合停留时间为 35～45min，转化率高达 95%～100%，操作简便易控制，同时产品的强度、黏弹性比常规 Ni–BR 好。

1.4　分子工程理论的发展及其在开发高性能专用橡胶材料方面的应用前景[19]

1.4.1　低滚动阻力橡胶的聚合物设计

Yoshimura 等人于 1982 年提出，橡胶的滚动阻力与高温（60℃下）的 tanδ 值密切相关，且其低分子量级可增大 tanδ 和滚动阻力。据此，日本住友化学公司对由阴离子聚合得到的 BR 和 SBR，以及用四卤化物部分偶联的星形支化 SBR 的硫化胶进行了试验，结果表明，在不考虑分子量分布或支化结构的情况下，硫化胶单位体积内的聚合物长链末端浓度（long chain and concentrarion，LCEC），比聚合物的黏度或平均分子量更能表征 60℃下胶料的 tanδ 值和滚动阻力。聚合物链在交联网络中的运动，虽然受化学键或物理作用的约束，但相对而言，聚合物长链末端则能较自由地运动，从而造成振动能的滞后损失。因而可借 LCEC 来控制调节 tanδ 值，并以此作为低滚动阻力橡胶分子设计的一个参数。

$$\text{LCEC} = 5 \times 10^3 a/M_n \qquad (1-1)$$

式中，a 为每一聚合物链的长链末端数目；M_n 为聚合物的数均分子量。

由于抗湿滑性与 T_g 密切关联，故可借 LCEC 和 T_g 两个参数来进行低滚动阻力和高抗湿滑性两者兼具的 BR 或 SBR 的分子设计。

1.4.2　新的抗湿滑性与滚动阻力理论

长期以来，对抗湿滑性好的橡胶的开发一直受到传统论点的束缚，即为了改善橡胶的抗湿滑性，一是降低回弹性，二是提高聚合物的 T_g。根据 Tabor 的理论改善胶料抗湿滑性，则滚动阻力和生热增大，能耗也必然增加。

Dunlop 公司和 Shell 公司通过实验室在轮胎/路面界面类似于滚动/滑动的模拟条件下，对轮胎胎面胶的动态性能进行测定，并根据测定结果提出新的抗湿滑性/滚动阻力理论。依据这一新理论，滚动阻力低、抗湿滑性好、耐磨性合格的聚合物应具备两个条件：第一是在相对低的频率（约 120Hz）和相对低的温度（对小轿车轮胎约为 50℃）下，测得的损耗模量（E''）和损耗柔量（E''/复数模量 E^{*2}）两值均小，则滚动阻力低；第二是在相对高的频率（50kHz ~ 1MHz）和相对高的温度（100 ~ 150℃）下，测得的损耗因子 $[(K'' + 4G''/3)/(K' + 4G'/3)]$（式中 K' 和 K'' 分别为体积弹性模量和损耗模量，G' 和 G'' 分别为剪切弹性模量和损耗模量）的值大，则抗湿滑性好。

根据新理论对现有聚合进行大量研究，均未获得符合预期要求的聚合物。只能依据新理论开发特制聚合物，但前提是需用现有大规模生产的单体合成，又能在现有生产轮胎的工艺设备上进行加工。

设计此特制聚合物的链结构由两部分组成，一是决定其低形变频率或低滚动阻力的链结构，二是决定其高形变频率/高生热或高抗湿滑性的链结构。

Dunlop 公司以二甘醇二甲醚为结构调节剂，以烷基锂为引发剂，于 50℃ 聚合，开发成功符合上述预定性能要求的胎面用特别聚合物，即 S – SBR Cariflex S – 1215。这一新型聚合物的开发成功，标志着胎面胶分子设计技术的重大理论进展和突破，是新一代 S – SBR 的先导。

1.4.3　低滚动阻力聚合物的开发

日本 Saito 等人对轮胎滚动中胎面的运动频率及其温度分布与滚动阻力/抗湿滑性的相互关系进行深入研究后得出如下结论：第一，抗湿滑性与 – 30 ~ – 15℃ 的 $\lg S_T$ 密切相关，即：

$$\lg S_T = \int_{T_1}^{T_2} \tan\delta(T)\,\mathrm{d}T \qquad (1-2)$$

式中，$T_2 = T_1 + 15℃$，$T_1 = -50 ~ 70℃$；第二，滚动阻力与 50 ~ 65℃ 的 $\lg S_T$ 密切关联。这就是说，作为滚动阻力/抗湿滑性达到最佳平衡的聚合物的表征，其 $\tan\delta$ 值在 – 30 ~ – 15℃ 时应大，在 50 ~ 65℃ 时则应小。

滚动阻力是压缩力矩、弯曲力矩和剪切力矩所引起的能量损耗的结果，易受损耗柔量（E''/E^{*2}）和损耗模量（E''）的影响。对小轿车子午胎，上述两个参数可用下式高度关联：

$$AE'' + BE''/E^{*2} + C \tag{1-3}$$

式中，A、B 和 C 是常数。此式可转换成：

$$AE^* \sin\delta + B\sin\delta/E^* + C \tag{1-4}$$

式中，$\sin\delta$ 越小，则 $\tan\delta$ 越小，滚动阻力就越低。

据此原理，一方面通过控制微观结构，使结合苯乙烯含量为 25%（质量分数）、1,2 - 结构含量为 40%（摩尔分数）来控制低温下的 $\tan\delta$；另一方面又通过控制分子量及其分布（即控制门尼黏度为 75）来控制高温下的 $\tan\delta$，从而开发成功了滚动阻力低、抗湿滑性高的胎面用新型 S - SBR。

纵观历史，汽车工业尤其是轮胎工业的变革和技术进步，强有力地推动了合成橡胶工业的发展。

1.5　中国合成橡胶工业发展历程

1958 年 11 月 14 日四川长寿化工厂建成中国第一套合成橡胶——氯丁橡胶生产装置并投料生产，中国合成橡胶工业从此诞生。氯丁橡胶装置的建成投产，揭开了中国合成橡胶生产的序幕，结束了中国无合成橡胶工业的历史。

旧中国不仅天然橡胶产量几乎为零（每年产量不足 200t），更无合成橡胶工业。新中国成立后，东北科学研究所（长春应化所前身）有机化学合成实验室、沈阳化工局研究室人造橡胶组，经化工局批准于 1950 年先后开展了合成橡胶的研制工作。沈阳化工局人造橡胶组按东北工业部的决定，钱保功等人以及相关仪器设备于 1951 年迁到长春与东北科学研究所橡胶组合并。1952 年合成橡胶组独立成立研究室，由孙书祺任主任。1953 年钱保功接任主任。到 1954 年 2 月从事合成橡胶研究人员已达 35 人，其中研究员 3 人，副研究员 1 人，助理研究员 11 人；技术工人 66 人，其中 8 级工 28 人，3 ~ 5 级工 6 人。到 1959 年，长春应化所先后研制成功氯丁橡胶（1951 年）、丁苯橡胶（1952 年）、聚硫橡胶（1952 年）、丁吡橡胶（1959 年）等通用橡胶及专用橡胶，并建立氯丁、丁苯、聚硫等 3 个橡胶中间实验工厂，编写研究工作报告 40 余篇，翻译俄文专著《合成橡胶》及《高分子化学》两册。长春应化所的橡胶研究工作为中国建立和发展合成橡胶工业创造了条件，更为合成橡胶科学与工学的综合性研究工作奠定了基础，培养了人才，建立了一支橡胶科学研究队伍。

东北科学研究所于 1950 年 6 月首先开展了氯丁橡胶的研制工作。由于 10 月份朝鲜战争爆发，国防军工急需氯丁橡胶，便集中较多人力开展乙炔的制备与精制、乙烯基乙炔的合成与精制、2 - 氯丁二烯 - 1,3 单体的合成及其乳液聚合等研究项目。仅用了半年时间，于 12 月 28 日就在实验室里成功合成出我国第一块人造橡胶——氯丁橡胶。

为解决国防军工燃眉之急，长春应化所于 1951 年又建成日产 20kg 氯丁橡胶中试生产工厂，供应沈阳橡胶六厂特种橡胶零部件生产。到 1954 年中试工厂共约生产 800kg 氯丁橡胶。1956 年中试工厂设备迁至四川长寿化工厂。部分操作人员也随之调往参与工业装置的筹建工作。

在中试基础上以及苏联专家的指导下，化工部化工设计院于 1955 年开始进行年产 2000t 的以电石法乙炔为原料生产氯丁橡胶的生产装置设计。1957 年 7 月破土动工，1958 年 8 月建成，11 月 14 日揭开了我国合成橡胶工业生产的序幕。

为尽快发展合成橡胶工业，1953 年 5 月 15 日中国政府与苏联在北京签订了建设合成橡胶厂项目协议书，全套引进苏联的设备及技术。1955 年 6 月长春应化所丁苯中间试验厂停办，试验厂的工人及设备移交兰州合成橡胶厂，后来这些工人成为兰州橡胶厂的主力和骨干。1956 年 8 月丁苯橡胶厂在兰州破土动工。苏联将第二次世界大战后接受民主德国 Schkopan 丁苯橡胶的聚合设备送给中国，是 50℃聚合的热丁苯，拉开粉为乳化剂，年生产能力为 1.35 万吨。1959 年 3 月开始设备安装，直到 1960 年 5 月 20 日建成投产，开始生产硬丁苯橡胶。

当 Ziegler – Natta 催化剂出现后，世界进入有规立体橡胶研究开发时期。长春应化所于 1958 年也适时地开展了定向聚合和有规立构橡胶的研究开发。先后开展了聚丁二烯、聚异戊二烯、乙烯与丙烯的共聚等有规橡胶的研制工作。1964 年中国科学院在北京邀请有关专家和相关领导对长春应化所研制的顺丁橡胶成果进行鉴定验收，并推荐了镍系催化顺丁橡胶，由国家组织全国有关单位共同进行生产工艺技术的开发。在以美国为首的资本主义国家以及苏联对我国实行经济技术封锁时期，我国依靠自己的力量开发成功镍系顺丁橡胶和溶液聚合全套生产技术，并于 1971 年在北京燕山公司建成第一套万吨级顺丁橡胶生产装置，之后又相继建成 6 套生产装置，中国成为世界镍系顺丁橡胶生产大国。

1978 年党的十一届三中全会后，实行改革开放政策，确定了改革开放的原则，国家进入大规模经济建设时期。同时以多种方式开始引进合成橡胶生产技术，加速了我国合成橡胶的发展。自 1982 年起，我国先后从国外引进了丁苯、乙丙、丁基等多套大型生产装置，使我国合成橡胶生产能力在 2004 年达到了 218 万吨，居世界第三位。

中国合成橡胶工业的发展历程是以自主研发和引进相结合，从无到有、由小到大、由弱变强，成为合成橡胶生产大国。合成橡胶的七大品种，中国已能生产六大品种，即丁苯橡胶（E – SBR 和 S – SBR）、顺丁橡胶（HC – BR、LC – BR 及各种乙烯基含量的 BR）、氯丁橡胶、丁腈橡胶、乙丙橡胶与丁基橡胶。顺丁橡胶是由我国自主开发的技术，并建有 7 套生产装置，总生产能力达 42.8 万吨/年，国内市场占有率达到 90% 以上，是我国合成橡胶工业发展乃至我国工业发展史最值得称赞的建设成就，也是最让中国人民扬眉吐气的工业发展项目。锂系聚合物–SBS 热塑弹性体，也是由我国科技人员自主研究开发的技术。1984 年应用于工业生产，国内已建成两套生产装置，总产能达到 22 万吨。该项技术还实现了向国外输出。我国现有合成橡胶生产企业有 15 家，各家技术状态见表 1–5。

表 1–5　通用合成橡胶企业技术状态

橡胶品种	生产厂家	建厂规模（投资）/kt·a⁻¹	技术来源	技术特点	投产时间	生产能力/kt·a⁻¹
乳聚丁苯胶	兰化公司	13.5（1.03 亿元） 35	苏联接收东德 Schkopan 丁苯胶厂设备自主改造	50℃聚合热丁苯、拉开粉 5℃聚合冷丁苯、歧化松香	1960 年 5 月 2001 年	45
	吉化有机合成厂	80（1.5152 亿元）	日本合成橡胶公司扩能	低温聚合，转化率62%	1982 年 8 月 2004 年 4 月	130
	齐鲁橡胶厂	80（2800 万美元，约合1.83 亿元）	日本瑞翁（ZEON）扩能	低温聚合，转化率72%	1987 年 7 月 1998 年	130
	申华化学公司	100（9.160 万美元）	台橡公司扩能		1998 年 8 月 2005 年	170
顺丁橡胶	北京燕山石化合成橡胶厂	15（4000 万元）	国内开发扩能	镍系催化剂	1971 年 1996 年	120
	齐鲁橡胶厂	15（4300 万元）	国内开发扩能	镍系催化剂	1976 年 12 月 1997 年	42
	高桥石化化工厂	10 50（4.8 亿元）	燕化技术新建扩能	镍系催化剂	1976 年 1992 年 2003 年 4 月	120
	巴陵石化公司合成橡胶厂	15（8000 万元）	国内开发扩能	镍系催化剂	1979 年 12 月 2001 年	40
	锦州石化公司	6 50 10	国内开发新建新建	镍系催化剂 钕系催化剂	1979 年 9 月 1996 年 9 月 1996 年 9 月	50 10
	独山子石化乙烯厂	20（7586 万元）	齐鲁技术扩能	镍系催化剂	1995 年 8 月 2002 年	33
	大庆石化总厂化工厂	50（4.2 亿元）	燕化技术扩能	镍系催化剂	1998 年 5 月 2006 年	80
	茂名石化公司	10	比利时 FINAL 公司	n–C₄H₉Li THF 调节剂，SiCl₄ 偶联剂	1997 年 7 月	10

橡胶品种	生产厂家	建厂规模（投资）/kt·a⁻¹	技术来源	技术特点	投产时间	生产能力/kt·a⁻¹
氯丁橡胶	四川长寿化工公司	2（2000 多万元）	国内开发 扩能	过硫酸钾引发剂	1958 年 2002 年	28
	山西合成橡胶公司	2.5（40941 万元）	长寿技术 扩能	过硫酸钾引发剂	1965 年 7 月 2001 年	25
	青岛化工厂	2.5（2417.5 万元）	长寿技术	过硫酸钾引发剂	1965 年（1998 年停产）	
丁腈橡胶	兰州石化公司合成橡胶厂	15 150	前苏联技术 日本 Zeon 公司 扩能	高温引发剂 低温引发剂	1962 年 7 月 2001 年 2000 年 4 月	45 150
	吉林石化公司有机合成厂	10	日本 JSR 公司 扩能	低温引发剂	1993 年 1997 年 9 月	10
	镇江南帝公司	12	美国 Goodrich 公司		2003 年 9 月	12
乙丙橡胶	吉林石化公司	20（7 亿元）	日本三井石化公司 扩能	$VOCl_3$	1997 年 9 月 2004 年	40
丁基橡胶	北京燕山石化公司	30（11 亿元）	意大利 Pressindustria Group（PI）公司		1999 年 12 月	30
溶液丁苯橡胶	茂名石化公司	50（其中 SBS 与 LCBR 各 10）（10 亿元）	比利时 FINAL 公司	$n - C_4H_9Li$ THF 调节剂，$SiCl_4$ 偶联剂，环烷、己烷混合溶剂	1997 年 7 月（1999 年 1 月改为生产充油 SBS）	
	北京燕山石化公司	10（3290 万元）	燕化研究院 扩能	$n - C_4H_9Li$	1996 年 5 月 1998 年（1999 年改为生产 SBS）	30
热塑弹性体	北京燕山石化公司	10（7000 万元）	燕化研究院 扩能 扩能	LiR	1993 年 9 月 2002 年 2003 年	60 90
	巴陵石化公司	100（5 亿元）	燕化公司研究院 扩能	LiR	1989 年 12 月 2001 年 9 月	120
	茂名石化乙烯公司	500（10 亿元）	比利时 FINAL 公司	LiR，可交替生产 SBS、S - SBR、LCBR	1997 年 10 月	500

　　我国虽经半个多世纪的努力奋斗，天然橡胶产量已位居世界第五位，合成橡胶的产量已位居第三位，但我国橡胶资源的消耗现已连续多年位居世界第一，每年有 70%需要靠进口来解决，对外依存度超过了石油、铁矿，位居我国战略资源品种对外依存度之首。

参 考 文 献

[1] 焦书科,周彦豪,等. 橡胶弹性物理及合成化学 [M]. 北京:中国石化出版社,2008.

[2] 浅井沿海. ゴムの合成の历史 (1) [J]. ポリマーティジュスト,1995 (5).

[3] 郑文荣. 我国天然橡胶生产概况与发展 [C] //全国合成橡胶生产、应用及市场研讨会文集,2001.

[4] 农业部农垦局. 中国天然橡胶介绍 [Z]. 2004.

[5] 彭光钦. 中国橡胶资源展望 [J]. 科学通报,1951,2 (4):367~372.

[6] 田中康之. 天然ポリイソプしンの构造解析 [J]. 日本ゴム协会志,2001,74 (12):468~476.

[7] Lynen F. 橡胶合成的生物化学问题 [C] //范思伟,译. 热带作物译丛,1983:1~13.

[8] Gregg E C, Macey J H. Relationship of Properties of Synthetic Poly(isoprene)and Natural Rubber in the Factory, The Effect of Non – rubber Constituents of Natural Rubber [J]. Rubb Chem Tech, 1973, 46:47.

[9] 那洪东. 橡胶、弹性体的技术动向与未来 [J]. 橡胶参考资料,2008,38 (5):9~15.

[10] 浅井沿海. ゴムの合成の历史 [J]. ポリマーディジュスト. 1999 (5,6,8,9),2000 (2,3,4,6).

[11] 钱保功,王洛礼,王霞瑜. 高分子科学技术发展简史 [M]. 北京:科学出版社,1994.

[12] 鲍爱华. 八十年代世界橡胶市场供需动向、技术开发重点及对国内发展合成橡胶建议 [C] //全国合成橡胶第七次年会文集,1985:13.

[13] 吴祉龙. 国外合成橡胶技术开发新进展 [C] //全国合成橡胶第七次年会文集,1985:20.

[14] 鲍爱华. 世界合成橡胶工业进展 [C] //全国合成橡胶第九次年会文集,1988~1991:50.

[15] 吴祉龙. 世界合成橡胶工业态势分析 [C] //全国合成橡胶第十次年会文集,1990~1991:83.

[16] 吴祉龙. 合成橡胶工业的现在与未来 [C] //全国合成橡胶第十三次年会文集,1996~1997:84.

[17] 鲍爱华. 世界 SR 工业发展现状、市场供需分析与预测 [C] //全国合成橡胶第十四次年会文集,1998~1999:34.

[18] 吴祉龙. 热塑性橡胶的进展及其技术发展动向 [J]. 合成橡胶工业,1987,10 (3):223.

[19] 吴祉龙. 汽车轮胎及部件用合成橡胶 [J]. 合成橡胶工业,1987,10 (5):368.

[20] 吴祉龙. 当代世界的合成橡胶工业 [J]. 合成橡胶工业,1988,11 (1):54.

[21] 合成橡胶译文文集 [C] //中国科学院吉林应化所四室译,1973.

[22] 姚海龙. 世界 SR 技术现状与发展趋势 [J]. 橡胶工业,2002,49 (8):497.

[23] Shearson, Mc Kenzie, Samuels. Ind Eng Chem, 1948, 40:769.

[24] 中国合成橡胶工业协会. 中国合成橡胶工业总览 [M]. 北京:中国计量出版社,2005.

2 顺式 –1,4 聚丁二烯橡胶(顺丁橡胶) 配位聚合催化剂及聚合规律

2.1 聚丁二烯橡胶概述

2.1.1 聚合催化剂的发展与聚丁二烯橡胶的沿革[1~3]

早在 1910 年前后，英国、德国和俄国等国家的科学家先后发现用金属钠的分散体可将丁二烯制得类橡胶状聚合物，但凝胶含量高，聚合物的性能远比天然橡胶低劣。20 世纪 30 年代前后，德国、苏联采用金属钠催化剂以气相块状聚合方法实现了聚丁二烯橡胶工业化大生产，产品称为 Buna 橡胶（Bu 和 na 分别为丁二烯和钠的德文 Butadien 和 Natrium 的词头），这是以 1,2 - 结构为主的聚丁二烯橡胶，目前仅俄罗斯和中国有少量生产。Buna 橡胶的工业生产拉开了人工合成橡胶工业化大生产的序幕。

20 世纪 30 年代后自由基引发聚合技术研究取得了突破性进展。丁二烯可以采用自由基乳液聚合方法制得分子量高、凝胶少的乳聚丁二烯橡胶，但性能仍远不及天然橡胶。1933 年德国法本（I. G. Farben）公司发现丁二烯与少量苯乙烯的共聚物具有凝胶含量少、物性优于乳聚丁二烯橡胶的特点，并于 1937 年建厂开始工业生产丁二烯与苯乙烯共聚新胶种，产品名称为 Buna S，由此而开始进入合成橡胶时代。第二次世界大战中美国政府将合成橡胶作为国防计划来管理，并改进了德国的技术，于 1942 年实现了丁苯橡胶工业化生产，取名 GR - S（1961 年后改为 SBR），到 1945 年产量已达 67 万吨。经过不断改进，丁苯橡胶今天仍为合成橡胶中第一大通用橡胶。若将此新胶种看作是用少量苯乙烯共聚改性的聚丁二烯橡胶，那么自由基乳液聚合技术的研制成功，促使聚丁二烯合成橡胶出现了第一次飞跃发展。1950 年美国 Rubber 公司对乳聚丁二烯进行深入开发研究，1964 年美国 Taxas – US. Chemical 公司又在乳聚丁苯橡胶装置上实现了乳聚丁二烯橡胶的工业生产，产品名称为 Synpo E – BR。这是以反式 –1,4 结构为主的聚丁二烯橡胶，并有充油和充油充炭黑等多种牌号胶。1971 年日本三菱化成化学公司也引进 Taxas Co 技术生产乳聚丁二烯橡胶，经改进后生产的乳聚丁二烯橡胶具有优良的抗屈挠、耐磨和动态力学性能。目前美国、日本、印度、意大利等国家均有生产厂家生产。

1936 年美国 Morton 曾发现活性极高的醇烯（Na、$C_5H_{11}Cl$、$(CH_2)_2CHOH$、

$CH_3CH = CH_2$ 等摩尔混合物）催化剂，1959 年 U. S. I 公司研究所对醇烯催化剂进行研究改进，并找到了分子量调节剂，合成了多种均聚物和共聚物。1971 年日本阿尔芬（Alfin）橡胶公司采用此方法建成年产 2.5 万吨醇烯胶生产装置，产品牌号为 AR1510H 和 AR1530，分别为含有 5% 和 15% 苯乙烯的丁苯共聚橡胶。该胶种硫化胶机械强度大体与丁苯橡胶相当，特点是定伸应力低、伸长率高、硬度比其他橡胶低。该橡胶还具有高填充性，适合制备高炭黑和高充油量填充胶。硫化胶耐屈挠性、抗撕裂性、耐龟裂和耐磨性优良，抗外伤和抗湿滑性能好，适用于制造轮胎。但因价格高等商业的原因无法与丁苯橡胶竞争而停止生产[4]。

　　1954 年德国化学家 K. Ziegler 在长期对烷基金属的研究过程中发现 AlR_3 和 $TiCl_4$ 二元体系催化剂在常压下可使乙烯聚合成线性高分子聚合物，这个发现引起世界各国学者的注意，并立即开展了研究。意大利的科学家 G. Natta 用 $TiCl_3$ 代替 $TiCl_4$ 与 AlR_3 组成的二元体系催化剂制得了丙烯聚合物，并发现聚合物的分子结构具有立体规整性，于 1955 年发表了立体有规聚合方法[5]。这一催化剂被用于共轭双烯烃聚合，美国固特里奇–海湾公司研究所首先用这种催化剂制得了橡胶状的异戊二烯聚合物，发现其分子结构与天然橡胶相同，其组成为 98% 顺式–1,4 聚异戊二烯，并于 1954 年 12 月宣布："合成天然橡胶"获得了成功。Ziegler 催化剂的发现实现了人们长期以来复制天然橡胶结构的愿望。与此同时，美国的壳牌和弗尔斯通两公司和苏联于 1955 年各自使用锂系催化剂也制得顺式–1,4 聚异戊二烯。在此期间对丁二烯聚合的研究，用 Ziegler 催化剂未能制得高顺式聚丁二烯而得到的是反式–1,4 结构聚合物，但经改进后，于 1956 年菲利浦公司用 TiI_4–AlR_3，许耳斯公司用 $TiBr_4$–AlR_3，固特里奇–海湾公司、蒙特卡蒂尼公司、壳牌公司用 Co–化合物–AlR_2Cl 不同的催化体系，几乎在同一时期分别发现了不同催化剂均可制得顺式–1,4 聚丁二烯[1]，1959 年日本乔石公司又研制成功 $Ni(noph)_2$–AlR_3–BF_3OEt_2 三元催化体系，也制得顺式–1,4 聚丁二烯[6]。

　　$TiCl_4$–AlR_3 二元体系是典型的 Ziegler–Natta 催化剂（有称 $TiCl_4$ 与 AlR_3 为 Ziegler 催化剂，$TiCl_3$ 与 AlR_3 或 AlR_2Cl 为 Natta 催化剂，为简便起见，后统一叫做 Ziegler–Natta 催化剂），实际上，Ziegler 催化剂出现后，它的组成范围很快扩大到一种有机金属化合物与一种过渡金属化合物组成的催化体系，已由原来的二元体系发展到三元体系、多元体系。对 Ziegler–Natta 催化剂深入广泛的研究，促使聚丁二烯合成橡胶出现了第二次飞跃发展。1960 年美国 Phillips 石油公司率先建成世界第一套顺丁橡胶生产装置，采用 TiI_4–$AlEt_3$ 催化体系开始生产牌号为 Cis–4 的钛系顺丁橡胶。1961 年美国 Firestone 轮胎和橡胶公司建成锂系顺丁橡胶生产装置，生产牌号为 Diene 低顺橡胶[1]。1962 年美国 Goodrich–Bay 公司建成钴系顺丁橡胶生产装置，生产牌号为 Ameripol CB 高顺式聚丁二烯橡胶[1]。由于新装置不断建成投产，到 1964 年短短的几年内，顺丁橡胶年生产量仅低于乳聚丁苯橡胶，成为第二大通用合成橡胶。1965 年日本合成橡胶公司引入美国菲利普公司的工艺技术，采用镍系催化剂生产牌号为 JSR - BR 的镍系顺丁橡胶[6]。到 1970 年全世界已有 22 家生产厂家，分别用 5 种不同的催化体系生产顺丁橡胶，年产量达 94 万多吨[7]。

1970 年中国科学院长春应化所研制成功制备高顺式聚丁二烯的稀土羧酸盐、烷基铝和氯化烷基铝组成的三元催化体系[8]，并在锦州石油六厂完成了稀土顺丁橡胶和稀土顺丁充油橡胶的工业化实验。20 世纪的 80 年代德国 Bayer 公司[9,10]和意大利 Enichem 公司[11]先后生产了稀土顺丁橡胶及充油胶。稀土催化剂的研究和工业化生产，进一步提高了聚丁二烯橡胶的总体性能，促进了聚丁二烯橡胶的发展。

20 世纪 70 年代受两次石油危机的冲击，燃料油和化工原料的生产受到极大影响，由于苯乙烯的短缺，直接影响到丁苯橡胶的生产。欧洲有关学者根据结构与性能方面的研究成果，经高分子设计，利用改性锂催化剂研制成功乙烯基含量在 30% ~60% 的中乙烯橡胶。中乙烯基橡胶可以代替丁苯橡胶单独用于制造轮胎，与顺丁橡胶有同样的低生热和低滚动阻力，而又比顺丁橡胶有好的抗湿滑性，故有人称之为第二代溶聚有规橡胶。1973 年英国国际合成橡胶公司首先将锂系低顺橡胶生产装置改为生产中乙烯基聚丁二烯橡胶，商品牌号为 Intolene - 50，有乙烯基含量为 42%、48% 及 63% 等 3 种不同的商品胶。第二次石油危机后，为节约能源减少油耗，美国建立了"CAFÉ 法规"，要求汽车燃料消耗标准为 11.8km/L[12]。中乙烯基聚丁二烯橡胶成为美国生产节能轮胎的首选胶种[13]。1981 年日本瑞翁公司又生产了高乙烯基聚丁二烯橡胶，乙烯基含量大于 70%，商品牌号为 Nipol BR - 1240 及改性 Nipol BR - 1245[14]。高乙烯基橡胶在综合性能方面有更好的平衡，成为 20 世纪 80 年代开发的具有突破意义的新型胶种之一。

聚丁二烯橡胶经过近一个世纪的发展，尤其是 Ziegler - Natta 催化剂的发现，使丁二烯制得了有规立构橡胶，尤其是顺式 -1,4 聚丁二烯，一跃成为第二大合成胶种并保持至今，顺丁橡胶与天然橡胶、丁苯橡胶一起成为当今轮胎工业不可替代的主要原料胶种。

2.1.2 聚丁二烯的结构与性能

2.1.2.1 聚丁二烯的单元构型与大分子链结构

聚丁二烯的单体丁二烯，由于中心单键具有 18% 的双键特性，围绕 C—C 单键的自由旋转受到一定阻碍，在常温下存在着 S - 反式及 S - 顺式两种构型（S 表示单键受阻旋转），见图 2 - 1。

两种构型自由能相差约 9.63kJ/mol，在常温下，S - 反式较稳定，约占 96%，S - 顺式约占 4%，但打开化学键所需能量相差不大。在不同类型的催化

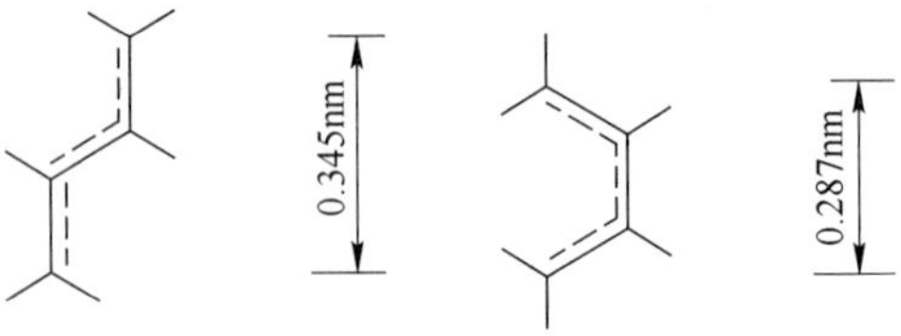

S-反式丁二烯　　　　　　　S-顺式丁二烯

图 2 – 1　丁二烯两种构型键长[1]

剂作用下，便以顺式 –1,4、反式 –1,4 及 1,2 – 的右旋或左旋式构型单元（见图 2 – 2），以不同的方式进行加成聚合，生成大分子聚合物。

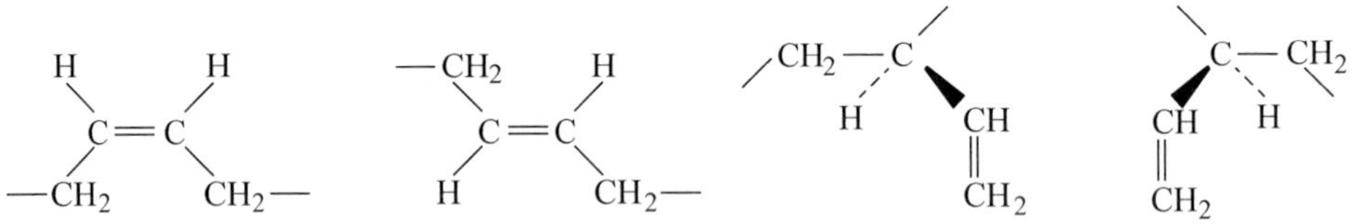

顺式 –1,4　　　　　　反式 –1,4　　　　　1,2– 右旋　　　　　1,2– 左旋

图 2 – 2　聚丁二烯的四种单元构型

在 Ziegler – Natta 催化剂作用下的配位聚合，已合成单一单元构型组成的两类立构聚合物，一类是 –1,4 加成聚丁二烯，通式为 $\text{+(CH}_2\text{—CH}=\text{CH—CH}_2\text{)+}$，又有顺式及反式两种几何立构体；另一类是 1,2 – 加成聚丁二烯，通式为 $\text{+(CH}_2\text{—CH)}_n$，$\text{CH}=\text{CH}_2$，又有全同及间同两种有规立构异构体（见图 2 – 3）。

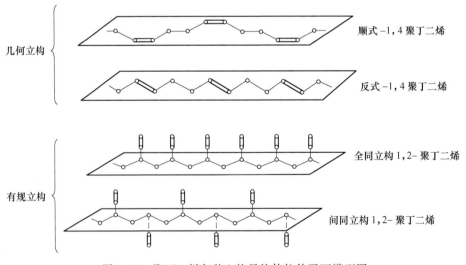

几何立构 { 顺式 –1,4 聚丁二烯

反式 –1,4 聚丁二烯

有规立构 { 全同立构 1,2– 聚丁二烯

间同立构 1,2– 聚丁二烯

图 2 – 3　聚丁二烯各种立构异构体拉伸平面模型图

Natta[15]首先合成了这四种高单一构型单元组成的高纯聚合物，并详细探讨了它们的微观结构。从 X 射线衍射仪分析，得知顺式 –1,4 聚丁二烯在室温下稍有结晶性，在拉伸到 300% ~ 400% 状态下，结晶性显著增加，冷却到 –30℃ 低温下极易结晶，能显示尖锐的 X 射线图形。推测顺式 –1,4 聚丁二烯的分子链可能有如图 2 – 4 所示的两种构型。

测得的纤维恒等周期是 0.860nm，其中图 2 – 4 右图所示构型较适宜。Natta 等人[15]进行了详细的结晶解析，得出图 2 – 5 所示的结晶结构。

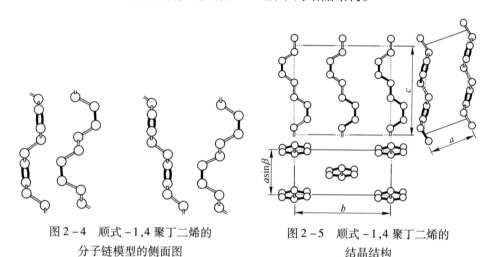

图 2 – 4　顺式 –1,4 聚丁二烯的　　　　　　图 2 – 5　顺式 –1,4 聚丁二烯的
　　　　　分子链模型的侧面图　　　　　　　　　　　　　结晶结构

另三种单一构型聚合物在常温下均为结晶体。结晶解析结果见表 2 – 1。

表 2 – 1　结晶性聚丁二烯结构参数[16]

聚合物	纤维恒等周期		空间群晶格常数	单元晶格单体数	相对密度（X 射线）	熔点/℃
	长度/nm	单体数				
反式 –1,4	0.490	1	拟六方晶 $a = b = 0.454nm$、$c = 0.490nm$	$z = 1$	1.22	148
顺式 –1,4	0.860	2	单斜晶系 $C_{2h}^6 – C_2/C$ $a = 0.460nm$、$b = 0.950nm$、$c = 0.860nm$、$\alpha = \gamma = 90°$、$\beta = 109°$	$z = 4$	1.01	(1)
1,2 – 全同	0.650	3	三方晶系 R_{3c} $a = b = 1.73nm$、$c = 0.650nm$、$\alpha = \beta = 90°$、$\gamma = 120°$	$z = 18$	0.96	125
1,2 – 间同	0.514	2	斜方晶系 $D_{2h}^{11} – P_{cam}$ $a = 1.098nm$、$b = 0.660nm$、$c = 0.514nm$、$\alpha = \beta = \gamma = 90°$	$z = 4$	0.96	155

　　反式-1,4聚丁二烯是结晶物质，呈纤维状，常温下不溶于苯，但溶于热甲苯。用X射线衍射方法可以看到反式-1,4聚丁二烯有两种结晶状态，一种是在75℃以下是稳定的，纤维恒等周期是0.490nm，有与塔波（qutta perch）树胶相近似的结晶结构；另一种是在60℃以上（145℃以下）是稳定的，纤维恒等周期是0.470nm，其分子链呈螺旋状。全同立构1,2-聚丁二烯的熔点为125℃，纤维恒等周期是0.650nm，有与聚丙烯同样的三回螺旋的结构，见图2-6（a）。间同立构1,2-聚丁二烯的熔点是155℃，纤维恒等周期为0.514nm，相当于延伸平面的聚乙烯锯齿链的4个碳原子。由X射线及电子衍射方法确认间同立构1,2-聚丁二烯的分子链结构如图2-6(b)所示。

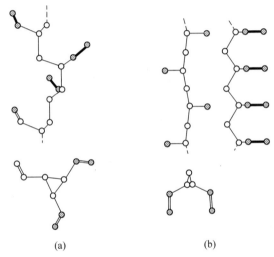

(a)　　　　　　　　　(b)

图2-6　有规立构1,2-聚丁二烯分子链构型（Natta[16,17]）

(a)全同-1,2-P；(b)间同-1,2-PB

　　制备完全纯的规整聚合物实际上是比较困难的。一般规整结构在90%～100%就称为规整结构聚丁二烯。多数催化剂制得的是以某一构型为主的多种构型单元组成的复杂聚合物，本质上可视为四种构型单元组成的共聚物，或者不同成分组成的共聚物，其中以顺式-1,4构型为主的聚丁二烯，由于等同周期较长（0.86nm），高分子量聚丁二烯的分子链也较长，分子中大量碳—碳单键可以自由旋转，尤其是处于双键旁的单键在双键的影响下更容易内旋转，所以链的柔性较好。通常状态下分子处于卷曲状态，这也是橡胶产生高弹性形变的根本原因。从结构上看，高顺式-1,4聚丁二烯（简称顺丁橡胶）具有现有橡胶品种中最好的弹性性能，故在它问世后，很快就成为重要的通用橡胶品种，目前工业上已成功地使用锂、钛、钴、镍、钕等5种不同催化剂生产具有不同顺式含量的有规立构顺丁橡胶。

2.1.2.2 聚丁二烯的转变温度

固体材料发生物理状态变化的温度叫做转变温度，最重要的转变温度是无定形高聚物从硬脆的玻璃态转变为柔软的橡胶态（或反之）的玻璃化转变温度 T_g 和结晶形高聚物的熔融温度 T_m，这两个转变温度容易测定，且对高聚物的使用性能影响最大。

A 顺丁橡胶玻璃化转变温度

Kraus 等人[18]通过差热分析首先测得三种单一构型聚丁二烯的玻璃化转变温度，顺式 $T_g = -106℃$，反式 $T_g = -107℃$，乙烯基 $T_g = -15℃$，并发现聚丁二烯的玻璃化转变温度 T_g 受乙烯基含量影响较大，所以聚丁二烯的玻璃化转变温度 T_g 可用下式表示：

$$T_g = -106 + 91V \tag{2-1}$$

式中，V 为乙烯基含量。聚丁二烯的 T_g 与 V 呈线性关系。

玻璃化转变温度与弹性体许多物理性质有关，如链的挠曲性、耐磨性、弹性、耐低温性等，随着 T_g 的降低而明显上升，而抗湿滑性或摩擦系数则下降。

目前工业上已在采用锂、钛、钴、镍、钕等 5 种不同催化剂生产顺式含量在 35% ~98% 的不同类型的顺丁橡胶，它们的微观结构与转变温度见表 2-2。

表 2-2 顺丁橡胶的微观结构与转变温度①

顺丁橡胶	微观结构/%			转变温度/℃		
	顺式-1,4	反式-1,4	1,2-	T_g	结晶 T_c	T_m
锂系	35~40	50~60	5~10	-93(-90.1)	—	—
钛系	90~93	2~4	5~6	-105(-102.1)	-51	-23(-22.5)
钴系	96~98	1~2	1~2	-107(-101.2)	-54	-11(-6.8)
镍系	96~98	1~2	1~2	-107	-65	-10
钕系	96~98	1~4	0.5~1	-109(-102.1)	-67	-7(-4.2)

①引自 Bayer 产品说明书，括弧内为 Eni Chem 公司数据。

在乙烯基含量为 35% 时 T_g 达到 -70℃，即含有 35% 乙烯基的聚丁二烯可代替 S-SBR 或 60 份 E-SBR 与 40 份 C-BR 的掺和物。

B 顺丁橡胶熔融温度

结构规整的顺式聚丁二烯在室温下是一种橡胶状的无定形高分子材料，仅稍有结晶性，但在拉伸到 300% ~400% 状态下结晶性显著增加，或当冷却到 -30℃ 以下的低温时也极易形成结晶。可见，顺丁橡胶实质上是含有微晶区的聚合物。

高聚物大分子的非结晶性与结晶性，可由一级转变点（或熔点）T_m 加以判断[19]。亦即 T_m 在使用温度以下时，在自然状态（即常温下）为无定形态；若在使用温度以上时，则为结晶态聚合物，熔点 T_m 可用下式表示：

$$T_{\mathrm{m}} = \Delta H_{\mathrm{m}} / \Delta S_{\mathrm{m}}$$

式中，ΔH_{m} 为熔解热（焓的变化），为结晶形态与无定形态内能之差，亦即主要表示由于分子间力而产生的聚集能；ΔS_{m} 为熵的变化，为结晶形与无定形分子形态之差，亦即主要表示分子排列之差别。

由关系式可知，降低 ΔH_{m} 或提高 ΔS_{m}，均会使 T_{m} 降低。用该关系式可以解释不同结构的聚丁二烯必然有不同的熔点（T_{m}）[19]。顺式 –1,4 聚丁二烯的等同周期（0.860nm）是反式 –1,4 聚丁二烯（0.490nm）的两倍，为了使其呈现结晶周期排列，反式 –1,4 型的排列数少，亦即 ΔS_{m} 小。反式 –1,4 聚丁二烯的 T_{m} 高，常温时即已结晶化，呈树脂状。顺式 –1,4 聚丁二烯的 T_{m} 低，为无定形，具有高弹性的物质，即橡胶的特征。全同与间同 1,2 – 聚丁二烯，其单体是规整排列的，恒等周期短而 ΔS_{m} 小，因而 T_{m} 高，为结晶性。

顺式 –1,4 聚丁二烯的顺式含量与熔点及结晶速度（以半衰期表示）的关系如图 2 – 7 和图 2 – 8 所示。从图中曲线可知，顺式含量越高，熔点越高，结晶速度越快[20]。

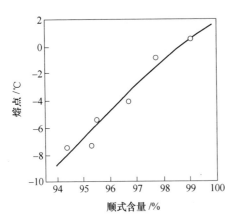

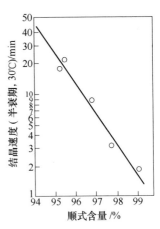

图 2 – 7　高顺式聚丁二烯顺式
含量与熔点的关系

图 2 – 8　高顺式聚丁二烯顺式
含量与结晶速度的关系

顺丁橡胶的熔点取决于聚合物制备时的催化剂和聚合工艺条件。不同催化体系制备的顺丁橡胶的熔点与顺式含量的关系是不同而较复杂的（见图 2 – 9）。钴系顺丁橡胶的顺式结构的变化对熔点影响较小，而钛系顺丁橡胶则变化较大。高顺式聚丁二烯通过异构化反应引进无规反式 –1,4 结构[21]，反式 –1,4 含量低于 20% 左右时，顺式 –1,4 结构将出现低温结晶。若反式 –1,4 含量大于 75% 时，样品能在室温下产生结晶，但反式 –1,4 含量低于此值时，则在室温下没有结晶作用。反式 –1,4 含量对熔点及不同温度下结晶速度的影响见表 2 – 3。

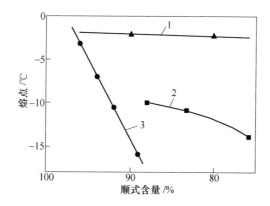

图 2 - 9　不同催化剂顺丁橡胶的熔点与顺式含量的关系
1—$AlR_2Cl/CoCl_2$；2—AlR_3/TiI_4；3—高顺式 BR 异构化样品

表 2 - 3　反式 - 1,4 含量对顺式 - 1,4 聚丁二烯结晶速度的影响

反式含量[①]/%	T_m/℃	半衰期 $t_{1/2}$/min				
		-35℃	-32℃	-28℃	-26℃	-22℃
3.6	-8.0	18	32	87	100	1200
4.5	-10.5	30	60	170	—	—
4.9	-12.5	52	100	300	—	—
6.9	-16.0	350	650	—	—	—
21.7	—	不结晶				

①乙烯基含量均为 5%。

从表 2 - 3 可知，无规反式 - 1,4 结构对熔点（T_m）、结晶速度均有明显的影响。熔点随着反式 - 1,4 含量增加而降低，结晶速度则随着反式含量增加而变慢。

工业生产的几种顺丁橡胶的熔点见表 2 - 2。

用铀催化剂制得的顺式 - 1,4 结构 99% 以上的样品最高熔点（T_m）为 12.5℃，与计算值相同。熔点为 2.2℃ 的铀系聚丁二烯（顺式 - 1,4 为 99%）在 -20℃ 的结晶半衰期是 5min，含有 40% 的结晶[7,22]。

2.1.2.3　硫化聚丁二烯橡胶的基本性能

G. Kraus[23]采用表 2 - 4 所示的硫化配方，首先对不同顺式含量的聚丁二烯硫化胶的基本物理性能进行了全面的研究测试。

表2-4　硫化配方（质量分数）

项　　目		合成胶	天然胶
组成/%	橡胶	100	100
	炭黑	0 或 50	0 或 50
	氧化锌	3	4
	硬脂酸	2	4
	树脂731号	3	—
	酮胺反应物	1	1
	硫黄	变化	变化
	促进剂①	1	0.5
硫化温度/℃		153	138
硫化时间/min		30 ~ 40	30 ~ 40

①N-环己基-2-苯并噻唑亚磺酰胺。

A　不加炭黑的硫化聚丁二烯的性能

a　物理力学性能与顺式含量的关系

顺式-1,4含量不同，而其余结构为反式-1,4结构的纯胶硫化胶的物理力学性能变化见图2-10。

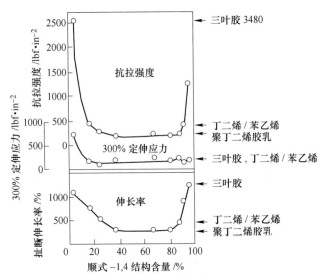

图2-10　硫化胶物理力学性能与顺式含量的关系[23]

（1lbf/in² = 6.895kPa）

拉伸实验结果清楚地表明，1,4构型聚丁二烯的力学性能明显地依赖于链的规整性、定向性和结晶现象。对于硫化的橡胶材料要求有低的模量和适中的伸长率。较高反式聚丁二烯是结晶的，硫化胶虽有很高的抗拉强度，但模量和伸长率均较高，是塑料，不能用于橡胶。顺式含量在36%～82%之间有恒等的抗拉强度和伸长率，但随着顺式含量的增加拉伸性能急速提高。在低谷处与已有的乳聚丁苯橡胶和乳聚丁二烯橡胶相似，但对于两个极端的反式与顺式结构的硫化胶极类似天然胶和杜仲胶。顺式-1,4含量大于95%的顺丁橡胶有些像合成天然橡胶，但在胶的强度上远低于天然橡胶。

b 动态性能与顺式含量的关系

硫化顺丁橡胶的回弹性在-10～80℃范围内，随着顺式含量增加而平稳地升高。但在低温时，如-40℃下，先是随着顺式含量增加而增高，到顺式含量为85%以上而其余结构为反式-1,4时回弹性急剧下降（见图2-11）。顺式含量较高时的回弹性可达到与天然橡胶一样。E-SBR、E-BR的回弹性类似于低顺式橡胶，即高反式聚丁二烯橡胶。

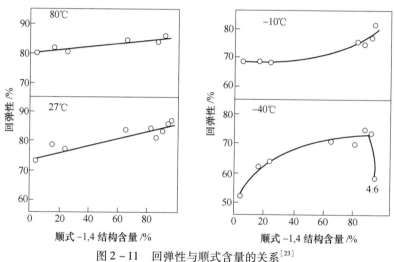

图 2-11 回弹性与顺式含量的关系[23]

顺式含量对硫化胶生热的影响见图2-12，图中的数据虽然由于交联网络影响很分散，但总的趋势是随着顺式含量的升高而降低，这与高顺式聚丁二烯有高的回弹性能是一致的。

回弹性和生热性是橡胶的两项重要的动态性能，也是与动态损耗有关的性能，可作为轮胎滚动阻力和抗湿滑性的量度。顺丁橡胶中的顺式含量高可提高回弹性降低内生热，适用于制作轮胎。但顺式含量高则熔点高，低温弹性变坏。因此，在某种程度上的不规整性因素的存在仍是必要的。

B 炭黑补强的硫化顺丁橡胶的性能

a 顺式-1,4含量对硫化胶物理力学性能的影响

1,4聚丁二烯很容易由添加炭黑补强。添加50份高耐磨炭黑不同顺式含量的硫化顺丁橡胶的应力-应变曲线见图2-13。

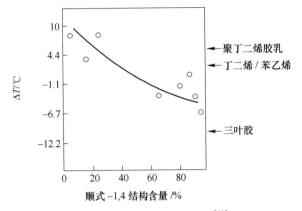

图 2 – 12　硫化胶的生热性[23]

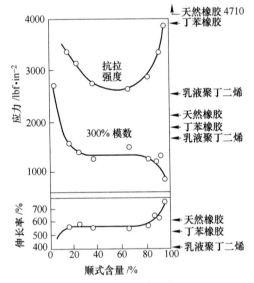

图 2 – 13　炭黑补强硫化胶物理力学性能与顺式含量关系[23]

($1lbf/in^2 = 6.895kPa$)

与未加炭黑硫化胶（图 2 – 10）相比，抗拉强度曲线有相似的形式，但升高了 2500 ~ 3000lbf/in²，最低值范围比不加炭黑硫化胶窄。300% 定伸模量随反式 –1,4 含量增加而升高。伸长率则随着反式 –1,4 含量增加而降低，直到破裂。在顺式含量为 20% ~ 80% 之间两条线相当平直。1,4 聚丁二烯的性能同 NR、SBR、E – BR 相比，较高顺式含量聚合物与 SBR 粗略相等，在强度方面好于E – BR。

Dingle[24] 首先研究了添加补强炭黑的硫化顺丁橡胶的物理力学性能，并与NB、SBR、IR 等主要通用胶进行了对比（见表 2 –5），经炭黑补强的硫化顺丁橡胶的主要物理力学性能虽然不如天然橡胶，但与 IR、SBR 相近。

表2-5　通用橡胶的物理力学性能及配方[24]

项　　目		NR	IR②	SBR	BR③
力学性能	抗拉强度/lbf·in⁻²	3400	2900	2900	3000
	300%定伸强度/lbf·in⁻²	2800	1200	1500	1300
	伸长率/%	450	550	550	600
	硬度	68	63	63	60
硫化配方①	硬脂酸	3.0	3.0	1.0	5.0
	松焦油（Pinetar）	3.0	3.0	—	5.0
	操作油			10	
	氢化松香树脂				5.0
	促进剂 NOBS	0.5	0.5	1.2	0.9
	硫黄	1.75	2.25	1.75	1.75

注：1lbf/in² = 6.895kPa。

①原料胶 100，炭黑 50，ZnO 3.0，硫化条件 153℃×30min。

②Shell Chemical Co.，锂系异戊胶，顺式-14 91%~92%。

②Phillips Chemical Co.，钛系顺丁胶，顺式-14 90%~93%。

　b　炭黑补强的硫化顺丁橡胶的动态性能

　　对上述配方制得的硫化橡胶，在恒定的 200N 负荷下及 10% 的恒定应力下测得的动态性能随温度的变化曲线见图 2-14。

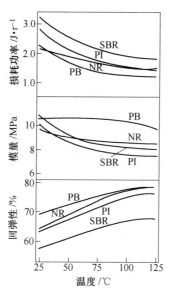

图2-14　损耗功率、模量、回弹性与温度的关系[24]

在25～125℃温度范围内天然橡胶的回弹性能、损耗功率均优于丁苯橡胶。顺丁橡胶与异戊橡胶有相近的损耗功率和回弹性，异戊胶的动态模量稍低于天然橡胶，而顺丁橡胶的动态模量却高于天然橡胶。

2.1.3 顺丁橡胶的应用

E. F. Engel[19]对工业生产的钛系顺丁橡胶、乳聚丁苯橡胶和天然橡胶的硫化胶的物理力学性能进行了测试比较（见表2-6）。

表2-6   顺丁橡胶与丁苯橡胶、天然橡胶物理力学性能比较

项　目		顺丁橡胶（HÜIS 11）	丁苯橡胶（Buna HÜIS 150）	天然橡胶
抗拉强度/MPa		17.2	25.5	22.6
断裂伸长率/%		570	540	570
300%定伸应力/MPa		5.9	10.3	8.3
伸长残率/%		10	12	20
硬度（Shore）		58	60	60
撕裂强度/kN·m^{-1}		16.7	17.6	39.2
回弹性/%	20℃	48	38	43
	75℃	52	50	55
磨耗/%		52	100	130
屈挠生热/℃		135	150	125

注：填充45份炭黑。

从表中数据可知，顺丁橡胶的抗拉强度、300%定伸应力、撕裂强度等均低于丁苯橡胶和天然橡胶，但有显著的耐磨性优点，以及在动态下生热小的特点，尤其是顺式含量越高，发热性越低，是合成橡胶中比较优良的性能。同天然橡胶、丁苯橡胶相比，顺丁橡胶具有弹性好、耐磨性好、耐寒性好、在负荷下生热小、耐屈挠性和动态性能好以及耐老化和耐水性好等优点，因此是具有优异性能的通用型合成橡胶。

顺丁橡胶的耐磨性好和生热小是轮胎工业最需要的特性。对油类和补强填充剂也表现出良好的亲和性，适于生产充油充炭黑橡胶；与其他弹性体如天然胶、丁苯胶、丁腈胶、氯丁胶等都有良好的相容性，易于混用。顺丁橡胶的主要缺点是抗湿滑性差，撕裂强度和抗拉强度低，生胶冷流大以及加工性能稍差等。

顺丁橡胶早已成为第三大通用胶种，已广泛应用于轮胎工业、建筑工业和塑

料改性剂等各个领域。

2.1.3.1 轮胎

顺丁橡胶因具有独特的优良性能，特别适合制作轮胎，已广泛应用于轮胎工业，制造军用车胎和卡车胎，并与天然橡胶、丁苯橡胶并列为轮胎制造三大原料胶。顺丁橡胶用于胎面胶能显著地改善轮胎的耐磨性；用于胎侧可改进耐疲劳性；用于胎体降低了生热性，从而延长轮胎的使用寿命。顺丁橡胶不能单独用于轮胎，常与天然胶并用，但比例不能超过 50%，若比例过大，则轮胎易于崩花掉块，且抗湿滑性下降。顺丁橡胶在轮胎方面已超过 60% 的用量。

2.1.3.2 塑料增韧改性剂

利用顺丁橡胶具有高弹性、耐低温等优异性能来提高聚苯乙烯、聚丙烯、聚乙烯及氯乙烯等热塑性塑料的抗冲击强度、耐候性、耐热性及耐应力开裂等性能，用于制作电器外壳、家具、玩具、包装等模塑制品。

2.1.3.3 建筑材料[25]

近年来橡胶在建筑方面的用量越来越大，已成橡胶第二大用户，尤其在建筑物中用作减振橡胶制品发展非常迅速。在建筑物基础部位设置橡胶支座，利用橡胶支座水平柔性隔离层吸收或散耗地震能量、阻止或减小地震能量向建筑物和构筑物上部结构传递，使整个建筑物和构筑物自振周期延长，从而减小建筑物和构筑物上部结构对地震的反应，最终达到减少地震对建筑物和构筑物上部结构的破坏的目的。在现代建成的基础抗震建筑物中，80% 以上的建筑物采用叠层橡胶抗震支座系统。自 1966 年后，美国、日本、法国、新西兰、中国相继在一些重要建筑物中使用抗震支座。目前我国已有数百栋建筑物使用叠层抗震橡胶支座，我国 41% 的国土、50% 以上的城市位于地震烈度 7 度以上的地区。若有 1% 的房屋面积使用抗震橡胶支座，每年需要数亿元费用。

2.1.3.4 其他

顺丁橡胶还可用于制造力车胎、胶板、运输带、胶管、胶鞋、密封圈及其他橡胶制品，还可制作胶黏剂及涂料等。

2.2 配位聚合催化剂及其聚合规律

2.2.1 丁二烯配位聚合催化剂概述

20 世纪 50 年代 K. Ziegler 发现 $TiCl_4$ – AlR_3 催化剂可在常温低压下将乙烯聚合成线性高分子量聚合物。G. Natta 又用该催化剂（用 $TiCl_3$ 代替 $TiCl_4$）将丙烯聚合成分子结构具有立体规整的聚合物。不久后又用此催化剂成功地将异戊二烯制成与天然橡胶结构相近的高顺式 – 1,4 聚合物 – 人工合成天然橡胶。

这个典型的二元 Ziegler 催化剂虽然未能制得高顺式聚丁二烯，但很快发现用 TiI_4 代替 $TiCl_4$ 组成形式相近的催化剂 TiI_4 - AlR_3 也同样可以制得高顺式 - 1,4 聚丁二烯。在此启发下该类催化剂迅速扩大到用一种有机金属化合物同一种过渡金属化合物（有时也可能有些添加剂）组合成多种多样的定向催化剂或称配位聚合催化剂，此类催化剂可在较缓和条件下将一些碳氢或非碳氢化合物单体聚合成为微观结构规整聚合物。由于该催化剂合成的顺式 - 1,4 聚丁二烯呈现出一些引人注目的性质，如较低的玻璃转化温度、较高的弹性、与丁苯橡胶及天然橡胶的并用能力，以及炭黑补强后硫化橡胶的高耐磨性等，激发了人们广泛的研究兴趣。到 20 世纪 60 年代末，人们已发现多种可制得顺式有规聚丁二烯的催化剂[26]（见表 2 - 7），其中含有钛、钴、镍的催化剂先后实现了工业化生产。合成橡胶的发展再次出现了飞跃，总产量超过天然橡胶。

表 2 - 7　丁二烯有规立构聚合催化剂

催 化 体 系	摩尔比	微观结构/%		
		顺式 - 1,4	反式 - 1,4	1,2 -
(1) 含 Ti 催化体系	(Al/Ti)			
$TiCl_4$ - AlR_3	< 1	6	91	3
	> 1	49 ~ 70	25 ~ 49	2 ~ 5
- $AlEt_2I$	6	90	10	
- TiI_4 - AlR_3		89	4	7
- I_2 - AlR_3	1/10/10	85	10	5
- I_2 - $LiAlH_4$		93	3	4
- AlI_3 - AlR_3		92	4	4
- MgR_2		0	88	12
- CdR_3		0	98	2
$TiBr_4$ - AlR_3		88	3	9
TiI_4 - AlR_3		92	3	5
- $AlHCl_2 \cdot OEt_2$		94	2	4
- $LiAlH_4$		9	86	4
$Ti(OR)_4$ - AlR_3		0	0 ~ 10	90 ~ 100
$Ti(NEt_3)_4$ - $AlEt_3$	8	12	2	85
- $AlHCl_2 \cdot OEt_2$	10	0	99	1
$TiCl_3(\alpha)$ - $AlEt_3$	1 ~ 2.5	3 ~ 4	87 ~ 90	6 ~ 8
$TiCl_3(\beta)$ - $AlEt_3$	1	37	60	3
$TiCl_3(\gamma)$ - $AlEt_3$	2	8	92	—

催 化 体 系	摩尔比	微观结构/% 顺式 - 1,4	反式 - 1,4	1,2 -
(2) 含 Co 催化体系	(Al/Co)			
$CoCl_2 - AlR_2Cl$		93 ~ 94	3	3 ~ 4
$- AlCl_3$		97		
$- Al_2Et_3Cl_3 - AlCl_3$	1/24/3	92	2	6
$- Al_2Et_3Cl_3 - AlCl_3 - H_2O$		98	1	1
$- AlR_3$		—	—	> 98
$CoBr_2 - AlR_2Cl$		95 ~ 97	2 ~ 3	1 ~ 2
$CoI_2 - AlR_2Cl$		94 ~ 95	3 ~ 5	2 ~ 4
$CoCl_2 \cdot 2py - AlEt_2Cl$	1/1/10	98	1	1
$Co(acac)_2 - AlEt_2Cl$		98	1	1
$- AlHCl_2 \cdot OEt_2$		95	2	3
$Co_2(CO)_8 - AlEt_2Cl$		94	3	3
$- MoCl_5$		0	2	98
(3) 含 Ni 催化体系	Ni/ 助催化剂			
羧酸 $Ni - BF_3 \cdot OEt_2 - AlR_3$		97	2	1
兰尼 $Ni - BF_3 \cdot OEt_2 - AlR_3$		96	4	0
$- BF_3 \cdot OEt_2$		96	2	2
$Ni(acac)_2 - BF_3OEt_2 - AlR_3$	1/4/4	98	1	1
$- LiBu$		94 ~ 96	5 ~ 3	1
$- CdEt_2$		97 ~ 98	2	
$(\pi - C_4H_7)_2Ni - NiCl_2$	10	93 ~ 95	3 ~ 4	1 ~ 2
$- NiBr_2$	10	4	82	4
$- NiI_2$	10	0	95 ~ 96	4 ~ 5
$(\pi - 环戊二烯基)_2Ni - TiCl_4$	0.5 ~ 2	89 ~ 94	3 ~ 8	2 ~ 3
$- TiI_4$	0.5 ~ 2	0	96 ~ 97	3 ~ 4
$- AlCl_3$	0.5 ~ 2	94	4	2
$- SnI_4$	2	0	95	5
$- VOCl_3$	1	93	5	2
$(\pi - 环戊二烯基)Ni(CO)_2 - TiCl_4$	0.25 ~ 1	91	6	3
$- VOCl_3$	0.5 ~ 1	92 ~ 94	4 ~ 5	2 ~ 3
$Ni(CO)_4 - AlEt_3 - BF_3$		82 ~ 88	16 ~ 10	1 ~ 15
$- AlCl_3$	2	87	10	3
$- AlBr_3$	2	90	8	2
$(\pi - allylNiBr)_2 - AlBr_3$	0.5 ~ 1	84	12	4
$- BF_3$	1/10	86	10	4

催 化 体 系	摩尔比	微观结构/%		
		顺式 – 1,4	反式 – 1,4	1,2 –
(4) 含 V 催化体系	(Al/V)			
VCl_4 – $AlEt_3$	0.5 ~ 8	1	97 ~ 95	2 ~ 3
– $AlEt_2Cl$	1 ~ 8		97 ~ 95	3 ~ 5
– MgR_2		0	86	14
– CdR_2		0	92	8
VCl_3 – AlR_3		0	99	1
$VOCl_3$ – $AlEt_3$	0.5 ~ 8	1	95 ~ 96	1 ~ 5
– $AlEt_2Cl$	1 ~ 10		97 ~ 98	2 ~ 3
(5) 含其他元素催化体系				
$Cr(acac)_3$ – $AlEt_3$		12	18	70
$Cr(CNC_6H_5)_6$ – AlR_3	1/5	0 ~ 25	25 ~ 5	70 ~ 80
$PdCl_2$ – $AlEt_2Cl$	1/10	90 ~ 92	6 ~ 8	2
Ce octoate – AR_3 – $AlEt_2Cl$		98.0	1.2	0.8
– $AlEt_2Br$		98.1	1.5	0.4
– $AlEt_2I$		97.4	2.2	0.4
– $AlEt_2F$		97.4	1.8	0.8

处在资本主义国家经济技术封锁下的新中国，于 1958 年中国科学院长春应化所首先对过渡金属组成的 Ziegler – Natta 催化剂进行广泛的探索性研究，到 1964 年的下半年对将近 110 多种催化体系进行了聚合实验，其中含有钛化合物的 7 种，钴 55 种，镍 13 种，稀土 22 种，其他过渡金属元素 13 种，从 d 轨道的金属元素扩展到 f 轨道稀土元素。发现多种催化剂可以制得高顺式聚丁二烯，并选择下述 5 种催化体系进行全面、重点的研究[27]：

（1）TiI_4 – $Al(i-Bu)_3$ – 苯溶剂催化体系。

（2）$CoCl_2 \cdot 4py$ – $AlEt_2Cl$ – H_2O – 苯溶剂催化体系。

（3）$CoCl_2 \cdot 4py$ – $Ni(naph)_2$ – $AlEt_2Cl$ – 苯/加氢汽油混合溶剂催化体系。

（4）$CoCl_2 \cdot 4py$ – $Ni(naph)_2$ – $Al_2Et_3Cl_3$ – 苯溶剂催化体系。

（5）$Ni(naph)_2$ – $Al(i-Bu)_3$（或 $AlEt_3$）– $BF_3 \cdot OEt_2$ – 加氢汽油溶剂催化体系。

到 1963 年完成了钛系催化剂合成顺丁橡胶的研究，制得的顺丁橡胶的加工行为和硫化胶的物理力学性能达到了美国 Phillips Cis – 4 和意大利 Europrene – Cis 两种钛系顺丁橡胶的水平。考虑到我国碘来源较困难，以及世界上又出现有关均相钴催化剂的研究报道，便于 1963 年上半年停止了该催化剂的研究工作。到

1964 年又相继完成了钴系和镍系催化剂的研究。钴系催化剂虽开展的较晚，但对于催化剂的配方，凝胶及分子量的控制，加工性能的改善，硫化配方和条件等方面的大量研究工作，取得了较好的结果，合成的钴系胶在性能上好于苏、美、意等国的同类产品，达到了加拿大 Taktene1220 牌号的水平。从对镍系催化剂的研究发现可合成顺式含量较 Ti、Co 系催化剂高的顺式聚丁二烯，并有好的加工性能和耐老化性能，又可使用来源丰富、价低、无毒的加氢汽油作溶剂。镍系催化剂已是中国生产顺丁橡胶的重要催化剂。

2.2.2　过渡金属配位催化剂

2.2.2.1　钛系催化剂

以四氯化钛为基础的催化剂仅能制得顺式含量为 60% ~ 70% 的聚丁二烯，而且条件稍有变化不仅结构产生变化，还易于生成低分子量齐聚物和凝胶。四溴化钛与 AlR_3 体系可以合成顺式含量在 80% ~ 90% 的聚丁二烯，但仍易于生成凝胶。在含有钛过渡金属的催化剂中能制得高顺式聚丁二烯的体系都含有碘元素。第一个含碘催化剂是由四碘化钛及三烷基铝所组成的，由美国 Phillips 石油公司于 1956 年首先研制成功，可以制得顺式含量为 90% ~ 95%，基本不含凝胶，1960 年实现工业化生产，到 1967 年在 8 个国家建成 9 套生产装置，生产能力约为 55.7 万多吨（见表 2 - 8）。

表 2 - 8　用钛系催化剂生产顺丁橡胶的公司

生 产 公 司	投产时间	催化体系	顺式 -1,4 含量/%	产品牌号
Phillips 石油公司（美）	1960 年	$TiI_4 - AlR_3$	90 ~ 93	Cis - 4
ANIC 公司（意大利）	1961 年	$TiI_4 - AlR_3$	90 ~ 93	Europrene Cis
Goodyear 轮胎与橡胶公司（美）	1962 年	$TiI_4 - AlR_3$		Budene
Michelin E Cie（法）	1964 年	$TiI_4 - AlR_3$		
SNAM 公司（意大利）	1967 年	$AlHCl_2 \cdot OEt_2 - AlI_4 - TiCl_4$	92 ~ 95	
沃龙涅什合成橡胶厂（苏联）	1964 年	$TiI_4 - AlR_3$	87 ~ 93	SKD(скд)
通用轮胎橡胶公司（美）	1963 年			DURAGEN
美国合成橡胶公司（美）	1962 年			Cisdene
Bayer 公司（联邦德国）	1965 年		>91	BunaCB

中国从 1958 年开始，首先对含有钛元素的催化剂进行了广泛的探索性研究，发现可制得顺式聚丁二烯的钛系催化剂见表 2 - 9[28~32]，然后对其中 TiI_4 - Al$(i - Bu)_3$ 体系的组分配比、聚合条件及可能存在的杂质[33,34]等对聚合活性和产物结构的影响进行了全面深入的研究，确定了聚合配方、聚合工艺条件，以及分子量调节方法、胶液后处理方法[35]和加工工艺条件[36]。在铝钛摩尔比为 6 ~ 22、

TiI_4 对单体质量比为 0.2% ~ 0.05%、单体浓度 20%（质量）、加料顺序为 Bd + Al + Ti、温度为 20 ~ 60℃情况下，经 1 ~ 8h，可制得顺式含量为 95%，分子量在 25 万 ~ 35 万之间，分子量分布在 1.8 ~ 2.0 之间，转化率大于 85%，其加工行为和硫化胶的物理力学性能均达到世界同类产品水平。

表 2 – 9 钛系催化剂

催 化 剂	铝（锂）钛摩尔比	微观结构/%			参考文献
		顺式 – 1,4	反式 – 1,4	1,2 –	
$TiI_4 – Al(i – Bu)_3$	6 ~ 20	87 ~ 95	1 ~ 8	4 ~ 5	[28]
$TiCl_4 – I – Al(I – Bu)_3$	8	约 90			[29]
$TiBu_4 – Al(I – Bu)_3$（或 $AlEt_3$）	3	27 ~ 64	36 ~ 66	2 ~ 7	[30]
$TiBr_4 – LiBu$	1.5 ~ 2.5	约 90	6 ~ 15	4 ~ 5	[30]
$TiI_4 – LiBu$	2 ~ 3	约 90	6 ~ 11	4 ~ 5	[31]
$Ti(OBu)_4 – AlEt_2I$	8 ~ 10	> 90			[32]
$Ti(OBu)_4 – AlEt_2Br$	6 ~ 12	> 90			[32]

$TiI_4 – Al(i – Bu)_3$ 催化体系的催化活性取决于铝钛摩尔比。催化活性在某一铝钛摩尔比最高，反应液呈棕褐色并浑浊；低于这一铝钛摩尔比催化活性完全消失，反应液呈四碘化钛的紫色。最高活性的铝钛摩尔比取决于 TiI_4 的用量。TiI_4 用量越小，铝钛摩尔比越大（见图 2 – 15 和图 2 – 16）。当 TiI_4 用量为 0.05% 时，铝钛摩尔比增加到 20，则反应缓慢，但最终转化率仍然很高（见图 2 – 16），故可用铝钛摩尔比调节聚合速率。后来文献 [37] 也报道了铝钛摩尔比对聚合速度的影响，最高聚合活性的铝钛摩尔比在 1.5 ~ 5 之间。铝钛摩尔比较低时，产物为反式含量较高的低分子量树脂，铝钛摩尔比增加，聚合物 1,2 – 结构也随之增加。

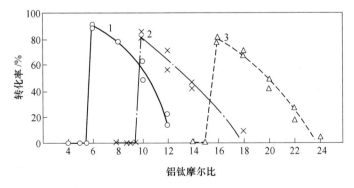

图 2 – 15 铝钛摩尔比对催化活性的影响

1—TiI_4 0.20%；2—TiI_4 0.10%；3—TiI_4 0.05%

（聚合温度 20℃；聚合时间 2h）

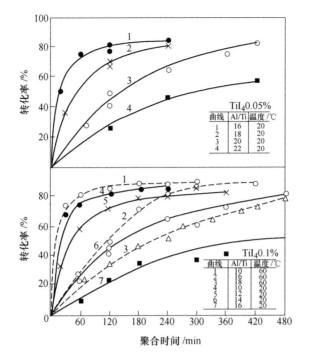

图 2-16 不同温度下不同铝钛摩尔比（Al/Ti）的聚合速度

对 TiI$_4$ - Al(i-Bu)$_3$ 体系的聚合动力学和两组分之间反应的研究，得知 TiI$_4$ 在引发丁二烯聚合过程中，当活性较高时，钛是以二价态为主，有少量三价态[38]，在铝钛摩尔比较低时则以三价态为主，有少量二价钛。不同于 TiCl$_4$ 在引发异戊二烯顺式聚合时是以三价态的钛为主。从动力学研究得到聚合速率方程[39]：

$$-\frac{\mathrm{d}M}{\mathrm{d}t} = 3.22[M][Ti]e^{565\left(\frac{1}{283}-\frac{1}{T}\right)} \tag{2-2}$$

在铝钛摩尔比固定为 6.6 时，聚合速度与单体、TiI$_4$ 的浓度均为一级关系，求得聚合活化能为（47±2）kJ/mol。

由于 TiI$_4$ 密度太大（4.3g/cm^3），又不溶于烃类溶剂中，使用不方便，工业上也有用 TiCl$_4$ - I$_2$ - AlR$_3$（铝碘摩尔比为 5~10，碘钛摩尔比为 1.5）及 TiCl$_2$I$_2$ - AlR$_3$（TiCl$_2$I$_2$ 是 TiCl$_4$ 与 TiI$_4$ 等摩尔比混合物）催化体系代替原 TiI$_4$ - AlR$_3$ 体系，它们最后均形成三价钛和烷基碘化铝，与原两元体系是等同的。由于钛系催化剂是非均相体系，催化剂效率较低（每毫摩尔 TiI$_4$ 50~120g 聚合物），故催化剂用量较大，胶的生产成本较高，且有颜色。在 20 世纪 80 年代钕系顺丁橡胶开发成功后，钛系胶生产装置已逐渐改为生产钕系顺丁橡胶。

2.2.2.2 钴系催化剂

A 钴系催化剂的组成及特点

钴系催化剂发现于 1957~1958 年间，略晚于钛系催化剂，是当代生产顺丁橡胶的重要催化剂之一。按钴化物能否溶于烃溶剂中而有均相与非均相体系，均能制得顺式 -1,4 结构含量较高的聚丁二烯（见表 2-10）。具有实际工业意义的是那些含有可溶性钴化物与烷基氯化铝组成的均相催化体系。均相催化剂具有聚合速度快、过渡金属用量少、易实现连续聚合过程、易制得宽范围的分子量及其聚合速度和结果可以绝对重复等优点。氯元素是钴系催化剂合成高顺式聚丁二烯的必要元素。非均相钴系催化剂活性较低，通常每克钴聚合物收率为 150~200gPB。可溶性均相钴系催化剂的催化效率可达每克钴 300kg PB[40]。常用的可溶性钴化物主要有羧酸钴，如辛酸钴或环烷酸钴、乙酰基丙酮钴以及氯化钴吡啶配合物等[7]；氯化烷基铝可以是 AlR_2Cl、$AlRCl_2$、$Al_2R_3Cl_3$ 以及相应苯基化合物，常用的是 AlR_2Cl。以 $AlEt_2Cl$ 作为可溶性钴化物的助催化剂，铝钴摩尔比在 1~1000 之间，并需加入水、氧、醇、卤素、卤化氢、氯化铝、有机过氧化物、烯丙基氯等类化合物作为活化剂。多用水作活化剂，添加量（水铝摩尔比）在 0.1~0.5 之间。低于或高于这个范围聚合速度均下降，低于 0.1 时得到低分子量聚合物，而高于 0.5 时则易生成凝胶[41]（见表 2-10）。水可将一部分二乙基氯化铝转化成为一种较强的路易斯酸 $[O(AlEt_2O)_2]$，此路易斯酸是高催化活性的关键因素。用 $Al_2Et_3Cl_3$ 或 $AlEtCl_2$ 作助催化剂的钴系催化剂也有较高的聚合活性，但易生成凝胶。当添加微量水等活化剂时更增加了聚合物形成凝胶的趋向[42]，但这些催化剂加入路易斯碱如乙醚、硫醇等也可制得无凝胶聚合物[43]。

表 2-10 Co-Oct-AlEt₂Cl-H₂O 体系丁二烯聚合

H₂O/AlEt₂Cl (摩尔分数)/%	H₂O 含量	转化率 /%	微观结构/%			DSV	凝胶/%
			顺 -1,4	反式 -1,4	1,2 -		
0	0	—	—	—	—	—	—
0.5	1.8×10^{-6}	9.9	92.4	1.8	5.8	0.9	0
1.0	3.6×10^{-6}	52.5	94.5	1.5	4.0	1.5	0
2.5	9.0×10^{-6}	92.7	96.5	1.7	1.8	3.2	0
5.0	18.0×10^{-6}	93.8	97.5	1.2	1.3	4.9	0
10.0	36.0×10^{-6}	92.8	97.8	0.9	1.2	6.2	0
25.0	90.0×10^{-6}	85.3	97.7	0.8	1.5	7.6	0
50.0	180.0×10^{-6}	60.2	97.8	1.0	1.2	7.6	5.0
100.0	360.0×10^{-6}	7.3	94.4	4.2	1.4	4.9	28.0
110.0	396.0×10^{-6}	2.6	—	—	—	—	—

注：AlEt₂Cl 含量为 20mmol，Co·Oct 含量为 0.04mmol，丁二烯 100g，聚合温度 5℃，聚合时间 19h。

许多钴化合物与 $AlEt_2Cl$ 反应都能得到活性和立体规整性相同的催化剂，表明钴化合物的种类虽不同，但与 $AlEt_2Cl$ 反应得到的实际上是同一种结构物质。催化反应的第一步是交换反应：

$$
\begin{array}{c}
R \diagdown \quad \diagup Cl \\
Al \\
R \diagup \quad \diagdown X
\end{array}
+ Co \diagup X \longrightarrow
\begin{array}{c}
R \diagdown \quad \diagup X \\
Al \\
R \diagup \quad \diagdown X
\end{array}
+
\begin{array}{c}
Cl \diagdown \quad \diagup X \\
Co
\end{array}
$$

L. Porri 已经证明，不论是什么钴化合物（如 $CoSO_4$、2 - 乙基己酸钴、二乙酰基丙酮钴、三乙酰基丙酮钴等），在四氢呋喃中与 $AlEt_2Cl$ 反应后，溶液浓缩后析出的总是 $CoCl_2 \cdot THF$。在芳烃溶剂中也可证明有上述反应，在铝钴摩尔比等于 30 或更多的条件下，按上述反应得到的 $CoCl_2$ 很快被烷基转化成不稳定的 $EtCoCl$。均裂后转化成一价钴化合物 $Co - Cl$，由于钴化合物的配合作用，被稳定在一价。一价钴的结晶配合物可以使丁二烯聚合而不必加烷基铝，证明对上述反应产物的推测是正确的。例如把等摩尔的 Ph_2AlCl、$PhAlCl_2$ 与 $CoCl_2$ 在苯中回流 $10 \sim 20min$，趁热过滤，得到一个淡黄色结晶，其组成正是一价钴的配合物 $(PhAlCl_2) \cdot CoCl \cdot 0.5C_6H_6$，对丁二烯顺式 $- 1,4$ 聚合有催化活性，可见，卤化烷基铝与钴化合物在烃类溶剂中反应的活性中心是 $CoCl$ 与铝化合物的配合物。

从聚合动力学的研究得知，聚合速度对单体和钴都是一级关系。辛酸钴 - $AlEt_2Cl$ 体系活化能为 $57.8kJ/mol$[44]。

B 钴系催化体系聚合规律

中国科学院长春应化所考虑到均相催化体系的优越性，便于 1960 年开始对可溶性钴化合物与氯化烷基铝或烷基铝所组成的 50 多个催化体系对丁二烯的催化聚合进行了广泛的研究探索，结果见表 2 - 11。对其中三种催化体系的组成配比、聚合条件、杂质的影响以及凝胶的控制和放大胶样的物理力学性能均进行了全面深入研究，为进一步进行工业化实验提供了科学依据。

表 2 - 11　可溶性钴化合物催化体系

催 化 剂	铝钴摩尔比	微观结构/%			参考文献
		顺式 - 1,4	反式 - 1,4	1,2 -	
$CoCl_2 \cdot 4py - Al(CH_3)_2Cl$	300	96	2	2	[45]
$CoCl_2 \cdot 4py - Al(C_2H_5)_2Cl$	500	97	2	1	[46]
$CoCl_2 \cdot 4py - AlEtCl_2$	500	96	2	2	[49]
$CoCl_2 \cdot 4py - Al(i - Bu)_2Cl$	500	92	4	4	[48]
$CoCl_2 \cdot 4py - AlEt_2Br$	500	92	2	6	[47]
$CoCl_2 \cdot 4py - Al_2Et_3Cl_3$	500	94	3	3	[52]
$CoBr_2 \cdot 4py - Al(CH_3)_2Cl$	300	95	3	2	[45]

催 化 剂	铝钴 摩尔比	微观结构/%			参考文献
		顺式 – 1,4	反式 – 1,4	1,2 –	
$CoBr_2 \cdot 4py – Al(C_2H_5)_2Cl$	500	93	5	2	[47]
$CoBr_2 \cdot 4py – AlEt_2Br$	500	97	2	1	[47]
$CoBr_2 \cdot 4py – Al(i – Bu)_2Cl$	500	97	3	0	[47]
$CoBr_2 \cdot 4py – AlEtCl_2$	500	100	0	0	[49]
$CoBr_2 \cdot 4py – Al_2Et_3Cl_3$	500	93	4	3	[52]
$CoI_2 \cdot 6py – Al(CH_3)_2Cl$	300	94	3	3	[45]
$CoI_2 \cdot 6py – Al(C_2H_5)_2Cl$	500	92	3	5	[47]
$CoI_2 \cdot 6py – AlEt_2Br$	500	94	2	4	[47]
$CoI_2 \cdot 6py – Al(i – Bu)_2Cl$	500	98	1	1	[47]
$CoI_2 \cdot 6py – AlEt_2Br$	500	100	0	0	[47]
$CoI_2 \cdot 6py – Al_2Et_3Cl_3$	500	94	4	3	[52]
$Co(AcAc)_2 – Al(CH_3)_2Cl$	300	94	3	3	[45]
$Co(AcAc)_2 – Al(C_2H_5)_2Cl$	500	97	2	1	[47]
$Co(AcAc)_2 – AlEt_2Br$	500	97	2	1	[47]
$Co(AcAc)_2 – Al(i – Bu)_2Cl$	500	97	2	1	[47]
$Co(AcAc)_2 – AlEtCl_2$	500	96	1	3	[49]
$Co(AcAc)_2 – Al_2Et_3Cl_3$	500	94	3	3	[52]
$Co(AcAc)_3 – Al(CH_3)_2Cl$	300	95	3	2	[45]
$Co(AcAc)_3 – Al(C_2H_5)_2Cl$	500	98	1	1	[47]
$Co(AcAc)_3 – AlEt_2Br$	500	95	2	3	[47]
$Co(AcAc)_3 – Al(i – Bu)_2Cl$	500	95	2	3	[47]
$Co(AcAc)_3 – AlEt_2Cl$	500	99	1	1	[49]
$Co(AcAc)_3 – Al_2Et_3Cl_3$	500	94	3	3	[52]
$Co(C_{18}H_{35})O_2 \cdot 2py – Al(CH_3)_2Cl$	300	94	3	3	[45]
$Co(C_{18}H_{35})O_2 – Al(C_2H_5)_2Cl$	500	95	2	3	[47]
$Co(C_{18}H_{35})O_2 – AlEt_2Br$	500	90	4	6	[47]
$Co(C_{18}H_{35})O_2 – Al(i – Bu)_2Cl$	500	97	2	1	[47]
$Co(C_{18}H_{35})O_2 – Al_2Et_3Cl_3$	500	94	3	3	[52]
二水杨醛钴 – $AlEt_2Cl$	500	98	1	1	[47]
二水杨醛钴 – $AlEt_2Br$	500	97	1	2	[47]

催 化 剂	铝钴摩尔比	微观结构 /%			参考文献
		顺式 - 1,4	反式 - 1,4	1,2 -	
二水杨醛钴 - Al(i - Bu)$_2$Cl	500	97	1	2	[47]
乙二胺缩水杨醛钴 - AlEt$_2$Br	500	98	0	2	[47]
乙二胺缩水杨醛钴 - Al(i - Bu)$_2$Cl	500	99	1	0	[47]
CoCl$_2$ · 4py - H$_2$O - AlEt$_2$Cl	500	97	2	1	[48]、[50]
CoCl$_2$ · 4py - H$_2$O - Al(i - Bu)$_3$	600	98	0	2	[48]
Co(AcAc)$_3$ - H$_2$O - Al(i - Bu)$_3$	300	94	4	2	[48]
Co(AcAc)$_2$ - Ni(AcAc)$_2$ - AlEt$_2$Cl	400	96	2	2	[51]
CoCl$_2$ · 4py - Ni(naph)$_2$ - AlEt$_2$Cl	400	96	2	2	[51]
Co(naph)$_2$ - Al$_2$Et$_3$Cl$_3$	200	94	3	3	[52]
CoCl$_2$ · 4py - Ni(naph)$_2$ - Al$_2$Et$_3$Cl$_3$	300	96	2	2	[52]

a CoCl$_2$ · 4py - AlEt$_2$Cl - 苯溶剂催化体系

通过 10 余种钴配物与 6 种烷基铝组合成 40 多个催化体系对丁二烯的聚合实验[45,47],发现烷基铝与外轨型钴配合物,如吡啶、乙酰基丙酮、水杨醛等钴配合物组成的催化体系,对丁二烯都有非常高的聚合活性;而内轨型钴配合物,如乙二胺缩水杨醛、二甲基乙二肟等钴配合物组成的催化体系,对丁二烯的催化活性都很低。助催化剂对催化聚合活性大小顺序是:AlR$_2$Cl > AlR$_2$Br > AlR$_2$I。除AlR$_2$I 作助催化剂顺式含量较低外,其余顺式含量均在 95% 以上。催化剂用量与钴的浓度和铝钴摩尔比均有关,当固定钴的浓度时,随铝钴摩尔比增加聚合转化率随之增加,达到最大值后又逐渐下降[46],见图 2 - 17,但在催化剂中加入适量的苯基 - β - 萘胺后,铝钴摩尔比对转化率影响不大(见图 2 - 17 中曲线 5)。在钴的浓度较高时,低铝钴摩尔比下也有较高活性[53]。

溶剂的性质对聚合速度(见图 2 - 18)和聚合物分子量、分子量分布均有较大的影响。由图 2 - 18 可看出聚合速度依下列顺序递减:苯 > 庚烷 = 环己烷 > 甲苯 > 二甲苯 > 三甲苯。

从图 2 - 19 可看出庚烷和环己烷等脂肪烃作溶剂时,转化率对分子量影响不大。甲苯、二甲苯、三甲苯作溶剂时,高聚物的平均分子量随着转化率的提高而逐渐增大。当添加苯基 - β - 萘胺后,聚合物分子量与转化率关系介于芳烃与脂肪烃之间,由此可用混合溶剂或胺类等第三组分来调节分子量。

从实验中发现,丁二烯苯溶液中水分含量对催化聚合行为影响非常大(见表 2 - 12)。由表中数据可知,在一定水值内有较高聚合活性,而聚合物分子量随着水含量增加而迅速提高。表明可用体系中水含量来调节控制聚合物分子量。

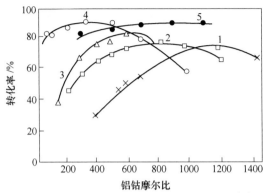

图 2 - 17　催化剂不同用量与转化率的关系[46]

1—Co 的用量为 6×10^{-6}；2—Co 的用量为 8×10^{-6}；3—Co 的用量为 10×10^{-6}；

4—Co 的用量为 20×10^{-6}；5—Co 的用量为 20×10^{-6}

（添加苯基 -β- 苯胺；D/Co（摩尔比）$=50$）

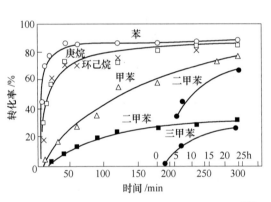

图 2 - 18　在不同溶剂中时间与转化率的关系[46]

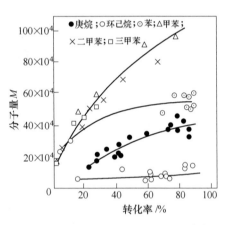

图 2 - 19　转化率与分子量的关系[46]

（添加苯基 -β- 苯胺（苯为溶剂））

表 2 - 12　H_2O 对聚合的影响[46]

$H_2O/Al(C_2H_5)_2Cl$ 摩尔比	转化率 /%	$[\eta]$ /dL·g^{-1}	分子量	凝胶 /%	结构/%		
					顺式 -1,4	1,2 -	反式 -1,4
0.03	65	2.04	19×10^4	4	97	0	3
0.10	95	3.67	48×10^4	3	97	2	1
0.32	93	3.98	57×10^4	10	97	2	1
0.50	85	4.87	76×10^4	84	96	4	0
0.75	70	5.05	81×10^4	77	—	—	—
1.00	55	2.85	32×10^4	82	—	—	—
1.20	<1	—	—	—	—	—	—

从无水存在时催化剂几乎无活性的实验事实有理由推测，$Al(C_2H_5)_2Cl$ 不能与 $CoCl_2 \cdot 4py$ 形成活性中心。通过水解实验[54]，已知 H_2O 与 $AlEt_2Cl$ 会发生如下反应：

当 $H_2O/Al(C_2H_5)_2Cl$ 摩尔比 <0.5 时，体系中无水存在：

$$H_2O + Al(C_2H_5)_2Cl \longrightarrow Al(C_2H_5)_2OHCl + C_2H_6 \qquad (\text{I})$$

当 $H_2O/Al(C_2H_5)_2Cl$ 摩尔比 $=0.5$ 时，产物绝大部分为：

$$2(C_2H_5)_2AlCl + H_2O \longrightarrow (C_2H_5)_2AlCl + AlC_2H_5(OH)AlCl + C_2H_6$$

$$\longrightarrow \underset{\underset{Cl}{|}}{C_2H_5-Al}-O-\underset{\underset{Cl}{|}}{Al-C_2H_5} + C_2H_6 \qquad (\text{II})$$

当 $0.5 < H_2O/Al(C_2H_5)_2Cl$ 摩尔比 $\leqslant 1$ 时，组分比较复杂，水解产物可能是混合物：

$$C_2H_5\underset{\underset{Cl}{|}}{\left(Al-O\right)_n}\underset{\underset{Cl}{|}}{Al-C_2H_5} \text{ 和 } C_2H_5\underset{\underset{Cl}{|}}{\left(Al-O\right)_m}\underset{\underset{Cl}{|}}{Al-OH}$$

当 $H_2O/Al(C_2H_5)_2Cl$ 摩尔比 >1 时，C_2H_5–基全部被水解掉：

$$(C_2H_5)_2AlCl + H_2O \longrightarrow OAlCl + 2C_2H_6$$

从实验数据来看，聚合活性较高的 $H_2O/AlEt_2Cl$ 摩尔比是在 $0.1 \sim 0.5$ 之间，水解产物是以（II）为主。推测活性中心有可能由（II）与 $CoCl_2 \cdot 4py$ 形成。

b $CoCl_2 \cdot 4py - Ni(naph)_2 - AlEt_2Cl$ – 苯/加氢汽油混合溶剂催化体系

由于 Ni 化合物与 $AlEt_2Cl$ 组成的催化体系可以制得低分子量聚丁二烯，Ni 化合物参与链转移过程[55]，因此用 $Ni(naph)_2$ 作为催化剂组分来调节分子量及分子量分布，以便改善钴系胶的加工性能，并有可能减少钴的用量，进而可能改善钴系胶的耐老化性能。

当在苯溶剂中采用乙酰基丙酮镍时，钴镍摩尔比以及其用量对聚合影响规律见图 2-20。由图 2-20 可看出，在不同钴用量下，改变 Ni 用量时，单体转化率随着 Ni 用量的增加而升高，聚合物分子量则随之降低，这表明 Ni 也在起着催化作用，用 Ni 取代部分 Co，不仅不会影响聚合收率，还能有效地调节分子量和分子量分布。

当以加氢汽油和苯的混合物作溶剂（苯/汽油 $=5/5$），采用 $CoCl_2 \cdot 4py - Ni(naph)_2 - AlEt_2Cl$（Ni/Co $=7/3$）催化体系时，催化剂用量的变化对聚合的影响见表 2-13。由表可见，随着 Mt 及 Al 用量增加，转化率增加，但分子量与链结构变化不大，分子量在 20 万左右，顺式含量在 95% 以上。该胶具有较好的加工工艺特性及物理力学性能。

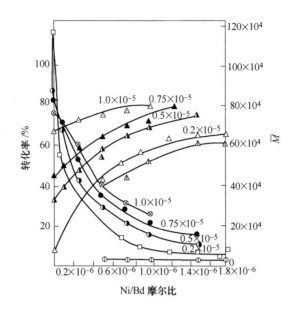

图2-20 Co/Bd、Ni/Bd摩尔比的变化[56]

（CoA$_2$-NiA$_2$-AlEt$_2$Cl-苯体系，Al/Bd摩尔比=8×10^{-3}，

Co/Bd摩尔比=0.2×10^{-5}、0.5×10^{-5}、0.75×10^{-5}、

1.0×10^{-5}，改变Ni/Bd摩尔比10g/100mL，20℃聚合3h）

表2-13 催化剂用量对聚合的影响

Mt/Bd 摩尔比	Al/Bd 摩尔比	Al/Mt 摩尔比	转化率 /%	凝胶 /%	[η] /dL·g^{-1}	分子量	结构/%		
							顺式-1,4	1,2-	反式-1,4
1.2×10^{-5}	6×10^{-3}	500	63	2	2.36	23×10^4	95	2	3
1.4×10^{-5}	6×10^{-3}	430	58	1	2.00	19×10^4	95	2	3
1.6×10^{-5}	6×10^{-3}	375	65	1	2.03	19×10^4	95	2	3
1.8×10^{-5}	6×10^{-3}	333	70	1	2.27	22×10^4	96	2	2
2.0×10^{-5}	6×10^{-3}	300	75	0	2.15	21×10^4	96	2	2
2.0×10^{-5}	3×10^{-3}	150	55	1	2.07	20×10^4	95	2	3
2.0×10^{-5}	4×10^{-3}	200	73	1	2.26	22×10^4	95	2	3
2.0×10^{-5}	6×10^{-3}	300	75	0	2.15	21×10^4	96	2	2
2.0×10^{-5}	8×10^{-3}	400	75	1	2.07	20×10^4	96	2	2

注：[Bd]=12g/dL，Ni/Co摩尔比=0.7，H$_2$O/Bd摩尔比=1.08×10^{-3}，20℃聚合3h。

c CoCl$_2$·4py-Ni(naph)$_2$-Al$_2$Et$_3$Cl$_3$-苯溶剂催化体系[52]

钴催化剂所用助催化剂AlEt$_2$Cl通常是由倍半氯化铝脱除AlEtCl$_2$制得的，若将倍半氯化铝（$Al_2Et_3Cl_3$）直接用作助催化剂，可简化助催化剂合成过程，降低生产成本。经研究实验发现，用 $Al_2Et_3Cl_3$ 作助催化剂的钴系催化剂，添加吡啶、苯基 $-\beta-$萘胺或同时添加 $Ni(naph)_2$ 均可制得分子量适中、几乎无凝胶的聚合物[52]。但从聚合物的加工和物理力学性能方面的研究发现，用添加吡啶或苯基 $-\beta-$萘胺及烷烃两种方法所合成的顺丁橡胶，其加工行为很不好，在滚筒上不包辊，呈碎粒状，与炭黑不易混合，硫化胶的物理力学性能也较差；而用 Co $-$ Ni 混合催化剂的方法所制得的顺丁橡胶，不仅具有较好的加工性能，而且物理力学性能也较优异。

（1）催化剂组分的变化对聚合的影响。催化剂（$Ni + Co = Mt$）总用量固定，改变 Ni 的用量，不仅可大大地改变聚合物的分子量，而且也使所得胶的门尼黏度及加工行为呈现巨大差异（见表 2－14），从表中可见，由 Ni/Mt 摩尔比 $=0.7$ 时所制得的顺丁橡胶，其分子量较高，但其门尼黏度要比 Ni/Mt 摩尔比 $=0.5$ 的低得多，而加工性能也要优异得多。门尼黏度相同的样品，Ni/Mt 摩尔比大者，具有较高的分子量及较好的工艺性能。

表 2－14　$Ni(naph)_2$ 在催化剂中的含量对聚合的影响

Mt/Bd 摩尔比	Ni/Mt 摩尔比	Al/Bd 摩尔比	[Bd] $/g \cdot dL^{-1}$	转化率 /%	分子量	微观结构/%			ML_{1+4} (100℃)	加工性能
						顺式 $-1,4$	$1,2-$	反式 $-1,4$		
2.0×10^{-5}	0.80	6.0×10^{-3}	12.5	88.3	25.1×10^4					
2.0×10^{-5}	0.65	6.0×10^{-3}	12.5	88.3	33.7×10^4					
2.0×10^{-5}	0.60	6.0×10^{-3}	12.5	87.0	37.6×10^4					
2.0×10^{-5}	0.50	6.0×10^{-3}	12.5	88.8	47.8×10^4					
1.7×10^{-5}	0.80	5.1×10^{-3}	15.0	81.5	18.0×10^4	94	4	2	29	良
2.2×10^{-5}	0.60	6.6×10^{-3}	10.0	84.0	19.1×10^4	94	4	2	57	次
2.2×10^{-5}	0.50	6.6×10^{-3}	8.0	83.0	25.9×10^4	97	2	1	74	次
1.4×10^{-5}	0.70	4.2×10^{-3}	12.5	70.0	27.9×10^4	95	3	2	52	良
2.0×10^{-5}	0.70	6.0×10^{-3}	12.5	84.0	24.8×10^4	—		—	56	中良

注：Ni/Mt 摩尔比 $=300$，H_2O/Al 摩尔比 $=0.15$，苯，10℃聚合 3h，前 4 个在 100mL 反应瓶中进行，后 4 个在 1000mL 厚壁玻璃瓶中进行。

（2）聚合工艺条件对聚合的影响。聚合工艺条件对聚合的影响见表 2－15。由表 2－15 可知，当固定 Al 的用量，H_2O/Al 摩尔比从 0.1 增加到 0.25 时，聚合转化率、凝胶、分子量及聚合物微观结构均几乎无可见的影响。对水分不敏感是这一催化体系的一个很大的特点。

单体浓度增大转化率也随之增加，但聚合物分子量及结构无变化。聚合温度在 $10 \sim 20$℃范围内，活性、分子量、结构均无变化，而高于此温度，聚合物分子量及顺式 $-1,4$ 含量会随之降低。

表 2 – 15 水分、单体浓度、温度对聚合的影响

改 变 条 件		转化率/%	分子量	微观结构/%		
				顺式 –1,4	反式 –1,4	1,2 –
H₂O/Al 摩尔比	0.10	88	32.1 × 10⁴			
	0.15	89	27.2 × 10⁴	96	2	2
	0.20	89	32.3 × 10⁴			
	0.25	86	30.9 × 10⁴			
	0.30	82	20.3 × 10⁴	95	3	2
	0.40	63	6.1 × 10⁴			
单体浓度 /g·dL⁻¹	10	80	28 × 10⁴			
	12.5	87	28 × 10⁴	96	2	2
	15.8	93	29 × 10⁴		3	1
	16.0	94	25 × 10⁴	96		
聚合温度 /℃	0	74	25 × 10⁴	96	2	2
	10	87	28 × 10⁴			
	20	90	25 × 10⁴			
	30	87	21 × 10⁴	95	3	2

注：Mt/Bd 摩尔比 = 2.0 × 10⁻⁵，Ni/Mt 摩尔比 = 0.7，Al/Bd 摩尔比 = 6.0 × 10⁻³，Al/Mt 摩尔比 = 300，[Bd] = 12.5g/100mL，H₂O/Al 摩尔比 = 0.15，苯，10℃聚合 3h。

（3）转化率、分子量与聚合时间的关系。图 2 – 21 表明，随着时间的增长，转化率急剧增加，增加的速度与 Mt/Bd 摩尔比有关，Mt/Bd 摩尔比越大，速度越快。2h 后转化率增加不大，在 2~3h 之间转化率仅增加 2%~8%。3h 内转化率大于 80%。在 0.5h 前分子量随聚合时间的增加而增大，0.5h 后基本不变。

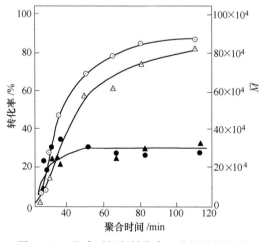

图 2 – 21 聚合时间与转化率、分子量的关系

钴系胶是世界顺丁橡胶工业生产中产量最大、品种最多的胶种。由于该催化体系适应性强，可调性大，易生产高顺式高分子量、不同分子量分布及支化度适合于用户需要的产品品种，加之生产钴胶的这些公司（日本宇部、美国固特里斯、德国汉尔许等）都有技术协定，可互相使用各自技术与专利，促进了钴胶的发展。

2.2.2.3　镍系催化剂

A　镍系催化剂的发现及其特点

在开始寻找顺式–1,4聚合催化剂方面的研究时，日本学者没有跟在欧美各国研究者的后面去改良 Ziegler 催化剂，而是把注意力放在探索新的催化剂方面。经过多年的研究，终于发现了载体上的还原镍可引发丁二烯顺式–1,4聚合，顺式–1,4含量高达93%以上。1964年又发现可溶性镍与三乙基铝及三氟化硼乙醚配合物组成的高活性的三元催化体系[57]，三元催化剂可以合成很高顺式–1,4构型的聚丁二烯。一般含量在90%～97%，也可达97%以上。三元镍系催化剂的发现，使 Ziegler 的二元系开始向多元系扩展。三元系在广泛的组成范围内具有非常高的顺式–1,4定向特征。提高聚合温度或某些杂质存在对此几乎没有影响。虽然仍需避免与水、氧、醇或酸等接触，但这些杂质对三元系的聚合活性和顺式–1,4定向能力的影响远没有像对二元 Ziegler – Natta 型催化剂那么敏感；也无需严格控制聚合温度，一般不发生导致生成凝胶的副反应，聚合物分子量可通过改变催化剂制备条件来控制，催化剂用量少，甚至无须分离。总之，与二元系相比较，三元系具有显著的优点[58,59]。

日本合成橡胶公司采用日本桥石轮胎公司发明的三元镍系催化剂，并引进美国菲利普的生产工艺技术，于1965年实现了镍系顺丁橡胶（Ni – BR）工业生产。与 Ti – BR、Co – BR 的生产技术相比较，Ni – BR 的生产技术是较为经济有效的方法，具有如下一些特点[60]：

（1）催化剂活性高、用量低，无需洗涤脱除。

（2）催化剂各组分均溶于溶剂中，有利于计量、输送、配制。催化剂配制容易，配制的催化剂仍溶于溶剂中。

（3）单体浓度的变化对生成聚合物无不利影响，高单体浓度可提高装置生产能力，减少溶剂回收。而 Co – BR 生产时，单体浓度高顺式含量降低，凝胶增加，对聚合有不利影响。

（4）聚合温度对聚合物顺式含量几乎无影响，高温聚合可节约冷冻费用、降低能耗。而 Co – BR 生产时聚合温度大于50℃，顺式含量就会低于94%，凝胶含量增加。

（5）聚合反应平稳，易于操作，聚合物分子量容易控制，分子量分布适中，产品外观无色。

（6）改变催化配制条件，即可生产充油高门尼基础胶。

JSR 公司开发的 Ni－BR 生产技术，是当时最先进、最有效的制备顺式橡胶的方法，故开发成功后，先后转让给德国化学装置进出口有限公司（1967 年，柏林）、意大利联合树脂公司（1968 年，SPA）、美国古特异轮胎和橡胶公司（1971 年，阿克伦）、韩国锦湖公司（1979 年）和印尼（1991 年）等多个国家的公司。

苏联科学院石油化学合成研究所在对 π－烯丙基镍配合催化剂进行广泛深入研究的基础上[61]，于 20 世纪 70 年代开发成功均相 π－烯丙基镍配合物为催化剂、氯醌为电子受体、脂肪烃为溶剂制备了高顺式聚丁二烯橡胶[62]，并在沃尤涅什合成橡胶厂实现了工业生产。顺式－1,4 含量为 95%，反式－1,4 含量为 3%，乙烯基含量为 2%，具有较高的支化度和宽的分子量分布（$M_w/M_n = 5 \sim 8$），加工性能好，在某些方面胜过通用型镍胶。

中国在开展 Ti、Co 系催化剂研究的同时，长春应用化学研究所也对镍等过渡金属组成的催化剂进行了探索研究，几乎是与日本同时发现了环烷酸镍、三异丁基铝和三氟化硼乙醚组成的三元高活性催化剂，并从 1965 年开始独立自主地进行生产工艺技术的研究开发，于 1971 年建成第一套万吨生产装置，镍系催化剂成为中国生产顺丁橡胶的重要催化剂。

继日本桥石轮胎公司和 JSR 公司之后，固特异和德国布纳等世界各大有关公司也广泛开展了镍系催化剂的研究，出现了大量的相关专利和文献，对镍系催化剂进行了大量改进研究工作，出现不同组成的新型镍系催化剂专利，报道的典型催化体系见表 2－16。

表 2－16　典型的镍系催化体系

催 化 剂	微观结构/%			参考文献
	顺式－1,4	反式－1,4	1,2－	
镍－硅藻土－$AlEt_3$－$BF_3 \cdot OEt_2$	98.1	1.5	0.4	[63]
乙酰乙酸乙酯镍－$AlEt_3$－$BF_3 \cdot$ 醚	99.1	0.7	0.2	[64]
乙酰基丙酮镍－$AlEt_3$－$BF_3 \cdot$ 醚	94.8	4.4	0.8	[64]
环烷酸镍－$AlEt_3$－$BF_3 \cdot OEt_2$	96.7	3.0	0.3	[65]
环烷酸镍－$LiBu$－$BF_3 \cdot OEt_2$	94			[66]
辛酸镍－$AlEt_3$－$BF_3 \cdot$ 配合物				[67]
辛酸镍－$Al(i-Bu)_3$－$HF \cdot OBu_2$				[68]
辛酸镍－$AlEt_3$－$HF \cdot OEt_2$				[68]
$(RCOONiO)_3B$－$Al(i-Bu)_3$－$BF_3 \cdot OEt_2$	95.9	2.8	1.3	[69]

目前世界除俄罗斯采用 π - 烯丙基镍配合催化剂生产镍系顺丁橡胶外，生产镍系顺丁胶的厂家均采用环烷酸镍或辛酸镍与三烷基铝和路易斯酸三氟化硼醚配合物或 HF 组成的催化体系，这种催化剂的活性首先取决于各组分的配比和催化剂的制备条件。

B 三元镍系催化剂聚合基本规律

中科院长春应化所根据探索实验确定了环烷酸镍、三异丁基铝和三氟化硼醚配合物三组分催化剂，并选择加氢汽油作为溶剂进行全面研究。

a 催化剂各组分以单加方式与丁油混合的一些聚合规律[70]

（1）烷基铝用量变化对聚合活性和分子量的影响。当镍和硼组分固定时，随着铝组分用量增加聚合活性略有降低，分子量也随之下降（见表 2 - 17）。

表 2 - 17 烷基铝用量对聚合的影响

铝镍摩尔比	转化率/%	$[\eta]/dL \cdot g^{-1}$	分子量	凝胶/%
4	86	7.45	39.0×10^4	0
6	85	3.25	35.8×10^4	0
8	87	3.17	34.6×10^4	0
10	85	2.63	26.8×10^4	1
12	80	2.50	25.0×10^4	0

注：$[Bd] = 13.5g/100mL$，Ni/Bd 摩尔比 $= 2 \times 10^{-4}$，B/Bd 摩尔比 $= 2.22 \times 10^{-3}$，30℃聚合 5h，加料顺序：Bd + Ni + Al + B。

当镍组分用量固定时，在铝硼摩尔比低于 1.0 时，活性随着铝镍摩尔比增加，聚合活性略有降低，分子量也随之下降。在铝硼摩尔比大于 1.0 时，聚合活性略有增加，而分子量仍然随之降低（见表 2 - 18）。聚合物结构无变化。

（2）硼组分变化对聚合活性和分子量的影响。当镍和烷基铝组分固定，即铝镍摩尔比 = 10 时，随着硼组分用量减少，分子量随之增加，聚合活性的变化与加料方式有关，采用 Ni + B + Al 的方式聚合活性随着硼组分用量减小而降低，分子量高于 Ni + Al + B 方式。而采用 Ni + Al + B 方式，转化率在铝硼摩尔比为 0.8 ~ 0.9 时出现峰值，聚合活性高于前种加料方式（见表 2 - 19）。顺式 - 1,4 含量为 97%，反式为 2%。

（3）水分对聚合的影响。在催化剂用量固定时，H_2O/Al 摩尔比在 0.2 ~ 0.5 之间变化时，对聚合活性及分子量几乎无影响（见表 2 - 20）。

（4）氧的含量对聚合的影响。当聚合配方及条件不变时，随着氧含量增加，聚合活性下降，达烷基铝两倍时，则完全失去活性（见表 2 - 21）。但无凝胶生成，微观结构会随氧含量增加而提高。

表2－18 在不同铝硼摩尔比下铝镍摩尔比变化对聚合的影响

铝硼摩尔比	铝镍摩尔比	转化率/%	$[\eta]$/dL·g^{-1}	分子量	凝胶/%	微观结构/%	
						顺式－1,4	1,2－
0.9	4	87.5	3.18	34.8×10^4	1		
	6	92.5	2.55	25.7×10^4	4	97	2
	8	82.5	2.40	23.6×10^4	0		
	10	85.0	2.24	21.5×10^4	1	97	2
	12	82.5	1.65	14.0×10^4	0		
	15	82.5	1.45	11.8×10^4	0	97	2
1.0	4	72.0	3.30	36.6×10^4	0		
	6	78.0	2.34	23.0×10^4	0		
	8	81.0	2.36	23.0×10^4	0		
	10	83.0	1.95	18.0×10^4	0		
1.2	4	76	3.82	45.0×10^4	0		
	6	78	3.48	39.0×10^4	0		
	8	80	2.44	24.0×10^4	0		
	10	80	2.35	23.0×10^4	0		

注：[Bd]＝13.5g/100mL，Ni/Bd摩尔比＝2×10^{-4}，30℃聚合5h，加料顺序：Bd＋Ni＋Al＋B。

表2－19 硼组分的变化对聚合的影响

加料方式	铝硼摩尔比	转化率/%	$[\eta]$/dL·g^{-1}	分子量	凝胶/%
Bd＋Ni＋Al＋B	0.2	70	0.79	5.0×10^4	0
	0.3	72.5	0.85	5.5×10^4	0
	0.4	77.5	0.75	4.7×10^4	0
	0.5	80.0	1.18	8.8×10^4	0
	0.6	85.0	1.20	9.0×10^4	0
	0.7	81.0	1.32	10.3×10^4	0
	0.8	90.0	1.46	11.9×10^4	0
	0.9	90.0	1.75	16.0×10^4	1
	1.0	87.5	1.88	16.9×10^4	2
	1.1	85.0	2.0	18.4×10^4	3
	1.2	80.0	2.2	21.0×10^4	1
Bd＋Ni＋B＋Al	0.5	75	1.83	16.2×10^4	1
	0.6	70	2.02	18.6×10^4	0
	0.7	75	2.30	22.4×10^4	1
	0.82	68	2.46	24.2×10^4	0
	0.90	68	2.56	23.8×10^4	1
	1.0	63	2.90	30.6×10^4	1
	1.13	70	3.06	33.0×10^4	1
	1.28	70	3.59	41.1×10^4	1

注：[Bd]＝13.5g/100mL，Ni/Bd摩尔比＝2×10^{-4}，Al/Bd摩尔比＝10，30℃聚合5h。

表 2 - 20　水分对聚合的影响

H$_2$O/Al 摩尔比	水含量/g·mL^{-1}	转化率/%	[η]/dL·g^{-1}	分子量	凝胶/%
0.24	0.022	85.0	2.23	21.4×10^4	1
0.30	0.027	87.5	1.94	17.0×10^4	1
0.35	0.031	90.0	2.30	22.3×10^4	1
0.40	0.036	92.5	2.24	21.5×10^4	1
0.50	0.045	90.0	2.31	22.5×10^4	0

注：[Bd] = 13.5g/100mL，Ni/Bd 摩尔比 = 2×10^{-4}，Al/Ni 摩尔比 = 2×10^{-4}，Al/B 摩尔比 = 0.9，

　　30℃聚合5h，加料顺序：Bd + Ni + Al + B。

表 2 - 21　氧对聚合的影响

氧铝摩尔比	[H$_2$O] = 2.53×10^{-5}g/mL		[H$_2$O] = 2.3×10^{-5}g/mL		微观结构/%		
	转化率/%	分子量	转化率/%	分子量	顺式 - 1,4	反式 - 1,4	1,2 -
0	100	33.0×10^4	86	38.0×10^4	96	2	2
0.3	100	50.0×10^4	72	56.0×10^4	97	2	1
0.6	96	57.0×10^4	70	54.0×10^4			
1.0	100	62.0×10^4	62	57.0×10^4	97	2	1
1.3	26	70.0×10^4	60	59.0×10^4			
1.6	26	77.0×10^4	6	19.0×10^4	98	1	1
2.0	0	—	0				

注：Ni/Bd 摩尔比 = 1.5×10^{-4}，Al/Bd 摩尔比 = 2×10^{-3}，30℃聚合5h，加料顺序：Bd + Ni + Al + B，

　　[Bd] = 13.5g/dL。

（5）含氧化合物对聚合的影响。在同一配方和相同的聚合条件下，醇、醚、酮、醛化合物不同的添加量对聚合的影响见表 2 - 22，从表中数据可知，加入量超过烷基铝用量后才对聚合活性有明显的影响，分子量略有升高，而对结构无明显影响，顺式 - 1,4 含量均在97%以上。

表 2 - 22　含氧化合物对聚合的影响

名　称	杂质/AlR$_3$ 摩尔比	转化率/%	[η]/dL·g^{-1}	凝胶/%
乙醇	0	78	1.75	1
	0.2	85	2.25	1
	0.4	85	2.13	1
	0.6	87	2.51	1
	0.8	91	2.46	2
	1.0	93	3.52	2
	1.5	87	4.81	0
	2.0	30	6.50	17

续表 2 - 22

名　　称	杂质/AlR$_3$ 摩尔比	转化率/%	[η]/dL·g^{-1}	凝胶/%
乙醚	0	78	1.75	1
	0.2	76	1.82	<1
	0.4	76	2.14	<2
	0.6	80	2.17	<1
	1.0	52	1.99	1
	1.5	17	2.38	<1
丙酮	0	78	1.75	1
	0.2	76	1.82	2
	0.4	76	2.14	1
	0.6	80	2.17	0
	1.0	52	1.99	1
	1.5	17	2.38	<2
乙醛	0	72	1.84	3
	0.2	80	2.36	3
	0.4	91	2.24	0
	0.6	94.5	3.16	1
	0.8	100	2.96	1
	1.0	100	3.16	1
	1.5	93	3.12	1

（6）聚合温度对聚合的影响。当聚合配方固定时，随着聚合温度升高，转化率随之增加，表明反应速度增加。Ni + Al + B 加料方式，对分子量影响不明显，随温度升高略有降低；而 Ni + B + Al 加料方式，活性增加明显，分子量下降也显著，表明此种方式适于高温下聚合，几乎无凝胶，顺式含量为 97%（见表 2 - 23）。

表 2 - 23　温度对聚合的影响

加料方式	温度/℃	转化率/%	[η]/dL·g^{-1}	分子量	微观结构/%		
					顺式 -1,4	反式 -1,4	1,2 -
Ni + Al + B 铝镍摩尔比 = 10	10	30	2.2	21.0×10^4	97.1	1	2
	20	43	2.1	19.6×10^4	97.1	1	2
	30	70	2.23	21.2×10^4	97.1	1	2
	40	80	2.07	19.0×10^4	97.1	1	2
	60	88	1.92	17.4×10^4	97.1	1	2

续表 2 - 23

加料方式	温度/℃	转化率/%	[η]/dL·g⁻¹	分子量	微观结构/%		
					顺式 -1,4	反式 -1,4	1,2 -
Ni + B + Al 铝镍摩尔比 =6	8	45	4.90	63.0×10^4			
	20	78	3.60	33.6×10^4			
	40	91	2.85	29.9×10^4			
	60	100	2.0	18.4×10^4			

注：[Bd] =13.5g/100mL，Ni/Bd 摩尔比 =2×10⁻⁴，Al/B 摩尔比 =0.9，30℃聚合5h。

（7）单体浓度的变化对聚合的影响。当聚合配方固定不变时，随着单体浓度增加，也即溶剂用量减少，聚合转化率增加，分子量降低（见表2 -24）。

表 2 - 24　单体浓度对聚合的影响

加料方式	[Bd]/g·dL⁻¹	铝镍摩尔比	转化率/%	[η]/dL·g⁻¹	分子量	凝胶/%
Ni + B + Al	5.4	6	26.3	4.76	60.6×10^4	0
	8.0		79.0	4.15	50.1×10^4	0
	10.4		94.0	—	—	—
	16.2		99.0	3.55	40.8×10^4	
Ni + Al + B	5.0	10	72.5	4.4	54.4×10^4	1
	10.0		75.0	2.63	26.7×10^4	0
	12.0		78.0	2.50	25.0×10^4	1
	13.5		88.0	2.30	22.3×10^4	1
	15.0		83.0	2.00	18.4×10^4	0

注：Ni/Bd 摩尔比 =2×10⁻⁴，Al/B 摩尔比 =0.9，30℃聚合5h。

b　催化剂组分预混合陈化加料方式聚合规律[71,72]

由环烷酸镍（Ni）、三异丁基铝（Al）和 BF₃·OEt₂（B）三组分组成的催化剂可有多种顺序预混合。由于烷基铝可与另两组分发生反应而生成不同产物，从而影响聚合活性。研究发现，Ni 与 Al（或有少量丁二烯存在）先混合陈化，陈化宜在低温下进行，B 组分单独加入丁油溶液中，聚合活性较 Al + B + Ni 或 Ni + B + Al 两种加料顺序混合陈化方式更高，分子量也适中（见图2 -22 和图2 -23）。

由图2 -22 可见，Al - B - Ni 混合陈化方式的催化活性比稀 B 单加低得多，而平均分子量则比较高。此加料方式，在铝硼摩尔比小于1 的条件下，会发生如下反应：

$$AlR_3 + BF_3 \cdot OEt \longrightarrow AlR_2F + RBF_2 + OEt_2 \qquad (1)$$

$$AlR_3 + BF_3 \cdot OEt \longrightarrow AlRF_2 + R_2BF + OEt_2 \qquad (2)$$

$$AlR_3 + BF_3 \cdot OEt \longrightarrow AlF_3 + R_3B + OEt_2 \qquad (3)$$

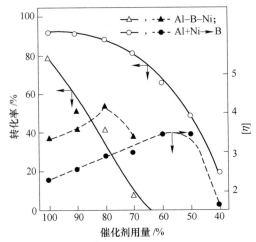

图 2-22   Al-B-Ni 三元陈化与 Al+Ni 二元陈化 B 单加聚合活性的比较

当反应进行到第（2）步时，就大大降低了还原 Ni 的能力，使活性中心数目减少，而降低了催化活性，分子量升高。松本毅[73]在研究 Ni 系催化剂之间反应时指出，Al 与 B 反应到生成 $EtAlF_2$ 或 AlF_3 时，已失去了还原 Ni 的能力，Ni 溶液的颜色不变，催化聚合活性也非常低。

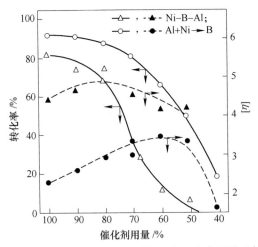

图 2-23   Ni-B-Al 与 B 单加方式的聚合活性比较

从图 2-23 可知，Ni-B-Al 顺序混合的三元陈化方式的聚合活性虽然好于Al-B-Ni 方式，但仍不如 B 单加方式。用苯、甲苯或甲苯-庚烷为溶剂时，多采用此加料方式，可得到适中分子量。对脂肪烃如加氢汽油作溶剂，此种加料方式不仅活性低，分子量也较高。

Prikyi 等人用直流电导的变化研究二乙酰基丙酮镍与 BF_3 的反应，研究结果表明，Ni 与 B 生成的产物有下列两种配合物：

$$
\begin{array}{c}
\text{CH}_3 \\
| \\
\text{CH}_3-\text{C}=\text{O} \qquad \text{F} \qquad \text{O}=\text{C}-\text{CH}_3 \\
\text{CH} \qquad \rightarrow \text{B} \qquad \text{Ni} \qquad \text{B} \leftarrow \qquad \text{CH} \\
\text{CH}_3-\text{C}-\text{O} \qquad \text{F} \qquad \text{O}-\text{C}-\text{CH}_3
\end{array} \qquad (\text{I})
$$

$$
\begin{array}{c}
\text{F} \\
\text{CH}_3-\text{C}=\text{O} \qquad \text{F}-|-\text{F} \qquad \text{O}=\text{C}-\text{CH}_3 \\
\text{CH} \rightarrow \text{B} \qquad \text{Ni} \qquad \text{B} \leftarrow \text{CH} \\
\text{CH}_3-\text{C}-\text{O} \qquad \text{F}-|-\text{F} \qquad \text{O}-\text{C}-\text{CH}_3 \\
\text{F}
\end{array} \qquad (\text{II})
$$

B 少时形成（I）式，B 多时形成（II）式。由于 Ni – B 混合时 Ni 与 F 形成化学键和配合键，妨碍了 Ni 的还原，在此同时，Al 与 B 也在反应，也导致部分烷基铝和 BF$_3$ 的损失，因此此种加料方式聚合活性低于 Ni – Al – B 或 Ni – Al 陈化、B 单加的加料方式。

Ni – Al – B 加料方式可分为（Ni + Al）–（Al + B）、Ni + Al→B 和 Ni – Al – B 等 3 种方式。第一种方式也称为双二元方式，此方式很好地解决了 BF$_3$·OEt$_2$ 配合物的溶解问题，但在聚合过程中易生成凝胶，不宜采用。第三种即为三元陈化方法，该方式虽然也解决了 BF$_3$·醚合物溶解问题，但易生成不溶性沉淀物而堵塞管线，不利于正常生产。唯有第二种方式，亦称为 Al – Ni 二元陈化、稀 B 单加方式，是一种较为理想的加料方式，因为这种方式保证了聚合活性中心是在丁油溶剂中均匀形成的，不存在因催化剂局部过浓而引起暴聚使生产不能正常运行的问题。实践证明，我国 Ni 系胶的生产装置运转周期、设备生产能力、催化剂用量和胶的性能均达到世界先进水平。Al 与 Ni 两元加入少量丁二烯陈化，可生成棕色 π – 配合物，催化活性较高且稳定，但有可见不溶物出现；而 Ni 与 Al 两元直接混合，立刻生成黑色低价态镍，均匀分散在加氢汽油中，无肉眼可见不溶物。低价态镍进入丁油溶剂中，与大量丁二烯相遇，便可立即形成 π – 烯丙基镍配合物，保证了催化剂的高活性和稳定性。

c Al – Ni 二元陈化条件对聚合活性的影响[74]

（1）陈化温度和时间对聚合活性的影响。当配方和浓度固定时，在 – 10℃、0℃和 30℃三个不同温度下陈化时间对聚合活性的影响见图 2 – 24。由图可知，在陈化初期即 20min 前，聚合活性随着陈化时间增加活性略有增加，20min 后三种不同温度下陈化聚合活性无可见区别，分子量随着陈化时间增加略有降低。

（2）陈化浓度及时间对聚合的影响。当配方相同而陈化液的浓度［Ni］在 $1 \times 10^{-6} \sim 15 \times 10^{-6}$ mol/mL 范围内变化时，陈化浓度对聚合活性的影响见图 2 – 25。从图可知，在陈化液浓度［Ni］低时，转化率均偏低，这可能与体系中杂质破坏或低浓度下反应速度慢有关。图 2 – 26 给出两种不同浓度的陈化液陈化时间与转化率的关系，由图可知，较高浓度的陈化液很快就到了较高的转化率。而浓度 [Ni] = 1×10^{-6} mol/mL 低浓度陈化液虽然随着时间增长，转化率也逐渐增加，但终转化率仍然较低，说明陈化液浓度低需要较长的反应时间并易受杂质的影响而聚合活性低。

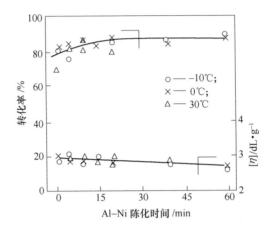

图 2-24　陈化温度、时间对活性的影响

(Ni/Bd 摩尔比 = 6.0×10^{-5}, Al/Ni 摩尔比 = 6, Al/B 摩尔比 = 0.6,
Bd/Ni 摩尔比 = 70, [Ni] = 9.25×10^{-6})

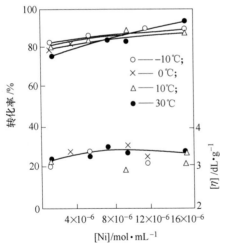

图 2-25　陈化浓度及温度的影响

(Ni/Bd 摩尔比 = 6.0×10^{-5}, Al/Ni 摩尔比 = 6,
Al/B 摩尔比 = 0.6, Bd/Ni 摩尔比 = 70,
[Ni] = 9.25×10^{-6})

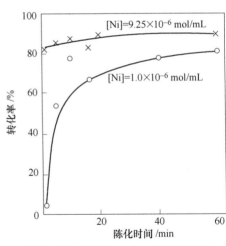

图 2-26　陈化时间对转化率的影响

（3）Al-Ni 陈化添加少量丁二烯的影响。当铝镍摩尔比固定时改变陈化液中丁二烯的加入量对聚合的影响见表 2-25。由表可知，丁二烯的加入量对聚合

转化率和分子量无明显的影响，但 Al – Ni 陈化液的颜色由深棕色逐渐变为淡茶色。在 Bd/Ni 摩尔比为 10～30 之间，会较快地生成较多的沉淀物，而 Bd/Ni 摩尔比在 2～8 或 50～70 时则生成较少的沉淀物。不加丁二烯时经 4 天陈化未见沉淀生成，说明沉淀物是由加入丁二烯所产生的。

表 2 – 25　Bd/Ni 摩尔比对活性的影响

Bd/Ni 摩尔比	转化率/%	$[\eta]/dL \cdot g^{-1}$
0	82	3.55
2	79	3.21
20	81	3.30
50	88	3.17
70	87	3.65

注：Ni/Bd 摩尔比 = 6.0 × 10^{-5}，Al/Ni 摩尔比 = 6，Al/B 摩尔比 = 0.6，[Ni] = 15 × 10^{-6} mol/mL，温度 10℃。

d　催化剂各组分配比对聚合的影响[75]

聚合活性与催化剂各组分之间的关系是工业生产上极为关切的问题之一。从动力学的聚合速度表达式：

$$-\frac{d[M]}{dt} = K[C]_o[M] = k_p\alpha[C]_o[M] \tag{2-3}$$

可知聚合活性与催化剂总用量成正比，而每个组分对催化剂活性的贡献是各不相同的，这从测得的每个组分的反应速度常数的差异和不同分子量变化趋势得到证实（见表 2 – 26）。

表 2 – 26　催化剂各组分浓度对速度常数及聚合物分子量的影响

聚合液中催化剂浓度/mol · mL^{-1}			K /min^{-1}	$[\eta]$ /dL · g^{-1}	$\overline{M}_v$	配　方
Ni	Al	B				
0.55 × 10^{-4}			0.90 × 10^{-2}	3.36	37.5 × 10^4	
0.93 × 10^{-4}			2.10 × 10^{-2}	3.56	40.5 × 10^4	Ni/Bd 摩尔比 = (0.3～2.0) × 10^{-4}
1.85 × 10^{-4}	0.93 × 10^{-3}	3.07 × 10^{-3}	3.00 × 10^{-2}	2.88	30.3 × 10^4	Al/Bd 摩尔比 = 0.5 × 10^{-3}
3.15 × 10^{-4}			3.30 × 10^{-2}	1.82	16.4 × 10^4	B/Bd 摩尔比 = 1.67 × 10^{-3}
3.70 × 10^{-4}			4.20 × 10^{-2}	1.78	16.0 × 10^4	Al/B 摩尔比 = 0.3
	3.99 × 10^{-3}		0.40 × 10^{-2}	1.7	15.0 × 10^4	
	2.76 × 10^{-3}		1.40 × 10^{-2}	2.3	22.5 × 10^4	Ni/Bd 摩尔比 = 1.0 × 10^{-4}
	1.53 × 10^{-3}		2.60 × 10^{-2}	2.7	27.8 × 10^4	Al/Bd 摩尔比 = (0.25～2.18)
1.85 × 10^{-4}	0.93 × 10^{-3}	3.07 × 10^{-3}	2.50 × 10^{-2}	2.5	25.0 × 10^4	× 10^{-5}
	0.61 × 10^{-3}		1.60 × 10^{-2}	2.3	23.5 × 10^4	B/Bd 摩尔比 = 1.67 × 10^{-3}
	0.46 × 10^{-3}		1.30 × 10^{-2}	2.3	22.5 × 10^4	Al/B 摩尔比 = 0.15～1.3

续表 2 - 26

聚合液中催化剂浓度/mol·mL⁻¹			K /min⁻¹	$[\eta]$ /dL·g⁻¹	$\overline{M}_v$	配　　方
Ni	Al	B				
9.25×10^{-4}	4.60×10^{-3}		0.25×10^{-2}	2.18	20.9×10^4	
6.76×10^{-4}	3.38×10^{-3}		0.30×10^{-2}	2.21	21.3×10^4	Ni/Bd 摩尔比 = (0.5 ~ 50) × 10⁻⁴
4.32×10^{-4}	2.15×10^{-3}		2.80×10^{-2}	2.04	19.2×10^4	Al/Bd 摩尔比 = (0.25 ~ 2.5) × 10⁻³
3.08×10^{-4}	1.53×10^{-3}	3.07×10^{-3}	3.00×10^{-2}	2.19	21.1×10^4	B/Bd 摩尔比 = 1.67 × 10⁻³
1.54×10^{-4}	0.77×10^{-3}		1.40×10^{-2}	2.64	27.0×10^4	Al/B 摩尔比 = 0.15 ~ 1.5
1.24×10^{-4}	0.61×10^{-3}		1.26×10^{-2}	2.47	24.0×10^4	
0.93×10^{-4}	0.46×10^{-3}		0.60×10^{-2}	2.61	26.5×10^4	
		4.62×10^{-3}	1.00×10^{-2}	2.92	31.2×10^4	Ni/Bd 摩尔比 = 1.0 × 10⁻⁴
		3.07×10^{-3}	1.80×10^{-2}	2.85	30.0×10^4	Al/Bd 摩尔比 = 0.5 × 10⁻³
1.0×10^{-4}	0.93×10^{-3}	2.31×10^{-3}	2.70×10^{-2}	—	—	B/Bd 摩尔比 = (0.56 ~ 2.5) × 10⁻³
		1.85×10^{-3}	2.20×10^{-2}	2.97	31.6×10^4	Al/B 摩尔比 = 0.2
		1.03×10^{-3}	1.30×10^{-2}	3.62	41.7×10^4	

（1）环烷酸镍（Ni）用量变化的影响。当三异丁基铝和三氟化硼乙醚配合物用量固定不变时，改变环烷酸镍用量（在一个数量级范围内）对聚合活性和分子量的影响见图 2 - 27。由图可知，当环烷酸镍用量很低时，聚合活性与环烷酸镍用量之间近似地呈一级关系；随环烷酸镍用量继续增加，聚合活性偏离一级关系而趋于平衡，分子量则随镍用量增加而逐渐降低。

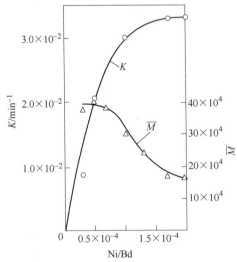

图 2 - 27　环烷酸镍用量对聚合活性及分子量的影响

（Al/Bd 摩尔比 = 0.5 × 10⁻³；B/Bd 摩尔比 = 1.67 × 10⁻³）

（2）三异丁基铝（Al）用量变化的影响。固定环烷酸镍和三氟化硼乙醚配合物两个组分的浓度，在一个数量级范围内变化三异丁基铝的用量，聚合活性和分子量的变化见图2-28。由图可见，随着三异丁基铝用量的增加，聚合速度和分子量同时上升，越过峰值后又同时下降，聚合速度达到极大值时分子量最高。这是三异丁基铝用量变化独有的现象。

（3）三异丁基铝与环烷酸镍用量同步变化的影响。在固定三氟化硼乙醚配合物用量和铝镍摩尔比时，同时变化 Al 及 Ni 的用量，则聚合活性和分子量的变化规律如图2-29所示，聚合活性出现峰值，分子量略有下降的趋势。

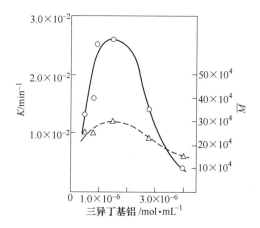

图2-28　三异丁基铝用量对聚合活性及分子量的影响
○—聚合活性；△—分子量
（Ni/Bd 摩尔比 = 1.0×10^{-4}；B/Bd 摩尔比 = 1.67×10^{-3}）

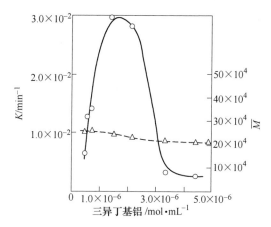

图2-29　三异丁基铝和环烷酸镍用量同时变化对聚合活性及分子量的影响
○—聚合活性；△—分子量
（Al/Ni 摩尔比 = 5；B/Bd 摩尔比 = 1.67×10^{-3}）

（4）三氟化硼乙醚配合物（B）用量变化的影响。固定三异丁基铝和环烷酸镍用量，在一个数量级范围内变化三氟化硼乙醚配合物的用量，则聚合活性和分子量的变化规律如图2-30所示，由图可知，聚合活性随着三氟化硼乙醚配合物用量的增加，聚合活性上升并越过一个峰值而又下降，分子量随B用量增加而降低。

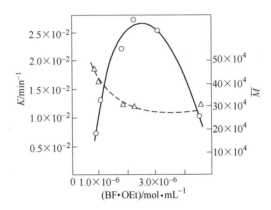

图2-30　三氟化硼乙醚配合物用量对聚合活性及分子量的影响

○—聚合活性；△—分子量

（Ni/Bd 摩尔比 $= 1.0 \times 10^{-4}$；Al/Bd 摩尔比 $= 0.5 \times 10^{-3}$）

从催化剂各组分速度常数变化可知，聚合活性是催化剂各组分的函数：

$$K = F(\text{Ni}, \text{Al}, \text{B}) \tag{2-4}$$

但聚合活性与催化剂各组分的函数关系相当复杂，目前还未有一个统一的聚合速度解析式。对于图2-28~图2-30中的聚合活性可近似地用下述方程表达：

$$K = a[\text{X}] - b[\text{X}]^2 \tag{2-5}$$

式中，[X]代表三异丁基铝、三氟化硼乙醚配合物或者铝镍陈化液的浓度。

由于催化剂在聚合体系中的浓度远小于1mol/L（见表2-26），当三异丁基铝或三氟化硼乙醚配合物用量很低时，式（2-5）中右边第二项可以忽略，聚合活性与催化剂浓度近似地呈一级关系。随着催化剂用量的增加，聚合活性逐渐偏离一级关系。而达到极大值后又逐渐降低。表明催化剂中的任意组分都不是越多越好，而是存在着最恰当的比例关系。其中三异丁基铝和三氟化硼乙醚配合物两组分既相互矛盾，又相互依赖。聚合活性与两者配比的内在关系可见图2-31和图2-32，该图是根据表2-26中数据绘制的。由图2-31可知，不管改变三氟化硼乙醚配合物用量、三异丁基铝用量或者铝镍陈化液用量，在Al/B摩尔比 $= 0.3 \sim 0.7$ 之间，聚合有最高活性，峰值约在Al/B摩尔比 $= 0.5$ 附近。这与植田贤一[77]等人报道的结果不同，他们得到活性最高的Al/B摩尔比范围在0.7~1.2之间，这可能是由于溶剂、进料工艺不同引起的。

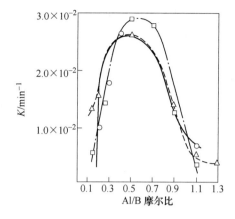

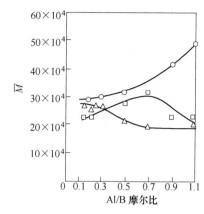

图 2-31　聚合速度与 Al/B 摩尔比的关系

○—固定 Ni/Bd 摩尔比 $=1.0\times10^{-4}$，Al/Ni 摩尔比 $=5$，

　改变硼用量；△—固定 Ni/Bd 摩尔比 $=1.0\times10^{-4}$，

　B/Bd 摩尔比 $=1.67\times10^{-3}$，改变铝用量；

□—固定 B/Bd 摩尔比 $=1.67\times10^{-3}$，Al/Ni 摩尔比 $=5$，

　同时改变铝和硼用量

图 2-32　Al/B 摩尔比对分子量作图

○—固定 Ni/Bd 摩尔比 $=1.0\times10^{-4}$，Al/Ni摩尔比 $=5$，

　改变硼用量；△—固定 Ni/Bd 摩尔比 $=1.0\times10^{-4}$，

　B/Bd 摩尔比 $=1.67\times10^{-3}$，改变铝用量；

□—固定 B/Bd 摩尔比 $=1.67\times10^{-3}$，Al/Ni 摩尔比 $=5$，

　同时改变铝和硼用量

C　π-烯丙基镍催化剂[76]

π-烯丙基过渡金属化合物是 Fischer 于 1961 年首先发现并合成的。后又发现此类化合物有两种异构体，并定名为对式（anti）和同式（syn），如图 2-33 所示。

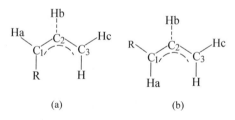

图 2-33　对式（anti）-1-烷基 π-烯丙基（a）和

同式（syn）-1-烷基 π-烯丙基（b）

1963 年 Wilke 首先报道了（π-allyl）$_2$CoCl 为催化剂可以获得以顺式-1,4 为主的聚丁二烯。

π-烯丙基过渡金属化合物容易制备，比较稳定，同时又是丁二烯增长链端最好的模型。对它的广泛深入的研究，不仅推进了聚合理论的发展，而且开发了一些高活性、高定向性的一类新型过渡金属配位催化剂。在这类新型诸多催化剂中，得到充分研究，并具有理论、实际重要性的主要是 π-烯丙基镍型催化剂和它对引发丁二烯聚合的作用。

a　催化剂的类型和合成[77]

在（π-烯丙基）$_2$Ni、（π-烯丙基 NiX）$_2$（X = Cl、Br、I）和 π-烯丙

$NiOOCCX_3$（X = F、Cl）三种类型的基础上，近年来更发展了阳离子烯丙基双配位 $[Ni(\eta^3-C_3H_5)L_2]X$、单配位 $[Ni(\eta^3\cdot\eta^2-C_8H_{13})L]X$ 和无配位 $[Ni(\eta^3\cdot\eta^2\cdot\eta^2-C_{12}H_{19})]X$ 等新型丁二烯有规聚合的典型的单组分催化剂（见表 2-27）。阳离子烯丙基 Ni 配合物可在乙醚溶剂中由相应的双（烯丙基）化合物同一个等价的布仑斯惕酸（Brϕnsted acid）经部分质子转移反应合成，必要时先加成合适的配体，如图 2-34 所示。

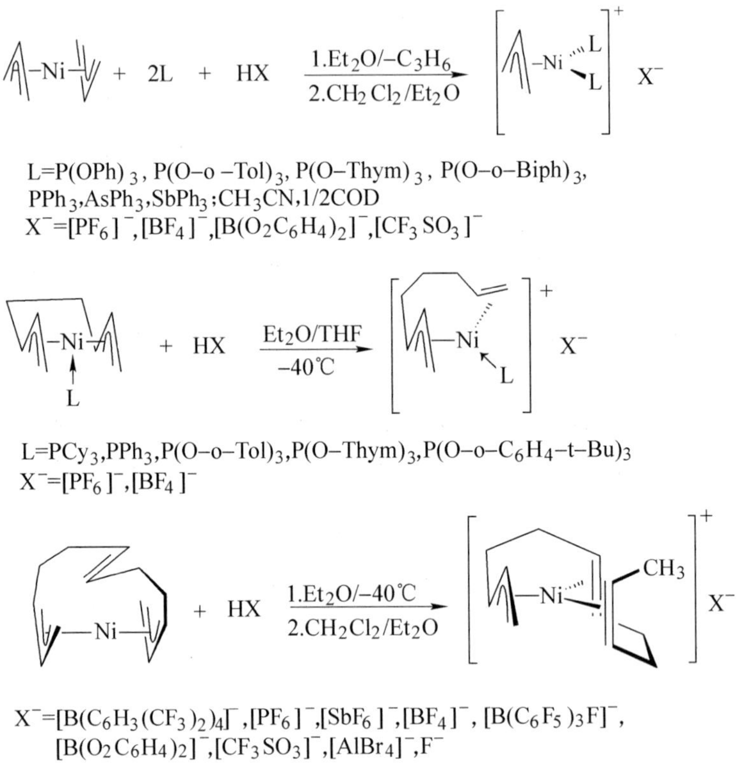
−Ni−
+ 2L + HX
1.Et2O/−C3H6
2.CH2Cl2/Et2O
−Ni L L
X−
L=P(OPh)3, P(O−o−Tol)3, P(O−Thym)3, P(O−o−Biph)3,
PPh3,AsPh3,SbPh3;CH3CN,1/2COD
X−=[PF6]−,[BF4]−,[B(O2C6H4)2]−,[CF3SO3]−
−Ni−
L
+ HX
Et2O/THF
−40℃
Ni
L
X−
L=PCy3,PPh3,P(O−o−Tol)3,P(O−Thym)3,P(O−o−C6H4−t−Bu)3
X−=[PF6]−,[BF4]−
Ni
+ HX
1.Et2O/−40℃
2.CH2Cl2/Et2O
−Ni
CH3
X−
X−=[B(C6H3(CF3)2)4]−,[PF6]−,[SbF6]−,[BF4]−, [B(C6F5)3F]−,
[B(O2C6H4)2]−,[CF3SO3]−,[AlBr4]−,F−

图 2-34 几种阳离子烯丙基单组分催化剂的合成

所有上述配合物均已很好地表征过。每个类型 Ni 的平面配体都是由 X 射线晶体结构分析确定的。

b 催化剂的性能

催化剂活性和顺-反结构取决于阴离子 X 和配体 L 的性质。阳离子烯丙基 Ni 配合物均具有较好的活性。其中无配位的 C_{12}-烯丙基 Ni(11) 配合物 $[Ni(C_{12}H_{19})]X$，当 X = PF_6、S_bF_6 和 $B[C_6H_3(CF_3)_2]_4$ 时有较高活性。二聚的烯丙基 Ni 配合物随着阴离子电负性和硬度的增加，反式随之减少。

在阳离子双配位烯丙基 Ni(11) 配合物中随着配体位阻增加和对 Ni(11)

亲和力的减少，反式结构下降而顺式增加。对无配体的 C_{12}-烯丙基 Ni(11) 配合物并与 PF_6^-、$S_6F_6^-$ 和 $B[C_6H_3(CF_3)_2]_4^-$ 等阴离子组成的催化剂有较高顺式选择性。在大多数情况下1,2-结构含量均较低，仅在带有较大芳香基磷，如 $P(OThym)_3$ 和 $P(O-o-BiPh)_3$ 的双配体配合物时才出现较高的1,2-结构。

表 2-27　η^3-烯丙基 Ni(11) 配合催化剂引发丁二烯的有规聚合

配　合　物		$\dfrac{[Bd]}{[Ni]}$	$t_p/^\circ C$	TON	微观结构/%		
					顺式	反式	1,2-
$[Ni(C_3H_5)X]_2$	X = 1	500	65	30		95	5
	= Br	500	65	2.4	46	53	3
	= Cl	80	65	0.1	92	6	2
	= CF_3CO_2(甲苯)	960	25	50.0	59	40	1
	= CF_3CO_2(庚烷)	1600	55	30.0	94	5	1
$[Ni(C_3H_5)L_2]PF_6$	L = P(OPh)	800	50	200	4	96	
	= $P(O-o-Tol)_3$	800	50	150	11	87	2
	= $P(OThym)_3$	800	25	200	66	26	8
	= $P(O-o-BiPh)_2$	800	25	200	71	7	17
	= CH_3CN	800	25	60	75	23	2
	= PPh_3	800	25	300	73	25	1
	= $AsPh_3$	800	25	10^4	85	11	4
	= $SbPh_3$	10^4	25	10^4	91	8	1
$[Ni(C_8H_{13})L]PF_6$	L = $Pcy_3(C_6H_5Cl)$	10^3	50	90	52	39	9
	= PPh_3	10^3	50	650	59	36	5
	= $P(O-o-Tol)_2$	10^3	25	5400	90	8	2
	= $P(OThym)_3$	10^3	25	5100	90	7	3
	= $P(O-o-t-BuPh)_3$	10^3	25	6100	92	6	2
$[Ni(C_{12}H_{19})]X$	X = $B[C_6H_3(CF_3)_2]_4$	10^4	25	12000	93	5	3
	= PF_6	10^4	25	12000	91	8	1
	= SbF_6	10^4	25	12000	91	7	2
	= $B(C_6F_5)_3F$	10^4	25	2000	88	9	3
	= BF_4	10^4	25	7500	75	13	2
	= $B(O_2C_6H_4)_2$	10^3	25	20	19	79	2
	= CF_3SO_3	10^3	25	10	17	80	3

注：$[Bd]=2\sim5mol/L$；溶剂：苯、甲苯；TON：催化效率，$mol/(mol\cdot h)$；Thym = thyml = 2-isopropyl-5-merhyl-phenyl；BiPh = biphenyl；t_p：聚合温度。

c   聚合动力学参数[7,76]

对几种 π－烯丙基 Ni 催化丁二烯聚合进行了动力学的研究，建立了如下的动力学方程：

$$\pi - \text{烯丙基 NiX} \qquad\qquad -\frac{d[M]}{dt} = K[C]^{0.5}[M] \qquad (2-6)$$

$$(\pi - \text{烯丙基 NiX})_2 \qquad\qquad -\frac{d[M]}{dt} = K[C][M] \qquad (2-7)$$

$$\pi - \text{烯丙基 NiOCOCCl}_3 \qquad\qquad -\frac{d[M]}{dt} = K[C][M] \qquad (2-8)$$

$$(\pi - \text{烯丙基 NiOCOCX}_3)_2 \qquad\qquad -\frac{d[M]}{dt} = K[C]^2[M] \qquad (2-9)$$

$$(\pi - C_4H_7NiCl)_2 + SnCl_4 \qquad\qquad -\frac{d[M]}{dt} = K[C]^2[M] \qquad (2-10)$$

$$(\pi - C_4H_7NiX)_2 + \text{四氯氢醌} \qquad\qquad -\frac{d[M]}{dt} = K[C]^2[M] \qquad (2-11)$$

对于 $(\pi - C_3H_5NiX)_2$ 总活化能均介于 60.71 ~ 67.0kJ/mol 之间，与卤素的性质及烯丙基基团的大小无关，$(\pi -$烯丙基卤化醋酸 Ni$)_2$ 的活化能介于 41.9 ~ 54.4kJ/mol 之间，但是根据所加受电子体性质不同，可由 54.4kJ/mol 降至 25.1kJ/mol。上述动力学方程表明，反应的表观活化能和 X 的性质及 $\pi -$烯丙基的大小无关，对催化剂的 1/2 级关系，说明活性种是解缔后的单量体，当 X = OCOCCl$_3$ 时，由于反离子的体积较大，不再缔合为二聚体。所以反应级数提高为 1，E_a 下降为 46.0kJ/mol。至于在受电子体存在下催化剂的反应级数更高，曾认为这是由于受电子体与 X 作用提高了 Ni 的正电荷，或是受电子体促使二聚体解缔为单量体，这就解释了 $[\pi - C_4H_7NiCl]_2/$受电子体 =1:1 时催化剂活性最高的实验现象。如果此时加入丁二烯，则在受电子体存在下就形成了包括单体在内的单核活性种。

$$(\pi{-}C_4H_7NiX)_2 + MtX_n \xrightarrow{+C_4H_6} 2[\pi{-}C_4H_7Ni(C_4H_6)]^{\delta+}(MtX_{n+1})^{\delta-}]$$

式中，Mt 为 Ⅲ ~ Ⅴ 族金属。

根据动力学数据可以推测，$\pi -$烯丙基镍配合物催化丁二烯聚合引发是单体首先在 Ni 中心配位，促使配合物的二聚体解缔为单量体，然后配位的单体在

Ni—C 键插入增长。

d 聚合反应历程

图 2 - 35 绘出烯丙基镍配合物催化丁二烯 1,4 聚合的反应机理模型[77]。具有平面结构的 η^3 - 烯丙基 Ni(11) 配合物，可形成对式和同式两种结构不同的丁二烯配合物，由丁二烯替代原配体或阴离子，亦可含有阴离子 X，形成 η^2 - 丁二烯单配位烯丙基 Ni(11) 配合物，及由 η^4 - 顺式配位丁二烯形成无配体的双配位烯丙基 Ni(11) 配合物而成为聚合过程催化剂。这些配合物的浓度亦受增长链双键配位的限制，并且它们的反应能力决定催化活性。

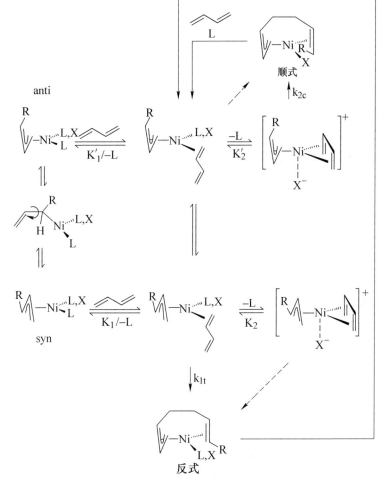

图 2 - 35　烯丙基 Ni 配合物催化丁二烯顺式 - 1,4 和
反式 - 1,4 聚合机理略图
X—阴离子；L—中性配体；R—聚丁二烯增长链

2.2.3 稀土金属配位聚合催化剂

中国有丰富的稀土资源，中国科学院长春应化所已成功地分离出 14 种高纯度的稀土元素。1962 年开始探索研究稀土元素对双烯烃的催化活性。经研究发现稀土元素具有较高的定向作用，并可制得较高分子量聚合物。沈之荃等[78,79]于 1964 年将部分实验结果首先以论文形式进行了公开报道。在国外，1963 ~ 1964 年间的专利文献中也提出了稀土元素铈化合物可制得高顺式聚丁二烯的报道[79,80]。1969 年 Throckmorton[81] 公开发表了可溶性铈盐合成顺式聚丁二烯的研究论文，指出辛酸铈、三烷基铝及烷基卤代铝三种组分组成的催化剂具有较高的催化活性，随 Al/Ce 摩尔比值由 18 增加到 200 时，顺式 – 1,4 结构含量由 99% 下降至 91.5%，稀溶液黏度由大于 4 降至 1 以下，聚合物中不含凝胶，分子量易于控制，聚合物收率约为每毫摩尔铈 4000g PBd，低于钴、镍催化剂，高于钛系催化剂。变价的铈残存于聚合物中易引起聚合物老化变质。

1970 年中科院长春应化所，继续对稀土催化剂及其聚合物进行了广泛而深入的研究[82~87]，发现镧系中的镨、钕有最好的聚合活性，是合成高顺式 – 1,4 双烯烃最有实用价值的稀土元素。稀土催化剂制得的聚丁二烯具有 1,4 – 链节含量高、1,2 – 链节含量低、支化度少、无凝胶等特点，几乎是完美的线性聚合物。同时发现稀土催化剂也可合成高顺式聚异戊二烯和高顺式的丁二烯与异戊二烯共聚物。稀土催化剂是化学家们在 20 世纪发现并研发成功的、较为理想的制备有规双烯烃橡胶催化剂。

2.2.3.1 稀土催化剂的类型和特点

中科院长春应化所在 20 世纪研究开发的稀土催化剂按稀土元素化合物的不同可大致归为三种类型（见表 2 – 28）[87~113]：（1）氯化稀土与含 N、O、S、P 等给电子试剂生成的配合物与烷基铝（或氢化二烷基铝）组成的二元稀土催化体系；（2）稀土羧酸盐、稀土磷（膦）酸盐与烷基铝（或氢化二烷基铝）、含卤化合物组成的三元稀土催化体系；（3）高分子载体稀土化合物，与烷基铝及含氯化合物组成的三元或高分子载体稀土氯化物与烷基铝（或氢化二烷基铝）组成的二元稀土催化体系。前两种类型的稀土催化剂已用于工业生产高顺式双烯烃橡胶。在钛、钴镍催化剂工业化 20 多年后，稀土催化剂仍能实现工业化生产，稀土催化剂除了具有制得的聚合物顺式含量高，使用毒性低、易于脱除和回收的脂肪烃作溶剂，聚合反应平稳、易于控制、不挂胶、不堵管等优点外，它还具有如下一些特点：

（1）镧系 14 个稀土元素对乙烯、双烯及炔烃催化聚合活性有相同的规律（见图 2 – 36）。在轻稀土中铈、镨、钕有较高活性，而重稀土中仅钆有较高活性。稀土催化剂在制备、聚合过程中，稀土元素始终保持三价态不发生价态变化，仅有钐、铕可被还原为二价态，但活性很低[114]。

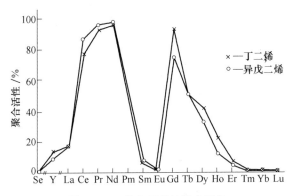

图 2-36　稀土元素的聚合活性

表 2-28　稀土催化体系的类型及组成

主催化剂		助催化剂	卤化物	参考文献
氯化稀土复合物	$NdCl_3 \cdot 3ROH$	$AlEt_3$	—	[87]、[88]
	$NdCl_3 \cdot 2THF$	$AlEt_3$	—	[89]
	$NdCl_3 \cdot 4DMSO$	$AlH(i-Bu)_2$	—	[90]
	$NdCl_3 \cdot 3EDA$	$AlEt_3$ 或 $Al(i-Bu)_3$	—	[91]
	$NdCl_3 \cdot 2phen$	$AlH(i-Bu)_2$	—	[92]
	$NdCl_3 \cdot 3TBP$	$AlEt_3$ 或 $Al(i-Bu)_3$	—	[93]
	$NdCl_3 \cdot 3P_{350}$	$AlH(i-Bu)_2$ 或 $Al(i-Bu)_3$	—	[94]
羧酸稀土化合物	$Ln(C_{5\sim9})_3$	$AlH(i-Bu)_2$	$AlCl_3$	[95]
	$Ce(Oct)_3$	$AlH(i-Bu)_2$ 或 AlR_3	AlR_2X	[81]、[96]
	$Ln(naph)_3$	$AlH(i-Bu)_2$	$Al(i-Bu)_2Cl$	[97]
	$Nd(naph)_3$	$AlH(i-Bu)_2$	Me_2SiCl_2	[98]
	$Nd(Oct)_3$	$AlH(i-Bu)_2$ 或 $Al(i-Bu)_3$	$t-BuCl$	[99]
	$Nd(Versatate)_3$	$AlH(i-Bu)_2$	$Al_2Et_3Cl_3$	[9]
	$Nd(Versatate)_3$	$AlH(i-Bu)_2$	$t-BuCl$	[100]、[101]
	$Nd(Versatate)_3$	$AlH(i-Bu)_2$	$AlEt_2Cl$	[102]
	$Nd(Versatate)_3$	$AlEt_3$	$SiCl_4$	[103]
高分子载体稀土配合物	$PSM \cdot NdCl_3$	$Al(i-Bu)_3$	—	[104]
	$SMC \cdot NdCl_3$	$Al(i-Bu)_3$	—	[104]
	$SAC \cdot NdCl_3$	$Al(i-Bu)_3$	—	[105]
	$SAAC \cdot Nd$	$Al(i-Bu)_3$	$AlEt_2Cl$	[106]
	$SAAC \cdot Nd$	$Al(i-Bu)_3$	$Al_2Et_3Cl_3$	[107]
	$EAA \cdot Nd$	$Al(i-Bu)_3$	$AlEt_2Cl$	[108]

主催化剂	助催化剂	卤化物	参考文献
Nd(OR)$_{3-n}$Cl$_n$	AlEt$_3$	—	[109]
Ph$_3$CLnCl$_2$	AlH(i－Bu)$_2$	—	[110]
Nd(CF$_3$COO)$_2$Cl	AlEt$_3$	—	[111]
Nd(OR)$_3$	AlH(i－Bu)$_2$	AlEt$_2$Cl	[112]
Nd(P$_{507}$)$_3$	Al(i－Bu)$_3$	Al$_2$Et$_3$Cl$_3$	[113]

其他类型稀土化合物

注：SMC：苯乙烯－甲基丙烯酸甲基亚硫酰基乙酯；SAC：苯乙烯－丙烯酰胺；SAAC：苯乙烯－丙烯酸；EAA：乙烯－丙烯酸；Ln：镧系稀土元素。

P$_{350}$：

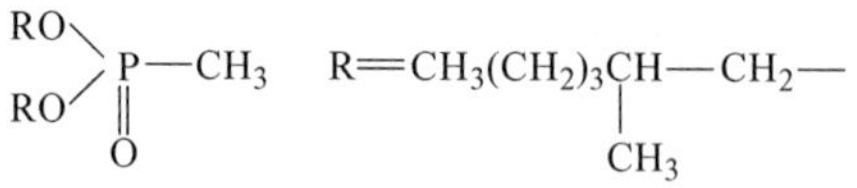

P$_{507}$：

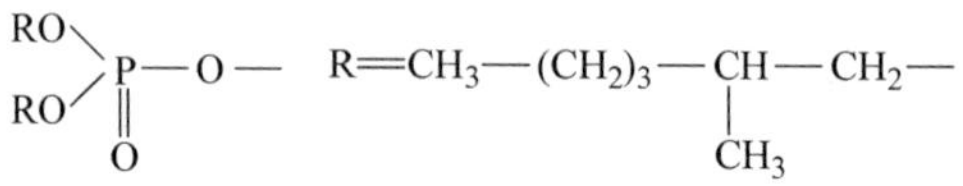

（2）稀土元素与电负性不同的卤素配体均可制得高顺式结构聚合物（见表2－29），但聚合活性不同，氯元素活性较高，而氟元素则较低[81,86]，碘元素凝胶较高。

表2－29 不同NdX$_3$对双烯聚合的影响

X	丁二烯					异戊二烯			
	转化率/%	[η]/dL·g^{-1}	微观结构/%			转化率/%	[η]/dL·g^{-1}	微观结构/%	
			顺式－1,4	反式－1,4	1,2－			顺式－1,4	3,4－
F①	2	—	95.7	2.5	1.8	1	—	95.2	4.8
Cl	94	8.3	96.2	3.5	0.3	84	5.7	96.2	3.8
Br	80	11.0	96.8	2.0	1.2	42	6.6	93.7	6.3
I	24	14.8	96.7	2.2	1.1	5	5.8	90.5	9.5

注：实验条件：NdX$_3$/单体 = 2×10^{-6}mol/g，Al(C$_2$H$_5$)$_3$/NdX$_3$ 摩尔比 = 20，50℃，5h。NdF$_3$在此条件下无活性。

①NdF$_3$/单体 = 5×10^{-6}mol/g，Al(C$_2$H$_5$)$_3$/NdF$_3$ 摩尔比 = 50，50℃，5h，后再于室温下聚合64h。

（3）稀土催化剂对丁二烯、异戊二烯均具有较高的聚合活性和定向效应，可合成高顺式的均聚物和共聚物（见表2－30），这种定向效应不受稀土元素、组成、配比、温度等因素的影响[114]。

表 2 - 30 氯化稀土体系合成双烯聚合物结构

双烯单体	AlR₃	聚丁二烯链节/%			聚异戊二烯链节/%	
		顺式 -1,4	反式 -1,4	1,2 -	顺式 -1,4	3,4 -
丁二烯	AlEt₃	97.8	1.7	0.5	—	—
	Al(i-Bu)₃	98.6	1.1	0.3	—	—
异戊二烯	AlEt₃	—	—	—	96.6	3.4
	Al(i-Bu)₃	—	—	—	97.2	2.8
丁二烯/异戊二烯（80/20）	AlEt₃	97.7	1.6	0.7	99.5	0.5
	Al(i-Bu)₃	98.3	1.2	0.5	99.5	0.5

（4）稀土催化剂有准活性特征。在特定的加料方式下，稀土催化丁二烯或异戊二烯聚合，其分子量与转化率均呈直线关系（见图 2 - 37）。两种单体分批加入时，可制得两种单体的嵌段共聚物[115]。

（5）传统催化剂在高转化率时易生成凝胶，为防止生成凝胶必须限制单体的转化率，而 Nd 系催化剂不易产生支化和生成凝胶，可允许单体转化率高达100%，也无须限制反应温度，当单体完全转化为聚合物时，聚合温度可达120℃，成为完全的绝热聚合[116]。

（6）Nd 系催化剂对丁二烯的狄尔斯 - 阿尔德（Diels - Alder）反应的催化能力很低，在聚合过程中乙烯基环己烯二聚物生成速率最低（Nd < Co < Ni ~ Ti）。Nd 催化剂有利于开发环境友好的生产技术[116]。

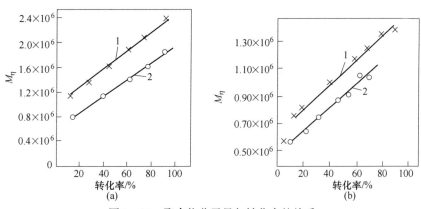

图 2 - 37 聚合物分子量与转化率的关系

（a）聚丁二烯，聚合条件：Al/Ln 摩尔比=17，Cl/Ln 摩尔比=3.5，
[Ln] = 7.0 × 10⁻⁴（摩尔分数），1—1.48mol/L，2—0.93mol/L；

（b）聚异戊二烯，聚合条件：Al/Ln 摩尔比=20，1—1.47mol/L，2—0.88mol/L

2.2.3.2 稀土羧酸盐催化体系的加料方式对聚合活性的影响

稀土羧酸盐 - 烷基铝（或氢化二烷基铝）- 含氯化物组成的三元催化体系，

三个组分都溶于溶剂，且便于计量、输送、转移、配制、配方调节等有利于生产过程中操作，是目前唯一用于工业生产的一类催化剂。中国、德国、意大利等一些国家的学者均对三元组分催化剂的加料方式及制备条件进行了详细的研究考察。由于各国选用的羧酸稀土、含氯化物有所不同，加料方式的影响规律也各异。

（1）$Ln(naph)_3 - AlH(i-Bu)_2 - Al(i-Bu)_2Cl$ 催化体系[117]。三种不同的加料方式，在室温陈化时，陈化时间的影响见表 2-31，在 24h 内仅有 Ln + Cl + Al 的加料方式在陈化 1h 后便出现了沉淀，形成非均相体系。加入少量丁二烯参与陈化未见影响。但近年的研究发现 Nd + 丁 + Al + Cl 的方式在高于室温陈化可制得稳定的均相催化剂[118]。

表 2-31　加料方式及陈化时间对聚合的影响

加料方式	陈化时间 /min	陈化液的相态	转化率 /%	$[\eta]$ /dL·g^{-1}	微观结构/%		
					顺式－1,4	反式－1,4	1,2－
Al + Cl + Ln	0	均相	98	2.83			
	10	均相	98	2.77	96.0	0.8	3.2
	60	均相	98	2.70			
	300	均相	100	2.77			
	1440	均相	100	4.36	96.8	1.0	2.2
Ln + Cl + Al	0	均相	98	3.56			
	30	均相	98	4.30	97.1	0.9	2.0
	60	非均相	98	4.07			
	300	非均相	100	—	96.5	1.0	2.5
	1440	非均相	100	4.15			
Al + Ln + Cl	0	均相	98	2.97			
	30	均相	98	2.62			
	60	均相	98	3.15			
	300	均相	98	4.08			
	1440	均相	99	4.98			

注：Ln/Bd 摩尔比 = 1.5×10^{-4}，Al/Ln 摩尔比 = 30，Cl/Ln 摩尔比 = 3，50℃聚合5h。

（2）$Nd(Versatate)_3 - AlH(i-Bu)_2 - t-BuCl$ 催化体系。两组分混合 10min 后，再加入另一组分进行三元陈化时，（Al + Nd）+ Cl 的方式，陈化 20h 仍为稳定的均相溶液；（Cl + Nd）+ Al 的加料方式经 20h 陈化便出现沉淀形成非均相催化剂；（Cl + Al）+ Nd 的加料方式几乎是立即形成沉淀变为非均相催化剂。三种加料方式的聚合活性见图 2-38，对分子量分布的影响见图 2-39[119]。

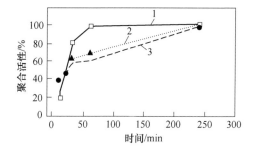

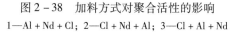

图 2－38　加料方式对聚合活性的影响

1—Al＋Nd＋Cl；2—Cl＋Nd＋Al；3—Cl＋Al＋Nd

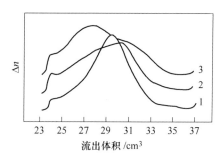

图 2－39　加料方式对分子量分布的影响

1—Al＋Nd＋Cl；2—Cl＋Nd＋Al；3—Cl＋Al＋Nd

Al 与 Nd 二元陈化 1h 后，在加 t－BuCl 组分进行三元陈化时，陈化温度、时间对聚合的影响见表 2－32[120]。

表 2－32　陈化温度、时间对聚合的影响

聚合温度 /℃	陈化温度 /℃	陈化时间	$[\eta]$ /dL·g^{-1}	GPC		$\overline{M_w}/\overline{M_n}$
				$\overline{M_w}$	$\overline{M_n}$	
－30	－20	20h	1.37	207×10^3	77×10^3	2.68
－30	－20	7 天	1.98	311×10^3	101×10^3	3.07
20	20	20h	2.36	328×10^3	110×10^3	3.25
20	20	7 天	3.08	417×10^3	124×10^3	3.37
40	20	20h	2.64	389×10^3	103×10^3	3.78
40	20	7 天	2.40	415×10^3	138×10^3	3.01

（3）Nd（Versatate）$_3$－AlH（i－Bu）$_2$－AlEt$_3$Cl$_3$ 催化体系。由于陈化时的温度、时间、浓度等多种因素都会影响催化剂制得产品的性质，故最好采用单组分直接加入丁油溶液中引发聚合。单组分分别加入顺序的影响见表 2－33 及图 2－40[121]。

表 2－33　催化剂各组分单加方式对聚合的影响

加入顺序	转化率/%	$\overline{M_w}$/g·mol^{-1}	$\overline{M_w}/\overline{M_n}$	顺式－1,4/%
丁油＋Cl＋Nd＋Al	57	430×10^3	7.5	98
丁油＋Al＋Cl＋Nd	76	390×10^3	5.7	97
丁油＋Al＋Nd＋Cl	84	210×10^3	3.4	98

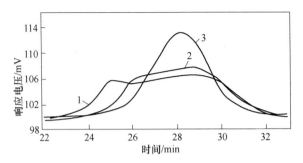

图 2 – 40   不同加料顺序的聚丁二烯的流出曲线

1—Cl + Nd + Al；2—Al + Cl + Nd；3—Al + Nd + Cl

2.2.3.3   稀土体系的聚合规律

A   稀土元素的用量变化对聚合活性的影响

（1）氯化钕配合物催化体系[92]。当 Al/Nd 摩尔比固定时，随 Nd 用量增加，转化率增加，分子量降低（见图 2 – 41）。当 Al/Bd 摩尔比固定时，随 Nd 用量增加，转化率增加，而分子量几乎不变（见图 2 – 42）。

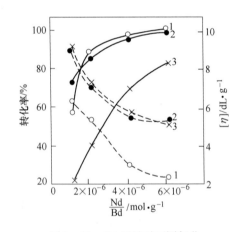

图 2 – 41   Nd 用量对不同氯化

稀土体系聚合的影响

1—NdCl₃ · 2Phen 体系；2—NdCl₃ · 2THF 体系；

3—NdCl₃ · 3i – PrOH 体系

（聚合条件：HAl/Nd 摩尔比 = 30，[Bd] = 10%，50℃，5h）

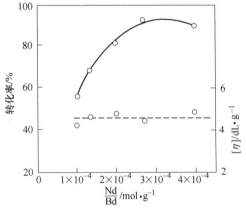

图 2 – 42   固定 HAl(i – Bu)₂ 用量

下，Nd 用量对聚合的影响

（聚合条件：HAl/Bd = 8 × 10⁻⁵ mol/g，

[Bd] = 10%，50℃，5h）

（2）环烷酸稀土［Ln(naph)₃］催化体系[97]。当 Al/Bd、Cl/Bd 摩尔比固定时，Ln 用量增加，转化率出现极大值，而分子量变化不大（见图 2 – 43）。

当 Al/Bd、Cl/Ln 摩尔比固定时，随 Ln 用量增加，转化率增加，分子量也随之略有提高（见图 2 – 44）。

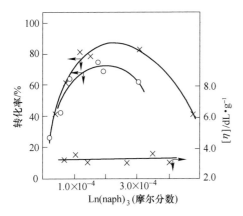

图 2-43　Ln(naph)₃ 用量对聚合的影响

　　×—Al/Bd 摩尔比 = 1.5 × 10⁻³；

　　○—Al/Bd 摩尔比 = 1.0 × 10⁻³

　　（Cl/Bd 摩尔比 = 4.5 × 10⁻⁴）

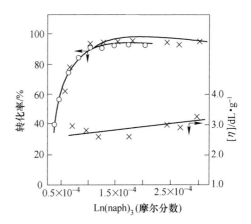

图 2-44　固定 Al(i-Bu)₂H 用量及 Cl/Ln
摩尔比情况下 Ln(naph)₃ 用量对聚合的影响

　　×—Al/Bd 摩尔比 = 1.5 × 10⁻³；

　　○—Al/Bd 摩尔比 = 1.0 × 10⁻³

　　（Cl/Ln 摩尔比 = 3.0）

　　以 t-BuCl 为含氯组分时[99]，当 Al/Nd、Cl/Nd 摩尔比固定时，Nd 用量的变化对聚合的影响见表 2-34。Nd 用量增加，即总用量增加，分子量降低，顺式含量降低，分子量分布有变宽的趋势。

表 2-34　Nd 用量变化对聚合的影响

Nd/Bd/mol · g⁻¹	转化率/%	[η]/dL · g⁻¹	$\overline{M}_w/\overline{M}_n$	顺式 -1,4/%
4.0 × 10⁻⁷	65	4.6	3.47	98.0
6.0 × 10⁻⁷	100	3.2	3.68	97.6
8.0 × 10⁻⁷	99.3	2.4	3.85	92.0
10.0 × 10⁻⁷	98.3	2.1	3.76	93.6

　　注：[Bd] = 100g/L，Al/Nd 摩尔比 = 50，Cl/Nd 摩尔比 = 1.8，50℃，5h。

　　（3）新癸酸稀土 [Nd(Versatate)₃] 催化体系[122]。当 Al、Cl(Me₃SiCl) 用量固定时，随 Nd 用量增加，转化率增加，分子量下降。若 Al 用量、Cl/Nd 摩尔比不变，随 Nd 用量增加，则聚合物收率和分子量也随之增加（见表 2-35）。

表 2-35　Nd(Versatate)₃ 用量变化对聚合的影响

Nd/Bd 摩尔比	Cl/Nd 摩尔比	转化率/%	[η]/dL · g⁻¹
2.0 × 10⁻⁵	3.73	83	3.61
2.5 × 10⁻⁵	2.98	80	3.59
3.0 × 10⁻⁵	2.49	91	3.35

续表 2 - 35

Nd/Bd 摩尔比	Cl/Nd 摩尔比	转化率/%	$[\eta]/dL \cdot g^{-1}$
3.5×10^{-5}	2.19	91	3.35
4.0×10^{-5}	1.87	93	2.78
4.5×10^{-5}	1.66	93	3.10
5.0×10^{-5}	1.49	92	2.43
2.0×10^{-5}	2.5	88	3.40
2.5×10^{-5}	2.5	90	3.68
3.0×10^{-5}	2.5	92	3.33
3.5×10^{-5}	2.5	93	3.46
4.0×10^{-5}	2.5	91	3.75
4.5×10^{-5}	2.5	94	3.68
5.0×10^{-5}	2.5	93	3.95

B   烷基铝或烷基氢化铝用量的影响

（1）氯化钕复合物催化体系[92]。当 $NdCl_3$ 用量固定时，随 $AlH(i-Bu)_2$ 用量增加，在开始转化率随之增加，超过一定量后，转化率开始下降，而聚合物分子量则随 $AlH(i-Bu)_2$ 增加而降低（见图 2 - 45）。

（2）环烷酸稀土催化体系[97]。当 $Ln(naph)_3$、$Al(i-Bu)_2Cl$ 用量固定时，随 $AlH(i-Bu)_2$ 用量增加，转化率增加，分子量降低（见图 2 - 46）。

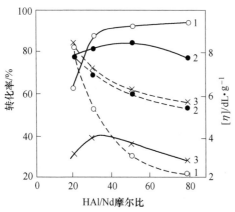

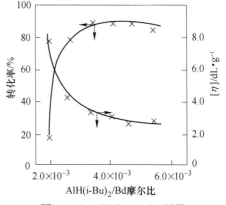

图 2 - 45   HAl/Nd 摩尔比对不同氯化

稀土体系聚合的影响

——转化率；- - - - $[\eta]$

1—$NdCl_3 \cdot 2Phen$ 体系；2—$NdCl_3 \cdot 2THF$ 体系；

3—$NdCl_3 \cdot 3i - PrOH$ 体系

（聚合条件：$Nd/Bd = 2 \times 10^{-6} mol/g$，

$[Bd] = 10\%$，50℃，5h）

图 2 - 46 $AlH(i - Bu)_2$ 用量

对聚合的影响

（Ln/Bd 摩尔比 $= 1.0 \times 10^{-4}$；

Al/Ln 摩尔比 $= 30$）

以 t-BuCl 作含卤组分[99]，则随 AlH(i-Bu)$_2$ 用量增加，分子量降低，分子量分布变宽顺式含量降低（见表 2-36）。

表 2-36　AlH(i-Bu)$_2$ 用量变化的影响

Al/Bd/mol·g^{-1}	Al/Nd 摩尔比	转化率/%	[η]/dL·g^{-1}	$\overline{M}_w/\overline{M}_n$	顺式-1,4/%
1.8×10^{-5}	30	95.5	5.7	—	98.6
2.4×10^{-5}	40	98.0	3.9	3.62	96.5
3.0×10^{-5}	50	100.0	3.2	3.68	97.6
3.6×10^{-5}	60	94.1	2.7	3.93	94.6

注：Nd/Bd = 6×10^7 mol/g，Cl/Nd 摩尔比 = 1.8，（Al + Cl）+ Nd 方式，50℃，5h。

（3）新癸酸钕 [Nd(Versatate)] 催化体系[121]。当 Nd、Al$_2$Et$_3$Cl$_3$ 用量固定时，随 AlH(i-Bu)$_2$ 用量增加活性增加，分子量降低，分子量分布变宽，顺式-1,4 含量略有变化（见表 2-37）。

表 2-37　Al/Nd 摩尔比变化对聚合的影响

Al/Nd 摩尔比	转化率/%	$\overline{M}_w$/g·mol^{-1}	$\overline{M}_w/\overline{M}_n$	顺式-1,4/%
10	64	39×10^4	3.0	99
25	88	21×10^4	3.5	98
30	90	18×10^4	4.1	98
40	98	15×10^4	5.3	99
60	98	11×10^4	7.8	96

注：Nd 含量 = 0.11mmol/100gBd，[Bd] = 14%（质量分数），环己烷，70℃，1h。

C　含卤化物用量的影响

（1）环烷酸稀土 [Ln(naph)$_3$] 催化体系[97]。当 Ln、AlH(i-Bu)$_2$ 用量固定时，随 Al(i-Bu)$_2$Cl 用量增加，活性出现极大值，分子量增加（见图 2-47）。

用 t-BuCl 作为含卤组分[99]，在 Nd、AlH(i-Bu)$_2$ 用量固定时，随 t-BuCl 用量增加，聚合活性同样有极值，分子量增加，分子量分布变宽，顺式-1,4 含量变化不大（见表 2-38）。

表 2-38　t-BuCl 用量变化对聚合的影响

Cl/Nd 摩尔比	转化率/%	[η]/dL·g^{-1}	$\overline{M}_w/\overline{M}_n$	顺式-1,4/%
1.5	93.3	3.0	3.30	97.0
1.8	100.0	3.2	3.68	97.6
2.5	98.8	3.6	4.40	97.5
3.0	83.6	4.6	6.30	98.0

注：[Bd] = 100g/L，Al/Nd 摩尔比 = 50，Nd/Bd = 6×10^{-7} mol/g，50℃，5h。

（2）异辛酸钕 [Nd(Oct)₃] 催化体系。当 Nd、Al(i-Bu)₃ 用量固定时，随 Al(i-Bu)₂Cl 用量增加，转化率增加，而黏均分子量出现极值（见图 2-48）。

以 Al₂Et₃Cl₃ 作为含卤组分，Nd、Al(i-Bu) 用量固定时，Al₂Et₃Cl₃ 用量变化对聚合的影响见图 2-49 和图 2-50。转化率有极值，黏均分子量增加，数均分子量基本不变。

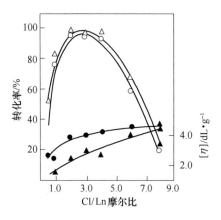

图 2-47　Cl/Ln 摩尔比对聚合的影响
（Ln/Bd 摩尔比 = 1.5×10⁻⁴，Al/Ln 摩尔比 = 30，
△—转化率，●—[η]；Al/Ln 摩尔比 = 20，
○—转化率，▲—[η]）

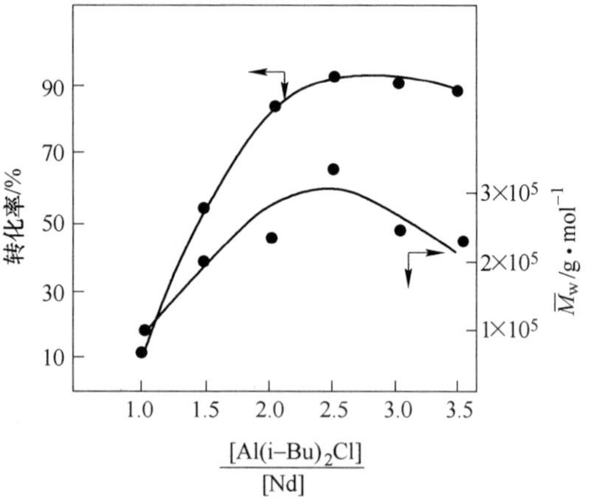

图 2-48　Al(i-Bu)₂Cl 用量与
转化率和分子量的关系
（Al(i-Bu)₃/Nd(Oct)₃ 摩尔比 = 15）

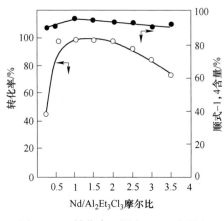

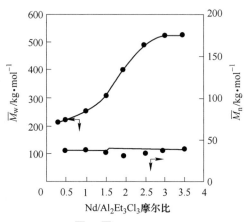

图 2-49　转化率、顺式 -1,4 含量和
Al₂Et₃Cl₃ 的关系

图 2-50　$\overline{M}_w$、$\overline{M}_n$ 与 Al₂Et₃Cl₃ 用量关系

（3）新癸酸钕 [Nd(Versatate)₃] 催化体系[121]。当 Nd、AlH(i-Bu)₂ 用量固定时，Al₂Et₃Cl₃ 用量增加，转化率出现极值，分子量有最低值，分子量分布变

宽（见表 2 – 39）。

以 $Al_3Et_3Cl_3$ 为含氯组分，在 Nd、$AlEt_3$ 用量固定时，$Al_2Et_3Cl_3$ 用量的变化对聚合物的分子量及分子量分布的影响见表 2 – 40。

以 t – BuCl 为含卤组分时，Nd、$AlH(i-Bu)_2$ 用量不变，Cl/Nd 摩尔比由 1 到 3，聚合速度由慢到快，除 Cl/Nd 摩尔比 = 1 时活性较低，其余的最终转化率相同（见图 2 – 51）。

分子量分布呈凹形变化，在 Cl/Nd 摩尔比 = 2 时，分子量分布较窄，环烷酸钕体系在 Cl/Nd 摩尔比 = 2.5 时，分布较窄；其余比例的分布均高于新癸酸钕体系（见图 2 – 52）。

表 2 – 39 $Al_2Et_3Cl_3$ 用量对聚合的影响

$Al_2Et_3Cl_3$/Nd 摩尔比	转化率/%	M_w/g·mol^{-1}	$\overline{M}_w/\overline{M}_n$
0.5	64	41×10^4	5.8
1.0	86	23×10^4	3.6
1.5	84	22×10^4	3.9
2.0	73	30×10^4	4.7
4.0	58	56×10^4	8.2

注：Nd/Bd = 0.11mmol/100gBd，[Bd] = 14%（质量分数），AlH/Nd 摩尔比 = 25，环己烷，70℃，1h。

表 2 – 40 $Al_2Et_3Cl_3$/Nd 摩尔比对分子量分布的影响

$Al_2Et_3Cl_3$/Nd 摩尔比	M_w/kg·mol^{-1}	M_n/kg·mol^{-1}	$\overline{M}_w/\overline{M}_n$
0.8	900	130	7
1.4	850	85	10
2.0	1600	60	27

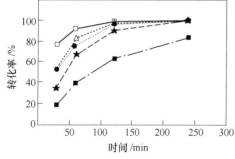

图 2 – 51 Cl/Ln 摩尔比对聚合活性的影响
□—Cl/Ln 摩尔比 = 3.0；△—Cl/Ln 摩尔比 = 2.5；
●—Cl/Ln 摩尔比 = 2.0；★—Cl/Ln 摩尔比 = 1.5；
■—Cl/Ln 摩尔比 = 1.0

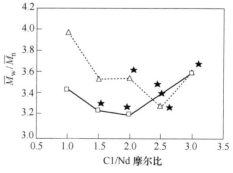

图 2 – 52 Cl/Ln 摩尔比对 MWD 的影响
□—Nd(Versatate)$_3$ 体系；△—Nd(nahp)$_3$ 体系；
★—最大转化率样品

D 单体浓度的影响

（1）氯化稀土复合物体系[92]。在催化剂浓度固定时，改变单体浓度，活性变化不明显，分子量有明显提高，顺式 –1,4 含量略有增加。催化剂组分配比固定时，聚合活性随单体浓度增加略有提高，分子量变化不明显，微观结构无变化（见表2 –41）。

（2）环烷酸稀土体系[97]。当催化剂浓度固定时，随单体浓度增加，聚合物分子量提高。若配方固定时，随单体浓度增加转化率增加，分子量下降（见表2 –42）。

表2 –41　氯化稀土复合物体系单体浓度对聚合的影响

[Bd] /g·dL^{-1}	[Nd] /mol·L^{-1}	Nd/Bd /mol·g^{-1}	转化率 /%	[η] /dL·g^{-1}	顺式 –1,4 /%	1,2 – /%
4	2.5×10^{-4}	6.3×10^{-6}	82	2.8	96.9	0.6
6	2.5×10^{-4}	4.2×10^{-6}	92	3.4		
8	2.5×10^{-4}	3.1×10^{-6}	89.5	4.2	97.5	0.8
10	2.5×10^{-4}	2.5×10^{-6}	88.8	5.6		
12	2.5×10^{-4}	2.1×10^{-6}	93.3	7.1	98.6	0.4
4	1.2×10^{-4}	3.0×10^{-6}	68.0	4.6	98.0	0.6
6	1.8×10^{-4}	3.0×10^{-6}	78.7	5.0		
8	2.4×10^{-4}	3.0×10^{-6}	84.5	4.6	97.6	0.7
10	3.0×10^{-4}	3.0×10^{-6}	92.4	4.0		
12	3.5×10^{-4}	3.0×10^{-6}	94.0	4.1	97.7	0.7

注：AlH(i–Bu)$_2$/NdCl$_3$·2Phen 摩尔比 = 30，50℃，5h。

表2 –42　环烷酸稀土体系单体浓度对聚合的影响

[Bd]/g·dL^{-1}	[Ln]/mol·L^{-1}	Ln/Bd 摩尔比	转化率/%	[η]/dL·g^{-1}
8	2.79×10^{-4}	1.89×10^{-4}	98	2.64
10	2.79×10^{-4}	1.52×10^{-4}	100	2.59
12	2.79×10^{-4}	1.26×10^{-4}	100	2.83
14	2.79×10^{-4}	1.08×10^{-4}	100	3.22
16	2.79×10^{-4}	0.94×10^{-4}	100	3.29
8	1.48×10^{-4}	1.0×10^{-4}	44	6.09
10	1.85×10^{-4}	1.0×10^{-4}	75	4.12
12	2.22×10^{-4}	1.0×10^{-4}	84	—
14	2.59×10^{-4}	1.0×10^{-4}	90	3.84
18	3.33×10^{-4}	1.0×10^{-4}	93	3.78

注：Al + Cl + RE 陈化方式，Al/RE 摩尔比 = 30，Cl/Nd 摩尔比 = 3。

E 温度对聚合的影响

环烷酸稀土 [Ln(naph)₃] 体系[97]不同温度下的聚合速度见图 2 – 53，分子量及结构见表 2 – 43。

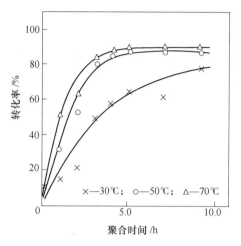

图 2 – 53 不同温度下的聚合速度

（聚合条件：Ln/Bd 摩尔比 = 1.0 × 10⁻⁴，Al/Ln 摩尔比 = 30）

表 2 – 43 聚合温度对聚合物分子量的影响

聚合温度/℃	转化率/%	[η]/dL·g⁻¹	微观结构/%		
			顺式 – 1,4	反式 – 1,4	1,2 –
10	—	—	99.0	1.0	0
30	66	4.13	98.1	1.7	0.2
50	88	3.42	97.1	2.0	0.9
70	89	3.07	96.5	2.5	1.0

注：Ln/Bd 摩尔比 = 1.5 × 10⁻⁴，Al/Ln 摩尔比 = 30，Cl/Ln 摩尔比 = 3.0。加料方式：Al + Cl + Ln，Ln/Bd 摩尔比 = 1.0 × 10⁻⁴。

F 聚合时间的影响

（1）氯化稀土体系[92]。随聚合时间的增加，转化率增加，分子量变化不大，微观结构无明显不同（见表 2 – 44）。

（2）异辛酸钕 [Nd(Oct)₃] 体系[123]。随聚合时间增加，转化率增加，顺式 – 1,4 结构不变（见图 2 – 54）；而黏均分子量和数均分子量均增加（见图 2 – 55）。

（3）新癸酸钕 [Nd(Versatate)₃] 体系[122]。随聚合时间增加，转化率增加，分子量增加（见表 2 – 45）。

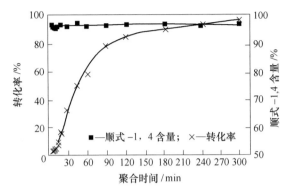

图 2 − 54　转化率、顺式 − 1,4 结构与聚合时间的关系

（条件：加料方式：Nd + Cl + Al 在 25℃陈化 30min，Nd/Bd 摩尔比 = 1. 37 × 10^{-3}，

Nd(Oct)$_3$: Al$_2$Et$_3$Cl$_3$: Al(i − Bu)$_3$ = 1 : 1. 5 : 25，60℃聚合）

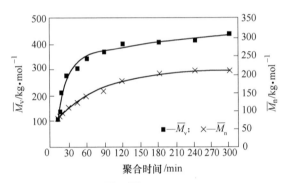

图 2 − 55　$\overline{M}_v$、$\overline{M}_n$ 与聚合时间的关系

（条件：加料方式：Nd + Cl + Al 在 25℃陈化 30min，Nd/Bd 摩尔比 = 1. 37 × 10^{-3}，

Nd(Oct)$_3$: Al$_2$Et$_3$Cl$_3$: Al(i − Bu)$_3$ = 1 : 1. 5 : 25，60℃聚合）

表 2 − 44　聚合时间对聚合物分子量、结构的影响

聚合时间/h	转化率/%	$[\eta]$/dL·g^{-1}	微观结构/%		
			顺式 − 1,4	1,2 −	反式 − 1,4
0. 5	7. 8	4. 8			
1. 0	15. 6	3. 9	98. 6	0. 2	1. 2
2. 0	58. 8	3. 7			
3. 0	76. 0	4. 4	97. 7	0. 6	1. 5
4. 0	86. 4	4. 2			
5. 0	88. 1	4. 4	98. 1	0. 5	1. 4
6. 0	88. 8	4. 6			

注：NdCl$_3$ · 2Phen/Bd 摩尔比 = 2 × 10^{-6}，AlH(i − Bu)$_2$/Nd 摩尔比 = 30，[Bd] = 10g/dL，50℃聚合。

表 2 −45　聚合时间对转化率与分子量的影响

聚合时间/min	转化率/%	$[\eta]/dL \cdot g^{-1}$
20	3.0	—
40	15	2.40
60	37	2.41
90	50	2.55
120	67	3.00
150	77	3.25
180	81	3.29
210	85	3.43
240	89	3.50
300	92	3.64

注：加料方式：（Nd + Al）+ Cl，AlH(i − Bu)$_2$/Nd 摩尔比 = 40，Me$_3$SiCl/Nd 摩尔比 = 2.5，50℃聚合。

G　原料杂质的影响

（1）水分对聚合反应的影响[121]。聚合系统中总的含水量对转化率、分子量、微观结构的影响见表 2 −46。

表 2 −46　水分对聚合转化率、分子量、顺式 −1,4 含量的影响

H$_2$O/Nd 摩尔比	转化率/%	$\overline{M}_w/kg \cdot mol^{-1}$	$\overline{M}_w/\overline{M}_n$	顺式 −1,4/%
0.008	55	560	6.7	99
0.030	69	470	5.5	98
0.051	84	210	3.8	98
0.110	86	230	3.5	99
0.760	77	250	4.7	98
1.510	68	300	4.2	98

注：单加顺序：NdV$_3$ + EASC + DIBAH，Nd:Cl:Al = 1:1:25，[Nd] = 0.11mmol/100gBd，[Bd] = 14%（质量分数），环己烷溶剂，70℃，1h。

（2）游离酸含量对聚合的影响[121]。合成的新癸酸钕需存在着化学计量过剩的新癸酸称为游离酸，游离酸过多会使活性下降，分子量增加，但微观结构变化不大（见表 2 −47）。

表 2 −47　游离酸对聚合活性、分子量及结构的影响

[Versatic acid]/[Nd] 摩尔比	转化率/%	$\overline{M}_w/kg \cdot mol^{-1}$	$\overline{M}_w/\overline{M}_n$	顺式 −1,4/%
0.22	88	220	3.4	97
0.54	63	330	4.7	97
0.91	59	310	5.4	98
1.43	53	380	5.8	97
1.66	55	370	5.2	97

注：单加顺序：NdV$_3$ + EASC + DIBAH，Nd:Cl:Al = 1:1:25，[Nd] = 0.11mmol/100gBd，[Bd] = 14%（质量分数），环己烷溶剂，70℃，1h。

（3）单体及溶剂中可能存在的有害物质对聚合的影响[124,125]。对环烷酸稀土体系考察了加入纯的化合物对聚合转化率的影响，如图2-56和表2-48所示。

表2-48　各种杂质损害催化活性的能力比较[125]

杂质化合物	转化率从大于90%下降到下列数值时杂质的加入量/%	
	90%	50%
丙炔	0.006	0.016
乙腈	0.007	0.01
乙醛	0.011	0.014
丙酮	0.028	0.035
甲基乙烯基酮	0.033	0.047
甲乙酮	0.035	0.046
丙烯醛	0.047	0.058
丙醛	0.048	0.063
α-甲基丙烯醛	0.048	0.059
丁烯醛	0.0515	0.063
环辛二烯	0.05	0.1
异丁醇	0.07	0.08
4-乙烯基环己烯	0.215	0.41
呋喃	2以上	2以上

注：加料顺序：Cl + Ln + Al，Ln/Bd摩尔比 $= 0.3 \times 10^{-4}$。

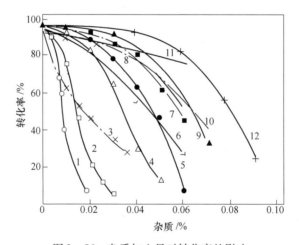

图2-56　杂质加入量对转化率的影响

1—乙腈；2—乙醛；3—丙炔；4—丙酮；5—甲乙酮；6—甲基乙烯基酮；7—丙烯醛；

8—α-甲基乙烯基酮；9—丁烯醛；10—丙醛；11—环辛二烯；12—异丁醇

（加料顺序为Cl + Ln + Al，Ln/Bd摩尔比 $= 0.3 \times 10^{-4}$）

杂质中丙炔、乙腈和乙醛影响最严重，其次是丙酮、甲基乙烯基酮、丙醛、α-甲基丙烯醛、丁烯醛、环辛二烯和异丁醇，而4-乙烯基环己烯和呋喃的影响最小。

2.2.3.4 稀土催化剂与传统催化剂的比较

目前世界上以工业规模生产的高顺式 BR 仅有 Ti、Co、Ni 及 Nd 等 4 种催化剂技术，Nd 系技术是在前 3 种技术工业化 20 多年后实现的，表明 Nd 系技术较之前 3 种技术有着突出的特点和优越性，更能适应轮胎的发展对橡胶性能的要求。稀土催化剂与传统催化剂的比较见表 2-49。

表 2-49 工业生产高顺式 BR 应用的 Ziegler-Natta 催化剂[116]

催化体系（摩尔比）	金属浓度 Mt /mg·L^{-1}	每克 Mt 的 BR 收率 /kg	微观结构/%			$\overline{M}_w/\overline{M}_n$	T_g /℃
			顺式 -1,4	反式 -1,4	1,2-		
$TiCl_4/I_2/Al(i-Bu)_3$ 1/1.5/8	50	4~10	93	3	4	中	-103
$Co(OCOR)_2/H_2O/AlR_2Cl$ 1/10/200	1~2	40~160	96	2	2	中	-106
$Ni(OCOR)_2/BF_3·OEt_2/AlEt_3$ 1/7.5/8	5	30~90	97	2	1	宽	-107
$Nd(OCOR)_3/Al_2R_3Cl_3/Al(i-Bu)_2H$ 1/1/8	10	7~15	98	1	1	很宽	-109

从表中数据可知，Nd 催化剂在用量、收率及顺式含量等方面均优于 Ti 系催化剂，故 Ti 系生产装置改为生产 Nd-BR 是必然的。目前虽然 Nd 系催化剂用量高于 Co、Ni 系催化剂，但在生产工艺方面（见表 2-50）和产品性能方面（见表 2-51）远优于 Co、Ni 系催化剂，某些公司正在考虑 Ni 系装置改产或新建 Nd-BR 生产装置。

表 2-50 生产高顺式 BR 的工艺特点比较[116]

催化剂技术	Co	Ni	Ti	Nd
溶剂	苯、环己烷	脂烃、苯、甲苯	苯、甲苯	己烷、环己烷
总固物（质量分数）/%	14~22	15~16	11~12	18~22
转化率/%	55~80	<85	<95	约100
乙烯基环己烯（VCH）	低	高	高	很低
最高聚合温度/℃	80	80	50	120
聚合热撤出	需要，仅部分绝热	需要，仅部分绝热	需要，仅部分绝热	不需要，完全绝热
低限残余金属含量/%	$(10~50)×10^{-4}$	$(50~100)×10^{-4}$	$(200~250)×10^{-4}$	$(100~200)×10^{-4}$
Al/Mt 摩尔比	(70~80)/1	40/1	50/1	(10~15)/1
非金属分子量调节剂	有	有	无	无

从表2-50中可知，唯有Nd系的单体转化率可达到100%，聚合温度可高达120℃，不需要冷却散热，属于完全绝热聚合。而生成乙烯基环己烯二聚物的速度又最低。Nd系技术可降低生产能耗和减少二聚物对环境的污染，有利于生产技术的环境友好化。

表2-51 不同技术生产的高顺式BR产品特点的比较[116]

催化剂技术	Co	Ni	Ti	Nd
顺式-1,4/%	96	97	93	98
T_g/℃	-106	-107	-103	-109
产品线性	可调节	支化	线型	高线型
分子量分布	中	宽	窄	宽
冷流性	可调节	低	高	高
凝胶含量	变化，可以很低	中	中	非常低
颜色	无色	无色	有色	无色
用于轮胎	有	有	有	有
用于HIPS	有	无	无	有
用于ABS	有	无	无	无

从表2-51中可知，虽然四种技术均可制得顺式-1,4含量较高的BR，但Nd系顺式含量格外高，分子链有较高的线型，使其生胶及硫化胶更易于拉伸结晶。因此Nd-BR有较高的自黏性和拉伸强度及硫化胶的高耐磨性、高耐疲劳性，是制造轮胎的优秀胶料之一。

能满足HIPS和ABS生产要求的高顺式BR仅有钴系催化剂。从凝胶含量、胶颜色上看，Nd-BR可满足HIPS和ABS的要求，从溶液黏度上看目前虽不能满足ABS要求，但已研制成功可满足HIPS要求的牌号胶。

2.2.4 茂金属催化剂[126~129]

Kaminsky等[130]1980年发现茂锆二氯化物与三甲基铝的部分水解产物，即甲基铝氧烷组成的二元均相催化体系，对乙烯聚合具有超高催化活性（4.4×10^5g/(mol Zr·h)，95℃）。1985年又发现茂金属催化剂也能制得高等规聚丙烯，同样具有很高的催化活性（7.7×10^6g/(mol Zr·h)，60℃）[130]。目前，已用茂金属催化剂制得一类新型乙烯共聚物弹性体[131]，聚丙烯弹性体[132]，乙烯、丙烯共聚橡胶[133~135]。茂金属催化剂的出现使橡胶与塑料生产工艺差别也越加不明显。而茂金属催化剂催化双烯烃聚合，仅见少数文献报道，其成效也远不如单烯烃显著，仅发现茂钒化合物对双烯烃有较高的催化聚合活性[136]。综观已有文献，催化丁二烯聚合的茂金属催化剂可分为两类：一类是典型的茂金属催化剂即过渡金属的双茂或单茂化合物（如Cp_2Ni、$CpTiCl_3$等）与MAO组成的催化体系；另一类是过渡金属的非茂化合物（如 $Ni(ocac)_2$、$Nd(OCOR)_3$ 等）与 MAO 及硼酸酯组成有较高聚合活性的催化体系。

2.2.4.1 茂过渡金属催化剂

Oliva 等[137]首先报道了用 $CpTiCl_3$ – MAO 催化体系引发双烯烃聚合的研究结果。Ricci 等[136]又报道了用 Cp_2Ni – MAO、Cp_2VCl – MAO、$C'pVCl_2 \cdot 2PEt_3$ – $MAO(C'p$ 为 $\eta^5 - C_5H_4Me)$ 等催化体系引发双烯烃聚合的研究（见表 2 – 52）。由表 2 – 52 可知，IV_B 族（Ti）、V_B 族（V）和Ⅷ族过渡金属（Ni）茂金属催化剂对丁二烯聚合均有活性，与传统的 Ziegler – Natta 催化剂相比，茂金属化合物催化剂对双烯烃的聚合活性没有像单烯烃那样出现飞跃。已研究过的茂金属催化剂均可制得以顺式 – 1,4 结构为主的聚丁二烯，而且顺式 – 1,4 含量几乎与过渡金属元素的族属无关，催化活性聚合速度和聚丁二烯的顺式 – 1,4 含量均随 MAO/Mt 摩尔比的增大而提高。

表 2 –52　茂过渡金属 – MAO 催化体系引发 1, 3 – 丁二烯聚合

过渡金属配合物（Mt）	Mt/Bd摩尔比	MAO/Mt摩尔比	温度/℃	时间/min	转化率/%	催化活性/$g \cdot (mol \cdot h)^{-1}$	微观结构/%	
							顺式 –1,4	1,2 –
$CpTiCl_3$	1.08×10^{-4}	1000	20	30	95	950	—	—
Cp_2VCl	1.24×10^{-4}	1000	15	56	40	135	80.7	13.4
$C'pVCl_2 \cdot 2PEt_3$	0.80×10^{-4}	1000	15	5	81.5	6120	80.4	17.2
Cp_2Ni	6.67×10^{-4}	100	30	300	63.3	10.7	85.0	0

茂钒配合物是目前发现唯一对双烯烃具有较高聚合活性的均相催化剂。

传统的钒化合物如 VCl_3、VCl_4 或 $VOCl_3$ 与烷基铝组成的非均催化体系，以及 $V(acac)_3$、$VCl_3 \cdot 3THF$ 与 $AlEt_2Cl$ 组成的均相催化体系仅能制得共轭双烯烃反式 – 1,4 结构聚合物。$V(acac)_3$ 与 MAO 组成的均相催化剂，同样也只能制得反式 – 1,4 结构聚合物[138,139]。

Ricci 等[136]首先研究并发现三价茂钒化合物与 MAO 组成的均相催化体系，可将共轭双烯烃制得以顺式 – 1,4 结构为主的聚合物，而且结构又不受聚合温度和 Al/V 摩尔比的影响，并有较高的催化活性（见表 2 – 53）。

表 2 –53　茂钒化合物 – MAO 催化体系引发丁二烯聚合[①]

茂化合物	V/Bd摩尔比	Al/V摩尔比	温度/℃	时间/min	转化率/%	微观结构/%		
						顺式 –1,4	反式 –1,4	1,2 –
$C'VCl_2 \cdot 2PEt_3$	0.87×10^{-4}	1000	15	5	81.5	80.4	2.4	17.2
$C'pVCl_2 \cdot 2PEt_3$	0.87×10^{-4}	100	15	60	38.4	82.4	2.1	15.5
$C'pVCl_2 \cdot 2PEt_3$	0.87×10^{-4}	1000	– 30	60	26.0	81.6		18.4

续表 2-53

茂化合物	V/Bd 摩尔比	Al/V 摩尔比	温度 /℃	时间 /min	转化率 /%	微观结构/%		
						顺式-1,4	反式-1,4	1,2-
Cp$_2$VCl	1.76×10^{-4}	1000	15	56	40.0	84.8	1.8	13.4
Cp$_2$VCl	1.76×10^{-4}	1000	-30	310	6.0	88.9		11.1
Cp$_2$VCl	4.4×10^{-4}	100	15	305	8.0	87.2	1.1	11.7
Cp$_2$VCl[2]	4.4×10^{-4}	100	15	131	11.8	87.7	1.3	11.0
Cp$_2$VCl[3]	1.32×10^{-4}	100	15	26	22	90	2	8
V(acac)$_3$	0.87×10^{-4}	1000	15	15	47	100		

① 聚合条件：甲苯 80mL，丁二烯 10mL。

② 催化剂预混陈化。

③ 催化条件有少量丁二烯（Bd/V 摩尔比 = 10），在 15℃陈化 120min。

研究结果得知，单茂钒 C′pVCl$_2$·2PEt$_3$-MAO 体系催化活性高达 6.3×10^6 gPBd/(mol V·h)，15℃，远高于双茂钒 Cp$_2$VCl-MAO 体系。但 C′pVCl$_2$ 单茂钒不稳定，在室温按下式分解为双茂钒和三氯化钒：

$$2C′pVCl_2 \longrightarrow C′p_2VCl + VCl_3$$

但单茂钒可与 PMe$_3$ 或 PEt$_3$ 生成常温下稳定的配合物。PEt$_3$ 的配合物较 PMe$_3$ 配合物有较好的溶解性，故 C′pVCl$_2$·2PEt$_3$ 配合物更适于作为催化剂组分。

双茂钒 C′p$_2$VCl-MAO 催化剂，若两组分先混合陈化然后再引发聚合，催化活性略有提高（见表 2-53 表注②）。当有少量丁二烯存在时，并于 15℃陈化 2h，则聚合活性可显著提高（见表 2-53 表注③）。这个事实表明活性种形成的很慢。催化剂在陈化时，若无单体存在时只形成 V-Me 键。当有单体存在时，则转变成（η^3-allyl）-Vπ 键，此键比 V-Cδ 型键稳定。

像 Ti、Zr 茂催化剂一样，C′pVCl$_2$·2PEt$_3$ 和 C′p$_2$VCl 催化体系也可能是一种离子结构，推测含有 [C′pV-M]$^+$ 型阳离子结构。而 C′P$_2$VCl-MAO 催化剂的引发聚合活性中心，可能经过如下反应过程形成：

$$Cp_2VCl + MAO \longrightarrow Cp_2VMe$$

$$Cp_2VMe + MAO \longrightarrow [Cp_2V]^+[MAOMe]^-$$

[Cp$_2$V]$^+$ 阳离子不会有 δ 型 V-C 键，它的活性推测是由于发生了图 2-57 所示的歧化反应产生的。

这种类型的反应已由 Cp$_2$Ti 催化剂得到证实，[Cp$_2$V]$^+$ 的聚合活性是通过单体与 V-H 键反应形成 V-C 键而发生的。

Lgai Shigeru 等[140]研究了 MeNHPhB(C$_6$F$_5$)$_4$ 或 Ph$_3$CB(C$_6$F$_5$)$_4$ 和 Al(i-Bu)$_3$

共同作为助催化剂与 C′pVCl$_2$·2PEt$_3$ 组成的均相催化体系，发现催化活性也高达 1.6×10^6 gPBd/（mol V·h），40℃，顺式 -1,4 结构含量在 81% ~ 84% 之间，1,2 - 含量在 13% ~ 17%，分子量分布在 1.8 ~ 2.5，氢气可有效调节分子量。

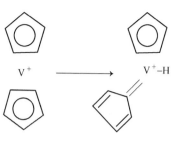

图 2 - 57　歧化反应

日本宇部公司的学者对四价钒的茂化合物催化剂进行了深入研究，发现四价钒的单茂卤化物（CpVCl$_3$）与三价茂钒催化剂一样均能制得顺式 -1,4 结构含量大于 85%、1,2 - 含量大于 10% 的聚丁二烯，并有很高的催化活性。Tsujimato Nobuhiro 等[141]采用三烷基铝与硼酸酯类化合物［（CH$_3$）NH（C$_6$H$_5$）B（C$_6$F$_5$）$_4$ 或 Ph$_3$CB（C$_6$F$_5$）$_4$］混合作为助催化剂与单茂三氯化钒（CpVCl$_3$）组成的催化体系在甲苯溶剂中聚合丁二烯的活性高达 2.46×10^7 gPBd/（molV·h），40℃。若无溶剂而进行本体聚合，催化活性高达 6.7×10^7 gPBd/（molV·h），40℃ 以上。Ikai shigeru 等[142]对四价钒的单茂化合物（η^5 - C$_5$H$_4$RVCl$_3$）中的不同取代基（R）与催化活性的关系进行了研究，发现 R 为 CH$_2$Ph、Et、n - Bu 时有较高的聚合活性，其中 η^5C$_5$H$_4$（CH$_2$Ph）VCl$_3$ 与 Ph$_3$CB（C$_6$F$_5$）$_4$ 和 Al（i - Bu）$_3$ 组成的催化体系活性可高达 1.54×10^7 gPBd/（molV·h），30℃，而 η^5C$_5$H$_4$（t - Bu）VCl$_3$ 的活性仅有 1.13×10^7 gPBd/（molV·h），30℃。后又发现先添加适量水并与 AlEt$_3$ 反应后再加入钒化合物和硼酸酯等组分[143]，催化活性也可高达 5.3×10^7 gPBd/（molV·h），40℃。氢气仍是有效的分子量调节剂。

茂钒催化剂制得的聚丁二烯由于具有高顺式含量和适量的 1,2 - 结构，反式结构很少，又有较高线性，因而有极好的性能，如高抗磨耗性、高抗生热性和高回弹性，由于凝胶含量极低，又非常适于聚苯乙烯改性用增韧胶种。

2.2.4.2　非茂过渡金属 - MAO 催化体系

过渡金属元素的羧酸盐、烷基化合物及 β - 二酮配合物等过渡金属非茂化合物，由于易于合成、稳定及溶剂中可溶性而已被作为催化剂组分与烷基铝化合物组成催化体系广泛用于合成橡胶工业，正在生产着上百万吨有规立构橡胶。当发现茂金属化合物的高效助催化剂甲氧基铝氧烷（MAO）及硼酸酯［RB（C$_6$H$_5$）$_3$］后，各国许多学者对 MAO 与过渡金属非茂化合物组成的新催化体系、对烯烃的聚合活性和对聚合物结构的影响进行了全面研究[140]。

Ricci 等[139]研究了 MAO 代替 AR$_3$ 与过渡金属化合物组成的催化剂对双烯烃的聚合活性及结构的影响，研究结果见表 2 - 54。

表 2–54 过渡金属–MAO 催化剂对丁二烯聚合的影响[①]

催化剂			聚合			微观结构/%		
Mt[②] 主催化剂	Al 助催化剂	Al/Mt 摩尔比 /mol·mol^{-1}	时间 /h	活性[③] /h^{-1}	$[\eta]$ /dL·g^{-1}	顺式–1,4	1,2–	反式–1,4
	AlET$_3$	100	60	122	—	21	79	—
Ti(OBu)$_4$	MAO	100	3	659	3.2	82.3	14	3.7
	MAO	1000	1	3270	1.9	93	3.7	3.3
	AlEt$_3$	10	120	3	—	27.5	63.8	8.7
V(acac)$_3$	MAO	100	0.25	22611	2.4		2.7	97.3
	MAO	1000	0.1	48431	3.2		3.8	96.2
Co(acac)$_3$	AlEt$_3$	10	120	<1		顺/1,2–混合结构		
	MAO	1000	2	2898	2.5	95.4	1.2	2.4
Nd(OCOC$_7$H$_5$)$_3$	Al(i–Bu)$_3$	50	120	<<1				100
	MAO	1000	20	638	1.3	94.6	1.8	3.6

①丁二烯 17.5g，甲苯 100mL，Mt2.5×10^{5}mol，15℃。

②Mt 为过渡金属。

③molPBd/(mol Mt·h)。

研究结果表明，用 MAO 作助催化剂，非茂过渡金属化合物仍显示出较高的催化活性。钒化合物尤其显著，V(acac)$_3$–MAO 体系活性比 V(acac)$_3$–AlEt$_3$ 体系提高万余倍。聚合活性发生如此高幅度的变化，显然是与活性中心数目的增加及聚合反应动力学常数的变化有关，聚合物结构以反式为主，而用 AlEt$_3$ 作助催化剂时，聚合物含有较多的 1,2–。当丁二烯与丙烯、1–己烯、苯乙烯等 α–烯烃共聚时，丁二烯则以顺式构型为主，Ti–AlEt$_3$ 催化剂以 1,2–结构为主，而 Ti–MAO 体系则以顺式结构为主，并随 MAO 用量增加而提高。Co–AlEt$_3$ 体系制得的聚丁二烯是 1,2– 或 1,2–/顺式–1,4 混合结构聚合物，而 Co–MAO 体系则同 Co–H$_2$O–AlEt$_2$Cl 体系一样，均制得顺式构型聚合物，Ni(acac)$_2$–MAO 体系的催化活性和顺式含量接近 Ziegler–Natta 催化剂［Ni(naph)$_2$–AlEt$_3$–BF$_3$·OEt$_2$］水平。研究表明：MAO 与过渡金属非茂化合物同样可以组成对丁二烯聚合有高效的均相催化剂，并制得顺式结构的有规聚合物，MAO 仍是高效助催化剂。

Endo[144] 对 Ni(acac)$_2$–MAO 体系在甲苯中催化丁二烯聚合的动力学研究，得到动力学方程式 $R_p = K[Bd]^{1.7}[Ni(acac)_2–MAO]^{0.7}$（Ni/MAO 摩尔比 = 1/100），求得表观活化能 $E_a = 18.0$kJ/mol（0~60℃），此体系的动力学方程明显不同于 Ni(naph)$_2$–AlEt$_3$–BF$_3$OEt$_2$、π–烯丙基 NiOCOCF$_3$ 的 $R_p = K[Bd][催化剂]$ 方程式，表观活化能也低于这两个体系（环烷酸镍体系 $E_a = 52.3$kJ/mol，π–烯

丙基 NiOCOCF$_3$ E_a = 45.9kJ/mol）。Endo 还对 Ni（acac）$_2$ – MAO 体系在甲苯中于 30℃催化丁二烯/苯乙烯的共聚进行研究[145]。得到苯乙烯结合量为 12.5%（摩尔分数），丁二烯单元顺式 – 1,4 含量为 89%，反式 – 1,4 含量为 11%，无 1,2 – 结构，共聚物的分子量分布为 $\overline{M}_w/\overline{M}_n$ = 1.64。此催化剂可制得高顺式 – 1,4 含量、窄分子量分布的丁苯共聚橡胶，有别于目前工业生产上使用的自由基乳液聚合制得的丁苯橡胶（顺式 – 1,4 含量约为 13%，5℃，分子量分布 $\overline{M}_w/\overline{M}_n$ > 3 ~ 8）以及锂系催化溶聚丁苯橡胶（顺式 – 1,4 含量 < 40%），也是典型 Ziegler – Natta 催化剂难于实现的共聚合，但分子量较低。

2.2.5 茂稀土金属催化剂

茂稀土催化剂是由稀土金属与环状不饱和结构，常指环戊二烯（包括茚环、芴环）及其衍生物与助催化剂所组成。有关茂稀土催化双烯烃聚合的研究，在近 20 年取得了令人瞩目的进展。茂稀土催化剂可以制得顺式 – 1,4 含量大于 98%、分子量分布小于 2、高分子量的新型聚丁二烯，这是Ⅳ族茂金属催化剂和 Ziegler – Natta 催化剂目前无法作到的。茂稀土催化剂可实现在高温（80℃）下制得丁二烯与乙烯、丁二烯与 α – 烯烃共聚合，制得了丁二烯含量高的丁二烯与乙烯共聚物，分子链中并含有约 50% 的环己烷环结构的共聚物，这是茂稀土催化剂独有的特点，Ⅳ族茂金属催化剂制得的共聚物则含有环丙烷环及环戊烷环。茂稀土催化剂的研究有望提供丁二烯新型顺式聚合物，供相关高分子材料进一步提高性能以及可硫化交联的新型烯烃共聚物等新型高分子材料。特别受到关注的是稀土元素 Nd、Sm 及 Gd 等茂配合物催化剂。

2.2.5.1 茂钕配合物催化剂

稀土钕化合物组成的 Ziegler – Natta 型催化剂对双烯烃聚合有着较高活性和顺式 – 1,4 的选择性，已用于工业生产。茂金属催化剂出现后，各种类型的茂钕配合物首先受到了关注。经研究发现，有些茂钕配合物如 CpNdR$_2$、Cp$_2$NdR、CpNdCl$_2$、Cp$_2$NdCl、Ind$_2$NdCl、（C$_5$H$_9$Cp）$_2$NdCl、（Flu）$_2$NdCl 等钕配合物，虽然可在 AlR$_3$、MAO 等各种助催化剂下活化，并催化双烯烃聚合，但同传统的钕系配位催化剂相比较，未出现质的飞跃变化[146~148]。加之此类配合物在非极性溶剂中溶解性低，又不稳定，极易分解[149]，研究工作报道较少。在茂钕催化剂中有特点的是茂钕烯丙基配合物催化剂可制得分子量分布窄$\left(\dfrac{M_w}{M_n} = 1.1\right)$的反式 – 1,4 聚丁二烯，较重要是硅桥联茂钕配合物催化剂，可制得丁二烯含量高的乙烯与丁二烯共聚物。

A　茂钕烯丙基配合物催化剂

Taube 等[150]在研究不同的烯丙基钕配合物的催化活性时，发现茂钕烯丙基配合物与适当的路易斯酸可组成高活性的催化剂（见表 2－55）。茂钕烯丙基配合物比烯丙基钕配合物聚合速度快，前者 3min 转化率达 93%，而后者 55min 仅有 46% 的收率。前者的催化效率较后者高出 3 倍多。但两者顺式含量均较低，后者 1,2－结构含量高。C*pNd(η^3－C_3H_5)$_2$/MAO 具有活性聚合特征，每个 Nd 原子均参与聚合，可获得分子量分布 $\left(\dfrac{M_w}{M_n}=1.1\right)$ 很窄的聚合物。

表 2－55　钕烯丙基配合物催化剂引发丁二烯聚合

烯丙基配合物	路易斯酸助催化剂	[Nd]/mol·L^{-1}	Al/Nd 摩尔比	Bd/Nd 摩尔比	时间/min	转化率/%	TON	微观结构/%		
								顺式－1,4	反式－1,4	1,2－
Nd(η^3－C_3H_5)$_3$·$C_4H_8O_2$	—	1×10^{-3}	—	2000	60	42	600	3	94	3
	MAO	1×10^{-3}	30	2000	5.5	46	10000	58	38	4
	MAO	4×10^{-4}	30	5000	6.5	30	14000	78	18	3
Nd(η^3－C_3H_5)$_3$	—	1×10^{-3}	—	2000	50	54	1300	7	89	4
	Al(i－Bu)$_3$	1×10^{-3}	5	2000	45	31	800	76	20	4
	Al(i－Bu)$_3$	2×10^{-4}	5	10000	240	29	680	85	13	2
C*pNd(η^3－C_3H_5)$_2$·0.7$C_4H_8O_2$	MAO	1×10^{-3}	30	2000	3	93	35000	34	58	8
	MAO	2×10^{-4}	30	10000	5	50	58000	66	25	9

注：甲苯溶剂，C*p=C_5Me_5，Bd=2mol/L，TON——催化效率，单位为 mol/(mol·h)，50℃聚合。

B　硅桥联茂钕氯配合物催化剂

a　Me$_2$Si(3－Me$_3$SiC$_5$H$_3$)$_2$NdCl 催化剂

Boisson 等[152]首先发现硅桥联茂钕配合物催化剂可以实现丁二烯以高比例与乙烯或 α－烯烃进行共聚合。其中催化活性较高的茂钕配合物是二甲基硅桥联二环戊二烯基钕配合物 [Me$_2$Si(3－Me$_3$SiC$_5$H$_3$)$_2$NdCl][151,152]、二甲基硅桥联二芴基钕氯配合物 [Me$_2$Si(C$_{13}$H$_8$)$_2$－NdCl][153] 和二甲基硅桥联环戊二烯基－芴基钕配合物 [Me$_2$Si(C$_5$H$_4$)－C$_{13}$H$_8$]NaCl[154,155]。这些茂配合物在烷基化试剂如 BuLi、MgR$_2$ 或 BuLi 与 AlH(i－Bu)$_2$ 混合物作用下形成中性活性中心，并对乙烯的聚合有很高的活性 [$10^6\sim10^7$g/(mol·h)]，虽然低于Ⅳ族茂金属催化剂，但却不会像Ⅳ族茂金属催化剂那样因加入丁二烯而降低活性。这些催化剂可在 80℃ 的高温下制得丁二烯与乙烯的共聚物（见表 2－56）。用 (Me$_3$SiC$_5$H$_4$)$_2$NdCl/(LiBu+AlH(i－Bu)$_2$) 催化体系，首先制得了丁二烯和乙烯的共聚物，但在聚合反应过程中同样出现Ⅳ族茂金属催化剂那样随着丁二烯单体的插入活性降低，但经二甲基硅桥联后的茂钕配合物 [Me$_2$Si(3－Me$_3$SiC$_5$H$_3$)$_2$－NdCl]（见图 2－58），与 LiBu 和 Al(i－Bu)$_2$H 混合物组成的催化剂可以高活性和高效率地制得丁二烯窄分布$\left(\dfrac{M_w}{M_n}=1.8\right)$的均聚物和乙烯的共聚物,丁二烯链节均为反式构型。从丁二烯含量不同的共聚物 DSC 温度曲线(见图 2-59)可知,共聚物中不含乙烯均聚物,从测得的共聚反应速率($r_E=0.25$ 和 $r_B=0.08$)显示有较强的交替共聚特征。

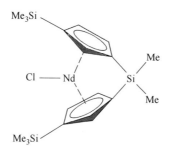

图 2-58　二甲基桥联钕配合物 $[Me_2Si(3-Me_3SiC_5H_3)_2NdCl]$

表 2-56　茂钕催化剂催化丁二烯与乙烯共聚物

编号	催化体系	[Nd] /$\mu mol \cdot L^{-1}$	丁二烯/$\mu mol \cdot L^{-1}$		收率 /$g \cdot h^{-1}$	微观结构/%		
			进料	聚合物		1,2-	反式-1,4	环化
1	Nd*/Li/Al	235	3.9	3.5	3.7/1.3	4	96	—
2	Nd**/Li/Al	202	5.4	6.6	13.5/0.5	2	98	—
3	Nd**/Li/Al	196	41	42	4.8/2	2.5	97.5	—

注:300mL 甲苯,0.4MPa,80℃聚合,Nd/Li/Al = 1/10/10,Li/Al 分别为 BuLi、AlH(i-Bu)$_2$,Nd*—(Me$_3$SiC$_5$H$_4$)$_2$NdCl,Nd**—[Me$_2$Si(3-Me$_3$SiC$_5$H$_3$)$_2$]NdCl。

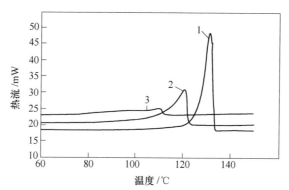

图 2-59　丁二烯与乙烯共聚物的 DSC 曲线
1—聚乙烯;2—5%丁二烯(摩尔分数);3—18%丁二烯(摩尔分数)

b　(Me$_2$SiC$_{13}$H$_8$)$_2$NdCl 催化剂

Monteil 等[153]用二甲基硅桥联二芴钕配合物催化剂 [(Me$_2$SiC$_{13}$H$_8$)$_2$NdCl/MgBu(Oct)]制得一类新型的丁二烯与乙烯的共聚物(见表 2-57)。此共聚物含有近乎等量的 1,2 - 和反式 -1,4 链节结构及约 50% 的环状结构。环状结构的存在改进了链的柔性，而且环己烷环是在聚合过程中由乙烯和丁二烯形成，而不需要外加较贵的共轭双烯或环烯烃。Ⅳ族茂金属催化剂仅能生成环戊烷或环丙烷环[154,155]。茂稀土催化剂能得到环己烷环，这与茂稀土催化剂对烯烃与双烯有较好的共聚能力有关。

表 2 -57 苊钕催化剂催化丁二烯与乙烯共聚合

编号	[Nd] /μmol·L^{-1}	Bd 含量（摩尔分数）/%	时间 /h	聚合物中 Bd 含量（摩尔分数）/%	微观结构/%			M_n	$\dfrac{M_w}{M_n}$	T_g /℃	T_m /℃
					1,2 -	反式 -1,4	环				
1	230	20	7	13.3	20.1	27.1	52.8	14.75×10^4	3.1	-31	40 ~75
2	200	25	3	15.0	22.9	25.8	51.3	12.77×10^4	3.0	-34	25 ~55
3	195	30	4	19.3	28.4	27.6	44.0	11.0×10^4	2.7	-37	—

注：甲苯溶剂 300mL，Mg/Nd 摩尔比 = 2，80℃ 聚合，压力 = 0.4MPa。

c [Me₂Si(C₅H₃)(C₁₃H₈)]NdCl 催化剂

硅桥联二茂钕或二苊钕配合物催化剂，虽然对乙烯与丁二烯有较高的共聚催化活性，却很难引发 α - 烯烃与丁二烯共聚。Boisson 等[154,155]发现修改后的硅桥联茂 - 苊钕配合物 [Me₂Si(C₅H₃)(C₁₃H₈)]NdCl 与烷基化试剂 [LiBu + AlH(i - Bu)₂、MgBu(Oct)] 组成的新型催化剂可以高活性制得 α - 烯烃与丁二烯的无规共聚物（见表 2 - 58）。共聚物中 α - 烯烃含量约在 30%（摩尔分数），共聚物中不含有烯烃 - 烯烃链段，丁二烯链为高反式 -1,4 结构，DSC 分析表明为无规共聚物，玻璃化转变温度（T_g）约为 -70℃。共聚物的分子量可利用助催化剂的链转移作用来控制。

表 2 - 58 [Me₃Si(C₅H₃)(C₁₃H₈)]NdCl 催化剂催化 α - 烯烃与丁二烯共聚合

α - 烯烃	烷基化试剂	收率 /g·h^{-1}	M_n	$\dfrac{M_w}{M_n}$	α - 烯烃（摩尔分数）/%	微观结构/%			T_g /℃
						1,2 -	顺式 -1,4	反式 -1,4	
丙烯①	LiBu + Al(i - Bu)₂H	7.3/1.5	9.1×10^3	2.0	35.8	6.1	2.4	91.5	-75.3
己烯②	LiBu + Al(i - Bu)₂H	18.3/17	17.5×10^3	1.9	29.8	7.5	4.6	87.9	-68.7
辛烯②	LiBu + Al(i - Bu)₂H	11.4/7	11.5×10^3	1.7	32.0	7.0	3.7	89.3	-71.5
辛烯③	MgBu(Oct)	13.3/15	8.9×10^3	1.8	29.4	16.3	2.1	81.6	-65.4
辛烯④	MgBu(Oct)	13.1/15	30.5×10^3	2.3	28.8	10.3	3.1	86.6	-69.0

注：[Nd] = 0.56 ~0.62mmol/L，甲苯 = 10mL，α - 烯烃 = 100mL，Bd = 25mL，80℃ 聚合。

①甲苯 = 450mL，Nd/Li/Al = 1/10/10，p = 0.7MPa。

②Nd/Li/Al = 1/10/10。

③Nd/Mg = 1/20。

④Nd/Mg = 1/5。

2.2.5.2 茂钐配合物催化剂

茂钐配合物 $[(C_5Me_5)_2Sm(THF)_2]$ 是乙烯[156]、甲基丙烯酸甲酯[157]等单体的有效单组分活性聚合催化剂，能以高收率制得单分散高分子量聚合物，且不能引发双烯烃单体聚合[158]。经研究后发现[159]，只要有 MMAO 或 AlR_3 与 $[B(C_6F_5)_4]$ 混合物存在下，茂钐配合物同样是双烯烃高效催化剂，无论是二价或三价钐配合物，均能在甲苯溶剂中以高活性制得高分子量、窄分布、高顺式聚丁二烯。而异丙基取代的茂钐配合物 $[C_5Me_4i-Pr]_2Sm(THF)_2$ 催化剂在环己烷溶剂中能以同样的活性制得高顺式聚丁二烯。

A $C^*p_2Sm(THF)_2$ 催化剂

Kaita 等[159]首先发现用 MMAO 或 $[Ph_3C][B(C_6F_5)_4]$ 与 AlR_3 混合物作烷基化试剂，则二价茂钐配合物 $[C^*p_2Sm(THF)_2]$ 或三价茂钐配合物 $[C^*p_2SmMe(THF)_2]$ 均可催化丁二烯聚合（见表2-59）。在 MMAO 助催化剂存在下可制得高顺式（98.8%）窄分子量分布（1.82）的高分子量顺式聚丁二烯，用 MAO 代替 MMAO 则顺式含量降低。用 AlR_3 与 $[Ph_3C][B(C_6H_5)_4]$ 混合物作助催化剂，同样制得窄分布聚合物，但聚合物顺式含量与 AlR_3 的类型有关。其顺式含量顺序为：$Al(i-Bu)_3 > AlEt_3 > AlMe_3$。茂钐甲基配合物 $[C^*p_2SmMe(THF)_2]$ 在 MMAO 助催化剂存在下同样具有较高的催化活性，制得高顺式（98.0%）、窄分布（1.69）高分子量聚合物。而茂钐氯配合物 $[C^*pSmCl(THF)_2]$ 与 MMAO 结合则无催化活性，显然与茂钕配合物不同。

表2-59 茂钐配合物催化剂引发丁二烯聚合

钐配合物	助催化剂	时间/min	收率/%	TON	$\overline{M_w}$	$\overline{M_n}$	$\dfrac{M_w}{M_n}$	微观结构/% 顺式-1,4	反式-1,4	1,2-
$C^*p_2Sm\cdot(THF)_2$	MMAO	5	65	20.0×10^4	730.9×10^4	400.9×10^3	1.82	98.8	0.5	0.7
$C^*p_2SmMe(THF)_2$	MMAO	15	86	8.9×10^4	2125.5×10^4	1257.8×10^3	1.69	98.0	0.9	11.0
$C^*p_2SmCl\cdot THF$	MMAO	24h	不聚							
$C^*p_2Sm(THF)_2$	$AlMe_3+B$	10	88	13.9×10^4	515.2×10^4	310.4×10^3	1.66	51.2	45.9	2.9
$C^*p_2Sm(THF)_2$	$AlEt_3+B$	10	65	10.0×10^4	173.8×10^4	123.0×10^3	1.41	70.0	27.1	2.9
$C^*p_2Sm(THF)_2$	$Al(i-Bu)_3+B$	10	78	12.2×10^4	352.5×10^4	263.0×10^3	1.34	95.0	2.2	2.8

注：条件：$[Bd]=2.5\times10^{-2}mol/L$，$[Sm]=1.0\times10^{-5}mol/L$，MMAO/Sm 摩尔比 =200，B/Sm 摩尔比 =1，$C^*p=C_5Me_5$，TON = mol/(mol·h)，B = $[Ph_3C][B(C_6F_5)_4]$，甲苯溶剂，50℃聚合。

B $(i-PrC_5Me_4)_2Sm(THF)$ 催化剂

$C^*pSm(THF)_2$/MMAO 催化体系在催化活性、顺式选择性等方面均优于 t -

$BuC_5H_4TiCl_3/MAO^{[160]}$、$CoBr/MAO^{[161]}$ 以及 $Nd(\eta^3 - C_3H_5)_2Cl(THF)_{1.5}/MAO^{[162]}$ 等催化体系。然而这些催化体系必须以甲苯为溶剂。但从工业生产和环保的要求考虑，不宜用甲苯作溶剂。而 $C^*pSm(THF)_2/MMAO$ 催化体系的脂烃溶剂催化活性、顺式 –1,4 含量均降低。Kaita 等[163,164]对该催化剂进行了研究改进，发现环戊二烯基环上的取代基的性质与催化活性有关（见表 2 –60），在环己烷溶剂中取代基对活性的影响顺序为：i - Pr > TMS > n - Bu > Et > Me。只要将环戊二烯基环上的一个甲基换成异丙基形成新的配合物催化剂，即 $(i - PrC_5Me_4)Sm(THF)/MMAO$ 催化剂可在环己烷溶剂中同样以高活性制得高顺式 –1,4（ > 98% ）窄分子量分布（ < 2.0）、高分子量聚丁二烯。

表 2 –60　茂钐配合物/MMAO 催化剂在环己烷中引发丁二烯聚合

编号	C_5Me_4R $Sm(THF)_n$ 中 R	Bd/Sm 摩尔比	时间 /min	转化率 /%	TON	$\overline{M}_w$	$\overline{M}_n$	$\dfrac{M_w}{M_n}$	微观结构/%		
									顺式 –1,4	反式 –1,4	1,2 –
1	Me	0.15×10^4	10	21	0.187×10^4	37.7×10^4	21.26×10^4	1.77	96.2	1.5	2.3
2	Et	0.15×10^4	10	67	0.596×10^4	57.11×10^4	30.9×10^4	1.85	97.1	1.0	1.9
3	i - Pr	0.15×10^4	5	约100	1.78×10^4	65.12×10^4	35.4×10^4	1.84	98.6	0.6	0.8
4	n - Bu	0.15×10^4	10	88	0.782×10^4	58.15×10^4	32.55×10^4	1.79	97.5	0.9	1.6
5	TMS	0.15×10^4	10	91	0.809×10^4	48.1×10^4	25.63×10^4	1.88	98.6	0.6	0.8
6	i - Pr	1.0×10^4	10	约100	6.0×10^4	127.98×10^4	64.39×10^4	1.99	98.8	0.4	0.8
7	i - Pr	2.5×10^4	10	89	13.33×10^4	141.32×10^4	72.26×10^4	1.96	98.8	0.4	0.8
8	i - Pr	15.0×10^4	60	78	11.56×10^4	63.31×10^4	32.3×10^4	1.96	99.1	0.2	0.7
9	i - Pr	1.0×10^4	10	87	5.24×10^4	178.36×10^4	90.11×10^4	1.98	99.1	0.2	0.7
10	Me	1.0×10^4	10	12	0.711×10^4	90.37×10^4	45.46×10^4	1.99	97.8	0.5	1.7

注：1~5 号：环己烷 40mL，Bd = 2.0g，Sm = 2.5 × 10^{-5}mol，MMAO/Sm 摩尔比 = 100，50℃ 聚合；

　　6 号：Bd = 6.75g，Sm = 1.25 × 10^{-5}mol，MMAO/Sm 摩尔比 = 500，其余同前；

　　7 号：Sm = 5.0 × 10^{-6}mol，MMAO/Sm 摩尔比 = 1250，其余同前；

　　8 号：环己烷 360mL，Bd = 80g，Sm = 1 × 10^{-5}mol，Al(i - Bu)_3/Sm 摩尔比 = 400，Al(i - Bu)_2H/Sm 摩尔比 = 15，MMAO/Sm 摩尔比 = 100，TMS = trimethylsilyl；

　　9、10 号：室温聚合，其余同 6 号，TON = mol/(mol·h)。

C　$C^*pSm[(\mu - Me)AlMe_2(\mu - Me)]_2SmC^*p$ 钐铝双金属催化剂

Evans 等[165]由 $C^*p_2Sm(THF)_2$ 与过量的 $AlMe_3$ 反应制得 Sm/Al 双金属二聚配合物 $C^*pSm[(\mu - Me)AlMe_2(\mu - Me)]_2SmC^*p(A)$，此配合物对双烯无聚合活性。Kaita 等[159]发现配合物（A）与 AlR_3 和 $[Ph_3C][B(C_6F_5)_4]$ 混合后便对丁二烯有较高催化活性（TON = 28400 ~ 29600），但聚合物的微观结构受 AlR_3 类型的影响（见表 2 –61）。烷基铝的类型对顺式影响顺序为：$Al(i - Bu)_3 > AlEt_3 >$

AlMe$_3$，Al（i－Bu）$_3$ 是最适宜的助催化剂。与 C*p$_2$Sm(THF)$_2$/Al(i－Bu)$_3$/[Ph$_3$C][B(C$_6$F$_5$)$_4$] 催化剂相比，(A)/Al(i－Bu)$_3$/[Ph$_3$C][B(C$_6$F$_5$)$_4$] 催化剂活性要高出一倍，在 －20℃ 下聚合可制得顺式－1,4 为 99.5%、分子量分布为 1.85 的高分子量高顺式聚丁二烯。

表 2－61　配合物（A）/Al（i－Bu）$_3$/[Ph$_3$C][B(C$_6$F$_5$)$_4$] 催化丁二烯聚合

AlR$_3$	转化率 /%	TON	微观结构/%			$\overline{M}_w$	$\overline{M}_n$	$\dfrac{M_w}{M_n}$
			顺式－1,4	反式－1,4	1,2－			
AlMe$_3$	95	29.1×10^3	57.5	39.2	3.3	43.39×10^4	27.58×10^4	1.57
AlEt$_3$	98	29.6×10^3	83.8	12.9	3.3	67.03×10^4	37.81×10^4	1.77
Al(i－Bu)$_3$	94	28.4×10^3	90.0	6.8	3.2	67.00×10^4	42.95×10^4	1.56
Al(i－Bu)$_3$①	65	0.32×10^3	>99.5	0.1	0.4	130.09×10^4	70.29×10^4	1.85

注：Bd＝2.5×10^{-2}mol/L，Sm＝1.0×10^{-5}mol/L，B/Sm 摩尔比＝1，甲苯溶剂，TON＝mol/(mol·h)，
AlR$_3$/Sm 摩尔比＝3，50℃聚合10min。
①在－20℃聚合5h。

Kaita 等[166,167]利用 (A)/Al(i－Bu)$_3$/[Ph$_3$C][B(C$_6$F$_5$)$_4$] 催化剂对丁二烯具有活性聚合特征，在 －20℃ 的低温下制得了高顺式－1,4(99%) 含量、窄分布（M_w/M_n＝1.32）和高分子量（M_n＝46000）的丁二烯与苯乙烯的嵌段共聚物。在 50℃ 于甲苯溶剂中则制得苯乙烯含量在 4.6%～33.2%、顺式－1,4 为 80.3%～95.1%、高分子量（M_n＝23400～101000）窄分布（M_w/M_n＝1.41～2.23）的丁二烯与苯乙烯的无规共聚物。

研究结果已表明茂钐铝双金属配合物催化剂是制备丁二烯高顺式均聚物和含高顺式的丁二烯与苯乙烯共聚物的有效和优秀催化剂。

2.2.5.3　茂钆配合物催化剂

A　茂钆铝双金属配合物催化剂

在茂钐铝双金属配合物催化剂研发成功后，Kaita 等[168]采用 LnCl$_3$、LiC$_5$Me$_5$ 和 AlMe$_3$ 试剂直接合成了 Ce、Pr、Nd、Sm、Gd、Tb、Dy、Ho、Tm、Yb、Lu 等11个稀土元素的茂 Ln/Al 双金属二聚配合物 C*pLn[(μ－Me)AlMe$_2$(μ－Me)]$_2$LnC*p 用 Al(i－Bu)$_3$ 与 [Ph$_3$C][B(C$_6$F$_5$)$_4$] 混合物助催化剂活化，比较了这些稀土配合催化剂催化丁二烯的聚合活性（见表 2－62）。研究结果表明，在相同的实验条件下，除 Yb 未有催化活性外，其余10个稀土元素均可催化丁二烯聚合，并均能制得分子量分布（M_w/M_n＝1.24～1.66）较窄的高分子量 [M_n＝(1.28～10.89)×10^4] 聚合物。但转化率和聚合物顺式－1,4 结构各稀土元素是有差别的。其中 Sm、Gd、Tb、Dy、Hb、Tm 等6个稀土配合催化剂转化率近乎百分之百，但仅有 Gd、Tb、Dy、Ho 4个元素可以制得95%以上顺式含量聚丁二烯，其顺序

为：Gd(97.3%) > Ho(96.6%) ≈ Tb(96.2%) > Dy(95.3%)。而 Sm、Tm 虽然有较高转化率，但顺式含量低于 90%，而 Sm 有较高的反式，Tm 有较高 1,2-结构。余下的 Ce、Pr、Nd、Lu 4 个元素转化率低于 63%，活性顺序为：Nd(63%) > Lu(54%) > Pr(28%) > Ce(38.8%)，顺式选择性的顺序为：Ln(87.7%) > Nd(65.9%) > Pr(55.3%) > Ce(38.8%)，Lu 有最大的 1,2-含量(9.8%)。

表 2-62 $C^*pLn[(\mu-Me)AlMe_2(\mu-Me)]_2LnC^*p/Al(i-Bu)_3/[PhC][B(C_6F_5)_4]$
体系催化丁二烯聚合

编　号	稀土元素	转化率/%	微观结构/%			$\overline{M}_n$	$\dfrac{M_w}{M_n}$
			顺式-1,4	反式-1,4	1,2-		
1	Ce	15	38.8	59.8	1.4	1.28×10^4	1.24
2	Pr	28	55.3	43.9	0.8	2.28×10^4	1.27
3	Nd	63	65.9	32.5	1.6	4.01×10^4	1.24
4	Sm	约100	86.0	13.2	0.8	5.98×10^4	1.36
5	Gd	约100	97.3	2.0	0.7	8.25×10^4	1.32
6	Tb	约100	96.2	3.0	0.8	9.64×10^4	1.39
7	Dy	约100	95.3	2.9	1.8	9.46×10^4	1.53
8	Ho	约100	96.6	1.6	1.8	10.89×10^4	1.32
9	Tm	约100	87.5	4.7	7.8	9.87×10^4	1.58
10	Yb	不聚	—	—	—	—	—
11	Lu	54	87.7	2.5	9.8	9.58×10^4	1.66
12	Gd	约100	>99.9	—	—	11.37×10^4	1.70
13	Gd	约100	98.6	0.1	1.3	69.97×10^4	2.17
14	Gd	88	98.6	0.2	1.2	81.82×10^4	2.00
15	Gd	88	98.8	0.1	1.1	78.82×10^4	1.70

注：甲苯溶剂，B/Ln 摩尔比 =1，B = [PhC][B(C_6F_5)_4]；
1~11 号：Bd = 0.54g(1×10^{-2} mol)，Ln = 5×10^{-5} mol，Al(i-Bu)_3/Ln 摩尔比 =5，总体积 = 20mL，25℃聚合 5h；
12 号：-40℃聚合 5h；
13 号：总体积 15mL，Bd = 2.7g(0.05mol)，Gd = 5.0×10^{-6} mol，Al/Gd 摩尔比 =25，25℃聚合 5h；
14 号：总体积 45mL，Bd = 6.75g(0.125mol)，Gd = 1.25×10^{-6} mol，Al/Gd 摩尔比 =250，25℃聚合 6h；
15 号：总体积 400mL，Bd = 67.5g(1.25mol)，Gd = 2.5×10^{-6} mol，Al/Gd 摩尔比 =1200，25℃聚合 20h。

研究结果表明，茂钆铝双金属配合物 $C^*pGd[(\mu-Me)AlMe_2(\mu-Me)]_2GdC^*p$

是比茂钐铝双金属配合物活性更高、顺式选择性更好、更为优秀的稀土催化剂。

对于茂钆配合物催化剂，聚合常用的碳氢溶剂如芳烃类或脂烃类，催化活性不受影响，但对催化剂的顺式选择性有较大影响，其顺序为：甲苯（97.3%）>环己烷（91.6%）>正己烷（88.7%），可见甲苯是最好的溶剂。用甲苯作为聚合溶剂时，助催化剂烷基铝的类型也影响顺式选择性，其大小顺序为：$Al(i-Bu)_3$（97.3%）> $AlH(i-Bu)_2$（96.1%）> $AlEt_3$（73.9%）> $AlMe_3$（60.2%）。$Al(i-Bu)_3$ 与 $[PhC][B(C_6F_5)_4]$ 混合物是茂钆铝双金属配合物最适宜的助催化剂。

B　茂钆阳离子配合催化剂

茂钆阳离子配合催化剂 $[C^*p_2Gd][B(C_6F_5)_4]/Al(i-Bu)_3$，是 Kaita 等[169,170]对 Sm/Al 双金属配合催化剂深入研究分析，并得到了中间体 $[C^*pSm][B(C_6F_5)_4]$ 离子配合物[171]，由此而发展的一类新型阳离子茂稀土配合物 $[C^*p_2Ln][B(C_6F_5)_4]$ 催化剂。

Kaita 等[169]用 $LnCl_3$（Ln = Pr、Nd、Cd）、LiC^*p 和 $AlMe_3$ 先制得 Ln/Al 双金属二聚配合物 $C^*pLn[(\mu-Me)AlMe_2(\mu-Me)]_2LnC^*p$ 结晶体，将晶体和 $[Ph_3C][B(C_6F_5)_4]$ 溶解于甲苯中，在室温下反应而制得结晶的阳离子茂稀土配合物 $[C^*p_2Ln][B(C_6F_5)_4]$，如图 2-60 所示。

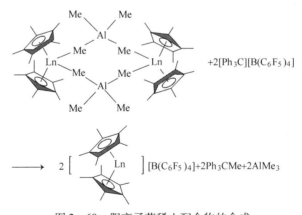

图 2-60　阳离子茂稀土配合物的合成

阳离子茂稀土配合物 $[C^*p_2Ln][B(C_6F_5)_4]$ 本身无催化活性，但在少量烷基化试剂如 $Al(i-Bu)_3$ 存在下，便可快速引发丁二烯聚合。Pr、Nd、Sm、Gd 4 种元素配合物催化剂对丁二烯的聚合情况见表 2-63。同茂稀土双金属配合物催化剂一样，4 种元素配合物催化剂均能引发丁二烯聚合，并制得分子量分布较窄（$M_w/M_n = 1.37 \sim 1.76$）的聚合物，但不同稀土元素之间的聚合速率顺式选择性有较大差异。聚合速率顺序为：Gd（97.3%）> Sm（95.6%）> Nd（91.3%）> Pr（90.2%）。在 -20℃ 的低温下聚合，Gd 的活性高于 Sm，顺式含量仅高出 0.1%，但均制得顺式－1,4含量大于99%，而没有反式结构近乎完美的规整的顺式聚合物。由此得知，阳离子茂钆配合物同样是丁二烯均聚优秀催化剂。

表2－63　$[C^*p_2Gd][B(C_6F_5)_4]/Al(i-Bu)_3$ 催化丁二烯聚合

编号	稀土元素 Ln	温度/℃	时间/min	转化率/%	$\overline{M}_w$	$\overline{M}_n$	M_w/M_n	微观结构/%		
								顺式－1,4	反式－1,4	1,2－
1	Pr	50	300	95	12.51×10^4	7.57×10^4	1.65	90.2	6.8	3.0
2	Nd	50	25	96	17.78×10^4	12.98×10^4	1.37	91.3	6.3	2.4
3	Gd	50	3	约100	42.39×10^4	24.50×10^4	1.73	97.5	1.0	1.5
4	Gd	－20	30	93	57.19×10^4	40.5×10^4	1.41	99.6	0.0	0.4
5	Gd	－78	12h	54	43.53×10^4	30.05×10^4	1.45	>99.9	0.0	<0.1
6	Sm	50	5	80		12.65×10^4	1.67	95.6		
7	Sm	－20	5h	61		62.81×10^4	1.76	99.5		

注：1~5号：$Bd = 1.0 \times 10^{-2}$ mol，$Ln = 2.0 \times 10^{-5}$ mol，Al/Ln 摩尔比=5；

　　6、7号：取之专利中数据 $Bd = 1.35g$，$Ln = 0.01$ mmol，$Al(i-Bu)_3 = 0.05$ mmol，Al/Ln 摩尔比=5。

2.2.5.4　非茂稀土化合物－MAO催化体系

从动力学实验得知，用 AlR_3 或 $AlHR_2$ 作助催化剂，无论是由氯化钕组成的二元体系，还是由配合物或羧酸盐组成的可溶性三元体系，在引发丁二烯聚合时，Nd 的利用率均较低（催化效率为6%~10%）。如何提高 Nd 的利用率一直是人们关心和研究的课题。Porri 等[172]用 $ClMgCH_2$—CH=CH_2 与 $NdCl_3$ 在 THF 中与－30℃反应制得的可自燃的粉末状活性 Nd 化合物（简称 I，为含有 Nd—C 键有机化合物）和传统 Nd 化合物与 MAO 和 AlR_3 分别组成催化体系，引发丁二烯的聚合活性见表2－64。研究结果表明，由 I 化合物组成的催化体系均有较高的催化活性。I－$Al(i-Bu)_3$ 体系较之传统的 $Nd(OCOR)_3$－$AlEt_2Cl$－$Al(i-Bu)_3$ 三元催化体系的活性高出4倍，而 $Nd(OCOR)_2Cl$－MAO 体系几乎无催化活性，说明传统的 Nd 化合物不易被烷基化。MAO 对 Nd 化合物几乎无烷基化能力或烷基化能力很弱，不能产生活性的 Nd－C。I－MAO 体系有最高的聚合活性，较之 I－$Al(i-Bu)_3$ 高出7倍，较之 $Nd(COCR)_3$－$AlEt_2Cl$－$Al(i-Bu)_3$ 传统催化体系高出30多倍。I－MAO 体系有如此高的活性变化，推测不仅是由于活性中心数目增加，有可能是反应动力学常数，活性中心性质发生改变。如同 Cp_2ZrMe_2－MAO 之间反应生成正离子活性中心那样，I 与 MAO 或 $Al(i-Bu)_3$ 之间反应亦有可能生成离子活性种。

用 MAO 代替传统 $Nd(Versatate)_3$－$AlH(i-Bu)_3$－t-BuCl 催化体系中的 $AlH(i-Bu)_2$，催化活性降低，不加 t-BuCl 的二元体系，活性略高些但仍不如原

表 2 -64　几种不同 **Nd** 系催化剂引发丁二烯聚合活性[①]

催化体系[②]	聚合时间/min	催化活性/mol pBd · (mol Nd · min)$^{-1}$	$[\eta]/dL \cdot g^{-1}$
Nd(OCOR)$_3$/AlEt$_2$Cl/Al(i – Bu)$_3$	15	80	10
I /Al(i – Bu)$_3$	10	330	9
I /AlMe$_3$	10	350	7. 7
Nd(OCOR)$_2$Cl/MAO	600	2 ~ 3	
I /TIBAO	5	1000	6. 2
I /MAO	3	2500	6. 0

①丁二烯 25mL，庚烷 100mL，0℃聚合，顺式 – 1,4 含量在 96% ~98% 。

②［Nd］=0. 02mmol/mL，Al/Nd 摩尔比=30，甲苯，在 –18℃陈化 24h。

体系，而且顺式 –1,4 结构降低，但发现三异丁基铝氧烷（TIBAO）代替 AlH(i – Bu)$_2$ 则有较高的聚合速率，聚合物的分子量、顺式含量有所提高，分子量分布变窄[173]。在传统催化体系中加入 MAO 组成四元体系，可提高催化活性，若再结合末端改性技术，可制得性能优异的顺丁橡胶，尤其是抗湿滑性能远高于 Ni 系顺丁橡胶[174]。

参 考 文 献

[1] 黄葆同，欧阳均，等. 络合催化聚合合成橡胶［M］. 北京：科学出版社，1981.

[2] 古川淳二. 合成ゴムハンドブック［M］. 朝仓书店，1960：19.

[3] 浅井治海. ゴムの合成の历史［J］. ポリマータイジュスト，1999（5）：17~27.

[4] 张旭之，等. 碳四碳五烯烃工业［M］. 北京：化学工业出版社，1998：225.

[5] Natta G, Pino P, Corradini P, et al. Crystalline High Polymers of α – olefins［J］. J Am Chem Soc, 1955, 77：1708.

[6] 山东胜利石油化工总厂科学研究所. Ni 系专利译文集［C］. 胜利石油化工内部资料，1975，4.

[7] 索尔特曼 W M. 立构橡胶［M］. 张中岳，等译. 北京：化学工业出版社，1987：4.

[8] 中国科学院长春应用化学研究所四室. 稀土催化合成橡胶文集［C］. 北京：科学出版社，1980：25 ~37.

[9] Sylveste G, Stolltuss B. Synthesis and Properties of Cis 1,4 – polydieres Mate with Rare Earth, Catalysts［C］. At 133rd meeting of the Rubber Division of ACS, 1988, 4：19 ~22, Teyxas.

[10] Fires H, Stolltuss B. Structure and Properties of Butadiene Rubber［R］. At 133rd meeting of the Rubber Division of ACS, 1988, 10：18 ~21, Ohio.

[11] Colombo L, Busetti S, Dipasquale A, et al. A New High Cis Polybutadiene for lmproved Tyre Performance［J］. Kautschuk Gummi Kunststiffe, 1993（6）：458 ~461.

[12] Stuchal F W. Tire Material Trends into the Nineties［J］. Elastomerics, 1984, 116（1）：13.

[13] Marwede G W, Stollfu B, B A J M. Sumner Current Status of Tyre Elastomers in Europe［J］.

Kauts Gum Kunst, 1993, 46 (5): 380.

[14] 吉冈明, 等. 分子末端改性ゴムの开发 [J]. 日本化学会志, 1990 (4): 341~351.

[15] Natta G. New Synthetic Elastomers [J]. Rubber and Plastics Age, 1957, 38: 495~498.

[16] 田中康二, 田所宏行. ステしオゥバの构造ついて [J]. 日本ゴム协会志, 1963, 36 (10): 864~867.

[17] Natta G, Corradini P. The Structure of Crystalline 1,2 – polybutadiene and of other Syndyotactic Polymers [J]. Rubber Chem & Technol, 1956, 29: 1458.

[18] Kraus G, Gruver J T. Rheological Properties of Multichain Polybuthdienes [J]. J Polym Sci A, 1965 (3): 105.

[19] 安东新午, 等. 石油化学工业手册（下册）[M]. 北京: 化学工业出版社, 1970.

[20] 山下晋三. ポリブタジエンの一般特性 [J]. 日本ゴム协会志, 1963, 36 (10): 883~897.

[21] Long V C, Berry G C, Hobbs L M. Solution and Bulk Properties of Branched Polyvinyl Acetates Ⅳ—Melt Viscosity [J]. Polymer, 1964 (5): 517.

[22] James Lindsay, White Elastomer. Rheology and Processing [J]. Rubber Chem Technol, 1969, 42: 257~338.

[23] Gerard Kraus, Short J N, Vernon Thornton. Effect of Cis – teans Ratio on the Physucal Properties of 1,4 – polybutadienes [J]. Rubber and Plastics Age, 1957, 38: 880~891.

[24] Dingle A D. The Dynamic Mechanical Properties [J]. Rubber World, 1960, 143: 93~99.

[25] 庚晋, 白衫. 减振橡胶制品的开发动向 [J]. 橡胶参考资料, 2003, 33 (1): 2~6.

[26] 浅井沿海. 合成ユム概况 [M] 东京: 朝仓书店, 1971: 78.

[27] 欧阳均. 顺式聚丁二烯研究情况 [Z]. 应化所档案, 60 - 2 - 1K₁ - 12.

[28] 任守经, 李斌才. 四碘化钛 – 三异丁基铝催化体系制备顺式 -1,4 聚丁二烯——Ⅰ. 催化剂的活性和聚合物的性质 [J]. 高分子通讯, 1963, 5 (2): 65~71.

[29] 谢洪泉, 闻久绵. 丁二烯顺式 -1,4 聚合的三元 Ziegler 催化剂 [J]. 高分子通讯, 1964, 6 (5): 377~381.

[30] 谢洪泉, 李平生. 以四溴化钛为催化剂的丁二烯定向聚合 [J]. 高分子通讯, 1964, 6 (1): 48~54.

[31] 谢洪泉, 秦建国, 李平生. 丁二烯顺式 -1,4 聚合的一种新的催化体系——丁基锂与四卤化钛组成的 Ziegler 型催化剂 [J]. 科学通报, 1964 (3): 246~248.

[32] 谢洪泉, 闻久绵. 以钛酸正丁酯为基础的丁二烯顺式 -1,4 聚合催化剂 [J]. 科学通报, 1965 (11): 999~1001.

[33] 谢洪泉, 李平生. 丁二烯定向聚合中杂质的影响, 溶剂苯中存在的几种含硫或含氧杂质的影响 [C]. 中国科学院应用化学研究所集刊, 第六集. 北京: 科学出版社, 1962: 60~64; 谢洪泉, 李平生, 秦建国, 孟繁影. 某些含氧或含氮化合物对丁二烯定向聚合的影响 [C]. 应化集刊, 第九集. 北京: 科学出版社, 1963: 59~64.

[34] 谢洪泉, 李平生. 含氯化合物对丁二烯定向聚合的作用 [J]. 高分子通讯, 1963, 5 (1): 11~18.

[35] 黄继雅, 陈启儒. 丁二烯定向聚合后处理的研究（手稿）[Z]. 1960 年应化所档案, 60 - 2 - 36, K₁ - 12: 29.

[36] 李斌才，刘亚东，孙成芳，等. 顺 –1,4 – 聚丁二烯的工艺性质 I. 钛盐催化聚合顺 –1,4 – 聚丁二烯的性质 [J]. 高分子通讯，1963，5（3）：110.

[37] Loo C C, Hsu C C, Can. Polymerization of Butadiene with TiI_4 – $Al(i – Bu)_3$ Catalyst：I：Kinetic Study [J]. J Chem Enga, 1974, 32：374～381.

[38] 谢洪泉，李平生. 四碘化钛及三异丁基铝组成的定向聚合催化剂中钛的价态 [J]. 科学通报，1963（4）：36～37.

[39] 谢洪泉，金鹰泰. 以非均相 Ziegker 催化剂 – 三异丁基铝及四碘化钛聚合丁二烯的动力学 [C]. 中国科学院应用化学研究所集刊，第十二集. 北京：科学出版社，1964：62～67.

[40] Sivaram S. 2nd generation ziegler polyolefin processes [J]. Ind Eng Chem Prod Res Develop, 1977, 16：212.

[41] Gippin M. Ind Eng Chem Prod Res Develop, 1965, 4：160.

[42] Saltman W M. Encyclopedia of Polymer Science and Technology [M]. 2nd. New York：Wiley, 1965：717～718.

[43] Balas J G, Delamare H E, Schissle D O. Alkyl – free Cobalt Catalyst for Stereospecific Polymerization of Butadiene [J]. J Polym Sci, 1965, A3, 2243.

[44] 上野治夫，牧野逸郎. コバリト盐ジェチルアルミニウムワロリド触媒によるブタジエの重合におはる速度论的な研究 [J]. 工业化学杂志（日），1968，71：418.

[45] 唐学明，莫志深，赵善康，等. 铝化合物 – 一氯二甲基铝催化体系合成顺式 –1,4 – 聚丁二烯 [C]. 中国科学院应用化学研究所集刊，第十二集. 北京：科学出版社，1964：74～76.

[46] 唐学明，杨超雄，赵善康. 用可溶性催化剂合成顺式聚丁二烯的研究 I，用 $CoCl_2$ · $4C_5H_5N – (C_2H_5)_2AlCl$ 作催化剂 [J]. 高分子通讯，1965，5（2）：49～59.

[47] 赵善康，唐学明，杨超雄. 用可溶性催化剂合成顺式聚丁二烯的研究 II，用钴化合物 – 烷基铝作催化剂 [J]. 高分子通讯，1964，6（2）：87～94.

[48] 赵善康，等. 用可溶性催化剂合成顺式聚丁二烯的研究 III，用钴化合物 – 烷基铝 – 水做催化剂 [C]. 中国科学院应用化学研究所集刊，第十四集. 北京：科学出版社，1965：47～59.

[49] 廖玉珍，王佛松，车吉泰. 丁二烯在给电子试剂（D）+ $C_2H_5AlX_2$ – CoXn 系统中的聚合 [C]. 中国科学院应用化学研究所集刊. 北京：科学出版社，1965：54～59.

[50] 唐学明. 顺丁 –2 橡胶的合成与性能 [Z]. 应化档案，12 – 60 – 1：34.

[51] 唐学明. 顺丁 –2 橡胶的合成与性能，顺丁橡胶鉴定会资料 [Z]. 应化档案，12 – 60 – 1：62.

[52] 王佛松. 顺丁 –4 橡胶的合成与性能（专题报告）[Z]. 应化档案，12 – 60 – 1：84.

[53] 陈启儒，欧阳均. 丁二烯在钴催化体系中的定向聚合 [C]. 中国科学院应用化学研究所集刊，第十一集. 北京：科学出版社，1964：38～42.

[54] 莫志深，等. 烷基铝水解反应的研究 [C]. 中国科学院应用化学研究所集刊，第十二集. 北京：科学出版社，1964：55～61.

[55] 沈之荃，姜连升，李兴亚，等. 丁二烯在乙酰基丙酮镍和一氯二烷基铝均相催化体系中的定向聚合 [J]. 高分子通讯，1965，7（5）：322.

［56］唐学明，等. 顺丁 – 3 橡胶的合成与性质（专题报告）［Z］. 顺丁橡胶鉴定会议资料，应化所档案，12 – 60 – 1.

［57］Catalytic Production of Polybutadiene and Catalysts ThereforUS：3. 471. 462（1969）.

［58］植田贤一，大西章，吉本敏雄，等. ニッケルを含む触媒によるブタジエのシス – 1,4 重合［J］. 工业化学杂志，1963，66（8）：1103.

［59］关本昭. 合成ゴム工业の现状と问点［J］. 化学工业，1967，20［1］：39.

［60］郑奎峰. 25000 吨/年 日本 JSR 公司顺丁橡胶装置技术［J］. 合成橡胶与石油添加剂，1979，7（46），1980，8（2）.

［61］Kormer V A，Babitski B D，Lobach M I，et al. Polymerization of Butadiene with Pi – allylic Catalysts［J］. J Polym Sci，1969，V. C16：4351 ~ 4360.

［62］Morrell S H，et al，Europ. Rub. J.，1975，157（4）：12.

［63］日本桥石轮胎公司，US 3. 170. 904（1965）.

［64］日本桥石轮胎公司，US 3. 170. 905（1965）.

［65］日本桥石轮胎公司，US 3. 170. 907（1965）.

［66］藤永吉久，中川友二，牧野键哉，等. ブタジエンの重合方法［P］. 昭 53 – 51286，1978 – 05 – 10；谦田成弘，石渡宏荣，铃木正人，荒尾利夫. ポリブジンの制造，平 3 – 91506，1991 – 04 – 17.

［67］固特异，US 3528957（1970）.

［68］固特异，EP 93073，US 3910869（1975）US 4155880（1979）.

［69］弗尔斯通 US 4522988（1985）US 4501866（1985）.

［70］应化所档案 12 – 60 – 1，K_1.

［71］中国科学院应用化学研究所顺丁橡胶组. 催化剂加料方式的初步评选［Z］. P102，顺丁橡胶攻关会战科技成果选编，下册，聚合部分，石油化学工业部科学技术情报研究所.

［72］唐学明，等. 镍催化体系合成顺式聚丁烯的研究Ⅲ，催化剂加料方式的评选［J］. 合成橡胶工业，1980，3（1）：134.

［73］松本毅，大西章. トリエチルアルミニウムミフッ化木ウ素エテうトナフテン酸ニッケル系によるブタジエンの重合［J］. 工业化学杂志（日本），1968，71：2026 ~ 2059.

［74］中国科学院应用化学研究所顺丁橡胶组. 环烷酸镍 – 三异丁基铝陈化条件对聚合的影响［Z］. P90，顺丁橡胶攻关会战科技成果选编，下册，聚合部分，石油化学工业部科学技术情报研究所.

［75］中国科学院应用化学研究所顺丁橡胶组. 丁二烯在镍催化体系中的聚合行为及聚合物的分子量分布［Z］. P108，顺丁橡胶攻关会战科技成果选编，下册，聚合部分，石油化学工业部科学技术情报研究所.

［76］焦书科. 烯烃配位聚合理论与实践［M］. 北京：化学工业出版社，2004：237.

［77］植田贤一，大西章，吉本敏雄，等. 工业化学杂志（日本），1973，38：1346.

［78］沈之荃，龚仲元，仲崇祺，等. 稀土化合物在定向聚合中的催化活性［J］. 科学通报，1964（4）：335.

［79］Anderson W，et al. Polymeerizatton of Unconjugated Alkadienes into Linear Polymers［P］. Ger：1. 144. 924，1963.

［80］ Production of Cis－1,4－polydienes by Polymerization of 1,3－dienes［P］. Belgian Pat. 644, 291（to Lune 15. 1964）.

［81］ Throckmorton M C. Comparison of Cerium and other Transition Meral Caralyst Systems for Preparing very High Cis－1,4－polybtadiene［J］. Kaut Gummi Kunst, 1969, 6（22）：293～297.

［82］ 中国科学院长春应用化学研究所第四研究室. 稀土催化合成橡胶文集［C］. 北京：科学出版社, 1980.

［83］ Characteriztion of Cis－1,4－polybutadene Raw Rubbers Ⅱ. Ln－catalytically Polymerized Cis－1,4－polybutadiene（Ln－PB）. Qian Baogong, Yu Fusheng, Cheng Rongsh, Qin Wen, Zhou Enle（155）, Qin Renyuan, et al. Proceedings of china－US. Bilateral Symposium on Polymer Chemistry and Physics［C］. 1981, New York.

［84］ Studies on Coordination Catalysts Based on Rare－Earth Compounds in Stereospecifie polymeriztion［C］. Ouyang Jun, Wang Fosong, shen Zhiquan（382）, Qin Renyuan, et al. Proceedings of China－US. Bilateral Symposium on Polymer Chemistry and Physics［C］. 1981, New York.

［85］ Some Aspoeets of Rare－earth Polymeriztion Cataly［C］. Ouyang J, Wang F－S, Huang B－T, Roderic P Quirk, et al. MMI. Press. SYMP SER 1983. Volume 4, Transition Metal Catalyzed Polymeriztion Aikenes and Dienes, Pate A.

［86］ 欧阳均. 稀土催化剂与聚合［M］. 长春：吉林科学技术出版社, 1991.

［87］ 杨继华, 扈晶余, 逄束芬, 等. 对共轭双烯定向聚合活性较高的氯化稀土催化剂［J］. 中国科学, 1980（2）：127.

［88］ 逄束芬, 扈晶余, 杨继华, 等. 几种稀土定向聚合催化剂的活性［J］. 高分子通报, 1981（4）：316.

［89］ Yang Jihua, Tsutsui M, Chen Zonghan, et al. New Binnary Lanthanide Catalysts for Stereosoecific Diene Polymerizaion［J］. Macromolecules, 1982（15）：230.

［90］ 逄束芬, 李玉良, 丁伟平, 等. 改进的氯化稀土催化剂［J］. 应用化学, 1984, 1（3）：50.

［91］ 杨继华, 逄束芬, 李瑛, 等. 由氯化钕含氮络合物组成的双烯烃定向聚合催化剂［J］. 催化学报, 1984, 5（3）：291.

［92］ 杨继华, 逄束芬, 孙涛, 等. 丁二烯的 $NdCl_3 \cdot 2Phen－HAl（i－Bu）_2$ 催化定向聚合［J］. 应用化学, 1984, 1（4）：11.

［93］ 李玉良, 张斌, 于广谦. 有关氯化钕磷酸三丁酯体系的活性及其与烷基铝反应的研究［J］. 分子催化, 1992, 6（1）：76.

［94］ 孙涛, 逄束芬, 嵇显忠, 等. $NdCl_3 \cdot 3P_{350}－AlR_3$ 二元催化体系对双烯烃的定向聚合［J］. 中国稀土学报, 1990, 8（2）：185.

［95］ 王德华, 等. 稀土催化合成橡胶文集［C］. 北京：科学出版社, 1980：10.

［96］ 王佛松. 稀土催化合成橡胶文集［C］. 北京：科学出版社, 1980：83.

［97］ 廖玉珍, 等. 稀土催化合成橡胶文集［C］. 北京：科学出版社, 1980：25.

［98］ 廖玉珍, 张守信, 柳希春. 以氯代硅烷为第三组分的丁二烯稀土催化聚合［J］. 应用化学, 1987, 4（1）：13.

[99] 杨继华，逢束芬，孙涛，等. 以氯代烃为第三组分的稀土定向聚合催化剂 I，催化剂配制及性能的研究 [J]. 合成橡胶工业，1992，15（4）：220.

[100] Wilson D J, Jenkins D K. Butadiene Polymerisation Using Ternary Neodymium - based Catalyst Systems—The Effect of Nd - halide Ratio and Halide Type [J]. Polymer Bulletin, 1995, 34: 257.

[101] Wilsom D J. A Nd - carboxylate Catalyst for the Polymerization of 1, 3 - Butadiene: The Effect of Alkylaluminums and Alkylaluminum Chlorides [J]. J Polym Sci Part A, Polym Chem, 1995, 33: 2505.

[102] Nickaf J B, Burford R P, Chaplin R P. Kinetics and Molecular Weights Distribution Study of Neodymium - catalyzed Polymerization of 1, 3 - butadiene [J]. Polym Sci Part A, Polym Chem, 1995, 33: 1125.

[103] Quirk R P, Kells A M. Polymerization of Butadiene Using Neodymium Versatate - based Catalyst Systems: Preformed Catalysts with SiCl$_4$ as Halide Source [J]. Polym Int, 2000, 49: 751.

[104] 朱永楷，李玉良，于广谦，等. 聚合物载体 - 稀土金属络合物的研究 XII，聚 [苯乙烯 - 甲基丙烯酸 β（甲基亚硫酰基）乙酯] 载体 - 三氯化钕络合物 - 三异丁基铝体系催化丁二烯聚合的活性 [J]. 合成橡胶工业，1993，16（6）：340；1994，17（3）：146；1994，17（5）：280.

[105] 李玉良，于广谦，朱永楷，等. 聚合物载体 - 稀土金属络合物的研究 IX，聚（苯乙烯 - 丙烯酰胺）载体 - 钕络合物的合成、表征及其催化活性 [J]. 功能高分子学报，1993（3）：139.

[106] 李玉良，逢束芬，薛大伟. 聚合物载体 - 稀土金属络合物的研究 II，在聚合物载体 - 钕络合物催化体系下丁二烯的定向聚合 [J]. 高分子通讯，1985（2）：111.

[107] 刘光冬，李玉良. 聚合物载体 - 稀土金属络合物的研究 VI，聚合物载体 - 钕络合物对丁二烯聚合的催化活性 [J]. 高分子学报，1990（2）：136；1992（5）：572.

[108] 于广谦，李玉良. 聚合物载体 - 稀土金属络合物的研究 V，聚（乙烯 - 丙烯酸）钕的合成及其对丁二烯聚合的催化活性 [J]. 催化学报，1988，9（2）：190.

[109] 单成基，李玉良，逢束芬，等. Nd(OR)$_{3-n}$Cl$_n$ - AlEt$_3$ 催化体系对丁二烯的聚合 I，聚合的一般规律 [J]. 化学学报，1983，41（6）：490~504.

[110] МАРКЕВИЧ И Н，МАРАЕВ О К，ТИЯКОВА Е Н，ДОЛГОГГСК Б А. ДАН СССР，1983，268（A）：892~896.

[111] 金鹰泰，孙玉芳，欧阳均. 二（三氟乙酸）氯化钕的合成及其对双烯聚合的催化活性 [J]. 高分子通讯，1979（6）：367.

[112] Enoxy Chemica, S. P. A. Process for Polymerizing Conjugate Diolefins, and Means Suitable for this Purpose [P]. Ep 0092, 270A1, 1983: 15.

[113] 蒋芝兰，龚志. 酸性膦酸酯钕盐催化聚合丁二烯的研究 [J]. 合成橡胶工业，1994，17，（1）：23.

[114] 杨继华，等. 稀土催化合成橡胶文集 [C]. 北京：科学出版社，1980：210.

[115] 沈琪，等. 稀土催化合成橡胶文集 [C]. 北京：科学出版社，980：238.

［116］Lars Friebe, et al. Adv Polym Sci, 2006, 204.

［117］廖玉珍, 等. 稀土催化合成橡胶文集［C］. 北京: 科学出版社, 1980: 25.

［118］姜连升, 等. 稀土催化体系及丁二烯聚合工艺［P］. CN1347923, 2001.

［119］Davld J Wilson, Derek K Jenkins. Butadiene Polymerisation Using Ternary Neodymium – based Catalyst Systems—The Effect of Catalyst Componenr Addition Order［J］. Polymer Bulletin, 1992, 27: 407.

［120］Enichem Elastomers Ltd. Polymerization of butadiene［P］. U. S. P 5. 017. 539, 1991.

［121］Quirk R P, Kells A M, Yumlu K, et al. Butadiene Polymerization Using Neodymium Versatate – Based Catalysts: Catalyst Optimization and Effects of Water and Excess Versatic Acid［J］. Polymer, 2000, 41: 5903.

［122］长春应化所稀土橡胶组. 稀土催化顺丁橡胶的研究［Z］. 技术资料之三, 2000.

［123］Oehme A, Gebauer U, Gehrke K, et al. Kaut. Gummi Kunst. , 1997, 50 (2): 82 ~ 87.

［124］任守经, 姜连升, 高秀峰. 丁二烯中某些杂质对 $Ln(naph)_3 – i – Bu_3Al – i_Bu_2AlCl$ 催化体系聚合的影响［J］. 高分子通讯, 1981 (2): 134.

［125］任守经, 姜连升, 高秀峰. 稀土催化合成橡胶文集［C］. 北京: 科学出版社, 1980: 55.

［126］姜连升, 张学全. 茂金属催化体系及非茂金属催化剂引发丁二烯［J］. 合成橡胶工业, 2001, 24 (5): 310 ~ 315.

［127］杨光, 贾刚治, 王景政, 等. 茂金属催化剂在弹性体合成中的应用［J］. 橡胶工业, 2005, 52 (9): 563 ~ 572.

［128］焦书科. 烯烃配位聚合理论与实践［M］. 北京: 化学工业出版社, 2004: 253.

［129］周秀中, 王伯全, 徐美生. 均相烯烃聚合催化剂进展［J］. 化学通报, 1996 (5): 1 ~ 4.

［130］Kaminsky W, Külper H, Brintzinger H H, et al. Polymerziter of Propene and Butene with a Chiral zirconocene and in Erlyl Aluminozane as Cocatalyst［J］. Angrew Chem Int Ed Engle, 1985, 24: 507.

［131］Du Popnt Dow. Polylefin Elastomer Engage［J］. Polytile, 1996, 33 (8): 76.

［132］谢美然, 伍青. 用茂金属催化体系合成聚丙烯弹性体研究的进展［J］. 高分子通报, 1999 (3): 44 ~ 50.

［133］Sylrest R T, Riedel J A, Pillon J R. Bessere Gummiartikel Durch Insite – EPDM Polymer［J］. Gummi Fasem Kunstoffc, 1997, 50 (6): 478.

［134］Maier R D. Fortschrittebei Metallocen – produkten［J］. Junststoffe Plast Europe, 1999, 89 (3): 120.

［135］王熙, 段晓芳, 邱波, 等. 载体茂金属催化剂的乙烯和丙烯共聚［J］. 石油化工, 2001, 31 (2): 95 ~ 98.

［136］Ricci G, Panagia A, Porri L. Polymerization of 1, 3 – dienes with Catalysts of Vanaduium［J］. Polymer, 1996, 37 (2): 363 ~ 365.

［137］Oliva L, Longo P, Grassi A, et al. Polymerization of 1, 3 – alkadiene in the Presence of Ni – and Ti – based Catalystic Systems Containing Methylaluminoxane［J］. Makromol Chem

Rapid Commum, 1990, 11：519～524.

[138] Dlive L, Longo P, Grassi A, et al. Polymerization of 1, 3 – alkadienes in the Presence of Ni – and Ti – based Catalystic Systems Containing Methylanminexane [J]. Makromol Chem Rapid Commum, 1990, 11：519～524.

[139] Ricci C, Ltalia S, Porri L. Polymerization of Conjugatad Diolkenes with Transition Metal Catalysts：Influence of Merhylauminoxane on Catalyst Activity and Stereospecificity [J]. Polymer Commun, 1991, 32 (17)：514.

[140] Lgai Shigeru, Lmaoka Koji, Kai Yoshiyki, et al. Catalysts and Manufacture of Conjugated Diene Polymers Using Them [P]. Jpn Tokai Tokkyo Koho, JP 09 286 811, 1997.

[141] Tsujimato Nobuhiro, Suzuki Michinori. Manufacture of Conjugated Diene Polymers Using Metallocene Catalysts [P]. Jpn Tokai Tokkyo Koho, JP09 316 122, 1997; JP10 139 808, 1998.

[142] Kai Shigeru, Kai Yoshiyuki, Murakam Masato, et al. Vanadium metallocene compeounds for polymerzation of conjugated dienes [P]. Jpn tokai Tokkyo Koho JP10 298 230, 1998.

[143] Tsujimoto Nobuhiro, Suzuki Michinorl, Iwamoto Yasumasa, et al. Polymerization Catalyst, Process for the Preparation of Conjugated Diene Polymer in the Presen Thereof Polybutadiene thus Prepared [P]. Ep 0919574 Al, 1999. JP 11 – 322 850, 1990.

[144] Endo K, Uchida Y, Matsuda Y. Polymerizations of Butadiene with Ni(acac)(2) – methyla – Luminoxane Catalysts [J]. Macromol Chem Phys, 1996, 197：3515.

[145] 园藤纪代司. 移金属化合物メチルアルミノキサソ触媒によるブタジエソおよびイソプレソの重合 [J]. 日本ゴム协会志, 1997, 70 (2)：69～75.

[146] 于广谦，陈文启，王玉玲. 在新型环戊二烯基二氯化稀土催化体系中双烯烃定向聚合 [J]. 科学通报, 1983, 7：408～411.

[147] 陈文启，肖淑秀，王玉玲，等. 茚基稀土二氯化物的合成及对丁二烯聚合的催化活性 [J]. 科学通报, 1983, 22：1370.

[148] Cui L Q, Ba X W, Teng H X, et al. Preliminary Investigations on Polymerization Catalysts Composed of Lanthanocene and Methylaluminoxane [J]. Polym Bull, 1998, 40：729.

[149] Thiele S K H, Wilson D R J. Alternate Transition Metal Complex Based Diene Polymerization [J]. J Macromol Sci Polym Rev, 2003, 43：581.

[150] Taube R, Maiwald S, Sieler J, et al. Vereinfachte Synthese des Nd $(\pi - C_3H_5)_3 \cdot C_4H_8O_2$ nach der Grignard – Methode und Darstellung der neuen Allylneodym (Ⅲ) – Komplexe $[Nd(\pi - C_5Me_5)\ (\pi - C_3H_5)_2 \cdot C_4H_8O_2]$ und $[Nd(\pi - C_3H_5)Cl(THF)_5]B(C_6H_5)_4 \cdot$ THF als Präkatalysatoren für die stereospezifische Butadienpolymerisation [J]. J. Organomet Chem. , 2001, 621：327～336.

[151] Barbotin F, Monteil V, Llauro M F, et al. First Synthesis of Poly(ethene – co – 1, 3 – butadiene) with Neodymocene Catalysts [J]. Macromolecules 2000, 33：8521.

[152] Boisson C, Monteil V, Ribour D, et al. Lanthanidocene Catalysts for the Homo – and Copolymerization of Ethylene with Butadiene [J], Macromol Chem phys, 2003, 204：1747.

[153] Monteil V, Spitz R, Barbotin F, et al. Evidence of Intramolecular Cyclization in Copolymeri-

zation of Ethylene with 1, 3 – butadiene: Thermal Properties of the Resulting Copolymers [J]. Macromol Chem Phys, 2004, 205: 737.

[154] Thuilliez J, Monteil V, Spitz R, et al. Alternating Copolymerization of Ethylene and Butadiene with a Neodymocene Catalyst [J]. Angew Chem, 2005, 117: 2649.

[155] Boisson V, Monteil J, Thuillez, et al. Advances and Limits in Copolymerization of Olefins with Conjugated Dienes [J]. Angew Chem Int Ed, 2005, 44: 2593C. , Macromol Symp, 2005, 226: 17 ~ 23.

[156] Jeske G, Lauke H, Mauermann H, et al. Highly Reactive Organolanthanides. Systematic Routes to and Olefin Chemistry of Early and Late Bis(pentamethylcyclopentadienyl) 4f hydrocarbyl and hydride complexes [J]. J Am Chem Soc, 1985, 107: 8091.

[157] Yasuda H, Yamamoto H, Yokota K, et al. Synthesis of Monodispersed High Molecular Weight Polymers and Isolation of an Organolanthanide (III) Intermediate Coordinated by a Penultimate Poly (MMA) Unit [J]. J Am Chem Soc, 1992, 114: 4908.

[158] Evans W J, Ulibarri T A, Ziller J W. Reactivity of (C_5Me_5)$_2$Sm and Related Species with Alkenes: Synthesis and Structural Characterization of a Series of Organosamarium Allyl Complexes [J]. J Am Chem Soc, 1990, 112: 2314.

[159] Kaita S, Hou Z, Wakatsuki Y. Stereo specific Polymerization of 1, 3 – butadiene with Samaraceue – based Catalysts [J]. Macromolecules, 1999, 32: 9078 ~ 9079.

[160] Miyazawa A, Kase T, Soga K. Cis – specific Living Polymerization of 1, 3 – butadiene Catalyzed by Alkyl and Alkylsilyl Substituted Cyclopentadienyltitanium Trichlorides with MAO [J]. Macromolecules, 2000, 33: 2796.

[161] Nath D C D, Shiono T, Ikeda T. Effects of Halogen Ligands on 1, 3 – butadiene Polymerization with Cobalt Dihalides and Methylaluminoxane [J]. Macromol Chem Phys, 2002, 203: 1171.

[162] Maiwald S, Sommer C, Miller G, et al. On the 1,4 – cis – polymerization of Butadiene with the Highly Active Catalyst Systems Nd (C_3H_5)$_2$Cl · 1.5 THF/Hexaisobutylaluminoxane (HIBAO), Nd(C_3H_5)Cl$_2$ · 2 THF/HIBAO and Nd(C_3H_5)Cl$_2$ · 2 THF/Methyl – aluminoxane (MAO) – degree of Polymerization, Polydispersity, Kinetics and Catalyst Formation [J]. Macromol Chem Phys, 2001, 202: 1446.

[163] Kaita S, Takeguchi Y, Hou Z, et al. Pronounced Enhancement Brought in by Substituents on the Cyclopentadienyl Ligand: Catalyst System (C_5Me_4R)$_2$Sm(THF)$_x$/MMAO(R = Et, iPr, nBu, TMS; MMAO = Modified Methylaluminoxane) for 1,4 – cis Stereospecific Polymerization of 1, 3 – butadiene in Cyclohexane Solvent [J]. Macromolecules, 2003, 36: 7923.

[164] Kaita Shojiro (Saitama J P), Hou Zhaomin (Saitama J P), Wakatsuki Yasuo (Saitama JP). Catalyst composition [P]. U S 2005/0170951Al; Kaita Shojiro (Saitama JP), Hou Zhaomin (Saitama JP), Wakatsuki Yasuo (Saitama JP), Doi Yoshiharu (Saitama JP). Catalyst composition [P]. U S 2006/0058179Al.

[165] Evans W J, Chamberlain L R, Ulibarri T A, et al. Reactivity of Trimethylaluminum with (C_5Me_5)$_2$Sm(THF)$_2$: Synthesis, Structure, and Reactivity of the Samarium Methyl Comple-

xes（C_5Me_5）$_2$Sm［（μ - Me）AlMe$_2$（μ - Me）］$_2$Sm（C_5Me_5）$_2$ and（C_5Me_5）$_2$SmMe（THF）［J］. J Am Chem Soc, 1988, 110: 6423.

[166] Kaita S, Hou Z, Wakarsuki Y. Random - and Block - copolymerization of 1, 3 - butadiene with Styrene Based on the Stereospecific Living System:（C_5Me_5）$_2$Sm（μ - Me）$_2$AlMe$_2$/Al（i - Bu）$_3$/［Ph$_3$C］［B（C_6F_5）$_4$］［J］. Macromolecules, 2001, 34: 1539.

[167] Kaita Shojiro（Saitama JP）, Hou Zhaomin（Saitama JP）, Wakatsuki Yasuo（Saitama JP）. Catalyst composition［P］. US 6596828B1, 2003.

[168] Kaita S, Yamanaka M, Horiuchi A C, et al. Butadiene Polymerization Catalyzed by Lanthanide Metallocene - alkylaluminum Complexes with Cocatalysts: Metal - dependent Control of 1,4 - cis/trans Stereoselectivity and Molecular Weight［J］. Macromolecules, 2006, 39: 1359 ~ 1763.

[169] Kaita S, Hou Z, Nishiura N, et al. Ultimately Specific 1,4 - cis Polymerization of 1, 3 - butadiene with a Novel Gadolinium Catalyst［J］. Macromol Rapid Commun, 2003, 24: 179 ~ 184.

[170] Kaita Shojiro（Wako JP）, Hou Zhaomin（Wako JP）, Wakatsuki Yasuo（Wako JP）, et al. Polymerization catalyst［P］. US 7148299B2, 2006.

[171] Kaita Shojiro（Saitama JP）, Hou Zhaomin（Saitama JP）, Wakatsuki Yasuo（Saitama JP）. Catalyst for polymerization［P］. US 2002/0119889Al.

[172] Lido Porri, Giarrusso A, Ricci G, et al. Recent Adrances in the Field of Diolefin Polymerization with Transition Metal Catalysts［J］. Makromol Chem Makromol Symp, 1993, 66: 231 ~ 244.

[173] David J Wilson. Polymerization of 1, 3 - butadiene Using Aluminoxane - based Nd - carboxylate Catalysts［J］. Polymer International, 1996, 36: 235 ~ 242.

[174] Sone Takuo, Nonaka Katsytoshi, Hattori Iwakazu, et al. Method of Producing Conjugated Diene Polymers［P］. Eur pot Appl. Ep0863165A, 2008.

3 稀土、镍催化体系的聚合动力学与聚合机理

3.1 相关基础知识概述

3.1.1 化学反应动力学与热力学[1]

由已知的化学物质合成一个新的化学物质，即要开发一个新的化学过程，不仅要从化学反应热力学的研究确认它的化学反应的可能性，还必须从化学反应动力学方面研究其反应速度和反应机理，两者缺一不可。从研究程序来说，化学反应热力学的研究是第一位的，热力学确认是不可能的反应，显然是没有必要进行动力学的研究。只有经热力学研究判定是可能的过程才有进行动力学研究的必要性。化学反应热力学和动力学是综合研究化学反应规律的两个重要组成部分和手段。两者的研究侧重面既有显著的区别又互有联系。

化学反应热力学是从静态的角度出发研究过程的始态和终态，利用状态函数探讨化学从始态到终态的可能性，即变化过程的方向和限度，而不涉及变化过程所经历的途径和中间步骤。化学动力学的研究则涉及（或包括）进行化学反应的条件（温度、压力、浓度及介质等）对化学反应过程速度的影响、化学反应机理以及物质的结构与化学反应能力之间的关系。化学动力学最终要解答化学的内因（反应物质的结构和状态等）与外因（催化剂、辐射及反应器等）的存在与对化学反应的速度及过程是如何影响的，并建立总包（或非基元）反应和基元反应的定量速度式，以及揭示化学反应过程的微观与宏观机理等。

化学反应是变革分子的过程。从反应物分子到生成物分子，原子本身并没有变化，但原子间的结合方式（或称结合力）一定会变化。在分子内部、原子之间存在着一种稳定的结合力，这种力已形象化为一个连结原子间的键，称为化学键。这个化学键既代表分子中原子间的结合力，又代表一种能量。原子间结合得越紧、化学键越强，键能（见表3-1）越大，而相应的分子能量越低。

表3-1 单键与重键（双键与三键）键能数据表

单原子	H	C	N	O	P	S	F	Cl	Br	I
H	436									
C	415	331								
N	389	293	159							

单原子	H	C	N	O	P	S	F	Cl	Br	I
O	465	343	201	138						
P	318	264	300	352	214					
S	364	289	247	—	230	264				
F	565	486	272	184	490	340	155			
Cl	431	327	201	205	318	272	252	243		
Br	268	276	243	—	272	214	239	218	193	
I	297	239	201	201	214	—	—	209	180	151
双原子	CC	NN	OO	CO	CN	SS	SO	SC		
双键	$>C=C<$ 620	$-N=N-$ 419	$O=O$ 498	$>C=O$ 708	$>C=N-$ 615	$S=S$ 423	$S=O$ 420	$S=C=$ 578		
三键	$-C\equiv C-$ 812	$N\equiv N$ 945			$-C\equiv N$ 879					

在石油化学和高分子化学工业中，从物料到产品大多是由碳、氢、氧、氮、氯等少数几种原子组成的共价分子，而它们之间的转化过程就是改组这几种原子之间共价键的过程，因此，要掌握这类具有直接性的特征的化学反应动力学，应把反应速度和反应机理同这些键的改组及伴随着能量变化密切联系起来。在化学动力学中突出键的概念，可为分析分子内部的运动提供合适的模型。

当同原子键 A—A 和 B—B 改组成两个异原子键 A—B 时，键能增加，即：

$$2\varepsilon_{A-B} > \varepsilon_{A-A} + \varepsilon_{B-B}$$

同原子键变为两个异原子键属于放热反应。

当双键 C＝C 改组成两个单键 C—C 时，键能增加，即：

$$2\varepsilon_{C-C} > \varepsilon_{C=C}$$

单键改组为双键，显然属于吸热反应。

3.1.2　微观动力学与宏观动力学

近代电子工业技术的兴起和发展，量子力学和统计力学理论的发展，于20世纪70年代，促使化学反应动力学进入一个新的阶段——微观反应动力学阶段。微观动力学主要研究化学反应机理和反应速度的规律性。由反应物分子（或离子、原子、自由基等）直接作用而生成新产物的反应步骤称为基元反应。基元反应是机理最简单的反应，而且其反应速度的规律性最为鲜明。反应物分子要经过若干步，即若干个基元反应才能转化为生成物分子的反应，称为总包反应或非基元反应。从反应物分子到生成物分子所要经过的那些基元反应可以代表这个反应进行的途径。而这些基元反应所代表的反应途径，在化学动力学中一般称为机理。基元反应不仅是构成反应机理的一个基本环节，而且它们的反应速度规律最为鲜明。反应速度可用单位时间内在单位体积中反应物的消耗量或产物的生成量来衡量，一般是通过反应物或生成物的摩尔浓度 C_R 或 C_P 的变化速度来表示，由于反应速度本身往往也随时间迅速变化，一般采用微商：

$$-\frac{dC_R}{dt} \quad 或 \quad \frac{dC_P}{dt}$$

来表示反应速度，其单位为"mol/(L·s)"。基元和非基元反应均可用同样方法表述。对任何基元反应，其反应速度总是与它的反应物浓度的乘积成正比的，基元反应的这种规律性称为质量作用定律，质量作用定律普遍适用于一切基元反应。

在微观动力学的基础上，从流动形式、传热和传质等方面来研究和提高反应器生产率的任务属于宏观动力学的范围。无论在实验室或在工厂生产的条件下进行的化学反应，均可分为间歇式（或称为固定体系式）和连续式（或称流动体系式）两大类。对于流动体系中的反应来说，反应体系的物料不断通过反应区，随着物料在反应区空间的推移反应不断进展，各组之浓度随着反应区的不同空间点坐标而逐渐变化。因此流动体系中化学反应有自身的基本特征：

（1）化学反应是在恒重压力下进行的，即在整个反应进行过程中，体系的压力始终保持不变。对于那些有物质量的变化的反应来说，使用流动体系进行生产或研究尤为适宜。

（2）在连续式反应中必须考虑反应物质在反应器与流动运动相关的流体力学问题，尤其是液相反应。

（3）反应物质的浓度随空间位置的变化而变化。

（4）在流动体系中，整个空间浓度是非均匀的，是不一致的，因而存在着浓度梯度，涉及扩散问题。

在连续反应器中，流动有两种极限模式——列流和回混，也称逆向混合（见图 3-1）。列流的特点是流体在通过一个细长的管道时，每一小段流体都是齐头并进的，流体在流动方向上，即在管道的轴向上没有混合，这样的流动也称为活塞流或管道流动。列流最简单的特征是，流体中每一部分在管道中的停留时间都是一样的，从动力学来考虑，这个特征是很可取的。在管式反应器中，流动形式基本上是列流，流体的组成和温度是沿管程或轴向递变的，转化率也是不断上升的。但在管程中的每一个点上，液体的组成和温度在时间的进程中是基本上不变的。在回混或称逆向混合的流动模式中，流体进入搅拌釜后被充分混合，釜内各个部分的组成和温度都是一样的，而离开搅拌釜的液体在组成和温度方面也与釜液一样。流体在进入搅拌釜时，就已经发生了完全混合，特别是在流动方向上发生了逆向混合，从而"破坏"了原来的列流模式。回混的特征是釜液各个部分的组成和温度完全一致，但各分子的停留时间却参差不齐，有较宽的分布。在连续操作的搅拌釜中，流动形式基本上是回混流体的组成和温度是均匀的，而且在时间的进程中也是基本不变化的，在任何形式的反应器中，流体在轴向混合的程度，也就是它的流动形式接近回混的程度。

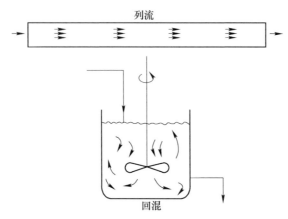

图 3 - 1　两种理想化了的流动模式

反应器从实验室规模放大到工业生产规模时，传热、传质和流动形式问题一般会变得越来越重要，从而宏观动力学的意义也就越来越突出。但在本章中仅从微观动力学方面讨论聚合动力学和反应机理。

3.1.3　聚合反应特征及聚合动力学[2]

化学热力学解决某一化学反应能否进行的问题，化学动力学则解决这个化学反应以什么速度和怎样的机理进行的问题。聚合动力学是解决具有聚合能力的单体在合成高分子量聚合物中的反应速度和反应机理问题。

3.1.3.1　聚合反应与低分子反应的不同特点

（1）聚合反应的原料是小分子单体，生成物的结构、分子量、分子量分布等随着反应条件的变化，而有显著的不同。

（2）聚合物的分子量、分子量分布及其平均聚合度是支配聚合物性能的重要因素。聚合度、聚合收率及分子量等是聚合反应速度的特征值。

（3）添加到聚合系统的催化剂（或引发剂）与单体反应而成为聚合增长的活性中心，一般情况下它与聚合物链末端化合而不能再生。因此触媒浓度及活性增长链浓度是时刻在变化的，催化剂（或引发剂）是消耗的。

（4）聚合收率，聚合度及分子量分布等特征值，随组成聚合反应的各基元（单元）反应速度常数的大小而变，因而从对这些特征值的分析可决定各基元反应的速度常数。

（5）在生产聚合物过程中，随着聚合物的生成，聚合系统的状态、转化率、聚合度等，在聚合后期与聚合初期有着显著的不同。

3.1.3.2　聚合反应动力学

聚合反应动力学是由低分子反应动力学衍生出来的，但聚合反应较低分子化学反应复杂得多。聚合反应是由引发、增长、转移、终止等 4 个基元反应所组成的复合反应，聚合速度及生成物的数均聚合度等特征值又随 4 个基元反应相对大小而有显著的不同。从 4 个基元反应的不同，聚合反应又有多种不同体系：

（1）单体与催化剂混合，引发立即完结的反应极快的聚合体系，这种以增长和终止反应为主的聚合体系，也称为迅速引发体系。

（2）在聚合中引发反应不断发生的聚合体系，也称为缓慢引发体系。

（3）仅有链增长和链转移反应而几乎无终止反应的聚合体系。

（4）仅有链增长反应，而几乎无链转移和链终止反应的活性聚合体系。

根据聚合活性增长链的数目与聚合时间有否关系而又有稳态聚合体系和非稳态体系；从聚合度与时间的关系又有逐次聚合和链端聚合体系。聚合收率及聚合度随时间的变化曲线有上凸形、凹形、直线形或 S 形等多种。

由于聚合反应的复杂性和多样性，因此，由动力学数据推断的反应机理是基于人为的假定基础之上的，如假定增长反应速度常数与链增长无关。引发机理、链转移机理、链终止机理等，均是在假定的基础上来推论的，以便和实验数据相符。

3.2　聚合反应动力学的理论基础

3.2.1　聚合反应动力学基本定理[3,4]

聚合动力学是解决具有聚合能力的单体合成高分子的反应速度问题。由于聚合动力学是从低分子反应动力学衍生出来的，同样遵守质量作用定律。即一个简单（基元）反应的反应速度与反应物的浓度成正比，浓度的指数等于化学计量方程式中各反应物的化学计量系数。在密闭系统的情况下反应速度（R）同样可用单位时间内单体浓度 $[M]$ 的减少或生成物量（m）的增加来表示，由于反应速度本身往往也随时间迅速变化，所以一般采用微商：

$$R = -\frac{d[M]}{dt} = \frac{dm}{dt} \qquad (3-1)$$

来表示反应速度。

在密闭系统中，常常应用"转化率"（x）这个概念，其定义为：

$$x = \frac{[M]_0 - [M]}{[M]_0} \qquad (3-2)$$

式中，$[M]_0$ 为单体起始浓度，许多研究者用聚合一定时间（如 1h）后的 x 值来比较催化剂的活性。然而使用这样的积分速度形式则不一定恰当。仅当 x 值小于 0.1 时，使用 x 才有意义，因为低转化率（$x \ll 1$）时，n 级速度方程可近似表示为：

$$-\frac{\mathrm{d}[M]}{\mathrm{d}t} = K[M]^n$$

$$\frac{\mathrm{d}x}{\mathrm{d}t} = \mathrm{d}\left(1 - \frac{[M]}{[M]_0}\right)/\mathrm{d}t \approx \frac{K}{[M]_0^{1-n}}(1-x)^n \approx \frac{K}{[M]^{1-n}} \qquad (3-3)$$

式中，K 为速度常数，也可称为表观速度常数。

在此情况下，给定时间内的转化率 x 值，可视为速度常数或活性的量度。当 x 值较高时，使用这种积分速度形式则不一定恰当。最好使用微分速度或速度常数来表示。尤其是对于有诱导期或反应期间会发生失活反应的情况下，催化剂活性不能用积分速度进行比较。在 Ziegler – Natta 催化剂进行聚合的情况下，必须采用微分速度。

聚合反应速度不仅与反应物浓度有关，同样也受温度的影响，温度升高反应速度增加。Arrhenius 建立了阿累尼乌斯定理，揭示了反应速度常数对温度的依赖关系，即在恒定浓度下，基元反应的速度与反应体系所处温度之间的关系，可用如下 3 种不同的数学形式表示：

微分式 $$\frac{\mathrm{d}\ln K}{\mathrm{d}T} = \frac{E_a}{RT} \qquad (3-4)$$

积分式的指数式 $$K = Ze^{-E_a/(RT)} \qquad (3-5)$$

积分式的对数式 $$\ln K = \ln Z - \frac{E_a}{RT} \qquad (3-6)$$

式中，K 为反应速度常数；Z 为指数前因子（或称频率因子），Z 与 K 单位相同；E_a 为反应活化能，单位为 J/mol；R 为理想气体常数，其值为 8.3086J/(℃·mol)；T 为反应温度。这三个公式称为反应速度的指数定律公式，也称为阿累尼乌斯（Arrhenius）公式。利用式（3－6），用 $\ln K$ 对 $1/T$ 作图，可得一直线，由直线的截距和斜率可求出 Z 和 E_a。

当研究复杂反应的反应机理时，可根据 Ostwood 学派提出的任一反应的速度与其他反应的存在与否无关的"独立作用定理"，由已知的各个基元反应的速度来推求非基元（总包）反应速度。"独立作用定理"描述的是一基元反应的速度在其他基元反应共存时如何相互影响的规律，其内容可概述为"一基元反应的反应速度常数和所服从的基本动力学规律，不因其他基元反应的存在与否而有所不同"。某一组元的反应速度应该等于组元所涉及的各个基元反应按质量作用定理表示的反应速度对其他化学计量系数的代数和，由此可由诸基元反应速度得到它们所组成的复杂反应中各组元的反应速度。

当有多个基元反应共存时，对指定基元反应物的浓度会产生影响，从而影响反应速度，但不会改变反应速度常数。反应速度常数取决于反应本性及反应温度。当加入大量溶剂时，溶剂化效应有可能影响反应速度常数。"独立作用定理"对于任意指定温度都可适用。

3.2.2 聚合反应过程模型[2]

聚合反应与低分子反应又有许多不同的特征，诸如，单体经聚合反应生成的产物分子量随反应条件不同而有显著的变化；聚合反应过程中，体系中的催化剂浓度和活性增长链浓度都随时间在变化，催化剂在反应中被消耗；聚合收率、聚合度和分子量分布是聚合反应速度理论的特性值，这些特性值又随着组成聚合反应的各个单元反应速度常数的不同而变化。

聚合反应较低分子化学反应复杂得多，一般认为聚合反应过程由下列四类基本单元反应组成：

（1）引发反应

$$I \xrightarrow{K_i} R^*$$

$$R^* + M \longrightarrow C^*$$

式中，I 为催化剂；R^* 为催化剂生成的活性种；M 为单体分子；C^* 为由活性种与一个单体分子形成的引发种；K_i 为引发反应速度常数。

（2）链增长反应

$$C^* + M \xrightarrow{K_p} C^* M_1$$

$$C^* M_{n-1} + M \xrightarrow{K_p} C^* M_n$$

式中，$C^* M_1$、$C^* M_n$ 为增长活性链；K_p 为链增长速度常数。

（3）活性链转移反应

$$C^* M_n + M \xrightarrow{K_{tr}} C^* M + M_n$$

$$C^* M_n + S \xrightarrow{K_{tr}} C^* S + M_n$$

$$C^* M_n + XY \xrightarrow{K_{tr}} C^* Y + M_n X$$

式中，S、XY 分别为溶剂、链转移剂；M_n、$M_n X$ 为失去活性的增长链（聚合物）；K_{tr} 为链转移速度常数。3 种链转移反应、活性种不消失，仍继续进行链增长反应。

（4）链终止反应

$$C^* M_n + Z \xrightarrow{K_{t1}} CM_n Z$$

$$C^* M_n + C^* M_m \xrightarrow{K_{t2}} CM_{n+m} C$$

$$\mathrm{C^* M}_m + \mathrm{C^* M}_n \xrightarrow{K'_{t2}} \mathrm{CM}_n + \mathrm{CM}_m$$

式中，$\mathrm{C^* M}_n$ 为加成了 n 个单体后的增长链（$\mathrm{P^*}$）；Z 为终止剂；$\mathrm{CM}_n\mathrm{Z}$、$\mathrm{CM}_{n+m}\mathrm{C}$、$\mathrm{CM}_n$、$\mathrm{CM}_m$ 为失去活性增长链（聚合产物）；K_{t1} 为单基终止常数；K_{t2} 为双基终止速度常数。这里均假定反应速度常数 K_p、K_{tr}、K_{t1}、K_{t2} 等与链长无关。

聚合反应速度实质上就是单体消耗速度，而单体消耗速度则应是各单元反应单体消耗速度之总和，在没有其他副反应的条件下，则单体消耗速度与聚合物链的生成速度相等，聚合总速度（R）可用式（3-7）表达：

$$R = -\frac{\mathrm{d}[\mathrm{M}]}{\mathrm{d}t} = \frac{\mathrm{d}[\mathrm{P}]}{\mathrm{d}t} = K_p[\mathrm{P^*}]^m[\mathrm{M}]^n \tag{3-7}$$

式中，$[\mathrm{M}]$、$[\mathrm{P}]$、$[\mathrm{P^*}]$ 分别为单体、聚合物、活性中心浓度；m 和 n 为活性增长链和单体的反应级数，是实验上能测定的数值。通常 $m=1$，$n=0\sim2$ 之间。$[\mathrm{P^*}]$ 和 $[\mathrm{M}]$ 随反应而变化。$[\mathrm{P^*}]$ 决定于引发种或活性链的引发速度和终止速度，在不同引发体系中，活性中心的浓度 $[\mathrm{P^*}]$ 有不同的表达形式：

缓慢引发体系　　　　　$$[\mathrm{P^*}] = \int_0^t R_i\mathrm{d}t - \int_0^t R_{t2}\mathrm{d}t \tag{3-8}$$

快速引发体系　　　　　$$[\mathrm{P^*}] = \alpha[\mathrm{I}]_0 - \int_0^t R_t\mathrm{d}t \tag{3-9}$$

式中，R_i 为引发速度；R_t 为终止速度；$[\mathrm{I}]$ 为引发剂浓度；α 为催化剂的有效系数。所以聚合总速度与引发反应、终止反应等基元反应速度有如下关系：

$$R = K_p\left[\int_0^t R_i\mathrm{d}t - \int_0^t R_t\mathrm{d}t_2\right]^m[\mathrm{M}]^n \tag{3-10}$$

$$R = K_p\left[\alpha[\mathrm{I}]_0 - \int_0^t R_t\mathrm{d}t\right]^m[\mathrm{M}]^n \tag{3-11}$$

聚合产物实质上是具有不同分子量的同系物的混合物，所测得的分子量是平均分子量，聚合物的分子量大小取决于引发、增长、链转移和终止等基元反应速度的大小。所以从聚合物的分子量（或聚合度）可了解基元反应。聚合物的数均分子量可利用渗透压法测得，数均聚合度（$\overline{P}_n$）为：

$$\overline{P}_n = \frac{\sum\limits_{p=1}^{\infty} PN_p}{\sum\limits_{p=1}^{\infty} N_p} \tag{3-12}$$

式中，P 为聚合度；N_p 为聚合度 P 的聚合物分子数，有：

$$\sum_{p=1}^{\infty} PN_p = \int_0^t R_p\mathrm{d}t = M_p$$

$$\sum_{p=1}^{\infty} N_p = \int_0^t R_i\mathrm{d}t + \int_0^t R_{tr}\mathrm{d}t - \int_0^t R_t\mathrm{d}t$$

$\sum\limits_{p=1}^{\infty} PN_p$ 代表在 $0 \sim t$ 时间内单体消耗的数目，即是已经聚合的单体的物质的量。

$\sum\limits_{p=1}^{\infty} N_p$ 是 $0 \sim t$ 时间内引发反应产生的分子数目，加上链转移新形成的分子数目，减去终止消失的分子数目，由上可知，数均聚合度 $\overline{P_n}$ 与总反应速度及基元反应速度有如下的关系式：

$$\overline{P_n} = \frac{\int_0^t R\mathrm{d}t}{\int_0^t R_i\mathrm{d}t + \int_0^t R_{tr}\mathrm{d}t - \int_0^t R_{t2}\mathrm{d}t} \tag{3-13}$$

式中，R_{tr} 为链转移反应速度；R_{t2} 为链终止反应速度（两个活性链生成一个聚合物链）。

根据动力学研究测得的数据，可以确定速度定律、反应活化能、活性中心数目、增长聚合链的平均寿命和其他数据，这些数据对于导出反应模型或反应机理极为重要。从生产实践的观点看，动力学数据也为生产工艺过程设计、反应器设计等提供了重要的基础知识。

3.3　聚合动力学实验数据处理技术[4~6]

从一般的动力学表达式 $R = K[\mathrm{C}]^m[\mathrm{M}]^n$ 及反应速度常数与温度的关系式 $\dfrac{\mathrm{dln}K}{\mathrm{d}t} = \dfrac{E}{RT}$ 可知，聚合动力学最基本的研究内容是测定反应速度常数 K，反应级数 m、n 和反应活化能 E 等，由此建立动力学方程式，并可定量地表示各反应物的浓度及温度等对反应速度的影响。这对变温反应的反应器设计与选择适宜的工艺条件具有重要意义。

3.3.1　反应速度常数 K 与反应级数 m、n 的求解

反应速度常数和反应级数是从反应速度与每种反应物质浓度关系的实验数据，经相应的数据处理方法求得。常用的方法有尝试法、作图法、半衰期法、微分法、积分法、参考图线法以及改变物质数量比例的方法等多种数据处理方法，其中最为精确可靠而广泛应用的方法是微分法，此处主要介绍微分法和半衰期法。

3.3.1.1　微分法

微分法基于反应速度可由下式来表示：

$$-\frac{\mathrm{d}[\mathrm{M}]}{\mathrm{d}t} = K[\mathrm{M}]^n \tag{3-14}$$

根据聚合实验数据可作 $[\mathrm{M}]-t$ 曲线，在浓度为 $[\mathrm{M}]_1$ 时曲线上 $[\mathrm{M}]_1$、t_1 点的

切线斜率为 $-\dfrac{\mathrm{d}[M]_1}{\mathrm{d}t}$，即表示反应速度，它和浓度的关系是 $-\dfrac{\mathrm{d}[M]_1}{\mathrm{d}t} = K[M]_1^n$。

同理，浓度为 $[M]_2$ 时有 $-\dfrac{\mathrm{d}[M]_2}{\mathrm{d}t} = K[M]_2^n$，见图 3-2。

对两点速度式取对数：

$$\lg\left(-\frac{\mathrm{d}[M]_1}{\mathrm{d}t}\right) = \lg K + n\lg[M]_1$$

$$\lg\left(-\frac{\mathrm{d}[M]_2}{\mathrm{d}t}\right) = \lg K + n\lg[M]_2$$

两式相减，整理后可得反应级数（n）计算公式：

$$n = \frac{\lg\left(-\dfrac{\mathrm{d}[M]_1}{\mathrm{d}t}\right) - \lg\left(-\dfrac{\mathrm{d}[M]_2}{\mathrm{d}t}\right)}{\lg[M]_1 - \lg[M]_2} \tag{3-15}$$

也可用单体的起始浓度为 $[M]_{01}$、$[M]_{02}$ 不同浓度的两次实验数据得到的两条平行曲线（见图 3-3），分别在每条曲线上求得 $-\dfrac{\mathrm{d}[M]_1}{\mathrm{d}t}$ 和 $-\dfrac{\mathrm{d}[M]_2}{\mathrm{d}t}$，同样可以求得级数（$n$）值，这样计算的结果，可以避免由于产物可能引起的副反应的影响，使所求得的级数（n）比较可靠。

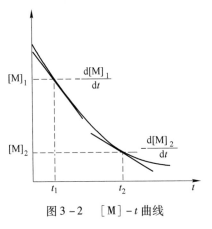

图 3-2　$[M]-t$ 曲线

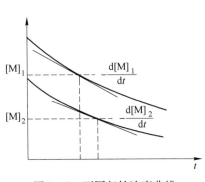

图 3-3　不同起始浓度曲线

若将反应速度式（3-14）取对数得：

$$\lg\left(-\frac{\mathrm{d}[M]}{\mathrm{d}t}\right) = \lg K + n\lg[M] \tag{3-16}$$

将 $\lg\left(-\dfrac{\mathrm{d}[M]}{\mathrm{d}t}\right)$ 对 $\lg[M]$ 作图，可得一直线（见图 3-4），直线斜率即为反应级数 n。斜率可用 $\tan\alpha$ 求出：若 $\tan\alpha = 1$，$\alpha = 45°$，即为一级反应；若 $\tan\alpha = 2$，$\alpha = 63°25'$，即为二级反应；若 $\tan\alpha = 3$，$\alpha = 71°25'$，即为三级反应。

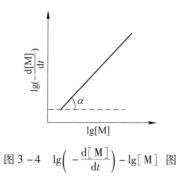

图 3 - 4　$lg\left(-\dfrac{d[M]}{dt} \right) - lg[M]$ 图

　　从图中直线的截距（lgK）可求出常数 K。若得不到直线，则表明该反应为复杂反应。

　　由微分法所得的反应级数（n）可以是整数，也可以是分数，所以应用广泛，且较为精确可靠。但欲得到精确可靠的结果，除实验原始数据必须正确无误外，如何正确求得导数$\left(lg\left(-\dfrac{d[M]}{dt} \right) \right)$，也即反应速度的数据，也是一个关键问题。下面介绍求曲线斜率（即导数）的两种常用方法。

　　A　镜面法

　　这是一种求曲线斜率的简便方法。在需要求出斜率的已知曲线的某点上，放一个与图线垂直的平面镜和曲线相交，在镜中可以看到曲线的映象。若镜面恰好与该点的法线重合，则曲线与镜面映象应该平滑连续，看不到曲折。此时，沿镜面作曲线的法线，再作该法线的垂直线，就是此点的切线，从切线即可求出斜率，见图 3 - 5。或者直接从法线的斜率用下式算出切线的斜率：

$$切线的斜率 = \frac{1}{法线的斜率}\left(\frac{L_y}{L_x} \right)^2 \qquad (3-17)$$

式中，L_x、L_y 分别为横坐标和纵坐标的比例尺度。

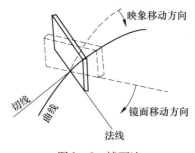

图 3 - 5　镜面法

　　B　三点微分法

　　这是数学上一种求导数的方法，在以等间距相隔 h 的相邻三点的导数值可用下式由纵坐标值表示：

$$\left(-\frac{dy}{dx}\right)_0 = \frac{-3y_0 + 4y_1 - y_2}{2h} \tag{3-18}$$

$$\left(-\frac{dy}{dx}\right)_1 = \frac{-y_0 + y_2}{2h} \tag{3-19}$$

$$\left(-\frac{dy}{dx}\right)_2 = \frac{y_0 - 4y_1 + 3y_2}{2h} \tag{3-20}$$

如果需要可以给许多三点等间距给予连续计算。类似的方法还有五点微分法、七点微分法等，其原理雷同，此处从略。

C　微分法应用实例

于326℃在高压釜中制备丁二烯二聚物：

$$2C_4H_6 \longrightarrow C_8H_{12}$$

实验测得反应在326℃和恒容时的压强 $p_总$，并把测得的实验数据加以整理，即得表3-2中左侧第二列。设系统为理想气体混合物，故可用丁二烯分压表示丁二烯二聚反应速度，即：

$$R = \frac{dp_{C_4H_6}}{dt} = kp_{C_4H_6}^n \tag{3-21}$$

式中，$p_{C_4H_6}$ 为丁二烯分压，根据化学反应式：

$$2C_4H_6 \longrightarrow C_8H_{12}$$

$$t = 0 \qquad m_0 \qquad\qquad 0$$

$$t = t \qquad m \qquad\qquad \frac{m_0 - m}{2}$$

表3-2　丁二烯二聚时实验数据

T/min	$p/mmHg$	$p_{C_4H_6} = 2p - p_0$	$\dfrac{dp_{C_4H_6}}{dt}$	$\dfrac{1000}{p_{C_4H_6}}$
0	632(p_0)	632	8.8	1.58
5	611	590	8.0	1.695
10	592	552	7.2	1.81
15	573.5	515	6.3	1.94
20	558.5	485	5.7	2.05
30	533.5	435	4.5	2.30
40	514	396	3.3	2.525
50	497	362	3.0	2.76
60	484	336	2.2	2.98
70	473	314	2.2	3.18
80	463	294	2.0	3.40
90	453	274	—	3.65

注：1mmHg = 133.322Pa。

反应开始时，丁二烯的物质的量为 m_0，时间为 t 时变为 m，则系统中总的物质的量为：

$$\sum m = m + \frac{m_0 - m}{2} = \frac{m_0 + m}{2}$$

按分压定律可得：

$t = 0$ 时，$p_0 = m_0 \dfrac{RT}{v} = 632$

$t = t$ 时，$p_{总} = \left(\dfrac{m_0 + m}{2}\right)\dfrac{RT}{v}$ 或 $2p_{总} = p_0 + m \dfrac{RT}{v}$

因为：

$$p_{C_4H_6} = m \frac{RT}{v}$$

所以：

$$p_{C_4H_6} = 2p_{总} - p_0 \tag{3-22}$$

将不同时间测试的 $p_{总}$ 值代入式（3-22），即可求得各时间点的丁二烯分压 $p_{C_4H_6}$ 值，见表3-2第三列。

绘制分压与时间（$p_{C_4H_6}-t$）图，得一曲线（见图3-6），则可用镜面法或三点微分法求得各点的斜率，也即反应速度。

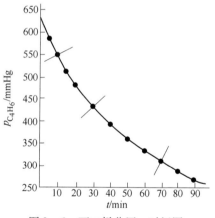

图3-6 丁二烯分压-时间图
（1mmHg = 133.322Pa）

（1）镜面法：取 $t = 10\text{min}$、30min、70min 各点，用镜面法求得斜率为 7.2、4.4、2.2，代入反应级数（n）计算式（3-15），可得：

$$n = \frac{\lg\left(-\dfrac{d[M]}{dt}\right)_{10} - \lg\left(-\dfrac{d[M]}{dt}\right)_{30}}{\lg p_{10} - \lg p_{30}} = \frac{\lg 7.2 - \lg 4.4}{\lg 552 - \lg 435} = 2.2$$

$$n = \frac{\lg\left(-\dfrac{d[M]}{dt}\right)_{30} - \lg\left(-\dfrac{d[M]}{dt}\right)_{70}}{\lg p_{30} - \lg p_{70}} = \frac{\lg 4.4 - \lg 2.2}{\lg 435 - \lg 314} = 2.1$$

由此得丁二烯二聚反应为二级。

（2）三点微分法：计算第一组的三点，由于相隔等间距为 5min，取 $h = \Delta t = 5$，则前三点的导数可由式（3-18）~式（3-20）分别求得：

$$\left(\frac{dp}{dt}\right)_0 = 0.1\left[-3(632) + 4(590) - 552\right] = -8.8$$

$$\left(\frac{dp}{dt}\right)_5 = 0.1(-632 + 552) = -8$$

$$\left(\frac{dp}{dt}\right)_{10} = 0.1\left[632 - 4(540) + 3(552)\right] = -7.2$$

按同样的方法，求出其他各点的 $\frac{dp}{dt}$，列于表 3-2 右第二列。将其导数值代入反应级数（n）计算式（3-15），求得 $n = 2$。

（3）作图法：根据对数式（3-16），将表 3-2 中的 $\frac{dp}{dt}$ 和 p 的数据取对数 $\left(\lg\left(-\frac{dp}{dt}\right) - \lg p\right)$ 作图得一直线（见图 3-7），由式（3-16）可知直线斜率即为反应级数 n，截距为 $\lg K$，可求得反应速度常数 K 为 $2.28 \times 10^{-5}\text{min}^{-1}$。

从上述对实验数据处理初步得到丁二烯二聚反应的动力学方程（3-21）为：

$$R = 2.28 \times 10^{-5} p_{\text{C}_4\text{H}_6}^2$$

此方程式可由 $\frac{1}{p}$ 对 t 作图（1000/p 标绘）得直线，证实为二级反应，直线斜率为反应速度常数 $K(2.28 \times 10^{-5})$。

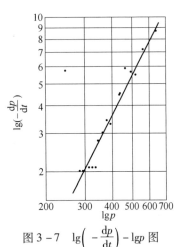

图 3-7　$\lg\left(-\frac{dp}{dt}\right) - \lg p$ 图

3.3.1.2 半衰期法

假如各反应物的起始浓度都相同，半衰期 τ 和反应物的起始浓度 C_0 有以下的关系式：

零级反应	$\tau = \dfrac{C_0}{2K}$
一级反应	$\tau = \dfrac{0.693}{K}$
二级反应	$\tau = \dfrac{1}{KC_0}$
三级反应	$\tau = \dfrac{3}{2} \times \dfrac{1}{KC_0^2}$
⋮	⋮

n 级反应
$$\tau = \frac{2^{n-1} - 1}{(n-1)KC_0^{n-1}}$$

对 n 级反应的关系式取对数得方程式：

$$\lg\tau = \lg\frac{2^{n-1} - 1}{K(n-1)} - (n-1)\lg C_0 \qquad (3-23)$$

以 $\lg\tau$ 对 $\lg C_0$ 作图，应为一直线，其斜率为 $\tan\alpha = 1 - n$，因此反应级数 $n = 1 - \tan\alpha$。从直线截距 $\lg\dfrac{2^{n-1} - 1}{K(n-1)}$ 可求解出反应速度常数 K。或将 n 级反应关系式改写为：

$$K = \frac{2^{n-1} - 1}{\tau(n-1)C_0^{n-1}} \qquad (3-24)$$

便可直接计算求得反应速度常数 K。

通常，为了根据这一方法计算反应级数，必须有若干个起始量的情况下的实验数据。当某一体系确定之后，它的反应级数是被确定了的。今以 C_0 表示反应物的起始浓度，并以两个不同的起始浓度 C_{01}、C_{02} 进行实验。

设 C_{01} 的半衰期为 τ_1，C_{02} 的半衰期为 τ_2，则：

$$\frac{\tau_1}{\tau_2} = \frac{\dfrac{1}{C_{01}^{n-1}}}{\dfrac{1}{C_{02}^{n-1}}} = \left(\frac{C_{02}}{C_{01}}\right)^{n-1}$$

两边取对数，经整理后得：

$$n = 1 + \frac{\lg\left(\dfrac{\tau_1}{\tau_2}\right)}{\lg\left(\dfrac{C_{02}}{C_{01}}\right)} = 1 + \frac{\lg\tau_1 - \lg\tau_2}{\lg C_{02} - \lg C_{01}} \qquad (3-25)$$

根据实验数据，作出 $C-t$ 图，由图可以求得开始浓度不同时的反应半衰期，代入式（3-25）即可得到反应级数 n。

实例 1,2 - 二氯丙醇的环化反应为：

$$CH_2{-}CH{-}CH_2{-}Cl + NaOH \longrightarrow CH_2\ CH{-}CH_2{-}Cl + NaCl + H_2O$$
$$\underset{OH}{|}\quad\underset{Cl}{|} \qquad\qquad\qquad \underset{O}{\diagdown\diagup}$$

不同的 1,2 - 二氯丙醇的起始浓度的实验数据列于表 3 - 3 中。

表 3 - 3 1,2 - 二氯丙醇的环化实验数据

C_{01}		C_{02}	
时间/min	浓度/mol·L^{-1}	时间/min	浓度/mol·L^{-1}
0	0.475	0	0.166
5.87	0.216	5.70	0.166

C_{01}		C_{02}	
时间/min	浓度/mol·L^{-1}	时间/min	浓度/mol·L^{-1}
10.87	0.144	10.57	0.091
15.79	0.102	15.77	0.072
20.86	0.078	20.55	0.061
30.75	0.048	30.71	0.046

注：NaOH、1,2 - 二氯丙醇浓度相同。

两组数据作图 3 - 8。从曲线可以查出反应至半衰期时的浓度及时间为：

$$\frac{1}{2}C_{01} = 0.2375 , \quad \tau_1 = 4.80$$

$$\frac{1}{2}C_{02} = 0.083 , \quad \tau_2 = 12.90$$

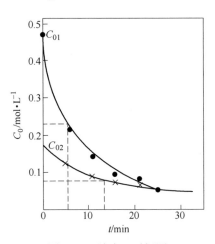

图 3 - 8 浓度 - 时间图

将数据代入式（3 - 25）中计算反应级数：

$$n = 1 + \frac{\lg 4.80 - \lg 12.90}{\lg 0.166 - \lg 0.475} = 1.93$$

初步确定该反应级数为二级。

半衰期法的优点不仅适用于 n 为整数，也可以是分数，如 1/2、3/2 等。另外，若在一般时间内不一定取反应物的一半完成了反应，而是取它的某一部分完成了反应（如 1/3、1/4 等），则对这样的时间间隔来说也可采用上述关系式，这是该法的又一优点，所以此法应用得较广泛；缺点是不简便，特别是对复杂反应。

3.3.2 反应活化能的求解

1889 年阿累尼乌斯（Arrhenius）根据实验结果提出反应速度常数与温度的

关系式：

$$\frac{\mathrm{d}\ln K}{\mathrm{d}T} = \frac{E}{RT}$$　　　　　　（3-26）

式中，E 为反应活化能。

假如 E 不随温度变化而改变，而将式（3-26）积分得：

$$\ln K = -\frac{E}{RT} + \ln A$$　　　　　　（3-27）

式中，$\ln A$ 是积分常数。式（3-27）可写成指数形式：

$$K = A\mathrm{e}^{-E/(RT)}$$　　　　　　（3-28）

这便是阿累尼乌斯方程式，式中 A 为指数前因子，常称频率因子，$\mathrm{e}^{-E/(RT)}$ 称为玻耳兹曼因子，通常根据此方程式可以测定活化能。求解活化能的具体方法有如下几种：

（1）作图法。这是最常用的方法，该方法仅要求已经实验取得不低于三个不同温度下的反应速度常数 K。以 $\ln K$ 对 $1/T$（T 为绝对温度，K）作图。从式（3-27）可知，直线斜率为 $-E/R$，截距为 $\ln A$，其中常数 $R = 8.314\mathrm{J}/(\mathrm{K \cdot mol})$。从斜率及截距便可求得活化能 E 和频率因子。

也可将式（3-27）转换为常用对数（$\ln N = 2.303\lg N$）：

$$\lg K = -\frac{E}{2.303RT} + \lg A$$　　　　　　（3-29）

以 $\lg K$ 对 $1/T$ 作图，仍可得一直线，则斜率为 $-E/(2.303R)$，同样可以求得活化能和频率因子。

（2）定积分法。对不同温度（T_1、T_2）和常数（K_1、K_2）的两个积分式（3-27）相减，并经整理后可得到计算活化能 E 的公式：

$$\ln\frac{K_2}{K_1} = \frac{E}{R}\left(\frac{1}{T_1} - \frac{1}{T_2}\right)$$　　　　　　（3-30）

或　　　　$$\lg\frac{K_2}{K_1} = \frac{E}{2.303 \times R}\left(\frac{1}{T_1} - \frac{1}{T_2}\right)$$　　　　（3-31）

将 K_1、K_2、T_1、T_2 值代入上述两式中便可求得活化能（见表3-4）。

表3-4　不同温度下反应速度常数

T/K	$K/\mathrm{L \cdot (mol \cdot min)^{-1}}$	$\frac{1}{T}$	$\lg K$
413	2.24×10^{-4}	2.421×10^{-3}	-3.65
423	3.93×10^{-4}	2.364×10^{-3}	-3.405
433	7.10×10^{-4}	2.310×10^{-3}	-3.150

（3）最小二乘法。由作图法得到的直线，用最小二乘法计算求得直线斜率和截距，则按 $E = $ 斜率 $\times R$ 或 $E = $ 斜率 $\times 2.303R$ 求得活化能。最小二乘法求直线的截距和斜率公式为：

$$\text{截距} = \frac{\sum XY \sum X - \sum Y \sum X^2}{(\sum X)^2 - n \sum X^2} \tag{3-32}$$

$$\text{斜率} = \frac{\sum X \sum Y - n \sum XY}{(\sum X)^2 - n \sum X^2} \tag{3-33}$$

式中，X、Y 为直线相对于 X 轴和 Y 轴的距离。

用最小二乘法求解活化能实例：某化学反应在不同温度的实验结果列于表 3-3 中。以 $\lg K$ 为纵坐标、$1/T$ 为横坐标作图得一直线（见图 3-9），直线方程式为：

$$\lg K = \frac{m}{T} + b \tag{3-34}$$

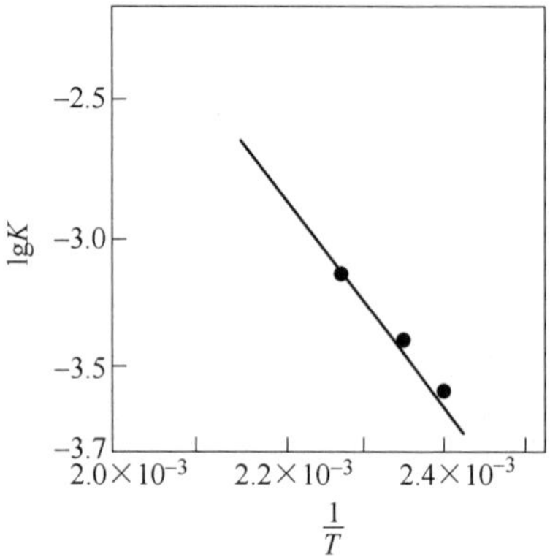

图 3-9　$\lg K - \dfrac{1}{T}$ 图

用最小二乘法求解斜率（m）和截距（b）：

$$\sum X = \sum \frac{1}{T} = 7.095 \times 10^{-3}$$

$$\sum Y = \sum \lg K = -10.205$$

$$\sum XY = \sum \left(\frac{1}{T} \times \lg K \right) = 24.138 \times 10^{-3}$$

$$(\sum X)^2 = (7.095 \times 10^{-3})^2 = 50.34 \times 10^{-6}$$

$$\sum X^2 = 16.784 \times 10^{-6}$$

代入式（3-32）与式（3-33）求解 b 和 m：

$$b = \frac{(-24.138 \times 10^{-3})(7.095 \times 10^{-3}) - (-10.205)(16.784 \times 10^{-6})}{50.34 \times 10^{-6} - 3(16.784 \times 10^{-6})} = 7.2$$

$$m = \frac{(7.095 \times 10^{-3})(-10.205) - 3(-24.138 \times 10^{-3})}{50.34 \times 10^{-6} - 3(16.784 \times 10^{-6})} = -4482$$

代入直线方程式（3-34）得：

$$\lg K = -\frac{4482}{T} + 7.20$$

与式（3-29）相比较，可求得活化能 E：

$$-\frac{E}{2.303RT} = -\frac{4482}{T}$$

$$E = 2.303 \times 4482 \times R = 2.303 \times 4482 \times 8.314 = 85.6 \text{kJ/mol}$$

而截距 $\lg A = 7.20$，其频率因子 $A = 1.58 \times 10^6$。

（4）$y = f(x)$ 积分图求面积方法[7]。假如被积分的函数 $y = f(x)$ 图形如 AB（见图 3-10），那么 $\int_a^b f(x)\mathrm{d}x$ 就等于面积 M_0ABN，该面积可以用下述的作图方法求得：

1）将 M_0N 用 $2n$ 个点分成相等的部分：$x_{1/2}$，x_1，$x_{3/2}$，x_2，…，x_{n-1}，$x_{(n-1)/2}$（分割的点越多，则精确度也越高）；

2）由分割点 $x_{1/2}$，$x_{3/2}$，…，$x_{(n-1)/2}$ 向 OY 轴作垂线，得到截线段 OA_1，OA_2，…，OA_n；

3）在 OX 轴的左边取任意长度 OP 并且将 P 与点 A_1，A_2，…，A_n 相连接；

4）经过点 M_0 作线段 M_0M_1 平行于 PA_1，并与过 x_1 平行于 OY 轴的直线相交，类似作 $M_1M_2 /\!/ PA_2$ 并与过 x_2 点的垂线相交，如此一直作到 M_n。

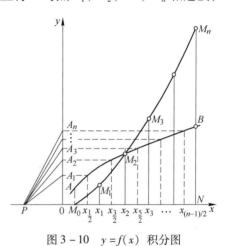

图 3-10　$y = f(x)$ 积分图

这样定积分 $\int_a^b f(x)\mathrm{d}x$ 在数值上就等于线段长度 OP 与 NM_n 的乘积。OP 的长度选择决定于图形的大小（图形如越小，OP 的长度应该越大）。如果 $OP = 1$，则定积分 $\int_a^b f(x)\mathrm{d}x = NM_n$，而折曲线 $M_0M_1M_2\cdots M_n$ 则越趋近于 $f(x)$［不定式积分 $\int_a^b f(x)\mathrm{d}x$］。

3.4　丁二烯均相催化聚合动力学研究方法

3.4.1　聚合反应总速度的测定方法

聚合反应速度（R）通常由测定聚合转化率而求得。聚合转化率（C）可由下式求得：

$$C = \frac{[\mathrm{M}]_0 - [\mathrm{M}]}{[\mathrm{M}]_0} \tag{3-35}$$

式中，$[\mathrm{M}]_0$ 为起始单体浓度；$[\mathrm{M}]$ 为时间 t 时的单体浓度。

将转化率微分：

$$\frac{\mathrm{d}C}{\mathrm{d}t} = \frac{\mathrm{d}\left(\dfrac{[\mathrm{M}]_0 - [\mathrm{M}]}{[\mathrm{M}]_0}\right)}{\mathrm{d}t} = \frac{1}{[\mathrm{M}]_0}\left(-\frac{\mathrm{d}[\mathrm{M}]}{\mathrm{d}t}\right)$$

令 $-\dfrac{\mathrm{d}[\mathrm{M}]}{\mathrm{d}t}=R$，则：

$$R = [\mathrm{M}]_0 \dfrac{\mathrm{d}C}{\mathrm{d}t} \tag{3-36}$$

$\dfrac{\mathrm{d}C}{\mathrm{d}t}$ 可从转化率 - 时间曲线求得（见图 3 - 11）。

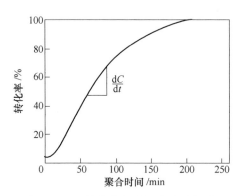

图 3 - 11　转化率与时间关系示意图

由此可知，聚合速度的测定，实质是测定聚合物在不同时间的转化率。测定转化率的方法有许多种。如用物理方法测定反应过程中聚合液的体积变化、黏度变化、折射率或介电常数的变化；在绝热系统中测定反应放热量或利用紫外、红外光谱测定单体特征吸收谱线强弱的变化，用化学方法测定不饱和单体的含量变化等都是可行的。下面重点介绍实验室和生产过程中经常采用的方法。

3.4.1.1　膨胀计法[5]

膨胀计法是实验室应用最广泛可重复的方法，但得不到聚合物分子量。该方法的原理是利用单体在液相聚合时生成的聚合物有较大的密度，而伴随着体积的收缩（一般反应完全时，收缩率达 30%）。实验已证明，聚合转化率 C 与反应体系的体积收缩 ΔV 之间成正比：

$$C = K\Delta V \tag{3-37}$$

式中，K 为常数。当转化率为 100% 时，则 $C=1$，$\Delta V = \Delta V_\infty$，而 $K=1/\Delta V_\infty$。聚合过程中的转化率可由聚合体积的收缩程度 ΔV 求得：

$$C = \dfrac{\Delta V}{\Delta V_\infty} \tag{3-38}$$

式中，$\Delta V = \pi r^2 (h_1 - h_2)$，$r$ 为膨胀计毛细管内径，h_1、h_2 分别为收缩前后的液柱高，ΔV 可由膨胀计毛细管中液面高度下降求得；ΔV_∞ 为单体 100% 转化成聚合物时收缩的体积，可由下式求得：

$$\Delta V_\infty = V_\mathrm{M} - V_\mathrm{P} = V_\mathrm{M} - V_\mathrm{M}\dfrac{\rho_\mathrm{M}}{\rho_\mathrm{P}} = V_\mathrm{M}\left(1 - \dfrac{\rho_\mathrm{M}}{\rho_\mathrm{P}}\right)$$

式中，V_M、V_P 分别为纯单体和聚合物体积；ρ_M、ρ_P 分别为纯单体和聚合物的密度。因此转化率 C 与 ΔV 又有如下关系式：

$$C = \frac{\Delta V}{V_M\left(1 - \dfrac{\rho_M}{\rho_P}\right)} \tag{3-39}$$

式中，$\left(1 - \dfrac{\rho_M}{\rho_P}\right)$ 是体积最大收缩率，在不同温度下，对各种单体-聚合物体系有不同的值，一般在 15%～30% 范围内，如苯乙烯在 50℃ 下为 15.67%，而在 60℃ 时为 17.58%。

在丁二烯聚合情况下，根据聚合转化率与体积收缩率之间呈直线关系，测定不同时间溶液体积的收缩 ΔV，并按下式计算转化率 C：

$$C = K\frac{\Delta V}{W} \tag{3-40}$$

式中，W 为加入单体质量；K 为与温度有关常数，表示单位体积收缩时反应的丁二烯克数。K 值有两种求取方法：

（1）理论计算法。利用测得的不同温度下丁二烯单体和均聚物的密度进行计算，结果见表 3-5。

表 3-5　不同温度下理论计算的 K 值

	丁二烯		聚丁二烯			
温度 /℃	密度 /g·mL^{-1}	比容 /mL·g^{-1}	密度 /g·mL^{-1}	比容 /mL·g^{-1}	ΔV /mL·g^{-1}	$K = \dfrac{1}{\Delta V}$
0	0.6454	1.5494				
10	0.6334	1.5708				
20	0.6211	1.610	0.906	1.108	0.507	1.96
30	0.6083	1.646		1.113	0.538	1.86
35	0.6017	1.662		1.116	0.550	1.81
40	0.5954	1.679		1.118	0.566	1.76
45	0.5818	1.699		1.121	0.583	1.72
50	0.5818	1.719		1.123	0.601	1.67

注：聚丁二烯体膨胀系数取 5×10^{-4}。

（2）实验测定法。将在某一温度下聚合后得到的聚合物质量除以聚合前后的体积变化而求得：

$$K = \frac{W_M C}{\Delta V} = \frac{W_P}{\Delta V} \tag{3-41}$$

式中，W_P 为聚合物质量；W_M 为单体质量；C 为转化率。

3.4.1.2　热分析方法

（1）绝热量热器法[8]。绝热量热器法的基本原理是根据反应的热效应与反应速度的关系来计算测定，即反应速度快，放热量大。根据丁二烯的物质的量聚合热在不同时间测出放热量，从而求出转化率，得到时间与转化率的关系。

E. P. Van de Kamp 采用绝热量热器法研究了丁二烯在 $Co(acac)_3 - Al_2Et_3Cl_3 -$ 苯催化体系中的聚合动力学，得到反应速度方程式：

$$-\frac{dM}{dt} = K'[Co][M]\frac{[M]}{K[V] + [M]} \qquad (3-42)$$

式中，$K' = 144.1(45℃)$，$K = 0.0067(苯)$，$K = 0.412(甲苯)$。

从理论上讲这种方法应当是准确的，但实际上要完全作到绝热，对设备要求非常高。另外随着聚合反应的进行，体系黏度上升，传热效果降低，这又会给测量带来误差。

（2）差热分析法[9]。差热分析法是通过选用一种惰性物质或纯溶剂作参考物，把它与反应物溶液置于同一环境中加热，可以测得两者的温差 ΔT 对时间的关系。连续记录这些温差可得到差热曲线（见图 3 - 12）。

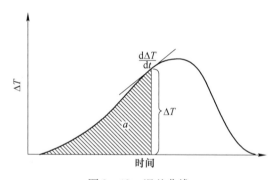

图 3 - 12　温差曲线

根据 Borchardt 提出的简化公式计算反应速度常数 K：

$$K = \left(\frac{AV}{N_0}\right)^{n-1}\frac{\Delta T}{(A - a)^n} \qquad (3-43)$$

式中，A 为整个差热曲线包围的面积，cm^2，它与放热量成正比；V 为反应溶液的总体积，L；N_0 为单体起始物质的量；n（原文为 x）为反应级数；ΔT 为在时间 t 时温度曲线的峰高，cm，在一定条件下它与升温速度有关；a 为在时间 $0 \sim t$ 温差曲线的面积，cm^2。

王佛松等[10]用该方法测定丁二烯在 $Ni(acac)_2 \cdot 2py - AlEt_2Cl$ 及 $CoCl_2 \cdot 4py - AlEt_2Cl$ 催化体系中的聚合动力学，发现聚合速度对单体浓度均呈一级关系，求得活化能分别为 33.5kJ/mol 及 38.9kJ/mol。

（3）核磁方法[11]。V. I. Klepikov 等利用 $H' - NMR$ 技术对 1. 1. 4. 4 - 四重氢

丁二烯用（$\pi - C_4H_7NiI$）$_2$ 催化体系进行反式 $-1,4$ 聚合动力学研究测定时间 $-$ 转化率关系，研究了活性中心的形成及聚合物链增长的最初阶段的动力学。

该方法虽然较准确，但受到仪器的限制还不能广泛采用。

3.4.1.3 直接取样法

（1）耐压釜法。用耐压釜聚合，在不同时间取出胶液用甲醇沉淀，然后干燥称重，计算不同时间的转化率。这种方法比较直观、简单。取样时要防止溶剂和丁二烯的挥发。由于低分子量级分沉淀不完全，故该方法准确性较差。

（2）安培瓶或耐压瓶法。用数个安培瓶或耐压瓶在相同条件下，采用同一配方进行丁二烯聚合，在不同时间依次终止聚合，从胶样直接测得转化率。此法精确度比较差。

3.4.1.4 聚合物生产中转化率的测定方法

在生产中为掌握生产周期，提高生产率，达到"优质高产"的目的，需要采用简单快速准确的方法，测定聚合过程中转化率的变化，以便及时调节反应条件更好地控制生产。

最简单的方法是直接取样法，即聚合进行到一定时间取出一定量的反应物料，将之凝聚、沉淀、过滤或烘干（低温），测定固体高聚物含量并进行计算，如顺丁橡胶生产时，可中间采样，得到干胶重后按下式计算丁二烯转化率：

$$丁二烯转化率 = \frac{W}{W_1 \times \dfrac{[Bd]}{(100\% - [Bd]/D) \times D_1 + [丁]}} \times 100\% \qquad (3-44)$$

式中，W 为干胶重，g；W_1 为胶液取样重，g；$[Bd]$ 为单体丁二烯的浓度，g/100mL；D 为丁二烯密度；D_1 为溶剂密度。平行样品的误差应小于 5%。

也可通过反应放热量的测定、搅拌功率消耗的测定（反映体系黏稠度），进行转化率的测定。也可用高灵敏度（10^{-4}）的自动折光仪测量聚合过程中折光率的变化来测定转化率。

合成橡胶的溶液密度与转化率有一定关系，可在生产线上安装 γ 射线密度计测定橡胶生产时转化率的变化，因为 γ 射线通过被测介质时强度会被减弱，减弱的程度与介质的密度有关。由此可间接用来测定转化率的变化。

还有利用数控黏度计测定聚合反应过程中黏度变化的，其原理是根据流体旋转时剪切速率的变化来反映流体的黏度特征，从而判断反应程度以控制生产终点。不同产物可求得不同的转速 $-$ 黏度关系。

3.4.2 活性中心数的测定方法[12]

活性中心数的测定是聚合动力学基元反应速度常数测定的关键，当然也与催化活性密切相关。对 Ziegler $-$ Natta 型催化剂的活性中心数的测定一般采用两类方法：直接法（链端标记法）与间接法（动力学法）。

3.4.2.1 直接法

直接法有放射活性法和非放射活性法。

（1）放射活性法。用放射活性烷基铝（$^{14C}R_3Al$）作助催化剂，聚合后分析聚合物的放射活性链首标记。或用放射性物质（ROT、^{14C}CO、$^{14C}CO_2$、$^{13C}I_2$）作终止剂，聚合后分析聚合物的放射活性 – 链尾标记。

$$Mt^{\delta+} - {}^{\delta-}CH_2P + ROT \longrightarrow MtOR + T - CH_2P$$

$$LxMt - R + {}^{14C}CO \longrightarrow LxMt - {}^{14}\overset{\overset{O}{\|}}{C} - R$$

式中，Mt 为过渡金属；Lx 为配体。

（2）非放射活性法。如用 I_2、D_2、D_2O 作终止剂，分析聚合物链尾标记。

3.4.2.2 间接法

间接法有动力学法及阻聚法。

（1）动力学与分子量法。在稳态下：

$$[C^*] = \frac{R_P\tau}{P_n} \tag{3-45}$$

$$[N] = \frac{Y}{M_n} = [C^*] + K_{tr_2}[X][C^*]t \tag{3-46}$$

$$[N] = [C^*] + \left(\frac{K_{tr}[C^*]}{R}\right)Y \tag{3-47}$$

（2）阻聚法。常用阻聚剂有 CO、O_2、CO_2、环戊二烯、寇醚 ROH、CCl_4、烯醛醇等。在聚合体系中加入对催化剂（C）不同量的阻聚剂（r），观察其对聚合速率（K）的影响，用 $[r]/[C]$ 对 K 作图，外推到 $K=0$ 时，即得活性中心数。

直接法虽然较间接法更合理些，但迄今尚未找到完全令人满意的终止剂。氚醇淬灭法虽早已用于测定 Ziegler – Natta 催化剂的活性中心浓度[13~16]，但同位素具有交换反应的普遍性，使这一方法的精确性受到很大的影响。

由于氚醇和没有聚合活性的 Al – C 键也能作用，故可用氚醇测定金属聚合物键数（MPB），包括活性中心数和失活的 Al – C 键数，可用下式表示：

$$[MPB]_t = [C]_t + \int_0^t R_{tr_a}dt$$

$$= [C]_t + \frac{K_{tr_a}}{K_P}[A]^n\ln\frac{[M]_0}{[M]_t} \tag{3-48}$$

以 $[MPB]$ 对 $\ln\frac{[M]_0}{[M]_t}$ 作图，外推到 $\frac{[M]_0}{[M]_t}=0$ 时，即为 $[C]_t$。

Al—C 键是由聚合链与烷基铝发生链转移反应而产生的。

$$Cat - CH_2P + AlR_3 \longrightarrow R_2Al - CH_2P + Cat - R$$
$$R_2Al - CH_2P + R'OT \longrightarrow R_2AlOR' + T - CH_2P$$

3.5 镍系催化剂合成顺式聚丁二烯聚合动力学及反应机理

3.5.1 聚合动力学

镍系催化丁二烯聚合动力学的研究开始于 20 世纪的 60 年代，日本、苏联多是有关 π - 烯丙基金属配合物催化剂的聚合动力学的研究。中国也在同一时期开展了镍催化动力学的研究工作。王佛松等[10]曾用差热分析法进行了 Ni(acac)₂·2py - AlEt₂Cl 及 CoCl₂·4py - AlEt₂Cl 体系催化丁二烯聚合动力学的研究，发现该催化体系的聚合速度对单体浓度呈一级关系，表观活化能分别为 33.5kJ/mol 和 38.9kJ/mol。沈之荃等[17]用玻璃瓶和膨胀计研究了 Ni(acac)₂ - AlR₂Cl 体系催化丁二烯聚合动力学，得到聚合速度方程式：

$$-\frac{d[M]}{dt} = K[M][Ni][Al]^n \tag{3-49}$$

式中，Al 为 Al(i - Bu)₂Cl 时，$n = 2$，呈二级关系，表观活性能为 (33.5 ± 0.5)kJ/mol。当 Al 为 AlEt₂Cl 时，$n = 1/2$，呈半级关系，表观活化能为 (37.2 ± 0.5)kJ/mol，对单体链转移常数为 1.9×10^{-3}，链终止常数为 2.3×10^{-3}。

当发现可制得高分子量又有高活性的三组分镍催化剂后，日本首先对其聚合动力学进行了详细研究报道。中科院长春应化所、浙江大学、北京化工大学、胜利化工厂等单位对工业化的三元镍系催化体系均进行了动力学的研究[18]。捷克 A. Tkáč 用红外光谱、顺磁共振仪、电导等方法，对乙酰基丙酮镍三元体系的聚合活性中心进行了详细研究[19]。

3.5.1.1 环烷酸镍 - 三氟化硼乙醚 - 三乙基铝 - 苯催化体系

吉本敏雄等[20]用玻璃高压釜按下述的配方和条件进行了研究：

单体	1.18mol/L
环烷酸镍	2.56×10^{-3}mol/L
三氟化硼乙醚	18.6×10^{-3}mol/L
三乙基铝	16.6×10^{-3}mol/L
溶剂	苯
聚合温度	40℃

采用苯 + Ni + B + Al + Bd 的顺序，各组分单独加入聚合釜中聚合，获得了高顺式 -1,4 聚丁二烯，该催化体系被认为是可溶性的均相体系。吉本敏雄等研究了聚合时间、催化剂浓度、聚合温度等对聚合速度、分子量及聚合物微观结构的

影响。认为该催化体系属于快引发、慢增长、无终止反应，仅有单体参与链转移反应的聚合历程，并根据这一历程来解释他所获得的主要实验结果。

A 聚合反应时间的影响

用玻璃高压釜进行聚合时，由不同聚合时间取样，测得不同聚合时间的转化率，并绘出时间－转化率曲线（见图3－13）。

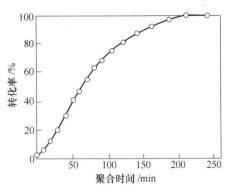

图3－13 时间与转化率关系

$-d[M]/dt = K[M]$ 方程式的积分式为：

$$-\ln(1-x) = K(t-t_0) \tag{3-50}$$

式中，$[M]$ 为单体浓度；t 为聚合时间；K 为表观速率常数；x 为转化率（$0 \leqslant x \leqslant 1$）；$t_0$ 为诱导期。

由 $-\ln(1-x)$ 对 t 作图得一直线，表明聚合反应速度与单体浓度呈一级关系，$x=0$ 时的时间 t_0 为诱导期。

该催化体系在不同温度下催化丁二烯聚合，其 $-\ln(1-x)$ 对聚合时间 t 作图均为直线（见图3－14）。可见不同温度下聚合反应速度与单体浓度均呈一级关系。将直线外推至转化率为零时，可求得不同温度下的聚合诱导期，从图可知聚合温度越低，诱导期越长。

测得不同聚合时间样品的分子量（见图3－15），可知聚合物分子量随反应时间增加，也即随转化率增加分子量逐渐增大，转化率达到50%后，分子量达到一恒定值。表明后期发生了向单体的链转移反应。

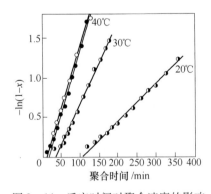

图3－14 反应时间对聚合速度的影响

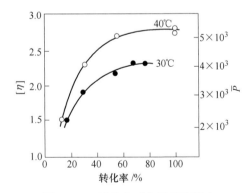

图3－15 转化率对分子量的影响

不同聚合时间样品的微观结构测定结果（见表3－6），表明聚合物结构与反应时间无关。

表3－6　聚合反应时间对聚合物微观结构的影响

转化率/%	聚合温度/℃	微观结构/%		
		顺式－1,4	反式－1,4	1,2－
6.0	40	94.3	3.0	0.7
30.7	40	96.8	1.3	1.9
41.7	40	97.6	0.7	1.7
47.4	40	97.1	0.8	1.6
100.0	40	98.1	0.6	1.3
25.4	20	97.2	1.1	1.8
56.6	20	98.1	0.6	1.3
70.8	20	97.6	1.1	1.3

B　催化剂浓度、单体浓度、聚合温度的影响

催化剂、单体浓度及聚合温度的变化实验结果以及求得的表观速度常数等均列在表3－7中。

表3－7　不同聚合条件下的聚合结果

$[M]_0$ /mol·L^{-1}	$[C]_0$ /mol·L^{-1}	温度 /℃	K /min^{-1}	t_0 /min	转化率 /%	$[\eta]$ /dL·g^{-1}	P	顺式－1,4 含量/%
1.18	2.56×10^{-3}	40	3.4×10^{-2}	1	80.8	1.99	33.8×10^2	97.4
1.18	2.56×10^{-3}	40	3.4×10^{-2}	2	86.3	2.00	34.0×10^2	96.5
1.18	2.0×10^{-3}	40	2.9×10^{-2}	17	82.6	2.15	37.5×10^2	—
1.18	1.5×10^{-3}	40	2.0×10^{-2}	11	89.5	2.27	40.5×10^2	—
1.18	0.75×10^{-3}	40	1.3×10^{-2}	9	72.4	2.83	54.9×10^2	97.9
1.52	2.56×10^{-3}	40	1.7×10^{-2}	16	77.8	2.38	43.2×10^2	98.3
1.18	2.56×10^{-3}	40	1.5×10^{-2}	19	72.0	2.18	38.3×10^2	98.4
1.18	2.56×10^{-3}	40	1.7×10^{-2}	17	81.3	2.33	42.0×10^2	96.8
0.61	2.56×10^{-3}	40	1.1×10^{-2}	23	84.9	1.69	26.9×10^2	96.3
1.18	2.56×10^{-3}	40	1.6×10^{-2}	12	89.5	2.50	46.2×10^2	—
1.18	2.56×10^{-3}	40	1.6×10^{-2}	18	100	2.74	52.5×10^2	98.1
1.18	2.56×10^{-3}	30	1.0×10^{-2}	37	76.8	2.33	42.0×10^2	97.1
1.18	2.56×10^{-3}	20	0.48×10^{-2}	107	70.8	2.20	38.8×10^2	97.2

当单体浓度 $[M]_0$ 固定不变时，随着催化剂浓度 $[C]_0$ 的降低，分子量 (P) 增大，表观速度常数 K 降低。由 K 对 $[C]_0$ 作图得一直线（见图3－16）。表明催化剂浓度 $[C]_0$ 与反应速度为一级关系。当催化剂各组分比例一定时，催

化剂浓度 $[C]_0$ 可用环烷酸镍的浓度表示。当催化剂浓度 $[C]_0$ 固定不变时，随着单体浓度 $[M]_0$ 的增加，诱导期 t_0 下降，聚合物分子量（P）增加。当单体浓度 $[M]_0$、催化剂浓度 $[C]_0$ 固定不变时，随着温度升高，速度常数 K 和分子量 P 均增加，而诱导期 t_0 则降低。但对微观结构影响不大。

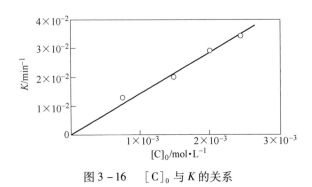

图 3-16 $[C]_0$ 与 K 的关系

C   聚合活性中心 $[P^*]$ 的性质

从实验已得知，单体浓度 $[M]_0$、催化剂浓度 $[C]_0$ 均与聚合速度呈一级关系，在一定温度下，表观速度常数 $K = K_P[P^*]$，则：

$$-\frac{d[M]}{dt} = K[M] = K_P[P^*][M] = K_P\alpha[C]_0[M] \qquad (3-51)$$

式中，K_P 为链增长常数；$[P^*] = \alpha[C]_0$，为活性中心浓度；$[C]_0$ 为环烷酸镍的浓度；α 为催化剂的有效利用率（转化成活性中心的环烷酸镍的百分数）。

式（3-51）中 $[P^*]$ 若为常数仅有两种可能，一种可能是符合稳态假设，即活性点的生成速度同其失活反应速度大致相等，或聚合反应体系活性点的数目非常少的时候；另一种可能是无终止反应。从图 3-15 所示的实验结果可看出链的增长不快，又与转化率有关，不宜用稳态法处理，应属于无终止历程。吉本敏雄为了确定是否为无终止反应而进行了如下的实验：

在聚合釜中使丁二烯在 40℃ 下进行反应，反应 150min 后，估计单体已耗尽，在密闭的情况下将反应器温度降至室温（10~20℃）以下，然后再加入丁二烯并升温至 40℃ 继续进行反应，发现聚合液黏度增大，实验结果列于表 3-8。

表 3-8   分批加入单体的实验结果[①]

批 次	聚合时间/min	转化率/%	$[\eta]$/dL·g⁻¹	聚合物产量/mol
	50	25.6	2.05	0.152×10^{-3}
第一批	70	46.4	2.21	0.246×10^{-3}
	100	65.9	2.20	0.350×10^{-3}
	150	87.3	2.24	0.430×10^{-3}

批　　次	聚合时间/min	转化率/%	$[\eta]$/dL·g^{-1}	聚合物产量/mol
	10	9.3[2]	2.11[3]	0.503×10^{-3}[3]
第二批	20	43.8	2.48	0.517×10^{-3}
	30	82.4	2.64	0.586×10^{-3}

①原聚合条件：$[M]_0 = 1.3$mol/L（153.7mL/ − 78℃），$[C]_0 = 0.88 \times 10^{-3}$mol/L，甲苯，总体积1600mL；

冷至室温（10～20℃）下，加入114mL/ − 78℃丁二烯（相当于第一批的74%）。

②第二批丁二烯的转化率。

③两批单体的混合聚合物。

实验结果有力地证明了镍系催化丁二烯聚合为无终止历程。

D　聚合动力学参数求解

由实验得知，该催化体系属于快引发、慢增长、无终止的聚合反应，若假定单体及溶剂参与链转移反应时，则该体系的平均聚合度（P）可按键谷勤等提出的动力学公式加以描述：

$$\overline{P} = \frac{\int R_{\mathrm{P}} \mathrm{d}t}{\alpha[C]_0 + \int R_{\mathrm{tr}} \mathrm{d}t} = \frac{[P]}{\alpha[C]_0 + \dfrac{K_{\mathrm{trm}}}{K_{\mathrm{P}}}[P] + \dfrac{K_{\mathrm{trs}}}{K_{\mathrm{P}}}[S] \ln \dfrac{[M]_0}{[M]_0 - [P]}}$$

$$= \frac{[M]_0 - [M]}{\alpha[C]_0 + \dfrac{K_{\mathrm{trm}}}{K_{\mathrm{P}}}([M]_0 - [M]) + \dfrac{K_{\mathrm{trs}}}{K_{\mathrm{P}}}[S] \ln \dfrac{[M]_0}{[M]}} \qquad (3-52)$$

式中，K_{trm}、K_{trs}分别为对单体、溶剂的链转移常数；$[S]$为溶剂；其他符号意义同前。

如溶剂参加链转移反应，则当转化率低时，随转化率增加$\overline{P}$增加，但当转化率很高时，式中分母第三项越来越大，则$\overline{P}$在达到最大值后又会下降，也即$\overline{P}$随着转化率增加会出现最大值，但实验未出现此现象（见图3 − 15）。这表明溶剂并不参与链转移反应，则式（3 − 52）简化为：

$$\overline{P} = \frac{[M]_0 - [M]}{\alpha[C]_0 + \dfrac{K_{\mathrm{trm}}}{K_{\mathrm{P}}}([M]_0 - [M])}$$

$$\frac{1}{\overline{P}} = \frac{K_{\mathrm{trm}}}{K_{\mathrm{P}}} + \frac{\alpha[C]_0}{[M]_0 - [M]} \qquad (3-53)$$

设 $x = 1 - \dfrac{[M]}{[M]_0}$ 代表转化率，则：

$$\frac{1}{\overline{P}} = \frac{K_{trm}}{K_P} + \frac{\alpha[C]_0}{x[M]_0} \qquad (3-54)$$

以 $1/\overline{P}$ 对 $1/x$ 作图和以 $1/\overline{P}$ 对 $\dfrac{[C]_0}{[M]_0}$ 作图，便可从直线的斜率和截距求得 K_{trm}、K_P、α 等动力学参数，即从已知的 $\overline{P}$、$[C]_0$ 及 $[M]_0$ 数值可求得有关动力学参数。

（1）$1/\overline{P}$ 对 $1/x$ 作图求得 K_{trm}/K_P 和 $\alpha[C]_0/[M]_0$ 值。用于绘制图 3-15 的实验数据的倒数作图应得一直线（见图 3-17），从直线的截距求得不同温度下的 K_{trm}/K_P 值，由直线的斜率求得 $\alpha[C]_0/[M]_0$ 值，当 $[C]_0$、$[M]_0$ 一定时可求得 α 值。

（2）$1/\overline{P}$ 对 $[C]_0/(x[M]_0)$ 作图，由斜率求得 α 值。用表 3-7 中的 $[C]_0$、$[M]_0$ 与相应的 $\overline{P}$ 值作图（$x = 0.7 \sim 0.9$），固定 $[C]_0$ 改变 $[M]_0$ 或固定 $[M]_0$ 改变 $[C]_0$，均可获得直线（见图 3-18）。直线截距为 K_{trm}/K_P，斜率为 α。

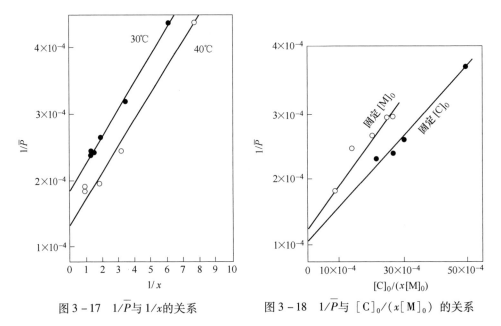

图 3-17　$1/\overline{P}$ 与 $1/x$ 的关系　　　　图 3-18　$1/\overline{P}$ 与 $[C]_0/(x[M]_0)$ 的关系

由于 $K = K_P\alpha[C]_0$，即 $K_P = K/(\alpha[C]_0)$，求得 α 值后便可求得 K_P 值、K_{trm} 值，计算结果见表 3-9。从表中数值可知，有活性的催化剂是很低的，链增长常数 K_P 约为 3L/(mol·s)，对单体的链转移常数 K_{trm} 则很小，约为 K_P 的万分之一。表观速度常数 K 值为近似值。在单体存在下三元混合的催化剂，则有较高的催化活性。

表 3 - 9 聚合动力学常数

作图数据	温度/℃	α	K_{trm}/K_P	K /s^{-1}	K_P /L·(mol·s)$^{-1}$	K_{trm} /L·(mol·s)$^{-1}$
$x-\overline{P}$	40	1.8×10^{-2}	1.3×10^{-4}	2.7×10^{-4}	6	8×10^{-4}
$x-\overline{P}$	30	1.9×10^{-2}	1.8×10^{-4}	1.6×10^{-4}	3	5×10^{-4}
$[C]_0-\overline{P}$	40	6.8×10^{-2}	1.2×10^{-4}	5.7×10^{-4}①	3	4×10^{-4}
$[M]_0-\overline{P}$	40	5.4×10^{-2}	1.0×10^{-4}	2.5×10^{-4}②	2	2×10^{-4}

① $[C]_0=2.56\times10^{-3}$ mol/L。

② 4 个实验数据的平均值。

E 聚合反应活化能求解

根据阿累尼乌斯公式：$K=Ze^{-E_a/(RT)}$，取对数为 $\ln K=\ln Z-E_a/(RT)$，以 $\ln K-1/T$ 作图得到一条准确直线，由直线斜率 $E_a/R[R=8.3086\text{J}/(℃\cdot\text{mol})]$ 便可求得活化能。在此实验中没有得到很好的线性关系，可能是由于在 20℃ 的聚合开始太慢，得到的常数 K 需要经校对，故未能得到活化能的具体数值。

从吉本敏雄的工作可知，求解反应级数和反应速度常数的实验步骤和数据处理方法为：

（1）测出聚合物生成量和时间的关系，从而求出单体消耗和时间的依赖关系，即对单体的反应级数。

（2）由转化率（聚合物的生成量）对聚合度作图，了解链转移过程。

（3）试用 $\overline{P}=\dfrac{\int R_P\mathrm{d}t}{\alpha[C]_0+\int R_{tr}\mathrm{d}t-\int R_t\mathrm{d}t}$，假定链终止不发生，可得到一个能用实验验证的方程式，即：

$$\frac{1}{\overline{P}}=\frac{K_{tr}}{K_P}+\frac{\alpha[C]_0}{x[M]_0} \tag{3-55}$$

（4）设计转化率及 $[C]_0$ 恒定时测出不同的 $[M]_0$ 的聚合速度和聚合度，然后再设计转化率及 $[M]_0$ 恒定时，测出不同的 $[C]_0$ 的聚合速度和聚合度，由 $1/\overline{P}$ 对 $1/x$ 和对 $[C]_0/(x[M])_0$ 作图，求出 α 和 K_{trm}/K_P。由 $[C]_0$ 恒定对不同的 $[M]_0$ 和 $[M]_0$ 恒定对不同的 $[C]_0$ 求出起始聚合速度（R_P）。

（5）由 $R_P=K_P\alpha[C][M]$ 通过计算求出 K_P、K_{tr}、α。

（6）求出不同温度下的单体消耗反应速度常数 K，可求得活化能。

3.5.1.2 环烷酸镍（Ni）- AlR$_3$（Al）- BF$_3$·OEt$_2$（B）- 脂烃溶剂催化体系

中国开发的镍体系是以三异丁基铝为助催化剂，并以来源丰富、毒性低的加氢抽余油（下称脂烃）为溶剂。王德华等[21]对（Ni + Bd + Al）- B，焦书科等[22]对（Ni + Al）- B 铝镍二元陈化稀硼单加方式；浙江大学高分子化工教研组[23]对 Bd + Ni + B + Al 单加方式；陈滇宝等[24]对（Ni + Bd + B）- Al 镍硼二元陈化和 Ni + B + Al 三元陈化等几种不同的加料方式的聚合动力学进行了研究。

A   镍二元陈化稀硼单加的加料方式

王德华[21]等人用 17L 不锈钢聚合釜，依次加入丁二烯的脂烃溶液、B 的稀溶液、（Ni + 丁 + Al）二元陈化液，最后用加氢抽余油补足总体积 1.2L，控制反应温度在 50℃ ±1℃ 进行聚合，间断采取胶样。用 5 点法测定特性黏数 [η]，按 [η] = 3.05 × 10⁻⁴ M⁰·⁷²⁵ 公式计算分子量，由简易 GPC 装置测定重均及数均分子量与分子量分布，为此获得了必要的动力学方面的基础数据。

（1）聚合反应速度。对 30℃、40℃ 及 50℃ 聚合实验所得的转化率和时间数据按一级关系式 - ln(1 - x) = Kt，以 - ln(1 - x) 对聚合时间 t 作图，均为直线（见图 3 - 19），可见在相当大的转化率范围内聚合速度与丁二烯浓度成正比，与吉本敏雄报道的苯溶剂有相同的聚合速度表达式。从测定 Al/B 摩尔比在三种不同的变化方式的表观速度常数 K，与各组分的变化均出现极值（参见图 2 - 31）。而分子量则出现三种不同情况（参见图 2 - 32）：仅改变硼用量时，随着 B 用量增加分子量下降，K 值越过一个峰值；仅改变 Al 用量时，随着 Al 用量增加，聚合速度和分子量同时上升，越过峰值后又同时下降；当 B 用量及 Al/Ni 摩尔比固定时，同时变化 Al 与 Ni，随着用量增加，K 值出现峰值，但分子量略有下降，Al/B 摩尔比 >0.5 后几乎无变化。由此可知，聚合活性、分子量与催化剂组分的函数较复杂，还未有一个统一的聚合速度解析式。从上述变化的三种情况得知 Al/B 摩尔比在 0.3 ~ 0.7 之间聚合有最高活性，峰值约在 Al/B 摩尔比 = 0.5 附近。当 Al、B 用量固定时，仅变化 Ni 用量，则 Ni 用量很低时，聚合活性与 Ni 用量近似地呈一级关系。随着 Ni 用量增加，聚合活性偏离一级关系。

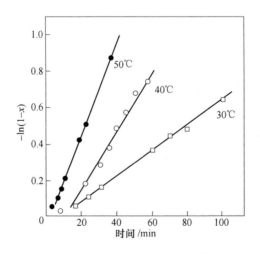

图 3 - 19   - ln(1 - x) 对 t 作图

（2）动力学参数。由图 3 – 20 所示的实验结果可知，（Ni + Bd + Al）二元陈化、稀 B 单加的方式，活性中心与单体有链转移反应，而与溶剂无显著的链转移作用。按键谷勤等[25]提出的数据处理方法，经计算求得的 50℃聚合的动力学参数见表 3 – 10。

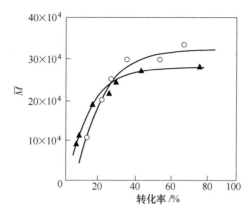

图 3 – 20　分子量与转化率的关系

表 3 – 10　镍系催化剂引发丁二烯聚合动力学参数

实例	聚合温度 /℃	[Ni] /mol·L⁻¹	α /%	K /min⁻¹	K_{trm}/K_P	K_P /L·(mol·min)⁻¹	K_{trm} /L·(mol·min)⁻¹
1	50	1.24×10^{-4}	26	1.26×10^{-2}	1.6×10^{-4}	390.8	0.063
2	50	1.85×10^{-4}	16	1.80×10^{-2}	1.4×10^{-4}	608.1	0.085
3	40	2.56×10^{-4}	1.8	1.62×10^{-2}	1.3×10^{-4}	3515.6	0.457
4	30	2.56×10^{-4}	1.9	0.96×10^{-2}	1.8×10^{-4}	1973.7	0.355

注：实例 1：Ni/Bd 摩尔比 = 0.67×10^{-4}，Al/Bd 摩尔比 = 0.334×10^{-3}，B/Bd 摩尔比 = 1.67×10^{-3}，
[M]₀ = 1.85mol/L；

实例 2：Ni/Bd 摩尔比 = 1.0×10^{-4}，Al/Bd 摩尔比 = 0.5×10^{-3}，B/Bd 摩尔比 = 1.67×10^{-3}，
[M]₀ = 1.85mol/L；

实例 3、4：吉本敏雄数据，[M] = 1.18mol/L，苯。

从表 3 – 10 可知，"硼单加"方式求得催化剂有效利用率在 10% ~ 30% 之间，比苯溶剂高一个数量级，聚合速度低一个数量级，链转移速度约是链增长速度的十万分之一，也小于苯溶剂。

焦书科[22]等用聚合釜（2.8L 或 5L）研究了未有丁二烯参与的 Al – Ni 二元陈化稀硼单加方式的聚合动力学，同样证明聚合反应在一定时间内聚合速度和单体浓度呈一级关系，并求得表观反应速度常数 $K = 8.0 \times 10^{-3}$min⁻¹，诱导期 t_0 = 3min。在 50 ~ 80℃的聚合温度范围内，聚合速度和单体浓度均呈一级关系，求得的不同温度下的表观速度常数 K 分别为 1.88×10^{-2}min⁻¹（57.6℃）、2.75×10^{-2}min⁻¹

（68.3℃）、$4.45 \times 10^{-2} \text{min}^{-1}$（80.3℃）。由此可见，聚合速度随温度的升高而加快，温度升高10℃聚合速度提高 1.2～2 倍。并求得活化能为 52.3kJ/mol。

聚合物分子量在聚合反应初期随聚合时间的延长而增大，但到反应后期，分子量达到最大值而恒定，表明发生以单体转移为主的终止反应，表明该体系属于慢增长反应历程。由不同温度下求得的分子量和转化率以平均聚合度的倒数（$1/\overline{DP}$）对 $1/x$ 作图得图 3-21，表明在三个聚合温度下，当转化率在 10%～70% 范围内时，聚合度的倒数与转化率的倒数均成直线关系，这一规律和键谷勤等人[25] 所提出的聚合度-转化率关系式 $1/\overline{DP} = K_{\text{trm}}/K_\text{P} + \alpha[\text{C}]_0/(x[\text{M}]_0)$ 相一致，式中 K_{trm} 为向单体转移的速度常数，K_P 是链增长常数，x 是单体转化率，$[\text{C}]_0$ 是以 Ni(naph)_2 表示的催化剂浓度，α 是催化剂的利用率。由此求得此加料方式下的聚合动力学参数（见表 3-11）。由表中看出，本加料方式催化剂利用率 α 为 27%，且不随温度变化；链增长常数 K_P 和单体转移速度常数 K_{trm} 却随温度的提高而增大。K_{trm} 很小，约为 K_P 的万分之一。

表 3-11 镍系催化剂聚合动力学参数

聚合温度/℃	α/%	$K_{\text{trm}}/K_\text{P}$	K/min^{-1}	K_P/L·(mol·min)$^{-1}$	K_{trm}/L·(mol·min)$^{-1}$
57.6	27	1.45×10^{-4}	1.88×10^{-2}	521	0.075
68.3	27	1.62×10^{-4}	2.75×10^{-2}	762	0.123
80.3	27	1.69×10^{-4}	4.45×10^{-2}	1230	0.20

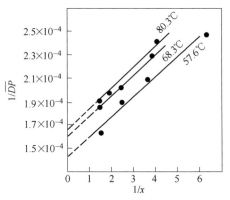

图 3-21 $1/\overline{DP}$ 与 $1/x$ 的关系

（$[\text{C}]_0 = 1.33 \times 10^{-4} \text{mol/L}$，$[\text{M}]_0 = 2.22 \text{mol/L}$）

B 其他的加料方式

浙江大学高分子化工教研组[23] 用膨胀计法研究镍催化剂各组分单加方式丁+Ni+B+A 聚合动力学，也得到相同的一级速度方程式。测得的不同温度下的表观速度常数见表 3-12，求得活化能约为 47.3kJ/mol。单体浓度增加，聚合速度略有升高。聚合温度下降诱导期延长。

表 3 – 12 温度对聚合速度的影响

聚合温度/℃	50	45	40	35	30
K/min^{-1}	1.75×10^{-2}	1.32×10^{-2}	1.05×10^{-2}	0.89×10^{-2}	0.51×10^{-2}

陈滇宝等[24]对 Ni – Bd – B – Al 和 Ni – B – Al 两种陈化加料方式的聚合动力学进行了研究。仍得到同样的聚合速度与单体浓度一级关系式，求得有单体参与的四元陈化方式的表观速度常数 $K = 5.18 \times 10^{-2}$ min^{-1}；而无单体参与的三元陈化 $K = 2.2 \times 10^{-2}$ min^{-1}，前者约为后者的 2.2 倍；四元体系聚合反应无诱导期，而三元体系约有 8min 诱导期。在 30 ~ 70℃ 范围的聚合反应速度与单体浓度均为一级关系，求得不同温度下的表观速度常数 K 值为：1.32×10^{-2} min^{-1}（30℃）、5.18×10^{-2} min^{-1}（50℃）、1.26×10^{-2} min^{-1}（70℃）。聚合速度随温度的升高而加快，每升高 20℃ 加快 2 ~ 4 倍，根据 Arrhenius 公式，求得四元体系的表观活化能 E 为 46.9kJ/mol，频率因子 A 为 1.79×10^{-6} min^{-1}；三元体系 $E = 47.3$kJ/mol，$A = 1.03 \times 10^{-6}$ min^{-1}，可见两种陈化方式活化能相同，仅频率因子稍有不同。按键谷勤提出的聚合度 – 转化率方程式：

$$1/\overline{DP} = K_{trm}/K_P + \alpha[C]_0/(x[M]_0) \qquad (3-56)$$

以 $1/\overline{DP}$ 对 $1/x$ 作图，由直线斜率和截距求得动力学参数（见表 3 – 13）。由表可见，此种加料方式催化剂利用率 $\alpha < 10\%$，比稀硼单加方式小（$\alpha = 27\%$），加有小丁油时活性略高些。随着温度升高，K 值增大，分子量降低。

表 3 – 13 三元陈化聚合动力学参数

催化体系	聚合温度 /℃	α /%	K_{trm}/K_P	K_P /L·(mol·min)$^{-1}$	K_{trm} /L·(mol·min)$^{-1}$
Ni/Bd/B/Al 1/2/4/2	30	3.5	1.71×10^{-4}	280	4.79×10^{-2}
	50	5.91	1.85×10^{-4}	652	1.21×10^{-1}
	70	6.79	2.52×10^{-4}	1380	3.48×10^{-1}
Ni/B/Al 1/4/2	50	2.3	1.78×10^{-4}	711	1.26×10^{-1}

陈滇宝等人[24]采用 Ni 与 B 预混陈化 20min，加 Al 再陈化 30min，加入聚合瓶后再补加 B 的加料方式，进行聚合动力学的研究，发现在 30 ~ 80℃ 的反应温度范围内，聚合速度与单体仍呈一级关系，测得不同温度表观速度常数 K 为：0.96×10^{-2} min^{-1}（30℃）、1.08×10^{-2} min^{-1}（60℃）、2.0×10^{-2} min^{-1}（65℃）、2.96×10^{-2} min^{-1}（70℃）、4.60×10^{-2} min^{-1}（80℃），并求得表观活化能 $E = 51.4$kJ/mol，频率因子 $A = 1.56 \times 10^{-6}$ min^{-1}。并发现 B/Ni 摩尔比 <0.5 时，聚合

活性增加。并求得不同温度下催化剂利用率 α 分别为 20%（40℃）、21%（50℃）、23%（65℃）、32%（80℃），α 随聚合温度升高而增加，远高于 Ni – B – Al 三元陈化方式。

3.5.2　聚合机理

3.5.2.1　催化剂组分之间反应及活性中心结构

高活性的镍系催化剂较之 Ti 及 Co 系催化剂多了一个第三组分——三氟化硼醚合物。第三组分在合成高顺式 – 1,4 聚丁二烯中的作用，松本毅等[26]许多学者进行了详细研究。已知三个组分的混合次序和方式与聚合物的顺式 – 1,4 结构含量无关，而 Al/B 摩尔比影响聚合速度和聚合物分子量，Al/Ni 摩尔比对活性影响较小。表明活性中心与三个组分的混合次序无关而与 Al/B 摩尔比有关。

松本毅等[26]首先研究了不同 Al/B 摩尔比在 30℃下的三乙基铝与三氟化硼醚合物的反应，发现在 Al/B 摩尔比 >3 时，AlEt₃ 与 BF₃·OEt₂ 混合后，经 24h 后仍为透明溶液，而在 Al/B 摩尔比 <3 时，两者混合后开始为透明溶液，在 30℃下继续加热便形成白色悬浮液。透明溶液与环烷酸镍可组成有活性催化剂，而白色悬浮液再无活性，经分析得知透明溶液生成了 AlEt₂F，而在 Al/B 摩尔比 <3时，最终生成了 AlEtF₂ 白色粉状固体。推测具有活性的透明溶液含有 AlEt₂F、B(C₂H₅)₃、(C₂H₅)₂O 和 BF₃·O(C₂H₅)₂。AlEt₂F 代替 AlEt₃ 同样可与环烷酸镍组成高活性催化体系。

阿特茨（A. Tkáč）[19]等利用顺磁共振仪、红外光谱、电导及反应动力学等方法对 Ni(acac)₂ – AlEt₃ – BF₃·OEt₂ 三元体系进行了系统研究。

Ni(acac)₂ 与 AlEt₃ 在 Al/Ni 摩尔比 >1 时发生还原反应：

镍被还原成一价镍的烷基化合物以及胶体状的黑色零价镍，在 BF₃·OEt₂ 存在下的还原反应导致生成胶态镍，使镍三元系呈微观非均相的特点。

BF₃·OEt₃ 与 AlEt₃ 在 Al/B 摩尔比 =3 时的交换反应[26]：

$$3AlEt_3 + BF_3 \cdot OEt_2 \longrightarrow 3Et_2AlF + BEt_3 + Et_2O$$

AlEt₂F 也可与 BF₃·OEt₂ 进行交换反应（Al/B 摩尔比 =3）生成不溶性 AlEtF₂：

$$3AlEt_2F + BF_3 \cdot OEt_2 \longrightarrow 3EtAlF_2 \downarrow + BEt_3 + Et_2O$$

反应产物 AlEtF₂ 和 BEt₃ 都不具还原能力，也不发生卤素 – 烷基之间的交换反应。

$BF_3 \cdot OEt_2$ 与 $Ni(acac)_2$ 虽然不能发生镍的还原反应，却能发生交换反应生成二氟化镍配合物[27]：

$$
\underset{\substack{CH_3\\|\\C-O\\HC\quad\quad Ni\\C=O\\|\\CH_3}}{}\;\underset{\substack{O=C\\|\\CH_3}}{\overset{CH_3}{\big|}}CH + 2BF_3\cdot OEt_2 \longrightarrow \quad HC\;\underset{\substack{C-O\\B\\C=O}}{}\;\underset{\substack{F---F\\Ni\\F---F}}{}\;\underset{\substack{O-C\\B\\O=C}}{}\;HC + OEt_2
$$

阿特茨（A. Tkáč）根据催化剂组分间反应和观察到的三烷基铝与镍化合物作用时有一价和零价镍产生，为此提出固定于零价胶态镍上的以一价镍为中心的镍硼铝三金属配合物的活性中心结构：

$$
\underset{\substack{H_3C\\|\\C-O\\HC\quad B\\C=O\\|\\H_3C}}{}\quad\underset{\substack{C_4H_6\\|\\F---C\\Ni\quad\quad Al\\F---F\\|\\Ni}}{\overset{(C_4H_6)_nR}{}}\quad\underset{R}{R}
$$

（胶体零价镍）

链增长反应是在镍和铝原子之间进行的。胶体零价镍使配合物中心的一价镍和碳的键合力减弱，丁二烯单体得以插入到镍与碳之间，高分子量得以定向增长。在插入反应中铝原子对高分子生长链起着推进器作用，从而控制分子量。重均分子量取决于零价镍的尺寸。具有最大催化活性的三元系电导率极小，故活性中心没有离子特征。

后来研究工作证明，铝原子并非是必要的元素，烷基锂、二烷基锌和二烷基镉均可代替三烷基铝[28]，硼原子也可用 HF 及其他含氟化合物来代替三氟化硼乙醚配合物[29]。

由于发现大量卤化 π - 烯丙基金属催化剂均能以较高的活性得到各种结构的聚丁二烯，便提出了 π - 烯丙基型镍活性中心结构。Throckmorton[29] 和古川醇二[31] 提出烷基铝的作用可能是使镍烷基化，进而与丁二烯形成 π - 烯丙基型镍化合物。因此催化剂三元陈化反应可以归纳如下：

$$Ni(OOCR)_2 + AlEt_3 \longrightarrow EtNiOOCR + AlEtCO_2R$$

$$
CH_2=CH-CH=CH_2 + EtNiCO_2R \longrightarrow \underset{\substack{CH_2\\|\\HC\quad\quad\quad Ni\\|\\CH_2\\|\\CH_2-CH_2-CH_3}}{\overset{OOCR}{}}
$$

当有 $BF_3 \cdot OEt_2$ 存在时，进一步反应将产生活性中心：

$$EtNiOOCR + BF_3 \longrightarrow EtNi^+BF_3^-OOCR$$

$$CH_2{=}CH{-}CH{=}CH_2 + EtNi^+BF_3^-OOCR \longrightarrow$$

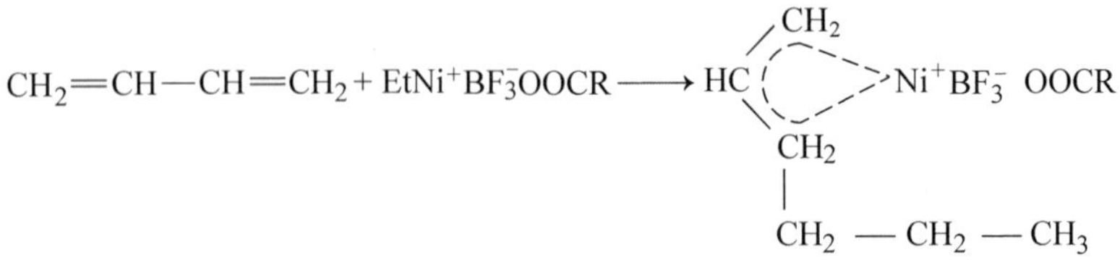

或者

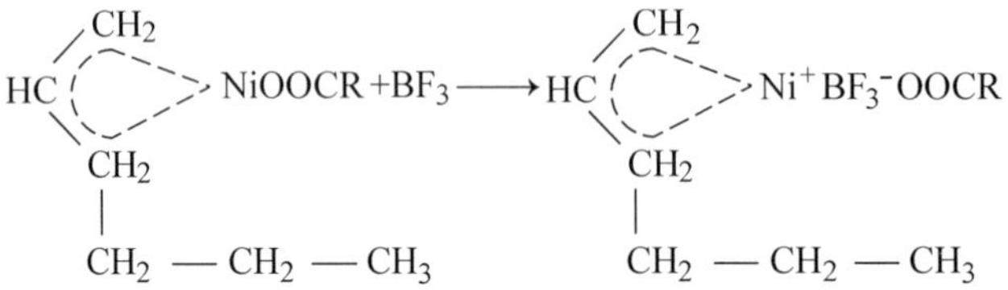

除形成活性中心外还可能有镍被进一步还原成零价镍，以及三乙基铝与三氟化硼乙醚配合物之间的一系列交换反应等某些副反应。

我国工业生产采用加氢抽余油为溶剂，环烷酸镍先由烷基铝还原再与丁油中的三氟化硼乙醚配合物组分接触（即硼单加方式）引发丁二烯聚合的进料工艺，对催化剂组分间的反应、活性中心结构，刘国智等[32] 于 1967 年曾提出如下机理：根据 Wilke[33] 研究以镍盐、烷基铝使丁二烯环化聚合时，曾分离出二环辛二烯－[1，5] 镍、环十二碳三烯－[1，5，9] 镍，以及红棕色的中间体二烯丙基型的镍配合物：

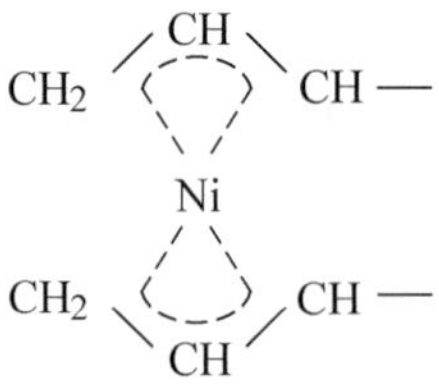

和我们双组分陈化实验结果，有理由认为活性中心应当是由镍的还原态的烯烃配合物所组成。但这种类型的镍烯烃配合物只能引起丁二烯的二聚和三聚，我们的实验也表明铝、镍陈化溶液不能与 $Al(i-Bu)_nF_{3-n}$（$n=1$、2、3）组成有效的丁二烯聚合催化剂，只有在 $BF_3 \cdot OR_2$ 或（$i-Bu$）BF_2 存在时才能形成活性中心。参考二烯丙基镍与某些金属卤化物之间的交换反应，发生以下反应是可能的：

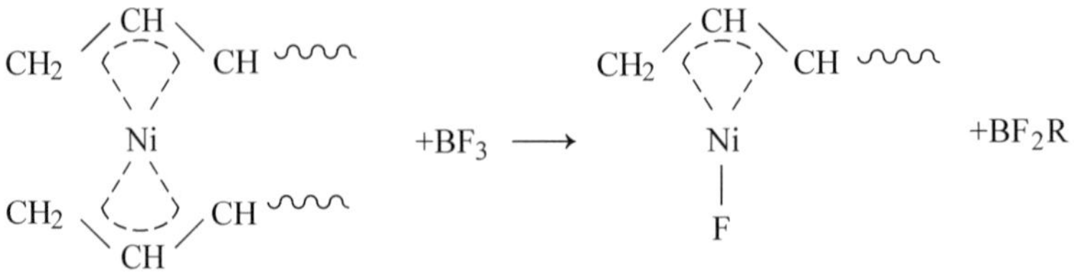

聚合活性中心应当是由上述一价镍的 π – 配合物所组成，可能一价镍配合物本身就是聚合的活性中心，聚合增长是按下式进行的：

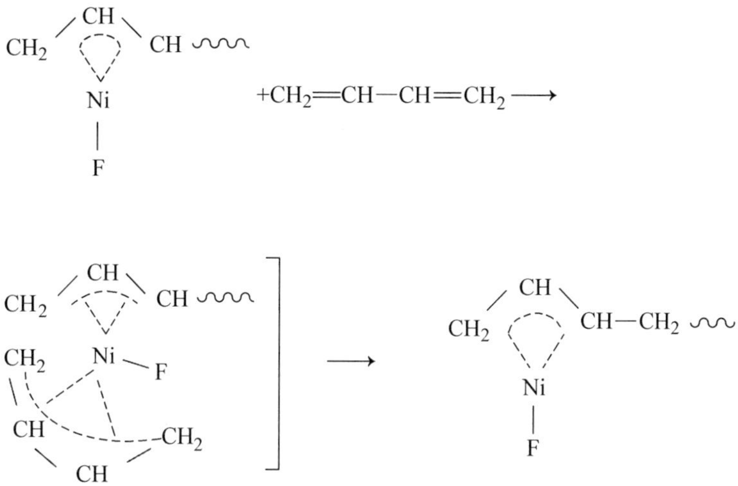

$$+ CH_2{=}CH{-}CH{=}CH_2 \longrightarrow$$

在聚合过程中活性的一价镍配合物是不稳定的，在丁二烯存在下与烷基铝交换后即生成无活性的零价镍的 π – 配合物：

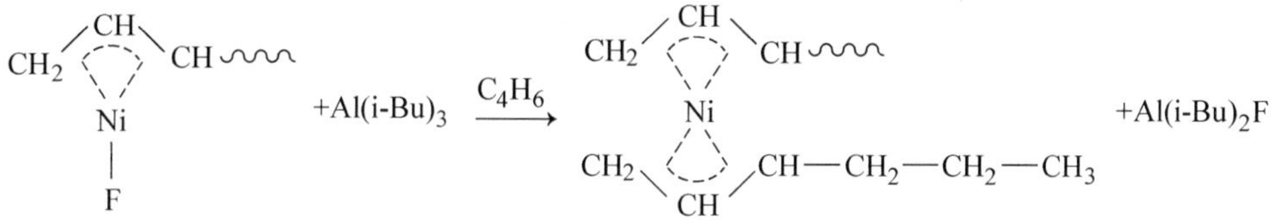

$$+ Al(i\text{-}Bu)_3 \xrightarrow{\ C_4H_6\ } \qquad\qquad + Al(i\text{-}Bu)_2F$$

而 BF_3 又可使零价镍配合物重新变为一价镍配合物，此外一价镍配合物与 BF_3 交换生成二价镍盐、烷基铝又可使其再生，烷基铝与三氟化硼通过烷基与氟交换的中间产物 R_nAlF_{3-n} 与 $BR_nF_{3-n}(n=1、2)$ 分别具有烷基铝及三氟化硼相似的功能，其活性顺序为：

$$AlR_3 > AlR_2F > AlRF_2$$
$$BF_3 > BRF_2 > BR_2F$$

在聚合体系中一价态 Ni 的含量是由以下复杂的化学平衡关系决定的：

$$Ni^{2+} \xrightleftharpoons[R_{3-n}AlF_n]{R_nBF_{3-n}} Ni^+ \xrightarrow[R_nBF_{3-n}]{R_{3-n}AlF_n} Ni^0 \qquad (n=0,1,2)$$

在聚合过程中 Ni^+ 的量随烷基铝与氟化硼的量而变化。

Азизоb[34] 等在 $Ni(acac)_2 - Et_3Al - BF_3 \cdot OEt_2 - C_4H_6$ 体系中添加 $(PhO)_3P$ 用光谱证实其活性中心结构为：

$$(\pi - C_3H_7)Ni(F)[P(PhO)_3]$$

该化合物能单独引发丁二烯聚合。

工业上用来生产高顺式聚丁二烯的 $Ni(naph)_2 - AlR_3 - BF_3 \cdot OEt_2$ 催化体系

的活性中心结构目前通常写成：

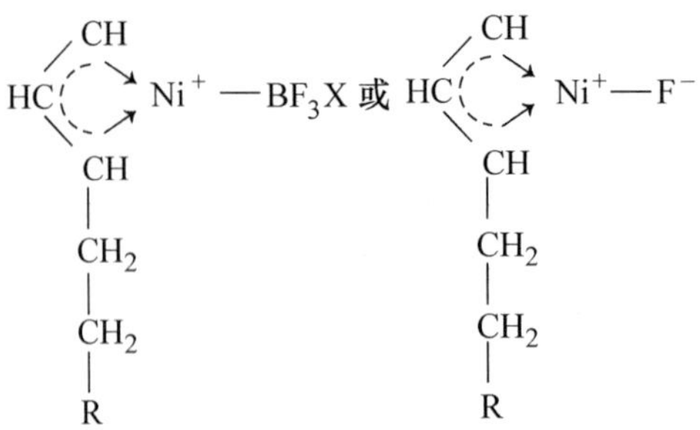

$$HC \underset{CH}{\overset{CH}{\bigcirc}} Ni^+ - BF_3X \quad 或 \quad HC \underset{CH}{\overset{CH}{\bigcirc}} Ni^+ - F^-$$

$$\begin{matrix} | \\ CH_2 \\ | \\ CH_2 \\ | \\ R \end{matrix} \qquad \begin{matrix} | \\ CH_2 \\ | \\ CH_2 \\ | \\ R \end{matrix}$$

式中，X 可以是环烷酸根，或其他配体。

3.5.2.2 引发和链增长机理

对于共轭双烯烃的过渡金属配位聚合，曾提出两种可能的聚合机理模型，即过渡金属—碳键（Mt—C），或碱金属—碳键（Al—C）为活性中心。链的增长中心或是 δ-烯丙基结构或是 π-烯丙基结构，这与选择的过渡金属以及其他因素有关。被广泛接受的观点是单体预先配位于一定结构的催化剂配合物，这种配合物可能是过渡金属烷基化配合物、双金属桥键配合物或是单金属 π-烯丙基配合物，然后配位的单体插入过渡金属与增长聚合物链金属—碳键（Mt—C）中进行增长。对镍系催化剂的研究已有许多实验证据表明聚合物的活性链端具有 π-烯丙基结构，链增长反应发生在金属镍-碳键（Ni-C）上。

A 无烷基金属化合物的镍系催化剂证据

a π-烯丙基化合物催化丁二烯聚合

Wilke[35] 于 1963 年发现二-π-烯丙基 Ni 可使丁二烯三聚为环十八碳三烯，1964 年 Porri 等[36]用 π-烯丙基 NiBr 使丁二烯聚合生成结晶的反式-1,4 聚合物。后来用 π-烯丙基 NiCl 可制得顺式-1,4 聚丁二烯，π-烯丙基 NiBr 与 Al-Br$_3$ 等给电子试剂一起用在苯溶剂中也可制得顺式-1,4 聚丁二烯，并提出如下的活性中心结构：

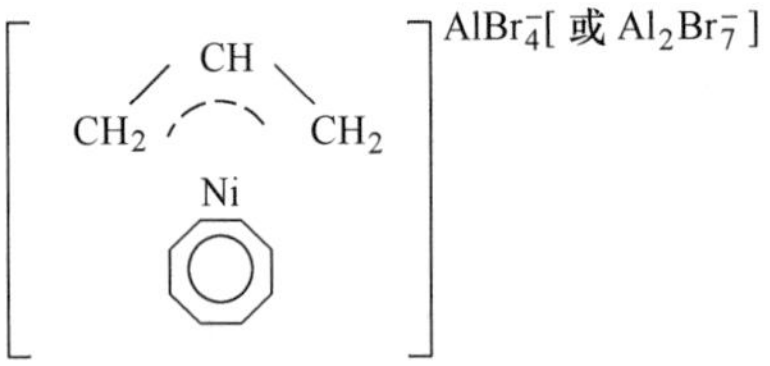

$$\left[CH_2 \underset{Ni}{\overset{CH}{\diagup \diagdown}} CH_2 \right] AlBr_4^-[\ 或\ Al_2Br_7^-]$$

当用（环辛-1,5-二烯）NiX 催化剂时，X 为 Br 时则得到顺式聚丁二烯，为 I 时则得到反式聚丁二烯[37]。Porri 等人[38]总结出如下事实：（1）用烯丙基 Ni-X（X = I、Br、Cl）得到的聚丁二烯中有乙烯基存在；（2）用 Ni(CO)$_4$ 和烯丙基卤化物催化剂原位引发丁二烯聚合物中有酯基存在；（3）催化剂对丁二烯和其他单体没有自由基性质和阳离子性质，以此为证据也提出活性中心为 Ni—C 键。

Dawans 等[39]发现用二（环辛二烯）镍（0）与特制的金属卤化物，如 $MoCl_5$、$TiCl$、$SbCl_5$、$FeCl_3$ 及 $NiCl_2$ 组成的二元催化剂具有较高活性并制得较高分子量。

Cooper[40]对 π-烯丙基卤化物催化丁二烯聚合，提出链增长的过程包括丁二烯（Bd）与 Ni 原子的配位作用，然后插入 π-烯丙基键上：

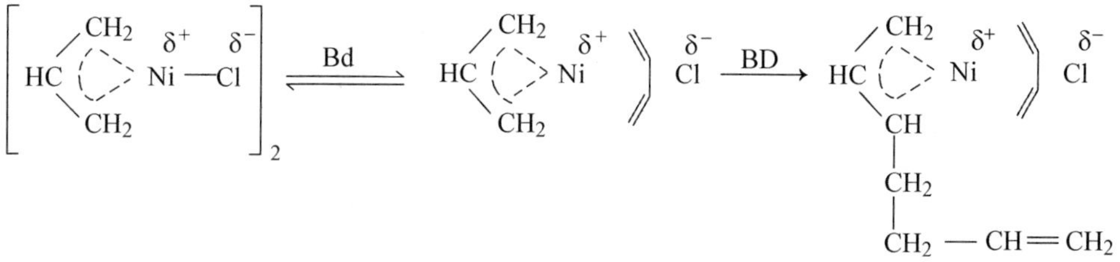

$$
\left[\begin{array}{c} CH_2 \\ HC \underset{CH_2}{\overset{\delta^+}{\longrightarrow}} Ni \overset{\delta^-}{-} Cl \end{array} \right]_2 \underset{\text{Bd}}{\rightleftharpoons} \quad HC \overset{CH_2}{\underset{CH_2}{\diamond}} Ni^{\delta^+} \big) Cl^{\delta^-} \xrightarrow{\text{BD}} HC \overset{CH_2}{\diamond} Ni^{\delta^+} \big) Cl^{\delta^-}
$$

$$CH_2-CH=CH_2$$

由于 π-烯丙基 NiCl 是以二聚物状况存在，它只有在与丁二烯（或路易斯碱）配位以后才分裂为单量体状态，并直接引发丁二烯聚合，催化活性随 Ni—X 键离子特性的增大而增大。添加路易氏酸（如 $AlCl_3$、$TiCl_4$），可以与 X 形成离子配合物，从而提高了 Ni 的正电荷，因此催化活性提高，所得聚合物分子量也同时增大，这是过渡金属—碳键（Ni—C）上引发、增长的直接证据。

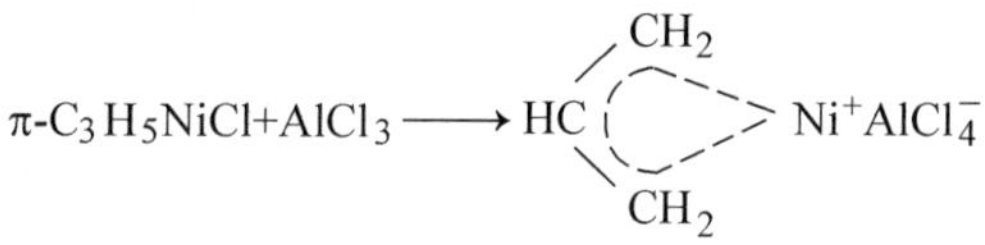

$$\pi\text{-}C_3H_5NiCl+AlCl_3 \longrightarrow HC \overset{CH_2}{\underset{CH_2}{\diamond}} Ni^+ AlCl_4^-$$

b 用 $AlCl_3$ 与 $NiCl_2$ 组成的丁二烯聚合催化剂

古川醇二[41]发现在有丁二烯存在下 $NiCl_2$ 与 $AlCl_3$ 的反应产物也可引发丁二烯聚合。经化学分析、紫外和磁性测定得知，这种催化剂在甲苯中有如下结构：

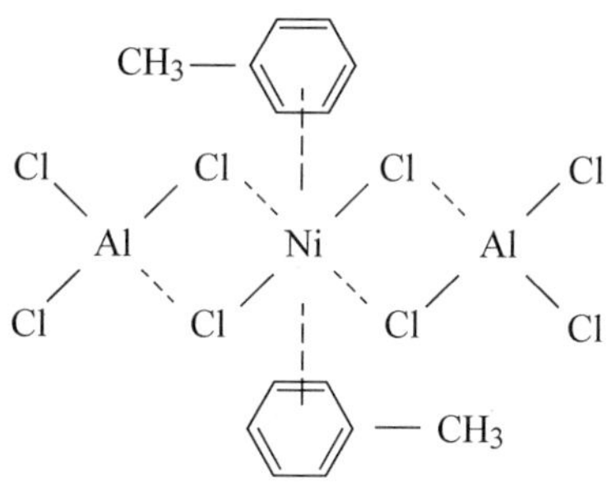

这是二价 Ni 的正八面体配合物。

B Ni 系催化剂只能引发丁二烯均聚而不能与单烯烃共聚

Ni 系催化剂与前过渡金属催化剂不同，Ti、V、Cr、Mo 等前过渡金属催化剂可催化 α-烯烃和双烯烃均聚或共聚合，而 Ni 系催化剂只能催化双烯均聚而不能催化单烃均聚或共聚合，其原因是 Ni 系催化剂引发的聚双烯烃增长链端可通

过 δ-烯丙基 Ni 转变为 π-烯丙基 Ni 而稳定：

$$\sim\sim CH_2-CH=CH-CH_2-Ni \rightleftharpoons \sim\sim CH_2-CH\overset{CH}{\underset{Ni^+}{\diagup\diagdown}}CH_2$$

δ- 烯丙基 Ni   π- 烯丙基 Ni

当加入 α-烯烃（如乙烯、丙烯）时，偶尔增长上一两个 α-烯烃分子，增长链端由 δ-烯丙基 Ni 转变为 δ-键，从而丧失 π-烯丙基的稳定作用，立即发生分解。利用 C—Ni δ-键和 π-烯丙基 Ni 键稳定性的差别，可用 α-烯烃来调节聚双烯烃的分子量，α-烯烃调节分子量的有效性[42]，也证明 Ni 催化聚二烯烃增长链端为 C—Ni 键。

C 用氚醇（CH_3OT）作淬灭剂的实验

当用放射性 CH_3OT 终止聚合反应时，若聚合物中含有放射性，表明发生了如下反应：

$$Cat-P_n + CH_3OT \longrightarrow Cat-OCH_3 + T-P_n$$

检测聚合物中 T 的含量就可以确定增长链端 C—Mt 的存在，还可以确定增长链端的离子特性。但镍系催化聚合物加入 CH_3OT 淬灭实验中，得不到具有放射性原子的聚合物链端，表明聚合物链端可能是由 π-烯丙基形式与镍金属相连，而对醇溶解有一定的稳定性，（π-烯丙基 NiX）$_2$ 可在醇溶剂中引发丁二烯聚合[38]，因此用标记醇终止聚合得不出确切的结论。而用 CH_3OT 终止由 $TiI_4 - Al(i-Bu)_3$ 催化剂制得的顺式聚丁二烯可检测出聚合物链端有放射性原子[43]。证明金属碳（C—Mt）键有如下的极化形式：$Mt^{\delta+}-C^{\delta-}$。当用 $Al(^{14}C_2H_5)_3$ 代替 $Al(i-Bu)_3$ 作助催化剂时，聚合物中则可检测出 ^{14}C 的放射性，这种结果不仅是在 $^{14}C_2H_5$ 基与活性中心连接时才能产生：

$$Cat-^{14}C_2H_5 + nBD \longrightarrow Cat-P_n-^{14}C_2H_5 \longrightarrow CatOR + P_n{}^{14}C_2H_5$$

而 $Al(^{14}C_2H_5)$ 作为链转移剂时也可能产生：

$$Mt\sim CH_2-CH=CH-CH_2\sim + Al(^{14}C_2H_5)_3 \longrightarrow$$
$$Mt\sim{}^{14}C_2H_5 + Al(^{14}C_2H_5)_2-CH_2-CH=CH-CH_2\sim$$

用 ^{14}C 的方法同时证明 Ti 体系中烷基铝上的烷基与活性链之间有链转移反应[44]。

3.5.2.3 Ni 系催化剂立构控制机理

对二烯烃用配位催化剂聚合，一般认为，有规立构聚合物的形成与单体的配位形式、增长链端的结构及其对进入单体的构型的控制能力有关。按照立构规化（Stereo regulation）作用发生的顺序，可以把增长反应划分为三个阶段：（1）二烯烃与过渡金属 Mt 配位时导致立构规化，即二烯烃以两个双键和 Mt 配位，1,4 加成形成顺式 1,4 链节；而以一个双键和 Mt 配位有利于形成反式 1,4 和 1,2 链节；（2）在形成过渡状态的过程中导致立构规化，即二烯烃虽是一个双键与 Mt 配位，若形成六元环过渡态 1,4 插入 Mt—C 键则得到反式 - 1,4，如形成四元环过渡态 1,2 插入 Mt—C 键则形成 1,2 链节；（3）二烯烃分子插入 Mt—C 后，链端双键或前末端双键与 Mt 配位，以及 Mt—C δ - 键合的位置导致立构规化。但不同的过渡金属催化剂对不同的双烯烃单体是不同。对于 Ni 过渡金属它不仅能以多组分形成高活性的 Ziegler - Natta 催化剂，更以单金属化合物形成了高活性的 π - 烯丙基型催化剂。由于 π - 烯丙基 Ni 化合物易于合成，又比较稳定，不仅是丁二烯聚合的一类重要催化剂，更是丁二烯增长链端最好的模型，对它的研究推动了聚合理论的发展。

A　单体配位时的立构规化作用

丁二烯单体于室温下在溶液中是以 S - 反式（96%）和 S - 顺式（4%）呈平衡态存在的，并以反式为主。由于 S - 顺式分子两端距离为 287pm，与 Ni 金属配位座间距离（284pm）相近，适合丁二烯以 S - 顺式配位，即两个双键与 Ni 金属配位（双座配位），而导致顺式 1,4 链节的形成。

Matsuzaki 等[45]曾提出过渡金属的非键合电子和丁二烯分子或增长链端之间的静电相互作用对决定聚合物链的立构起着重要作用。他考察了催化剂活性和聚丁二烯微观结构随 Ti、V、Ni 盐 - $AlEt_3$、AlX_3（X = Cl、Br、I）的改变，根据电中性原理：过渡金属原子处于接近中心状态。当金属原子呈球形电子分布（像 V 中心情况），此时丁二烯是以"自然"构象（S - 反式）配位；与之相反如为 Ni（或 Co）配合物，电子分布变形偏离球形对称，此时若丁二烯与 Ni（或 Co）配位，则丁二烯两端的 C_1 和 C_4 之间的排斥作用受 Ni（或 Co）的 d_{xy} 轨道电子的屏蔽效应的影响而减少（图 3 - 22），根据晶体场理论，此时 d_{xy} 轨道的能级低于 $d_{x^2-y^2}$ 轨道，丁二烯的 π 电子将选择进入 d_{xy} 轨道与 Ni（或 Co）形成双座配位配合物，由此形成顺式 1,4 聚丁二烯。

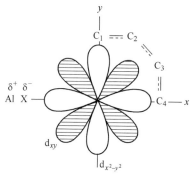

图 3 - 22　中间配合物 d 电子的空间分布示意图[46]

B　单体插入 Ni—C 键后的立构规化作用

当丁二烯单体在 Ni—C 键间插入后，链端的双键或末端第二个双键对 Ni 金属的配位、Ni 金属与链端 δ 键合的位置以及丁二烯单体的进攻方向等均对丁二烯聚合物链的立构规整化有不同程度的贡献。

Furukawa 等人[47]用 IR、NMR 和磁化率研究了 $\pi - C_4H_7NiX$ 的结构和键型后得出结论，无论是 π - 烯丁基镍氯化物，还是 π - 烯丁基镍碘化物均呈同式（syn）存在：

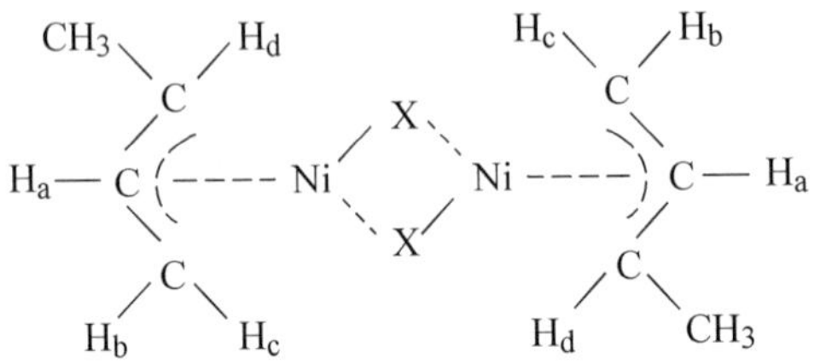

也即在氯化物和碘化物只有同式（syn）能以一个稳定的配合物而存在；并认为聚合是通过 δ - 烯丙基增长聚合物末端进行的，至少在顺式 - 1,4 聚合中是如此，并且单体配位的形式将制约着立体定向性。

Kormer[48]用氘代丁二烯制备双 [π - 氘代丁烯基碘化镍]。氘代丁二烯为单体，研究了双 [π - 丁烯基碘化镍] 与氘代丁二烯（1）、双 [π - 氘代丁烯基碘化镍] 与丁二烯（2）、双 [π - 丁烯基碘化镍] 与丁二烯（3）三种不同试剂反应的核磁共振谱，确定了聚合物末端的真实结构，证明聚合物链的增长末端与金属形成 - π - 烯丙基配合物，聚合物链的增长末端保持开始的配合物构型即同式，也即链端的 π - 烯丙基在链增长的每一步都保持同式结构，金属 - 烯丙基配位键的性质没有任何变化。

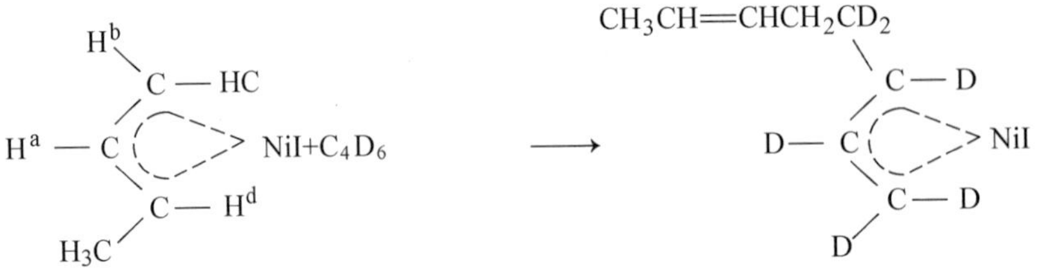

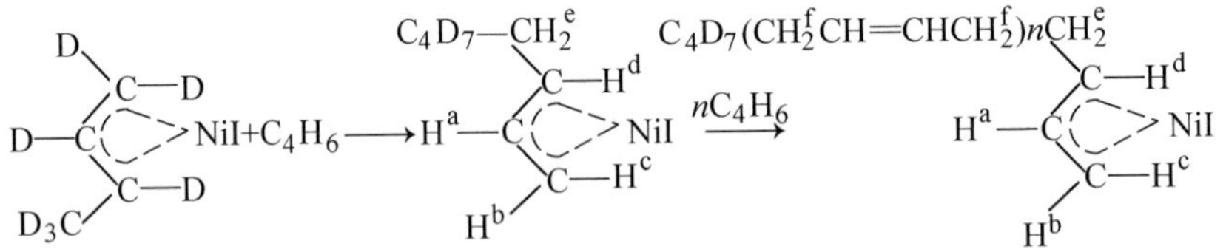

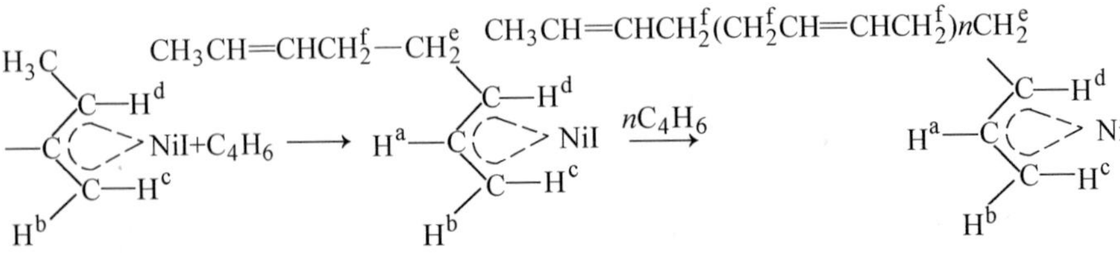

古川[41]根据上述实验结果，提出返扣配位机理（back - biting coordination）来解释丁二烯立体有规聚合机制。其基本观点是，聚合物链端是 π - 烯丙基结构，只有当聚合物链端倒数第二个双键与过渡金属有配位（返扣配位）作用时，取顺式构型位阻才较小，下一个单体才能继续配位，链增长得到顺式链节。倒数第二个双键返扣配位时，不可能采取反式构型，因为反式构型的返扣配位给活性中心带来很大位阻，以致下一个单体无法配位而使聚合终止。顺式 - 1,4 聚合的链增长过程示于图 3 - 23。

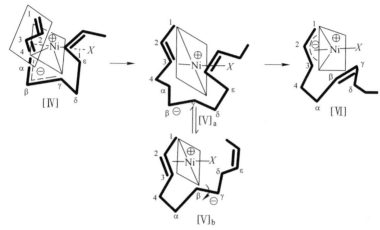

图 3 - 23　丁二烯向同式 π - 烯丙基镍盐加成时配合物的立体构型

图中丁二烯单体的反应是由 C_4 与配合物 ［Ⅳ］ 中同式 π - 烯丙基末端 α - 位之间进行的，给出一个中间体 ［Ⅴ］$_a$。第二步是 β—γ 键转换成双键，转换成双键后再次以返扣配位的形式同金属配位，由于这一转换是在 ε—i 双键返扣配位的控制下进行的，所以 β—γ 键有利于以顺式双键的形式产生。在第三步 ［Ⅵ］ 中，只有当 β—γ 键双键具有顺式构型的时候，β—γ 双键的返扣配位才允许下一个丁二烯单体进行双配位，假如生成的 β—γ 是反式双键就会阻止下一个单体配位。为了形成顺式双键 β—γ 键必须旋转一下，这可能是通过中间体 ［Ⅴ］$_b$ 进行的，因为 ［Ⅴ］$_b$ 是一个包括 Ni 原子、C_3、C_4、α - 、β - 碳原子的五元环，因此 ［Ⅴ］$_b$ 比 ［Ⅴ］$_a$ 稳定。返扣配位机理可以解释许多实验现象，如给电子试剂可以占据一些配位座，减少了返扣配位的可能性，使聚合活性和顺式含量降低，亲电子试剂可能消除某些配位体，使聚合活性和顺式含量增加；丁二烯与其他单体共聚使得丁二烯顺式含量下降等，都是由于增长链端的前末端双键数目减少，或无可供返扣配位的双键导致的。但目前返扣配位机理还需要更多的直接实验证据。

C　配位形式的立构规化作用

松本毅等[49]在确定了 π - 烯丙基 NiX 结构后，又进一步证明了增长链端为 δ -

烯丙基，并指出丁二烯不可能经由稳定的 π - 烯丙基链端增长聚合，从而提出了单体在 Ni 上的配位形式决定聚丁二烯微观结构的论点，这种理论的基本点是：在聚合过程中，如果丁二烯的两个双键和 Ni 配位（称双座配位），则形成顺式 - 1,4 聚丁二烯；如单体以一个双键和 Ni 配位（称单座配位），则得反式 - 1,4 或 1,2 - 链节。建议的增长链端模型是：Ni 为正八面体构型，配位数为 6，丁二烯在 Ni 上可以双座配位，也可以单座配位。

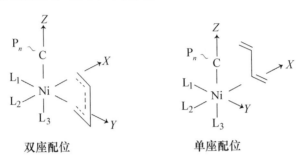

双座配位　　　　　　　　单座配位

式中，L_1、L_2 和 L_3 为 Ni 配体；$P_n \sim$ Ni 为增长链；X、Y、Z 为三个轴向。

发生单座配位还是双座配位取决于如下因素：

（1）配位座间距离。某些过渡金属正八面体配位座间距离（d）为：

Mt:	Ti	V	Cr	Mn	Fe	Co	Ni
d/pm:	315	301	290	294	288	287	284

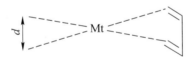

S - 顺式丁二烯分子两端距离为 287pm S - 反式丁二烯分子两端距离为 345pm，由此可见 Fe、Co、Ni 配位座间距离均在 287pm 左右，适合于 S - 顺式丁二烯分子发生双配位。

（2）过渡金属与单体轨道的能级[47]。金属轨道能级可用电离电位来估计（电离电位是从金属等轨道上移去电子时，克服原子核位能和核外电子的屏蔽效应所需要的能量），某些过渡金属如 Ti、V、Cr、Mo、Mn、Fe、Co 和 Ni 的 d 轨道能级大都在 6.5 ~ 8.0eV 之间，而丁二烯分子轨道的能级为：丁二烯最高被占轨道为 9.1eV，最低空轨道为 3.4eV；乙烯被占轨道为 10.5eV，空轨道为 3.0eV。

当双座配位时，Ni 的 d 轨道能级应和丁二烯分子轨道的能级接近。单座配位时，Ni 的 d 轨道能级应接近乙烯分子轨道的能级。从图 3 - 24 看两者仍有一定差距，因此需要强的电负性配体，以削弱电子屏蔽效应降低 d 轨道能量，以利于轨道交盖和电子接受。此时过渡金属将有选择地和丁二烯发生双座配位，1,4 插入得顺式 - 1,4 链节；当配位体的电负性较小时，过渡金属 d 轨道能级将远离丁二烯最高被占轨道的能级，此时将发生单座配位，若 1,4 插入得反式 – 1,4 链节，若在 C_2 上进攻则形成 1,2 链节。

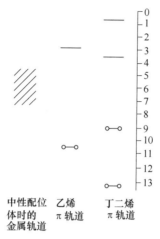

中性配位
体时的
金属轨道 　乙烯
π 轨道 　丁二烯
π 轨道

图 3 – 24　过渡金属 d 轨道和丁二烯 π 轨道的能级

根据如上理论可以预测，随着过渡金属中心原子和配体电负性的不同，可获得微观结构成规律性变化的聚丁二烯，即：对于含相同过渡金属的催化剂，配体的电负性由小到大，聚丁二烯的微观结构由反式 – 1,4（或 1,2）到顺式 – 1,4。例如：

$$(\pi - C_3H_5NiI)_2 \longrightarrow (\pi - C_3H_5NiCl)_2$$
反式 – 1,4 PBd（95%）　　　　顺式 – 1,4 PBd（90%）

$$Ni(OCOR)_2/AlEt_3/BCl_3 \longrightarrow Ni(OCOR)_2/AlEt_3/BF_3$$
顺式 – 1,4 PBd（80%）　　　　顺式 – 1,4 PBd（98%）

对于不同过渡金属的催化剂，则电负性强的金属需要电负性强的配体，才能获得顺式 – 1,4 聚丁二烯。

D　链端的 π—δ 键平衡决定聚合链的立构规整性

Porri[50,51] 等认为不仅单体的配位形式对聚丁二烯的微观结构起着重要作用，而且链端的 π—δ 键平衡也决定着聚合链的立构规整性。单体两个双键的配位是通过两个互相连接的步骤来实现的，即丁二烯先与过渡金属形成 π - 配合物，π - 配合物再异构化为 δ - 烯丙基配合物。配位单体在金属碳（Mt—C）δ - 键插入，由此得到类似于初始的配合物，如此反复进行，这就是链增长过程。若丁二烯和过渡金属发生顺式双座配位，经六元环过渡态形成顺式 – 1,4 聚丁二烯。加入强的受电子体（如路易斯酸或有机酸），由于降低了 Mt 的电子云密度，提高了 Mt 的电负性，此时有利于形成六元环过渡态，从而提高了聚合物的顺式 – 1,4 含量；如果加入给电子体 L［如 P(ph)$_3$］，由于 L 占据了一个配位点，丁二烯就只能以一个双键配位，此时如形成六元环过渡态就导致顺式 – 1,4 含量下降，反式 -1,4 或 1,2 - 链节增多也是同一道理；上述配位形成过渡态和插入都是在增长链端存在着 σ - π 平衡的条件下进行的，反应的总图示见图 3 - 25。

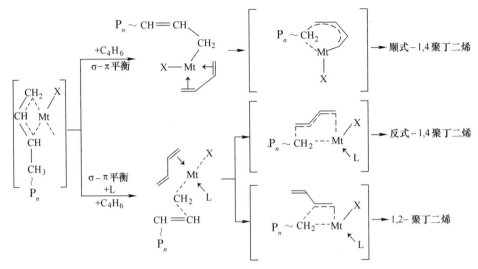

图 3 - 25   丁二烯配位聚合机理总图示

（Mt—Ni、Co 等过渡金属；P_n—增长链；L—给电子体）

Cooper[52] 认为对于二烯烃的立构规整聚合来说，不管哪种聚合理论均需与下述实验事实相符合，即当丁二烯与过渡金属形成单（座）配位或双（座）配位配合物时，加入给电子体（如 NR_3 或 P(ph)$_3$ 等）均会改变 π - 烯丙基配合物的存在形式，从而使聚丁二烯从顺式 -1,4 变为反式 -1,4 或 1,2 - 结构。

3.6 稀土催化丁二烯聚合动力学及反应机理

3.6.1 聚合动力学

关于稀土催化双烯烃聚合动力学及反应机理方面的研究，欧阳均先生[12] 1991 年出版的《稀土催化剂与聚合》专著中已有详细综述。1993 年 Pross 等[53] 又发表了有关动力学方面的研究，并总结了 1988 年以前有关动力学的研究工作。Lars Friebe 等人[54] 对 2006 年以前有关稀土催化双烯烃聚合，包括聚合动力学和机理等研究工作进行了全面总结、分析及评述。由于稀土催化剂组成复杂、催化体系较多，在聚合动力学和机理方面的研究，有许多结果相互矛盾，出现多种不同的反应模型，虽然已进行很多研究，但深层次的工作仍有待进一步研究。

稀土催化丁二烯聚合速度主要依赖于主催化剂 - 钕化物、助催化剂 - 烷基铝及卤素给予体的用量和溶剂，除化学因素外，温度对聚合速度也有较强的影响。

Lars Friebe 等[54]根据 Pross 等提出的聚合速度与催化剂各组分浓度的动力学方程式：

$$\frac{r_P}{K_P} = C_{Bd}^W C_{Nd}^Y C_{Al}^Z C_X^U \qquad (3-57)$$

对动力学文献进行分析和评述。式中，C 为催化剂组分和单体的浓度；W、Y、Z、U 分别为各组分的反应级数；X 为 Cl、Br、I。

通常的稀土催化体系，多数文献都给出丁二烯浓度呈一级反应（$r_P/K_P - C_{Bd}^W$，$W=1$）[54]。但 π-烯丙基钕催化体系，丁二烯呈二级反应（$r_P/K_P - C_{Bd}^W$，$W=2$）[55]。

由 $Nd(CH_2Ph)_3$、$NdCl_3$、$Nd(vers)_3$、$Nd(oct)_3$ 和 $Nd(naph)_3$ 等钕化合物组成的催化体系，对钕化合物浓度主要呈一级关系（$r_P/K_P - C_{Nd}^Y$，$Y=1$）[3]。但亦有反应级数 $Y=0.5$[56] 和 $Y=0.83$[57] 的文献报道。由烷氧基钕和磷酸钕盐分别构成的催化体系也测得 Y 不等于 1 的反应级数[58]。

$Nd(vers)_3$、$Al_2Et_3Cl_3$ 同助催化剂组成的催化体系，聚合速度常数 K_P 不是常数，其值取决于助催化剂的性质和浓度。可把 K_P 看作表观速度常数 K_a。用 $Al(i-Bu)_3$ 作助催化剂时，K_a 与 Al/Nd 摩尔比的关系呈 S 形曲线，在 Al/Nd 摩尔比 =50 时，K_a 有最大值（$K_a=311L/(mol\cdot min)$）；用 $AlH(i-Bu)_2$ 作助催化剂时，K_a 与 Al/Nd 摩尔比的关系为反 U 形曲线，最大值出现在 Al/Nd 摩尔比 = 30 处（$K_a \approx 220L/(mol\cdot min)$）[59]，见图 3-26。

按 $r_P/K_P - C_X^U$ 方程，卤素给予体组分对聚合速度应有如下的函数关系：

$$r_P/K_P = f(C_X) \qquad (3-58)$$

r_P 与卤素给予体浓度的依存关系非常复杂，而且不能用简单方程来描述。通常 r_P 对 X/Nd 摩尔比的依赖关系在文献中由图示法给出。在 X/Nd 摩尔比 =2~3 时 r_P 有最大值。最大值受许多参量的影响，如催化剂组分混合方式、连续配料顺序、催化剂配制时有否单体存在等诸多因素均影响聚合速度 r_P。

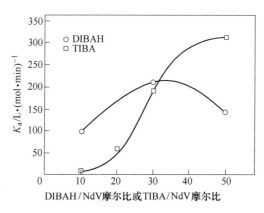

图 3-26　表观速度常数 K_a 与 Al/Nd 摩尔比的关系

3.6.1.1　氯化稀土二元催化体系——$NdCl_3 \cdot 3i - PrOH/AlEt_3/$庚烷体系[60]

A　聚合动力学曲线及速度方程式

扈晶余等[60]将 $NdCl_3 \cdot 3i - PrOH$ 与 $AlEt_3$ 两组分先混合陈化，预先形成活性中心，再加入丁油中引发聚合。聚合很快，没有诱导期，得到如图 3－27 所示的一般聚合动力学曲线，对单体浓度呈一级反应（见图 3－28）。聚合开始的 60min 内，聚合速度是稳定的。随后由于单体浓度不断下降、体系黏度变大、单体扩散速度降低以及活性中心失活等原因，聚合速度逐渐减慢。

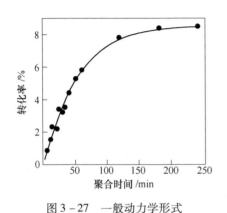

图 3－27　一般动力学形式　　　　图 3－28　聚合的稳定速度

（聚合条件：$[M] = 1.0mol/L$，$[Nd] = 1.62 \times 10^{-4}mol/L$，　　（聚合条件：$[M] = 1.0mol/L$，$[Nd] = 1.62 \times 10^{-4}mol/L$，

$[Al] = 3.24 \times 10^{-3}mol/L$，30℃）　　　　　　　$[Al] = 3.24 \times 10^{-3}mol/L$，30℃）

当其他条件固定、单体浓度在 0.56～1.67mol/L 范围内变化时其稳态聚合速度对单体浓度变化的对数关系为一直线，其斜率为 0.95，表明聚合反应对单体浓度为一级关系。

在固定三乙基铝的浓度、改变主催化剂浓度从 3.0×10^{-5}～$1.15 \times 10^{-5}mol/L$ 时（即变化 Al/Nd 摩尔比），其聚合速度与主催化剂浓度变化的对数关系仍为一条直线，直线斜率为 0.98，表明聚合速度对三氯化钕异丙醇配合物的浓度呈一级关系。

在固定主催化剂浓度、改变三乙基铝浓度时，聚合速度的变化如图 3－29 所示。起初，当三乙基铝浓度增加时，由于形成较多的活性中心，聚合速度随三乙基铝浓度增加而上升。当三乙基铝浓度达到 $5 \times 10^{-3}mol/L$（即 Al/Nd 摩尔比 = 30）时，聚合速度达最大值，随三乙基铝浓度继续增加，由于过剩的三乙基铝同单体在催化剂表面上的吸附竞争，聚合速度越过峰值后而逐渐下降。稳态聚合速度与三乙基铝浓度的对数关系如图 3－30 所示。斜率分别为 +0.5 与 -0.5 的直线。这表明三乙基铝在体系中以二聚体存在，吸附速率直接与溶液中的单个的烷基铝浓度呈正比，也表明三乙基铝在催化剂表面上的吸附作用是很快完成的。

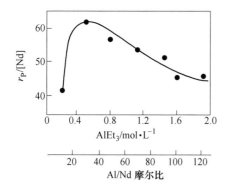

图 3 - 29　聚合速度与三乙基铝浓度的关系
（聚合条件：$[M] = 1.0\text{mol/L}$，$[Nd] = 1.62 \times 10^{-4}\text{mol/L}$，

$[Al] = 3.24 \times 10^{-3}\text{mol/L}$，$30℃$，$60\text{min}$）

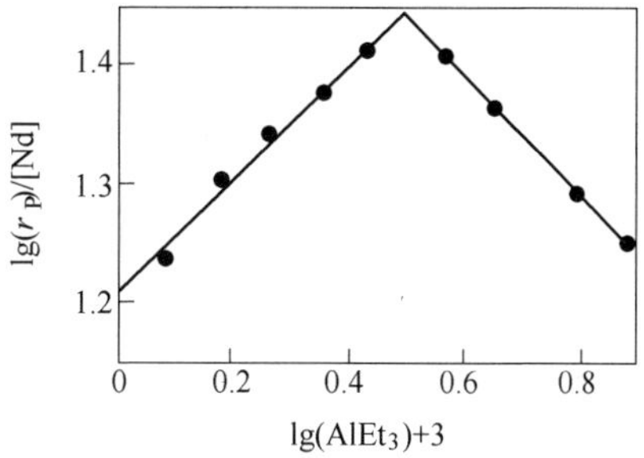

图 3 - 30　聚合速度对数与三乙基铝浓度对数图
（聚合条件：$[M] = 0.56\text{mol/L}$，

$[Nd] = 9.0 \times 10^{-5}\text{mol/L}$，$30℃$）

在 $10 \sim 40℃$ 聚合温度范围内，聚合动力学曲线均通过原点（见图 3 - 31），聚合速度对单体浓度呈一级关系，没有诱导期，不同的聚合温度有不同的稳态期，由此求得不同温度下的表观速度常数 K，并与相应温度作图（见图 3 - 32），即求得表观活化能为 $(40.5 \pm 0.5)\text{kJ/mol}$。

从上述的动力学数据，聚合速度可表示为：

$$-\frac{\mathrm{d}M}{\mathrm{d}t} = K[M][Nd][Al]^{\frac{1}{2}} \quad \text{或} \quad r_P = K_P[C^*][M] \qquad (3-59)$$

式中，r_P 为聚合速度；K_P 为链增长常数；$[C^*]$ 为活性中心浓度。

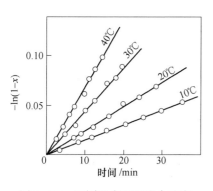

图 3 - 31　不同温度下的聚合速度
（聚合条件：$[M] = 0.56\text{mol/L}$，$[Nd] = 9.0 \times 10^{-4}\text{mol/L}$，

$[Al] = 1.8 \times 10^{-3}\text{mol/L}$）

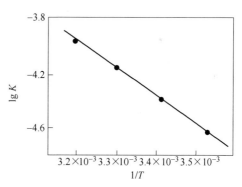

图 3 - 32　聚合速度与温度的关系
（聚合条件：$[M] = 0.56\text{mol/L}$，$[Nd] = 9.0 \times 10^{-4}\text{mol/L}$，

$[Al] = 1.8 \times 10^{-3}\text{mol/L}$）

B　活性中心浓度及催化剂效率

选用二环己基18冠 - 6 醚作阻聚剂，分别用聚合瓶和膨胀计方法测得稳态速度的变化见图 3 - 33。由此求得表观速度常数 K 和催化剂的利用率 α。根据

$K = K_P\alpha[C]_0$ 和 $[C^*] = \alpha[C]_0$（式中 $[C]_0$ 为主催化剂起始浓度），便可求得活性中心浓度 $[C^*]$ 和链增长速度常数 K_P（见表 3-14）。从表中的数据可知，两种方法结果基本一致，催化剂的有效利用率在 8.0% ~ 11%（10 ~ 30℃），随聚合温度升高略有增加。链增长速度常数 K_P 随温度升高而增加，而且变化较大。求得本催化体系链增长活化能为 (29.3 ± 0.5)kJ/mol。

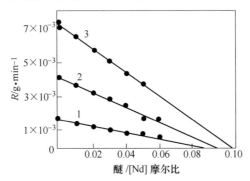

图 3-33   阻聚剂用量与聚合速度的关系

1—10℃；2—20℃；3—30℃

（聚合条件：[Bd] = 0.56mol/L，[Nd] = 9.0 × 10⁻⁴mol/L，[Al] = 1.8 × 10⁻⁸mol/L）

表 3-14   活性中心浓度和聚合速度常数

方法	$[C]_0$ /mol · L⁻¹	温度 /℃	α /%	$[C^*]$ /mol · L⁻¹	K /s⁻¹	K_P /L · (mol · s)⁻¹
I	9.0 × 10⁻⁵	10	8.7	7.83 × 10⁻⁶	2.52 × 10⁻⁵	3.22
		20	9.7	8.73 × 10⁻⁶	4.05 × 10⁻⁵	4.37
		30	10.5	9.45 × 10⁻⁶	7.33 × 10⁻⁵	7.40
II	16.2 × 10⁻⁵	10	8.1	13.1 × 10⁻⁶	4.33 × 10⁻⁵	3.07
		20	9.9	16.0 × 10⁻⁶	8.27 × 10⁻⁵	4.95
		30	10.8	17.5 × 10⁻⁶	12.70 × 10⁻⁵	7.13

注：I —膨胀计法，[Bd] = 0.56mol/L，[Al] = 1.8 × 10⁻³mol/L；II —聚合瓶法，[Bd] = 1.0mol/L，[Al] = 3.24 × 10⁻³mol/L。

C   由动力学数据求解链转移常数[61]

从实验得知，聚合过程中存在对烷基铝与单体的链转移反应，而无终止反应，应用方程式 (3-60) 与式 (3-61) 可求得各速度常数：

$$\frac{1}{\overline{P}_n} = \frac{K_{trm}}{K_P} + \frac{K_{tra}[Al]^{\frac{1}{2}}}{K_P} \times \frac{1}{[M]} \qquad (3-60)$$

$$\frac{[M]}{r_P} = \frac{1}{K_P C^*} + \frac{K_{trm}}{K_P K_i C^*} + \frac{K_{tra}[Al]^{\frac{1}{2}}}{K_P K_i C^*} \times \frac{1}{[M]} \qquad (3-61)$$

以 $\dfrac{1}{P_n}$ 与 $[M]/r_P$ 分别对 $1/[M]$ 作图（见图 3－34 和图 3－35）。以 $\dfrac{1}{P_n}$ 对 $[Al]^{1/2}/$ $[M]$ 作图（见图 3－36）。由其相应的斜率与截距可求得 K_iC^*、K_{trm}/K_P、K_{tra}/K_P，已知 $r_P = K_P[C^*][M]$ 或 $K = K_P[C^*]$，故可求得 K_P。求得在 30℃ 下各速度常数值为：$K_i = 2.4 \text{L}/(\text{mol} \cdot \text{s})$，$K_P = 7.4 \text{L}/(\text{mol} \cdot \text{s})$，$K_{tra} = 0.2 \text{L}/(\text{mol} \cdot \text{s})$，$K_{trm} = 1.5 \times 10^{-3} \text{L}/(\text{mol} \cdot \text{s})$。

对烷基铝的链转移速度是对单体的 130 倍。

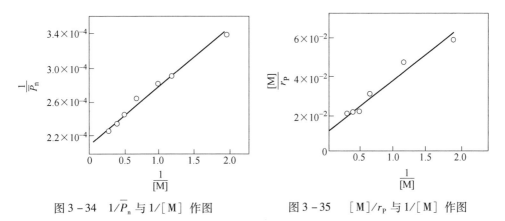

图 3－34　$1/\overline{P}_n$ 与 $1/[M]$ 作图　　　　图 3－35　$[M]/r_P$ 与 $1/[M]$ 作图

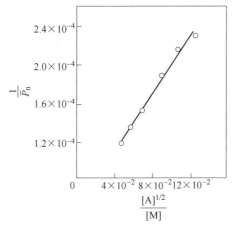

图 3－36　$1/\overline{P}_n$ 与 $[Al]^{1/2}/[M]$ 作图

D　分子量与分子量分布[61]

在单体浓度和主催化剂浓度及 Al/Nd 摩尔比均保持恒定时，聚合物的分子量在前 60min 内随聚合时间增加而增长，随后趋于平稳（见图 3－37），这种平稳可能由于链转移反应所致。聚合物分子量与转化率也表现出类似关系（见图 3－38）。分子量分布随聚合时间的增加或转化率的增加而变宽（见表 3－15）。

这虽然是由于一方面大分子链长不断增加，而另一方面由于链转移反应使低分子数目不断增加，故分子量分布变宽。

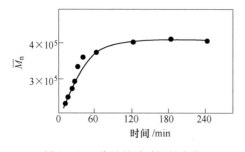

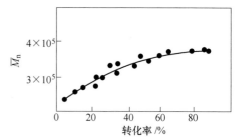

图 3-37   分子量随时间的变化

（聚合条件：[Bd]=1.0mol/L，[Nd]=1.62×10⁻⁴mol/L，

[Al]=3.24×10⁻³mol/L，30℃）

图 3-38   分子量与转化率的关系

（聚合条件：[Bd]=1.0mol/L，[Nd]=1.62×10⁻⁴mol/L，

[Al]=3.24×10⁻³mol/L，30℃）

表 3-15   不同聚合条件与分子量分布

时间/min	$[Al]/mol \cdot L^{-1}$	$[Nd]/mol \cdot L^{-1}$	温度/℃	$\overline{M}_w/\overline{M}_n$
10	3.24×10^{-3}	16.20×10^{-5}	30	7.5
20	3.24×10^{-3}	16.20×10^{-5}	30	8.4
120	3.24×10^{-3}	16.20×10^{-5}	30	10.1
60	3.24×10^{-3}	16.20×10^{-5}	30	8.2
60	8.10×10^{-3}	16.20×10^{-5}	30	13.1
60	16.20×10^{-3}	16.20×10^{-5}	30	12.1
120	3.24×10^{-3}	3.25×10^{-5}	30	12.0
120	3.24×10^{-3}	6.50×10^{-5}	30	11.4
120	3.24×10^{-3}	16.20×10^{-5}	30	10.1
60	3.24×10^{-3}	16.20×10^{-5}	22	6.0
60	3.24×10^{-3}	16.20×10^{-5}	30	8.2
60	3.24×10^{-3}	16.20×10^{-5}	50	11.2

注：[Bd]=1.0mol/L。

（1）单体浓度变化与分子量。实验是在相同的催化剂浓度和较长的聚合时间，并达到同一转化率情况下进行的，使所得聚合物分子量不受时间和转化率的影响。聚合物分子量随单体浓度增加而变大（见图3-39），但并非直线上升，这说明在聚合过程中对单体有一定的链转移反应。

（2）主催化剂浓度与分子量及分子量分布。当三乙基铝与单体浓度固定时，改变三氯化钕异丙醇配合物浓度,则聚合物的分子量随主催化剂浓度的降低而有下降的趋势(见表3–16),这可能是聚合物的分子量受 Al/Nd 摩尔比和 Nd/Bd 摩尔比两个变量影响的结果,Al/Nd 摩尔比对分子量的影响远超过 Nd/Bd 摩尔比对分子量的影响,分子量随 Nd/Bd 摩尔比增加而增大的事实,正是反映了它随 Al/Nd 摩尔比的降低而增大的规律,再次表明烷基铝具有很强的链转移作用。但当 Al/Nd 摩尔比固定时,随催化剂浓度加大,聚合物分子量成直线下降(见图3–40)。这显然是由于体系中活性中心数目的增加所致。分子量分布则随主催化剂浓度的减少而变宽(见表3–15),这是由于 Nd 用量降低,即 Al/Nd 摩尔比增大,链转移反应使低分子数目增加,故分布变宽。

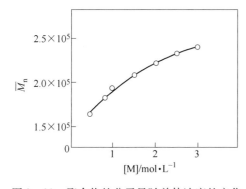

图3–39 聚合物的分子量随单体浓度的变化

(聚合条件:[Nd] = 1.62 × 10⁻⁴ mol/L,

[Al] = 3.24 × 10⁻³ mol/L,30℃)

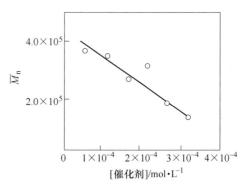

图3–40 分子量与催化剂浓度

(聚合条件:[Bd] = 1.0 mol/L,

Al/Nd 摩尔比 = 20,30℃,1h)

表3–16 三氯化钕异丙醇配合物浓度对分子量的影响

$[NdCl_3 \cdot 3i - PrOH]/mol \cdot L^{-1}$	$[\eta]/dL \cdot g^{-1}$	M_n
24.9×10^{-5}	8.62	2.13×10^5
16.2×10^{-5}	8.77	2.18×10^5
10.8×10^{-5}	8.70	2.05×10^5
8.1×10^{-5}	7.95	1.89×10^5
6.5×10^{-5}	7.77	1.83×10^5
4.5×10^{-5}	7.40	1.71×10^5
3.25×10^{-5}	7.26	1.65×10^5

注:聚合条件:[Bd] = 1.0 mol/L,[Al] = 3.24 × 10⁻³ mol/L,30℃,2h。

(3)助催化剂浓度与分子量及分布。主催化剂与单体的浓度保持恒定时,聚合物分子量随烷基铝浓度的增加而下降,开始较快而后趋于平稳(见图

3-41)，分子量分布随烷基铝浓度增加而变宽（见表3-15），这显然是由于过量的烷基铝的链转移反应低分子数目增加所致。

（4）聚合温度与分子量及分子量分布。聚合温度在22~50℃范围内，Al/Nd摩尔比及单体浓度保持恒定时聚合物分子量随着温度升高而成直线下降（见图3-42），分子量分布也随温度升高而变宽（见表3-15），说明聚合温度升高有利于链转移反应。

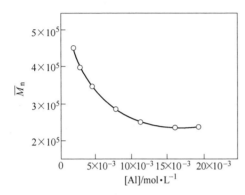

图3-41　三乙基铝浓度对分子量的影响　　图3-42　分子量与温度的关系

E　生长链平均寿命的计算

用动力学数据可由下式直接计算生长链平均寿命（τ）：

$$\tau = \frac{[C^*]\,\overline{P}_n}{r_P} \qquad [C^*] = \alpha[C]_0 \qquad (3-62)$$

也可用 Natta 等的动力学方法[62]由聚合时间（t）与数均聚合度（$\overline{P}_n$）的关系式求得[61]：

$$\tau = \frac{d\left(\dfrac{1}{\overline{P}_n}\right)}{d\left(\dfrac{1}{t}\right)}\overline{P}_n \qquad (3-63)$$

或

$$\tau = \frac{d\left(\dfrac{1}{[\eta]}\right)^{\beta}}{d\left(\dfrac{1}{t}\right)}[\eta]^{\beta} \qquad (3-64)$$

式中，$\beta = 1/\alpha$（α 为 $[\eta] = KM^{\alpha}$ 公式中的 α）。用图3-37的数据制得图3-43，

得一直线，由直线斜率求得 $\dfrac{d\left(\dfrac{1}{\overline{P}_n}\right)}{d\left(\dfrac{1}{t}\right)}$ 值，再由图3-37求得渐近线的 $\overline{P}_n$（即最大的

数均聚合度），便可求得 τ 值，为6~7min（须指出，图3-43是聚合时间大于

30min 的结果，小于 30min 的实验点偏离直线，不能用来计算 τ 值）。也可用此 τ 值按式（3-62）计算 $[C^*]$，进而求得催化剂有效利用率 α。在聚合 60min 时，求得 $\alpha = 6\%$，与用阻聚法所得结果较为接近 $\alpha = 10.8\%$。但在转化率较高时，由于 r_P 受其他因素的影响难以计算出正确的 $[C^*]$ 值。由阻聚法求得的 $[C^*]$ 值再计算 τ 值，为 $9 \sim 12$min，显然高于动力学数据求得的 τ 值。

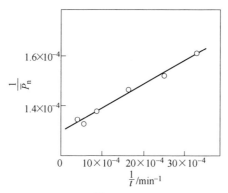

图 3-43 $1/\overline{P}_n$ 与 $1/t$ 的线性关系

3.6.1.2 羧酸稀土三元催化体系

A $Nd(naph)_3 - Al(i-Bu)_3 - Al(i-Bu)_2Cl -$ 庚烷体系

潘恩黎等[63] 应用氚醇淬灭法和动力学方法研究了丁二烯在 $Nd(naph)_3$ 三元稀土催化体系中的聚合动力学，催化剂三个组分采取 $Nd + Cl + Al$ 的方法预混合，在室温陈化 24h，形成非均相催化剂。综合分析丁二烯在稀土催化体系中聚合的链增长、链转移及链终止过程。特别是应用氚醇淬灭法，通过金属聚合物键浓度的变化规律，直接观测聚合物链对烷基铝的链转移过程，从而对链转移反应获得较多的了解，并将应用氚醇淬灭法所测得的活性中心浓度 $[C^*]$ 代入动力学方法所确定的关系中，从而计算出各单元反应过程的速度常数。

a 聚合动力学曲线方程式

丁二烯在此三元体系下聚合动力学曲线见图 3-44。从动力学曲线可以看出，引发与增长反应基本上是同时进行的，没有诱导期，开始时聚合速度很大，30min 后速度降至一常数值。在固定温度与催化剂用量，改变单体浓度（$0.430 \sim 1.73$mol/L）时，发现初始聚合速度（R_0）与初始单体浓度（$[M]_0$）的对数作图得斜率为 1.1 的直线（见图 3-45），表明单体浓度对聚合反应呈一级关系。将测得的初始活性中心浓度 $\lg[C^*]$ 与聚合速度 $\lg R_0$ 作图，仍为直线（见图 3-46），斜率为 1.03，证明聚合速度与活性中心浓度呈一级关系，由此得知聚合动力学方程式：

$$r_P = K_P[C^*][M] \tag{3-65}$$

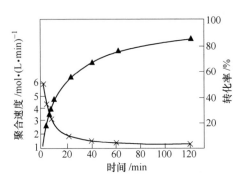

图 3-44 聚合动力学曲线
×—聚合速度；▲—转化率
（聚合条件：$[M] = 0.857\,mol/L$，
$[Nd(nahp)_3] = 8.3 \times 10^{-5}\,mol/L$，
$[Al(i-Bu)_2Cl] = 2.49 \times 10^{-4}\,mol/L$，
$[Al(i-Bu)_3] = 2.49 \times 10^{-3}\,mol/L$，50℃）

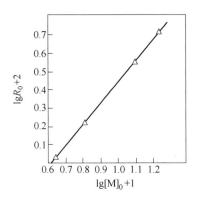

图 3-45 聚合初速度和初始
单体浓度的对数图
（聚合条件：$[Nd(nahp)_3] = 9.4 \times 10^{-5}\,mol/L$，
$[Al(i-Bu)_2Cl] = 2.49 \times 10^{-4}\,mol/L$，
$[Al(i-Bu)_3] = 2.49 \times 10^{-3}\,mol/L$，30℃）

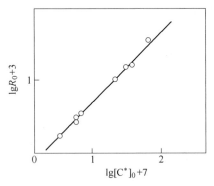

图 3-46 聚合初速度和初始活性中心浓度的对数图
（聚合条件：$[M]_0 = 0.857\,mol/L$）

b 聚合反应单元分析

（1）聚合活性中心浓度及氚醇淬灭法原理。潘恩黎等[64]应用氚醇淬灭法测定了稀土催化剂的活性中心浓度。该法的原理主要基于 Ziegler – Natta 催化剂为配合阴离子型催化剂，单体插入 $Mt^{\delta+}—C^{\delta-}$ 极性键而增长，当用氚醇终止时，应发生下列反应：

$$Cat^{\delta+}—^{\delta-}CH_2P + ROT \longrightarrow Cat—OR + T—CH_2P$$

用 $^{14}CH_3OH$ 和 CH_3OT 两种标记的甲醇淬灭聚合反应，发现以 CH_3OT 淬灭的聚合物的比放射性要比 $^{14}CH_3OH$ 淬灭聚合物大 100 倍以上，说明 CH_3OT 的氚与聚合链发生作用，表明稀土定向催化剂和 Ti、V 等过渡金属组成的 Ziegler – Natta 催化剂一样是配合阴离子型催化剂。因此氚醇淬灭法完全适用于稀土定向催化剂。但由于氚醇也能和没有聚合活性的 Al – C 键作用，Al – C 键来源于聚合物链与烷基铝的链转移反应：

$$Cat - CH_2P + AlR_3 \longrightarrow R_2Al - CH_2P + Cat - R$$

$$R_2Al - CH_2P + ROT \longrightarrow R_2AlOR + T - CH_2P$$

因此，用氚醇测定的金属聚合物键数，既有活性中心数，也包括与烷基铝链转移后失活的含 Al—C 键的金属聚合物键数。金属聚合物键的浓度 $[MPB]_t$ 与活性中心数 $[C^*]_t$ 的关系式为：

$$[MPB]_t = [C^*]_t + \int_0^t R_a dt = [C^*]_t + \frac{K_a}{K_P}[Al]^n \ln \frac{[M]_0}{[M]_t} \tag{3 - 66}$$

式中，R_a 为聚合物链向烷基铝链转移速度，以 $[MPB]_t$ 对 $\ln \frac{[M]_0}{[M]_t}$ 作图，外推至 $\frac{[M]_0}{[M]_t} = 0$ 时，即为 $[C^*]_0$。

用氚醇淬灭法已测得不同条件下的活性中心浓度（见表 3 – 17）。测得结果表明，聚合温度升高，烷基铝浓度增加，均提高活性中心浓度。而 Cl/Nd 摩尔比在最佳值时有最大活性中心浓度。稀土元素的有效利用率为 10% 左右，不低于传统的 Ziegler – Natta 催化剂的利用率。

表 3 – 17　不同条件下的活性中心浓度

聚合温度/℃	$[Nd]/mol \cdot L^{-1}$	$[Al]/mol \cdot L^{-1}$	Al/Nd 摩尔比	Cl/Nd 摩尔比	$[C^*]/mol \cdot (molNd)^{-1}$
20	8.3×10^{-5}	2.49×10^{-3}	30	30	2.6×10^{-2}
30	8.3×10^{-5}	2.49×10^{-3}	30	30	3.9×10^{-2}
40	8.3×10^{-5}	2.49×10^{-3}	30	30	7.3×10^{-2}
50	8.3×10^{-5}	2.49×10^{-3}	30	30	7.6×10^{-2}
30	8.3×10^{-5}	0.83×10^{-3}	10	30	1.1×10^{-2}
30	8.3×10^{-5}	1.66×10^{-3}	20	30	2.9×10^{-2}
30	8.3×10^{-5}	2.49×10^{-3}	30	30	3.9×10^{-2}
30	8.3×10^{-5}	4.98×10^{-3}	60	30	7.7×10^{-2}
30	9.4×10^{-5}	9.43×10^{-3}	100	30	6.8×10^{-2}
30	8.3×10^{-5}	2.49×10^{-3}	30	1.5	1.5×10^{-2}
30	8.3×10^{-5}	2.49×10^{-3}	30	3	3.9×10^{-2}
30	8.3×10^{-5}	2.49×10^{-3}	30	7	0.43×10^{-2}

注：$[M]_0 = 0.857 mol/L$，$[Cl] = 2.49 \times 10^{-4} mol/L$。

将 Al(i－Bu)₃ 换成 AlEt₃，或改变钕化合物的配位基团，则稀土催化体系活性中心浓度变化见表 3－18。从表中数据可知，改变钕化合物对聚合体系的活性中心浓度有较大影响，但 K_P 变化不大。当以 NdX₃ 组成催化剂时，不论是改变配位配合物－NdCl₃·3C₂H₅OH 或 NdCl₃·(P₃₅₀)₃，还是改变卤素－NdCl₃·(P₃₅₀)₃ 或 NdBr₃·(P₃₅₀)₃，活性中心浓度和 K_P 皆无明显差别。以 AlEt₃ 替换 Al(i－Bu)₃，活性中心浓度明显降低，但 K_P 变化不大。从配位基团和烷基铝的种类仅影响活性中心浓度，而不影响链增长常数 K_P，这又进一步确认链的增长是在烷基化稀土上，即在 $Nd^{\delta+}-C^{\delta-}$ 键上进行的。烷基铝可能与烷基化稀土以某种形式结合，而起着稳定活性中心的作用，但并不是反应的部位。

表 3－18 烷基铝和配位基团对活性中心浓度的影响

催 化 剂	聚合温度 /℃	聚合 60min 转化率/%	[C*] /mol·(molNd)⁻¹	K_P /L·(mol·s)⁻¹
NdCl₃·3C₂H₅OH－Al(i－Bu)₃	30	16.5	0.7×10⁻²	97
NdCl₃·(P₃₅₀)₃－Al(i－Bu)₃	30	19.6	0.6×10⁻²	89
NdBr₃·(P₃₅₀)₃－Al(i－Bu)₃	30	19.6	0.7×10⁻²	88
Nd(C₇H₁₅CO₂)₃－Al(i－Bu)₃－Al(i－Bu)₂Cl	30	42.7	2.4×10⁻²	94
Nd(nahp)₃－Al(i－Bu)₃－Al(i－Bu)₂Cl	30	65.9	3.9×10⁻²	99
Nd(nahp)₃－Al(i－Bu)₃－Al(i－Bu)₂Cl	50①	—	7.6×10⁻²	169
Nd(nahp)₃－AlEt₃－Al(i－Bu)₂Cl	30		0.4×10⁻²	95
Nd(nahp)₃－AlEt₃－Al(i－Bu)₂Cl	50	—	1.1×10⁻²	—

① [Nd(nahp)₃]＝8.3×10⁻⁵mol/L，[M]₀＝0.857mol/L，[Nd(nahp)₃]＝[Nd]＝9.4×10⁻⁵mol/L，[Al(i－Bu)₂Cl]＝2.49×10⁻⁴mol/L，[Al(i－Bu)₃]＝[AlEt₃]＝2.49×10⁻³mol/L。

(2) 链增长反应。将氚醇法直接测得的活性中心浓度，代入速度方程式 (3－59) 中，便可求得各种反应条件下的链增长速度常数 K_P 值 (见表 3－19)，从求得的结果可知，在 30℃聚合时，单体浓度在 0.430～1.73mol/L 范围内变化，链增长常数 K_P 值在 88～100L/(mol·s) 范围内，变化不大。但聚合温度对 K_P 影响较大，聚合温度从 20℃升到 50℃，K_P 值从 85L/(mol·s) 提高到 169L/(mol·s)。求得表观活化能为 39.4kJ/mol，链增长活化能为 18.4kJ/mol。

表 3－19 不同条件下的聚合速度常数

聚合温度 /℃	[M]₀ /mol·L⁻¹	[Nd] /mol·L⁻¹	R_{a0} /mol·(L·s)⁻¹	K_P /L·(mol·s)⁻¹	K_a /L·(mol·s)⁻¹	K_a' /L·(mol·s)⁻¹
30	1.73	9.4×10⁻⁵	2.7×10⁻⁹	—	0.24	6.7
30	0.875	9.4×10⁻⁵	2.2×10⁻⁹	99	0.24	6.5
30	0.430	9.4×10⁻⁵	1.5×10⁻⁹	100	0.14	4.2
30	1.03	8.3×10⁻⁵	2.8×10⁻⁹	87	0.32	8.7
30	0.857	8.3×10⁻⁵	2.0×10⁻⁹	99	0.24	5.2
50	0.857	8.3×10⁻⁵	55×10⁻⁹	169	3.5	96

聚合温度 /℃	$[M]_0$ /mol·L^{-1}	$[Nd]$ /mol·L^{-1}	R_{a0} /mol·(L·s)$^{-1}$	K_P /L·(mol·s)$^{-1}$	K_a /L·(mol·s)$^{-1}$	K_a' /L·(mol·s)$^{-1}$
40	0.857	8.3×10^{-5}	38×10^{-9}	136	2.5	70
30	0.857	8.3×10^{-5}	2.1×10^{-9}	99	0.24	6.5
20	0.857	8.3×10^{-5}	2.8×10^{-9}	85	0.56	15.7

注：$[Cl] = 2.49 \times 10^{-4}$ mol/L，$[Al] = 2.49 \times 10^{-3}$ mol/L。

（3）链转移反应。在稀土催化聚合中，对烷基铝的链转移反应是一个很重要的过程。从图 3 – 47 可知，烷基铝浓度增加，聚合物分子量显著降低，表明链转移反应是控制聚合物分子量的重要过程。

潘恩黎等[64]用氚醇淬灭法测出总金属碳键 $[MPB]$ 浓度及活性中心浓度 $[C^*]_t$，根据 $[MPB]_t' = [MPB]_t - [C]_t$ 的关系式，求得链转移产生的金属碳键数 $[MPB]_t'$。从 $[MPB]_t'$ 与时间的关系（图 3 – 48 为一种条件下的 $[MPB]_t' - t$ 图）求得链转移速度 R_a：

$$R_a = \frac{d[MPB]_t'}{dt} \tag{3-67}$$

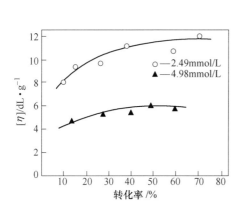

图 3 – 47 分子量与转化率的关系
（聚合条件：$[M]_0 = 0.857$ mol/L，30℃，
$[Nd(nahp)_3] = 8.3 \times 10^{-5}$ mol/L，
$[Al(i-Bu)_2Cl] = 2.49 \times 10^{-4}$ mol/L，
$[Al(i-Bu)_3]$ ）

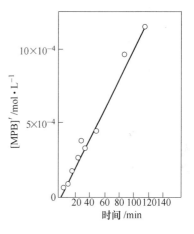

图 3 – 48 $[MPB]'$ 与时间的关系
（聚合条件：$[M]_0 = 0.857$ mol/L，
$[Al(i-Bu)_2Cl] = 2.49 \times 10^{-4}$ mol/L，
$[AlEt_3] = 2.49 \times 10^{-5}$ mol/L，
$[Nd(nahp)_3] = 8.3 \times 10^{-5}$ mol/L，50℃）

求得的不同条件下的初始链转移速度（R_{a0}）值见表 3 – 19 和表 3 – 20。从表中数据可知，初始链转移速度（R_{a0}）受较多因素的影响，数值相差较大。对本三元体系仅改变 $Al(i-Bu)_3$ 浓度，其浓度变化与 R_{a0} 的关系（见图 3 – 49），不

能用同一关系式表征。在烷基铝浓度较低时，链转移速度较小，当烷基铝浓度超过一定数据值时，链转移速度大大加快。当处于仅能维持活性中心所需的低烷基铝浓度时，出现图 3 - 50 所示的实验现象：聚合开始形成活性中心后，由于烷基铝浓度低，在杂质作用下甚至不能维持活性中心浓度，活性中心数随聚合时间很快下降。表明在低烷基铝浓度下，体系中的 AlR_3 主要用于形成活性中心或维持活性中心，参与链转移反应是次要的。

表 3 - 20   不同催化剂组分对链转移常数的影响

催 化 剂	R_{a0} /mol·(L·s)$^{-1}$	K_a /L·(mol·s)$^{-1}$	K_a' /L·(mol·s)$^{-1}$	K_t /L·(mol·s)$^{-1}$
* Nd(nahp)$_3$ – AlEt$_3$ – Al(i – Bu)$_2$Cl	1.7×10^{-9}	0.95	—	—
* Nd(nahp)$_3$ – Al(i – Bu)$_3$ – Al(i – Bu)$_2$Cl	55.0×10^{-9}	3.5	—	230
Nd(nahp)$_3$ – Al(i – Bu)$_3$ – Al(i – Bu)$_2$Cl	2.1×10^{-9}	0.24	6.5	44
Nd(C$_7$H$_{15}$CO$_2$)$_3$ – Al(i – Bu)$_3$ – Al(i – Bu)$_2$Cl	7.5×10^{-9}	1.3	36.0	—
NdCl$_3$·3C$_2$H$_5$OH – Al(i – Bu)$_3$	0.2×10^{-9}	0.42	14.5	220
NdCl$_3$·(P$_{350}$)$_3$ – Al(i – Bu)$_3$	4.3×10^{-9}	2.9	80.2	—
NdBr$_3$·(P$_{350}$)$_3$ – Al(i – Bu)$_3$	8.0×10^{-9}	4.6	127.0	—

注：[M]$_0$ = 0.857mol/L*， [Nd] = 8.3 × 10^{-5}mol/L； *：[Nd] = 9.4 × 10^{-5}mol/L， – 50℃聚合。[AlR$_3$] = 2.49 × 10^{-3}mol/L， [Al(i – Bu)$_2$Cl] = 2.49 × 10^{-4}mol/L，30℃。

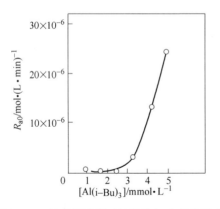

图 3 - 49　烷基铝浓度对链转移初速度的影响

（聚合条件：[M]$_0$ = 0.857mol/L，

[Nd(nahp)$_3$] = 8.3 × 10^{-5}mol/L，

[Al(i – Bu)$_2$Cl] = 2.49 × 10^{-4}mol/L，30℃）

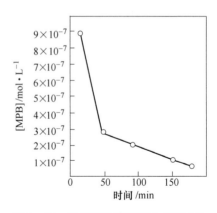

图 3 - 50　低烷基铝浓度下金属聚合物键浓度随时间的变化

（聚合条件：[M]$_0$ = 0.857mol/L，

[Al(i – Bu)$_2$Cl] = 2.49 × 10^{-4}mol/L，

[AlEt$_3$] = 2.49 × 10^{-5}mol/L，

[Al(i – Bu)$_3$] = 0.83mmol/L，30℃）

　　由于烷基铝在聚合过程中有形成稳定活性中心和链转移两种作用，需根据实验结果对烷基铝浓度作相应校正，然后则以链转移初速度的对数值与校正后的烷基铝浓度的对数值作图（见图 3-51），得直线其斜率为 1.1，由此得到对烷基铝的链转移速度方程式：

$$R_{tra} = K_{tra}[C]_0[Al(i-Bu)_3] \tag{3-68}$$

将校正和未校正的烷基铝浓度分别代入式（3-68）中，便可求得校正的链转移常数 K'_a 和未校正的链转移常数 K_a（见表 3-19 和表 3-20），可以看出 K'_a 和 K_a 相差较大。从表 3-19 中的数据可知，单体浓度的变化对烷基铝的链转移反应无显著影响，但聚合温度有较大影响，链转移速度随聚合温度升高而大大加快。50℃时的活性链的平均转移次数约为 30℃时的 14 倍。从表 3-20 中数据可知，50℃时 $Al(i-Bu)_3$ 的初始链转移速度较 $AlEt_3$ 快 30 多倍。稀土化合物的配位基团有一定影响，与 P_{350} 配合的 NdX_3 比与

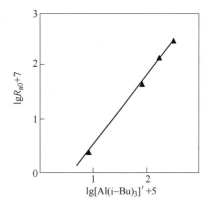

图 3-51　链转移初速度与校正后烷基铝浓度的对数图

C_2H_5OH 配合的有较大的链转移速度，这可能与配位基团的极性有关，而同样为 P_{350} 配合的 NdX_3，$NdCl_3$ 比 $NdBr_3$ 的链转移速度要快些。

　　烷基铝的浓度对活性中心平均链转移次数的影响可由下式估算：

$$活性中心在时间\ t\ 内的平均链转移次数 = ([MPB]_t - [C^*]_t)/\int_0^t[C^*]dt/t \tag{3-69}$$

式中，$[C^*]dt/t$ 为时间 $0 \sim t$ 范围内平均活性中心数，可用图解法求出[65]。

　　求得的不同浓度烷基铝的平均链转移次数见表 3-21。烷基铝浓度较大时，每个活性中心的链转移平均可达几十次。

　　假设聚合初始时下式成立：

$$P_n \approx (P_n)_T = \frac{\int_0^t r_P dt}{([C^*]_0 + \int_0^t r_P dt)} \tag{3-70}$$

　　则可近似地用下式计算初始的活性链平均寿命 τ：

$$\tau = \frac{(P_n)_T[C^*]_0}{R_0} \tag{3-71}$$

式中，$(P_n)_T$ 为由金属聚合物链浓度计算的数均聚合度；$[C^*]_0$ 为初始活性中心浓度，mol/L；R_0 为初始聚合速度，mol/(L·min)。计算结果见表 3-21。可以看出，增加烷基铝用量，明显地减少活性链的平均寿命，因此对分子量影响较

大。稀土催化剂活性链的寿命和典型 Ziegler – Natta 催化剂没有明显差别。

表 3 – 21   烷基铝浓度对活性中心平均链转移次数、分子量和活性链寿命的影响

$[Al(i-Bu)_3]$ /mmol·L^{-1}	活性中心平均链转移			初始聚合物的分子量			初始活性链 平均寿命/min
	转化率/%	t/min	次数	转化率/%	$[\eta]$/dL·g^{-1}	$[Mn]_T$	
9.4[①]	98.9	90	48	12.3	5.8	16.3×10^4	0.6
5.0	87.2	60	57	12.8	4.8	8.1×10^4	0.3
2.5	65.9	60	1	9.0	8.0	64.8×10^4	2.6
1.7	56.0	80	1	5.3	6.6	76.6×10^4	2.3
0.87	5.7	180	—	3.4	10.0	176.0×10^4	18.0

注：$[M]_0 = 0.857$ mol/L，$[Nd(naph)_3] = 8.3 \times 10^{-5}$ mol/L，$[Al(i-Bu)_2Cl] = 2.49 \times 10^{-4}$ mol/L，30℃。

① $[Nd] = 9.4 \times 10^{-5}$ mol/L。

(4) 链终止反应。由活性中心浓度与时间关系图（即 $[C^*] - t$）可看出聚合链终止反应规律。图 3 – 52 是三种不同浓度的 $Al(i-Bu)_3$ 在聚合过程中活性中心浓度变化的比较。如图所示，浓度虽然不同，但活性中心数的变化趋势相似，开始随时间而增加，10min 后又逐渐下降，小峰出现时间十分相近。在 $[Al(i-Bu)_3] = 4.98 \times 10^{-3}$ mol/L 时，反应 60min 后转化率达 87.2%，此时聚合体系中尚保留初始活性中心浓度的 1/2 左右。

图 3 – 53 给出 20℃ 和 50℃ 下，聚合过程中活性中心浓度随时间变化情况。在 20℃ 时，前 10min 与 30℃ 相似，活性中心数有所增加，随后有一段稳定期，转化率大于 60% 后，活性中心浓度才缓慢下降，而 50℃ 下聚合小峰消失，活性

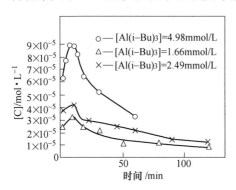

图 3 – 52   在不同烷基铝浓度下活性
中心浓度随聚合时间的变化
（聚合条件：$[M]_0 = 0.857$ mol/L，
$[Nd(nahp)_3] = 8.3 \times 10^{-5}$ mol/L，
$[Al(i-Bu)_2Cl] = 8.3 \times 10^{-4}$ mol/L，30℃）

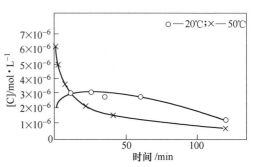

图 3 – 53   在不同温度下活性中心
浓度随聚合时间的变化
（聚合条件：$[M]_0 = 0.857$ mol/L，
$[Nd(nahp)_3] = 8.3 \times 10^{-5}$ mol/L，
$[Al(i-Bu)_2Cl] = 2.4 \times 10^{-4}$ mol/L，
$[Al(i-Bu)_3] = 2 \times 10^{-3}$ mol/L）

中心数始终随聚合时间而下降，初期较快，后期渐缓。从图3-52和图3-53可见，丁二烯在本体系中聚合时，反应温度不小于30℃即为非稳态聚合，有明显的链终止反应发生。

用 AlEt$_3$ 代替 Al(i-Bu)$_3$ 组成的催化剂在30℃时，活性中心数是逐渐增加的，而在50℃下的失活速度也较慢。

用一级终止动力学方法处理实验结果时，不符合一级失活规律，若假定为双基终止，可列出下式：

$$\frac{1}{[C^*]_t} - \frac{1}{[C^*]_0} = K_t t \tag{3-72}$$

代入 $R_P = K_P[C^*][M]$ 速度式中，积分得：

$$\ln\frac{[M]_0}{[M]_t} = \frac{K_P}{K_t}\ln(1 + K_t[C]_0 t) \tag{3-73}$$

式中，K_t 为链终止速度常数。

以 $[C^*]_t^{-1} - [C^*]_0^{-1}$ 对 t 作图（见图3-54），得一直线表明失活反应符合双基终止机理，求得 K_t 值（见表3-19）。

将求得的 K_P、K_t、$[C]_0$ 及 t 值代入式（3-73），并将计算的 $\ln\frac{[M]_0}{[M]_t}$ 值与实验结果比较（见图3-55），在转化率低于75%时，计算值与实验值基本吻合，进一步证实终止反应是符合双基终止机理的。

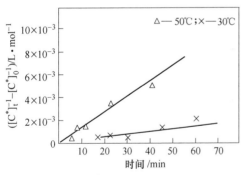

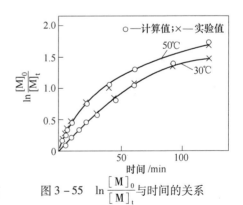

图3-54 $[C^*]_t^{-1} - [C^*]_0^{-1}$ 对聚合时间（t）图

图3-55 $\ln\frac{[M]_0}{[M]_t}$ 与时间的关系

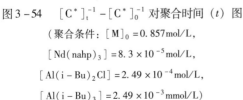

（聚合条件：$[M]_0 = 0.857$mol/L，

$[Nd(nahp)_3] = 8.3 \times 10^{-5}$mol/L，

$[Al(i-Bu)_2Cl] = 2.49 \times 10^{-4}$mol/L，

$[Al(i-Bu)_3] = 2.49 \times 10^{-3}$mmol/L）

B Nd(Oct)$_3$—HAl(i-Bu)$_2$—CH$_2$=CHCH$_2$Cl-己烷体系

孙涛等[66]对丁二烯在该三元体系中的聚合动力学进行了研究，催化剂按

HAl(i-Bu)$_2$和CH$_2$=CHCH$_2$Cl作用2h后再加Nd(Oct)$_3$陈化过夜的方式，预先制得均相催化剂，采用膨胀计方法，确定了聚合反应速度对单体浓度及催化剂各组分浓度的级数，测得了该体系对丁二烯聚合的表观活化能，用阻聚法测出了不同温度下的活性中心浓度，考察了链增长速度常数并求得链增长活化能。

a 聚合动力学曲线与聚合速度方程

在30℃及40℃聚合转化率随时间的变化见图3-56，30℃时聚合转化率随时间增长呈线性增加；而40℃时，聚合转化率先是线性增加，然后趋于平缓。聚合反应都有一个很短的诱导期。在催化剂各组分浓度不变的条件下，聚合速度随起始单体浓度的增加而增大，聚合速度与单体浓度对数作图为一直线，斜率为1.10，表明聚合速度对单体浓度呈一级关系。当单体浓度、AlH(i-Bu)$_2$浓度和Cl/Nd摩尔比固定时，仅变化Nd(Oct)$_3$浓度则聚合速度随Nd(Oct)$_3$浓度增加而增大，聚合速度与Nd(Oct)$_3$浓度的对数作图为一直线，直线斜率为1.05，表明聚合速度对主催化剂的浓度为一级关系。固定单体、Nd(Oct)$_3$和烯丙基氯浓度，改变氢化二异丁基铝浓度从3.42×10^{-3}mol/L到1.37×10^{-2}mol/L。聚合速度与氢化二异丁基铝浓度对数作图（见图3-57）为一直线，其斜率为0.33，表明聚合速度对氢化二异丁基铝浓度的级数为1/3。这显然与氢化二异丁基铝通常为三聚体有关。

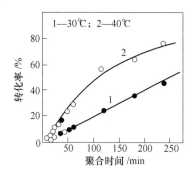

图3-56 聚合转化率随时间的变化

（聚合条件：[M]$_0$=1.85mol/L，

[Nd]=3.00×10^{-4}mol/L，

[Al]=9.00×10^{-3}mol/L）

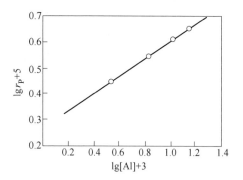

图3-57 聚合速度与氢化二异

丁基铝浓度的关系

（聚合条件：[M]$_0$=1.83mol/L，

[Nd]=1.71×10^{-2}mol/L，

[Cl]=3.41×10^{-4}mol/L，30℃）

温度对聚合速度的影响见图3-58，由图可见，随着温度的升高，聚合速度加快。将聚合速度常数对$1/T$作图，求得表观活化能为(56 ± 2)kJ/mol，高于非均相体系（39~40kJ/mol），聚合速度方程式可表示为：

$$-\frac{d[M]}{dt} = K[Nd][Al]^{\frac{1}{3}}[M] \tag{3-74}$$

或
$$r_P = K_P[C^*][M] \tag{3-75}$$

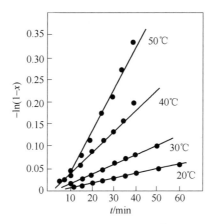

图 3 - 58 不同温度下的聚合速度

（聚合条件：$[M]_0 = 1.85\,mol/L$，$[Nd] = 3.00 \times 10^{-4}\,mol/L$，

$[Al] = 9.00 \times 10^{-3}\,mol/L$）

b 活性中心浓度

采用环戊二烯（Cp）阻聚法，测出稳态聚合速度的变化（见图 3 - 59），进而测得催化剂初始活性中心浓度（见表 3 - 22）。从图可知，本催化体系主催化剂有效利用率为 0.44% ～ 0.53% 摩尔钕（25 ～ 35℃）。根据方程式（3 - 75）进而求得不同温度下的链增长常数 K_P（见表 3 - 22）。以 $\ln K_P - 1/T$ 作图（图 3 - 60）求得链增长活化能为 $(44 \pm 2)\,kJ/mol$，高于非均相体系（18 ～ 29kJ/mol）。

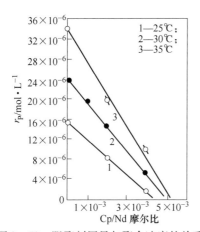

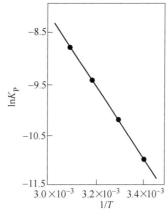

图 3 - 59 阻聚剂用量与聚合速度的关系

（聚合条件：$[M]_0 = 1.11\,mol/L$，

$[Nd] = 1.78 \times 10^{-4}\,mol/L$，

$[Al] = 5.36 \times 10^{-3}\,mol/L$，

$[Cl] = 3.57 \times 10^{-4}\,mol/L$）

图 3 - 60 聚合速度与温度的关系

（聚合条件：$[M]_0 = 1.11\,mol/L$，

$[Nd] = 1.78 \times 10^{-4}\,mol/L$，

$[Al] = 5.36 \times 10^{-3}\,mol/L$，

$[Cl] = 3.57 \times 10^{-4}\,mol/L$）

表 3 – 22 不同温度下活性中心浓度

温度/℃	$[C^*]/mol \cdot L^{-1}$	$\alpha/\%$	$K_p/L \cdot (mol \cdot s)^{-1}$
25	7.88×10^{-7}	0.44	17.3
30	8.77×10^{-7}	0.49	24.4
35	9.38×10^{-7}	0.53	32.6

C　Nd(vers)$_3$ – Al(i – Bu)$_3$ – Al$_2$Et$_3$Cl$_3$ – 己烷体系

Pross 等[53]用图 3 – 61 所示的聚合装置研究了新癸酸钕三元稀土催化体系引发丁二烯聚合动力学。该装置为 2L 恒温聚合釜，装有锚式搅拌器，在计算机控制下进行聚合实验，通过在线密度计测定不同时间的胶液密度 $\rho(t)$，按式（3 – 76）计算转化率 $X(t)$：

$$X(t) = \frac{\rho_{(t)} - \rho_0}{\rho_{end} - \rho_0} \times \frac{\rho_{end}}{\rho_{(t)}} X_{end} \qquad (3 – 76)$$

式中，ρ_0 为聚合液初始密度；ρ_{end} 为胶液最终密度；X_{end} 为最终转化率。

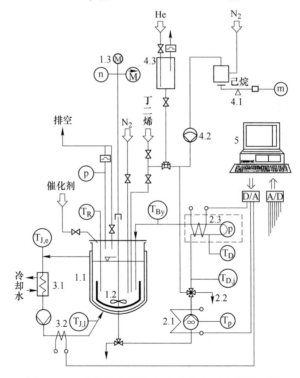

图 3 – 61 计算机控制的实验室聚合反应器装置图

1—反应器：1.1 夹套冷却的 2L 反应釜，1.2 带有小型螺旋桨的锚式搅拌器，

1.3 具有转矩测量功能的电机；2—旁路：2.1 齿轮泵，2.2 取样阀，2.3 密度计；

3—夹套回路：3.1 热交换器，3.2 电子热杆；4—溶剂单元：4.1 电子秤，

4.2 计量泵，4.3 中间容器；5—微型计算机

胶液黏度由搅拌轴转矩测定获得。

聚合配方及条件为：

己烷溶剂	1.07kg
1，3 – 丁二烯	0.15kg
Nd(vers)$_3$	1.2×10^{-4} mol/L
Al(i – Bu)$_3$/Nd 摩尔比	20 ~ 180
Al$_2$Et$_3$Cl$_3$/Nd 摩尔比	0.4 ~ 2.2
加料顺序	己烷—Al(i – Bu)$_3$—丁二烯—Al$_2$Et$_3$Cl$_3$—Nd(vers)$_3$
聚合温度 T	45℃
搅拌速度 n	200r/min

a　Al(i – Bu)$_3$用量对聚合速度的影响

变化烷基铝用量，求得的相应转化率、最大聚合速度、表观黏度均列于表 3 – 23，从黏度随烷基铝用量增加而减少，可知 Al(i – Bu)$_3$同时是一种链转移剂，并由最大速度求得烷基铝浓度反应级数为 0.5。

表 3 – 23　Al/Nd 摩尔比对聚合速度的影响

实验编号	1	2	3	4	5
C_{Bd0}/mol·L^{-1}	1.46	1.46	1.46	1.46	1.47
C_{Nd}/mmol·L^{-1}	0.118	0.116	0.115	0.114	0.119
Bd/Nd 摩尔比	12400	12600	12600	12800	12400
Al/Nd 摩尔比	176	171	72	40	20
Cl/Nd 摩尔比	1.7	2.2	2.5	2.1	2.0
X(1h)/%	79	80	62	49	29
X_{end}/%	92	100	95	88	82
$r_{P_{max}}$/mmol·(L·s)$^{-1}$	0.525	0.507	0.327	0.284	0.146
$\eta_{app·end}$/Pa·s	0.4	0.4	1.0	2.6	2.5

b　Cl/Nd 摩尔比的变化对聚合速度的影响

倍半烷基铝用量变化，求得的转化率、聚合速度、黏度见表 3 – 24。Cl/Nd 摩尔比的变化对聚合物的黏度无影响，对聚合速度的影响也与烷基铝不同。当 Al/Nd 摩尔比≈170 时，Cl/Nd 摩尔比为 2 时有最大的速度，Cl/Nd 摩尔比高于或低于 2 时，聚合速度均较低。

由此提出描述丁二烯聚合动力学方程式（3 – 77）：

$$r_{P_{max}} = K_P C_{Nd0} [1 - X_{Bd}(t_{max})] C_{Nd} C_{Al}^{0.5} \tag{3 – 77}$$

表 3-24   Cl/Nd 摩尔比对聚合速度的影响

实验编号	6	7	8	2	9
$C_{Bd0}/mol \cdot L^{-1}$	1.39	1.44	1.45	1.46	1.39
$C_{Nd}/mmol \cdot L^{-1}$	0.112	0.115	0.115	0.116	0.108
Bd/Nd 摩尔比	12500	12500	12600	12600	12800
Al/Nd 摩尔比	177	165	178	171	176
Cl/Nd 摩尔比	6.7	4.1	3.6	2.2	1.2
$X(1h)/\%$	67	69	70	80	47
$X_{end}/\%$	100	100	99	100	97
$r_{P_{max}}/mmol \cdot (L \cdot s)^{-1}$	0.331	0.352	0.370	0.507	0.203
$\eta_{app \cdot end}/Pa \cdot s$	0.3	0.4	0.4	0.4	0.4

c   描述 Cl/Nd 摩尔比对聚合速度影响的数学模型

根据 $K_P(n)$ 与 Cl/Nd 摩尔比关系（见图 3-62），Pross 等提出方程式（3-78）作为数学模型：

$$K_P(n) = K\left(1 + \frac{A}{n^{12} + D} + \frac{B}{n^9 + D} + \frac{C}{n^6 + D}\right) \qquad (3-78)$$

式中，$K = 17.85L^{1.5}/(mol^{1.5} \cdot s)$；$A = 23.2$；$B = 114.8$；$C = 104.9$；$D = 74.5$；$n = Cl/Nd$ 摩尔比 $= 1.2 \sim 6.7$。

从图 3-62 可以看出，实验点与式（3-78）得到的曲线相符。仅有一个 Al/Nd 摩尔比为 20 的实验点偏离曲线，可能是由于 Al/Nd 摩尔比低引起的。

d   聚合反应速度式

由于反应速度对单体浓度为一级反应（见图 3-63），许多聚合实验都达到

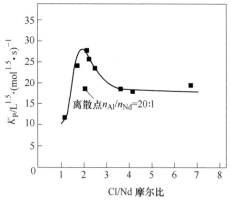

图 3-62   反应速度常数 K_P 与 Cl/Nd 摩尔比的关系图

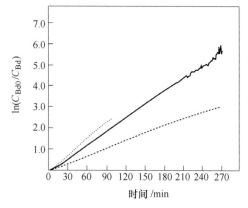

图 3-63   三种单体浓度一级反应关系

高的转化率。这表明在给定的条件下可能不存在链终止反应。这与某些文献报道的结果一致[67,68]。

按丁二烯浓度为一级又无链终止反应，仅就催化剂形成反应而论，应有如下形式的动力学方程式：

$$r_P = -\frac{\mathrm{d}C_{Bd}}{\mathrm{d}t} = K_P(n) C_{Bd} C_{Nd} C_{Al}^{0.5} \tag{3-79}$$

积分得：

$$C_{Bd}(t) = C_{Bd0} \mathrm{e}^{-K_{eff}(t-t_0)} \tag{3-80}$$

式中，$K_{eff} = K_P(n) C_{Nd} C_{Al}^{0.5}$，$t_0 = 180\mathrm{s}$（$t_0$ 为诱导期）。

图 3-64 给出两个实验曲线与方程式（3-80）计算的点线比较，结果符合得很好。

表 3-24 中的 8 号样品经 GPC 测定分子量分布得到双峰曲线（见图 3-65），说明聚合体系中可能存在着不同的活性种。

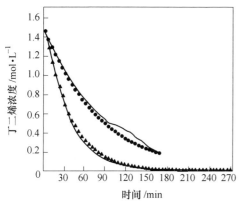

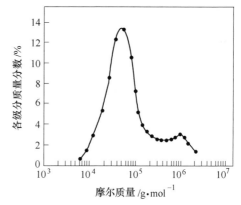

图 3-64　按式（3-80）计算值与表 3-23　　　　图 3-65　8 号样品分子量分布曲线
　　　中 2 号和 4 号两实验曲线比较

D　Nd(vers)$_3$ – AlH(i – Bu)$_2$ – Al$_2$Et$_3$Cl$_3$ – 己烷体系

L. Friebe 等[69]采用 200mL 耐压瓶和 2L 高压釜，对工业生产 Nd – BR 的催化体系新癸酸钕（NdV）– 二异丁基氢化铝（DIBAH）– 倍半乙基氯化铝（EASC）（见图 3-66）中的 DIBAH 和 EASC 两组分对聚合速度、分子量、分子量分布及聚合物结构的影响进行了定量的研究。

NdV　　　　　　　　　　DIBAH　　　　　　　　EASC

图 3-66　催化剂组分的化学结构式

主催化剂 NdV 用前经 160℃减压脱除水和游离酸再溶于己烷中，其浓度为 0.1mol/L，DIBAH 和 EASC 也分别用己烷稀释至 0.1mol/L 浓度。

聚合条件如下：

单体 Bd 浓度：[M] = 3.55mol/L(瓶) 或 1.85mol/L(釜)

主催化剂（NdV）浓度：[Nd] = 0.2mmol/100g Bd

聚合温度：T = 60℃

催化剂组分采取单加方式：（瓶）：溶剂（环己烷）+ Bd + NdV + DIBAH + EASC

（釜）：溶剂（己烷）+ Bd + DIBAH + NdV + EASC

用 200mL 耐压瓶进行的 DIBAH、EASC 两组分变化实验结果及表观速度常数 K 汇于表 3 – 25 中。

表 3 – 25 DIBAH 和 EASC 两组分用量变化对丁二烯聚合的影响

Cl/Nd 摩尔比	DIBAH/Nd 摩尔比	[DIBAH]$_0$ /mmol·L^{-1}	[EASC]$_0$ /mmol·L^{-1}	t /min	转化率 /%	K /L·(mol·min)$^{-1}$	$\delta(K)$ /L·(mol·min)$^{-1}$	微观结构/% 顺式	反式	1,2 –
0.50	20	0.8	0.06	68	49	25	3	92.5	6.6	0.9
0.67	20	0.8	0.08	43	59	56	15	93.1	5.8	1.1
1.00	20	0.8	0.13	40	70	76	2	94.5	4.7	0.8
1.33	20	0.8	0.17	33	76	110	1	95.0	3.9	1.1
2.00	20	0.8	0.26	29	69	104	12	96.1	3.1	0.8
3.00	20	0.8	0.38	38	75	96	19	97.1	2.1	0.8
4.00	20	0.8	0.51	40	53	43	2	96.2	2.7	1.1
2.00	2	0.78	0.26	189	0	0	0	—	—	—
2.00	5	1.95	0.26	193	7	1	0	97.6	1.6	0.8
2.00	10	3.80	0.26	59	34	18	6	97.3	1.9	0.8
2.00	15	5.85	0.26	61	47	24	2	97.2	2.0	0.8
2.00	30	11.70	0.26	47	81	93	15	94.5	4.3	1.2
2.00	50	19.80	0.26	59	92	110	11	92.4	6.3	1.3
2.00	100	39.00	0.26	58	91	118	6	88.2	9.7	2.1

注：环己烷100mL，[NdV]$_0$ = 0.39mmol/L，[M]$_0$ = 3.55mol/L，T = 60℃，$\delta(K)$ 为标准偏差，转化率为三次实验平均结果。

a EASC 变化（即 Cl/Nd 摩尔比）的影响

当 M/Nd 摩尔比 = 9250、DIBAH/Nd 摩尔比 = 20、[M]$_0$ = 3.55mol/L 固定不

变时，仅变化 EASC 的量使 Cl/Nd 摩尔比在 0.5~4 之间变化，实验数据及求得的表观速度常数 K 见表 3-25，由表观速度常数 K 与 Cl/Nd 摩尔比绘得图 3-67，得一曲线。Cl/Nd 摩尔比等于 2 时有最大 K 值，与文献一致。Cl/Nd 摩尔比大于 2 时 K 值降低，这可能是由于生成不溶性 NdCl$_3$，导致活性 Nd 降低，而使反应速度下降。

　　随着 EASC 用量的增加，聚合物的顺式 -1,4 含量从 92.5% 增加到 96.2%，而反式 -1,4 含量则从 6.6% 降到 2.1%，1,2 - 结构几乎不变（见表 3-25），由此可以推测无氯体系制得 BR 一定会是高反式结构聚合物。

　　b　DIBAH 变化（即 DIBAH/Nd 摩尔比）的影响

　　DIBAH 在催化体系中担负着清除杂质、活化催化剂和调节分子量三重作用，为了使这些作用定量化，作者在低杂质下研究了 DIBAH 用量的变化对聚合速度、分子量、分子量分布的影响，DIBAH/Nd 摩尔比与聚合速度的关系。

　　其他条件不变，仅变化 DIBAH 用量，求得不同用量下聚合速度常数 K，并与 DIBAH/Nd 摩尔比绘得图 3-68 得一曲线。由曲线可知，DIBAH/Nd 摩尔比小于 10 几乎不发生聚合，大于 10 后 K 值迅速增加，到了 20 后，速度常数几乎不变。DIBAH 对聚合速度影响的用量变化范围很窄。

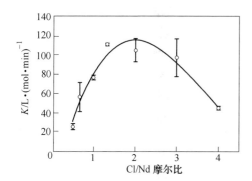

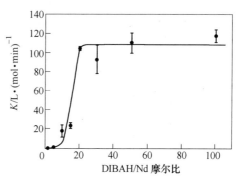

图 3-67　$K = f(\text{Cl/Nd 摩尔比})$
（聚合条件：每点三个重复实验，
200mL 耐压瓶、环己烷 100mL，
DIBAH/Nd 摩尔比 =20，$[\text{M}]_0 = 3.55\text{mmol/L}$，
$[\text{NdV}]_0 = 0.38\text{mol/L}$，$[\text{DIBAH}]_0 = 7.60\text{mol/L}$，
$[\text{EASC}]_0 = 0.06\text{mmol/L}$、0.08mmol/L、0.13mmol/L、
0.17mmol/L、0.25mmol/L、0.38mmol/L、0.51mmol/L，
$T = 60℃$）

图 3-68　$K = f(\text{DIBAH/Nd 摩尔比})$
（聚合条件：三次重复实验，
200mL 耐压瓶、环己烷 100mL，
DIBAH/Nd 摩尔比 =20，$[\text{M}]_0 = 3.55\text{mmol/L}$，
$[\text{NdV}]_0 = 0.39\text{mmol/L}$，$[\text{DIBAH}]_0 = 0.98\text{mmol/L}$、
1.95mmol/L、3.90mmol/L、5.85mmol/L、9.80mmol/L、
11.70mmol/L、19.50mmol/L、39.00mmol/L，
$[\text{EASC}]_0 = 0.26\text{mmol/L}$，$T = 60℃$）

　　DIBAH/Nd 摩尔比大于 10 才能引发聚合，表明聚合开始之前，已有相当数量的 DIBAH 被消耗。对于清除杂质和活化催化剂消耗的准确量，需要对分子量分布与转化率的关系进行更详细的分析。

当固定 DIBAH 用量时，测定单体在 4.8% 到 82.5% 转化率的分子量分布，发现在低转化率时，聚合物呈双峰分布。低分子量处峰较高，随着转化率增加，低分子量处峰位逐渐升高并移向高分子量峰位，最后在高转化率下两峰重叠，形成单峰宽分子量分布聚合物（见图 3 - 69）。测得不同 DIBAH/Nd 摩尔比的分子量分布有同样的结果，高转化率的分子量分布较低转化率要窄，DIBAH 用量高比用量低的分子量分布宽（见图 3 - 70）。

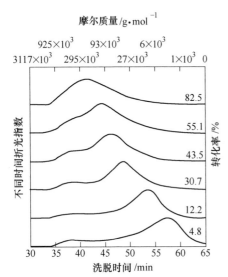

图 3 - 69　分子量分布随转化率的变化

（聚合条件：DIBAH/Nd 摩尔比 = 20，

Cl/Nd 摩尔比 = 2，$[M]_0 = 1.85 mol/L$，

$[NdV]_0 = 0.204 mol/L$，$[DIBAH]_0 = 4.0 mol/L$，

$[EASC]_0 = 0.13 mol/L$，$T = 60℃$）

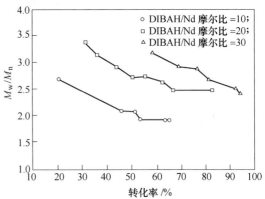

图 3 - 70　分子量分布与转化率的关系

（聚合条件：DIBAH/Nd 摩尔比 = 20，

Cl/Nd 摩尔比 = 2，$[M]_0 = 1.85 mol/L$，

$[NdV]_0 = 0.204 mol/L$，$[DIBAH]_0 = 4.0 mol/L$，

$[EASC]_0 = 0.13 mol/L$，$T = 60℃$）

DIBAH/Nd 摩尔比在 10 ~ 50 之间变化时，数均分子量（$\overline{M}_n$）与转化率成线性关系（见图 3 - 71），表明稀土金属催化剂的引发聚合是一类可控或活性聚合。稀土金属催化剂对于极性和非极性单体的活性聚合在文献中已有评论[70]。图中直线斜率随着 DIBAH/Nd 摩尔比增加而降低，这是 DIBAH 可有效控制分子量的证据。也可将 $\overline{M}_n$ 与 DIBAH/Nd 摩尔比之间关系定量化，由图 3 - 71 的直线外推求得 100% 转化率时的 $\overline{M}_n$ 值，再与 Nd/DIBAH 摩尔比作图（见图 3 - 72），由图中直线得到方程式（3 - 81）：

$$\overline{M}_n = 2328300 Nd/DIBAH 摩尔比 - 14300 \qquad (3 - 81)$$

式中，$\overline{M}_n$ 的单位为 g/mol。由式（3 - 81）和图均证明，$\overline{M}_n$ 的降低是由 DIBAH 增加引起的。直线外推 $\overline{M}_n \to 0$，便求得 Nd/DIBAH 摩尔比 = 0.007 或 DIBAH/Nd

摩尔比 = 143。由此可断定，在此比例下不会发生聚合反应。

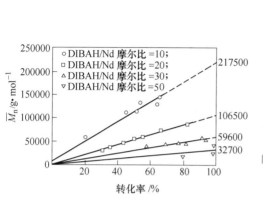

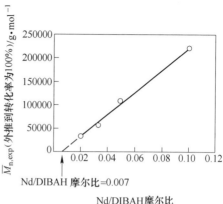

图 3 – 71　数均分子量与转化率的关系

（聚合条件：DIBAH/Nd 摩尔比 = 10、20、30 和 50，

$[M]_0 = 1.85 \text{mol/L}$，$[NdV]_0 = 0.204 \text{mol/L}$，

$[DIBAH]_0 = 4.0 \text{mol/L}$，$[EASC]_0 = 0.13 \text{mol/L}$，

$T = 60 \, ℃$）

图 3 – 72　100% 转化率的 $\overline{M}_n$ 与

Nd/DIBAH 摩尔比的关系

c　链转移反应

由 LiBu 引发的典型活性聚合反应，平均聚合度（$\overline{DP}_{n\,theo}$）可按方程式（3 – 82）计算：

$$\overline{DP}_{n\,theo} = (M/Li \text{摩尔比})x \qquad (3 – 82)$$

式中，M/Li 摩尔比为单体与引发剂的摩尔比；x 是单体转化率（$x = 0 \sim 1$）。

对于每个活性种（如 Nd）可产生不同聚合物链数（ρ）的催化剂制得的聚合物则按方程式（3 – 83）计算平均聚合度：

$$\overline{DP}_{n\,theo} = \rho^{-1}(M/Nd \text{摩尔比})x \qquad (3 – 83)$$

式中，ρ 可根据实验测得的平均聚合度（$\overline{DP}_{n\,exp}$）按方程式（3 – 84）求得：

$$\rho_{exp} = \frac{\overline{DP}_{n\,theo}}{\overline{DP}_{n\,exp}} \qquad (3 – 84)$$

应用方程式（3 – 84）对 DIBAH/Nd 摩尔比为 10 ~ 50 的实验数据的计算结果列于表 3 – 26。从表中可知，每个 Nd 产生的聚合物链数均超过 1，在 DIBAH/Nd 摩尔比等于 50 时，链数达到 15.4，生成的聚合物链数强烈依赖于 DIBAH 用量。由表 3 – 26 中的 ρ_{exp} 与 DIBAH/Nd 摩尔比作图仍得一直线（见图 3 – 73），由直线得到方程式（3 – 85）：

$$\rho_{exp} = 0.33 DIBAH/Nd \text{摩尔比} - 1.43 \qquad (3 – 85)$$

表 3 - 26 DIBAH/Nd 摩尔比与聚合物链数

DIBAH/Nd 摩尔比	10	20	30	50
$\overline{DP}_{n\,theo}$①	9250	9250	9250	9250
$\overline{DP}_{n\,exp}$②	4020	1970	1100	600
ρ_{exp}③	2.3	4.7	8.4	15.4

①$x = 1$(100% 转化率) 和每个 Nd 产生一个链 ($\rho = 1$)，式 (3 - 83)。

②$x = 1$(100% 转化率)，图 3 - 73。

③方程式 (3 - 84)。

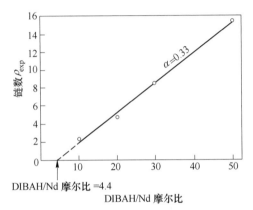

图 3 - 73 聚合物链数 ρ_{exp} 与 DIBAH/Nd 摩尔比的关系

直线斜率为 0.33，说明 DIBAH 是以三聚体形式存在的，也即一个聚丁二烯链需三个 DIBAH 分子。将图 3 - 73 中的直线外推 $\rho_{exp} \rightarrow 0$，求得 DIBAH/Nd 摩尔比不小于 4.4。这是清除体系中杂质和活化催化剂所要求的最低 DIBAH 用量。活化催化剂所要求的准确 DIBAH 用量仍无法测得。

3.6.2 聚合反应机理

潘恩黎等[64]用两种标记的甲醇$^{14}CH_3OH$ 和 CH_3OT，对稀土催化剂制得的聚丁二烯进行淬灭聚合反应。先用普通甲醇终止反应后的胶液，再加入氚醇 (CH_3OT)，聚合物经精制后测得比放射性为 300Bq 左右。在聚合胶液中加入放射性甲醇 ($^{14}CH_3OH$) 终止聚合反应，聚合物经精制后也仅能检测出微弱的放射性；而用 CH_3OT 加入聚合胶液中终止聚合反应，并对聚合物进行多次精制脱除聚合物中包含的微量 CH_3OT，测其比放射性大于 16666.7Bq，发现用 CH_3OT 淬灭的聚合物的比放射性比前者大 100 倍以上，这说明 CH_3OT 的氚与聚合链发生作用：

$$Cat^+ \!-\!\!^-CH_2P + CH_3OT \longrightarrow Cat\!-\!OCH_3 + T\!-\!CH_2P$$

而聚合物用甲醇终止再加入氚醇或用放射甲醇（$^{14}CH_3OH$）终止测到的微弱放射性，可能是由污染造成的。这表明稀土催化剂和 Ti、V 等过渡金属组成的 Ziegler – Natta 催化剂一样是配位阴离子型催化剂，而不同于合成高顺式 – 1,4 聚丁二烯的 Co、Ni 等催化剂，用氚醇淬灭活性链的聚合物，检测不出放射性。从氚醇使活性聚合物链节有放射性的事实，可以推断活性链的增长是在 $Mt^+\!-\!C^-$ 极性键之间进行的，即稀土元素被烷基化而形成活性中心，故稀土催化聚合属于阴离子配位催化机理。

3.6.2.1　氯化稀土二元催化体系

A　$NdCl_3 \cdot 3i\text{–PrOH} \text{–} AlR_3$ – 庚烷体系

欧阳均[12] 根据多年对稀土催化剂的研究工作及 d 轨道过渡金属的定向聚合机理，对二元的氯化稀土体系的丁二烯聚合动力学模型与聚合机理作了如下的基本假定：

（1）催化活性中心是烷基化的稀土金属即稀土金属—碳键（RE—C）。用预先配制催化剂和陈化的方法，以保证在加入单体之前催化活性中心已经形成。

（2）引发是第一个单体分子插入 RE—C 键中，引发的机理和增长的机理相同。

（3）链增长分两个阶段进行，单体与过渡金属的配位形成 π – 配合物和随后被配合的单体插入 δ – 过渡金属—碳键之中。

（4）链转移是通过吸附在催化剂表面上的烷基铝和单体进行的。

（5）在无杂质存在和温度不高的情况下，本体系不存在链的终止反应。

（6）随着聚合的进行单体浓度降低，体系黏度增大或烷基铝浓度过剩可引起活性中心的暂时失活或休眠状态。

在此假定基础上，并根据大量的研究实验数据，欧阳均先生将聚合过程描述如下：

（1）活性中心的形成。根据实验[71]，在该二元体系中，催化剂 Al/Nd 摩尔比需不小于 2 时才能引发聚合，R′OH 是容易脱去的配体，特别是在 AlR_3 存在的情况下，故可能有：

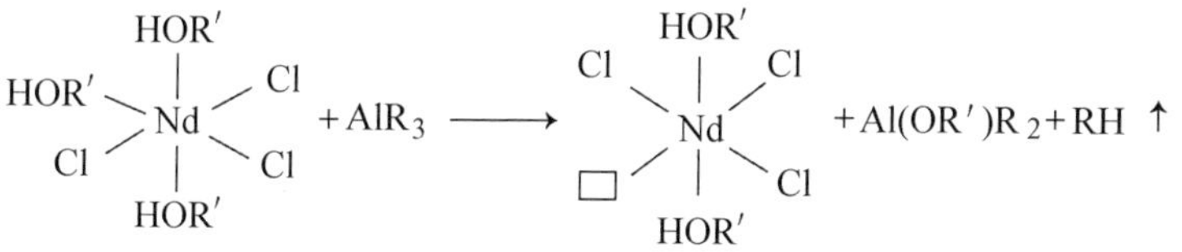

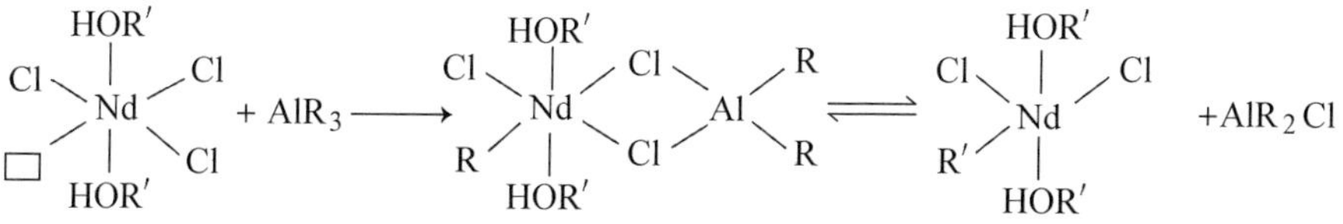

活性中心是烷基化的过渡金属，但结合的烷基铝可增加活性中心的稳定性和活性，由于催化组分的反应是在非均相体系中进行，所以烷基化是不会完全的，这由活性中心的百分数不高可以证实。

（2）链引发。单体先以 π 键与稀土离子配合，这样削弱了 Nd—R 键的稳定性，从而使单体易于插入 Nd—C 键之间，形成新的金属—碳键。在本试验条件下，引发是迅速的，没有诱导期。

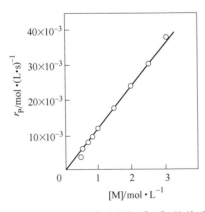

由于非均相体系的催化活性中心处于聚集状态，故引发反应不可能在聚合-开始时所有活性中心会同时发生，这也是使聚合物的分子量分布变宽的原因之一。

（3）链增长。增长反应是按两个阶段进行的：单体对过渡金属离子的配合和配合的单体插入到 Nd—C 键中。

聚合速度随单体浓度增加而直线上升（见图 3-74），说明单体的配合不是速度决定步骤。从丁二烯在该催化体系中的聚合活性能为 $(40.5 \pm 0.5)\,kJ/mol$，也说明配合步骤不应成为决定速度的步骤。

（4）链转移。聚合物的分子数随转化率不断增长，表明有链转移存在（见图 3-75）。

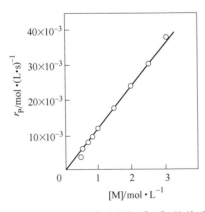

图 3-74 聚合速度与［M］的关系

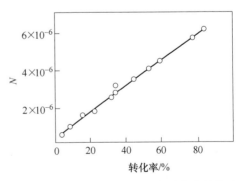

图 3-75 聚合物分子数与转化率的关系

对烷基铝的链转移：由图 3-76 可见对烷基铝存在链转移反应。烷基铝先被吸附在增长中心上而后进行转移。聚合速度与溶液中三乙基铝单个分子的浓度呈正比，这说明烷基铝的吸附过程是迅速的。

对单体的链转移：由图 3-77 可见，对单体存在链转移反应。单体分子先被吸附在增长中心，而后进行转移。

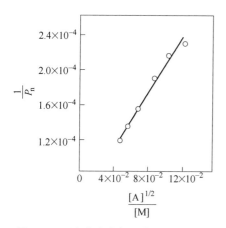

聚合物的分子量开始随单体浓度增加而上升，这说明对单体的链转移反应不是主要的。

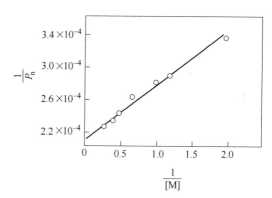

图 3-76　聚合速度与 1/[M] 的关系　　　　图 3-77　聚合物分子数与 1/[M] 的关系

（5）链终止反应。无杂质存在时，丁二烯在本体系中聚合时不存在终止反应。由于本催化体系的寿命特别长[72]，一般不易发生失活。推测在聚合后期增长中心由于单体的缺乏而处于"休眠"状态或者存在可逆失活，这从反应后期加入单体继续发生聚合且分子量加大可以证实（见表 3-27）。这表明活性中心没有死，而大分子数目也有增加，表明在这种情况下存在着对单体的链转移反应。

表 3 - 27　继续加单体对聚合的影响

批　　次	单体加入量/g	转化率/%	$[\eta]$/dL·g^{-1}	$\overline{M}_n$	N①
第一批	1.5	95.9	8.9	2.23×10^5	2.13×10^{-2}
	1.5	96.3	9.0	2.26×10^5	2.13×10^{-2}
	1.6	95.5	8.9	2.23×10^5	2.14×10^{-2}
第二批②	1.5	91.3	10.3	2.74×10^5	3.33×10^{-2}
	1.5	90.7	10.2	2.71×10^5	3.33×10^{-2}
	1.5	91.8	10.3	2.74×10^5	3.37×10^{-2}

注：聚合条件：$[M] = 0.56$ mol/L，$[Nd] = 3 \times 10^{-4}$ mol/L，$[Al] = 6 \times 10^{-3}$ mol/L，30℃，5h。

①大分子数目 $N = \dfrac{聚合物产率}{\overline{M}_n}$ (molNd)。

②加入第二批单体总量为3g。

B　$NdCl_3 \cdot 3i - PrOH - AlH(i - Bu)_2 -$ 已烷体系

Skuratov 等[73]用 $AlH(i - Bu)_2$ 组成的二元稀土催化剂制得的聚丁二烯分成两份，分别采用 H_2O 和 D_2O 进行终止，并用 $^{13}C - NMR$ 仪测定了它们的共振谱图，以烯碳（$>CH—$）和脂碳（$—CH_2—$）的峰值判断起始，末端及链内单元链节结构。发现不论是用 H_2O 还是用 D_2O 终止的聚合物都可见到起始链节的顺式和反式的甲基碳的峰值，以反式 $-1,4$ 结构为主（反式/顺式 = 3/1）。但用 D_2O 终止的聚合物的末端链节中的 $CH_2D -$ 烷基的反式共振峰已发生位移，在末端链节中不存在顺式 $-1,4$ 结构，主要是 $1,2 -$ 结构（见表 3 - 28）。根据此研究结果和发表的数据，提出如图 3 - 78 所示的反应机理，他根据欧阳均等[74]的研究工作，提出活性中心是由 $DIBAL - H$ 与 $NdCl_3 \cdot 3(ROH)$ 互相反应形成的，可能具有如下结构的双金属配合物：

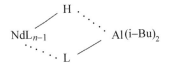

表 3 - 28　用 D_2O 终止的聚合物起始和末端链节结构　　　　（%）

链节单元	结构①		
	顺式 $-1,4$	反式 $-1,4$	$1,2 -$
起始链节	25	75	—
末端链节		12	88
末端链节		10	90②

①平均误差 ±1%。

②由 $H - NMR$ 测得的数据。

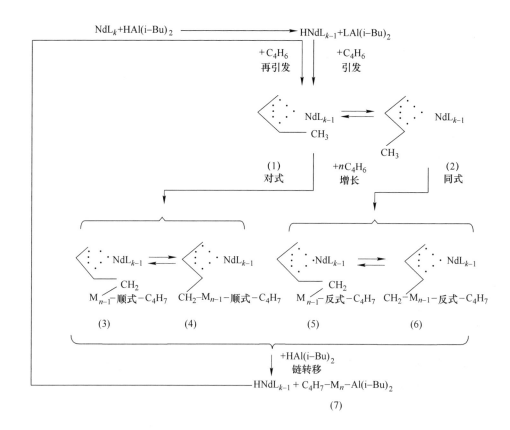

图 3-78　聚合反应过程图解

由于引发链节不与异丁基（i-Bu-）相连接，实际上金属—氢键是进行链转移反应的部位，单体通过插入形成对式 π-烯丙基末端链节进行链的增长反应，它又可异构为同式 π-烯丙基结构[75]。

这个聚合反应图解包括了用稀土催化剂合成聚丁二烯的主要阶段，即活性中心的形成、引发、链增长、链转移和金属—聚合物键的淬灭。

C　$NdCl_3 \cdot 2TBP - Al(i-Bu)_3$ 二元体系的聚合机理模型

Iovu 等[76]研究了 $NdCl_3 \cdot 2TBP/TIBA$ 催化体系，并提出二氯异丁基钕作为第一个钕的中间体，当第一个丁二烯单体插入后二氯异丁基钕中间体转变为烯丙基钕化合物：

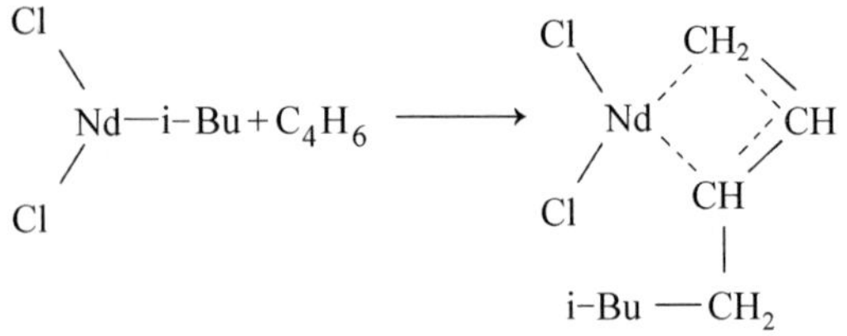

在此机理模型基础上，Iovu 等[77]又进一步提出在该体系中存在 Nd – Al 双金属异核活性种：

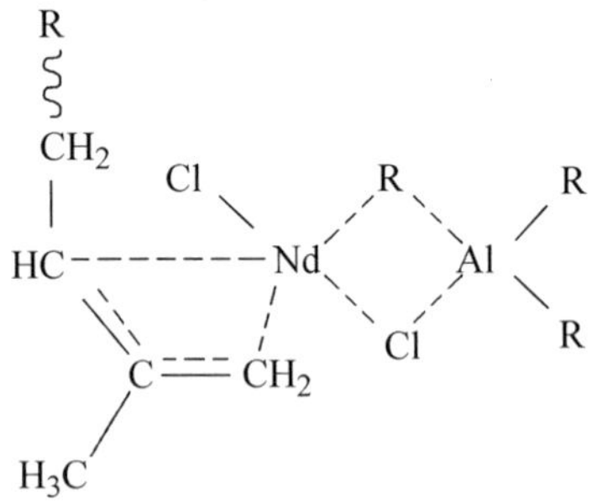

Monakov 等[78]也提出 Nd – Al 构成的多核活性种，他们认为存在四种不同的中间体，分别由两个 Nd 结合及一个 Nd 的中间体与一个 Al 有机化合物结合形成四种 Nd – Al 双金属异核活性种：

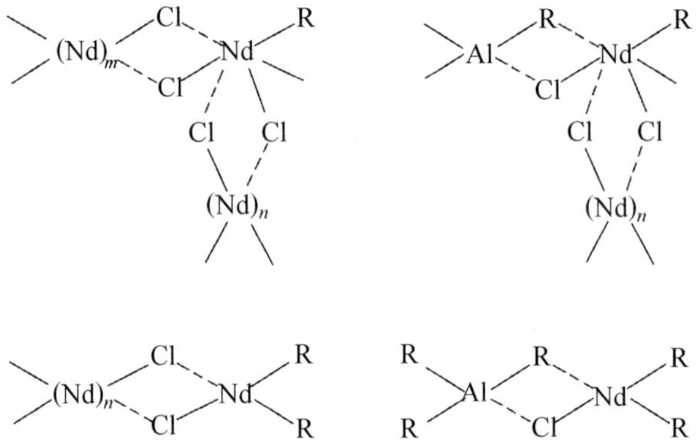

这些中间体含有 Nd – Nd 和 Nd – Al 不同形式，通过 Cl/R – 桥和 Cl/Cl – 桥集结而成。Monakov 等在发表的论文中都强调这些形式的齐聚体和缔合体的性质[79]，亦发展了 NdX₃·2TBP/Al(i – Bu)₃ 催化双烯烃聚合机理模型[80]。

3.6.2.2　羧酸稀土三元催化体系

A　新癸酸钕 – Al(i – Bu)₃ – AlEt₂Cl – 环己烷体系

a　新癸酸钕分子结构

Kwag 等[81,82]用多种近代仪器分析测定了合成新癸酸钕的化学结构，发现经新癸酸钠在水中与氯化钕反应制得的新癸酸钕是含有水配体的二聚体和四聚体混合新癸酸钕化合物（简写 ND）：

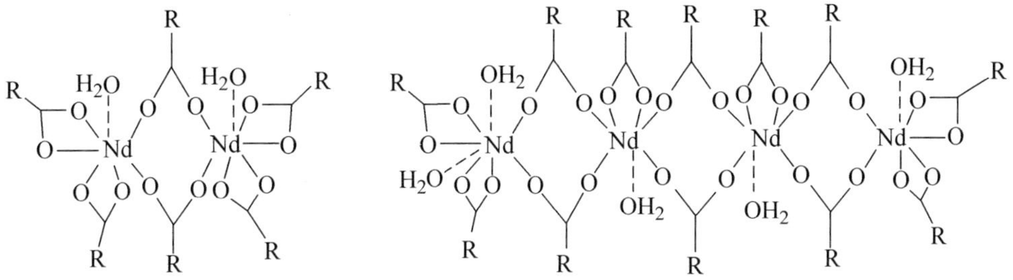

用新癸酸与乙酸钕在氯苯中反应制得的新癸酸钕是含有游离酸配体的单元新癸酸钕化合物（简写 NDH）：

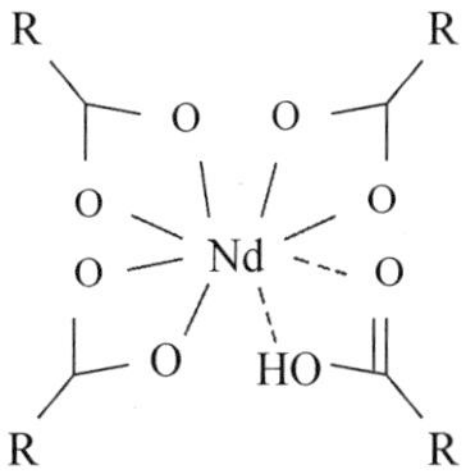

聚合实验证明，NDH 的催化活性高于 ND。NDH 的催化效率为 $(0.9 \sim 2.5) \times 10^6 g/(molNd \cdot h)$，而 ND 为 $(1.7 \sim 3.4) \times 10^5 g/(molNd \cdot h)$。顺式 $-1,4$ 含量 NDH 也略高于 ND；聚合物的分子量分布 NDH$(\overline{M}_w/\overline{M}_n < 3.0)$ 比 ND$(\overline{M}_w/\overline{M}_n > 4.0)$ 窄。

b 催化剂三组分混合陈化产物分析

Kwag 等[81]首先应用同步加速器 X 射线吸收谱（XAS）和紫外 - 可见光谱（UV - VIS）相结合，成功地用于研究均相催化剂的结构和电子形貌。对三元稀土催化剂按新癸酸钕 - $Al(i - Bu)_3$ - $AlEt_2Cl$ 加料顺序陈化制得的均相产物测试分析，得到如下特性：（1）Nd^{3+}—C 键长为 0.141nm（未修订相位值），稀土催化剂的准活性特征来源于钕碳键具有共价键和离子键双重特性；（2）主催化剂钕化合物在活化过程中不发生价态变化，仍保持三价态不变，有别于 Ti、Co、Ni 催化剂；（3）新癸酸钕没有合适的有序结构，Nd—O 键长为 0.185nm；（4）陈化生成的 Nd—Cl 键，键长为 0.249nm。

c 新癸酸钕的催化活性和增长机理

ND 由于是含有水、氢氧化物和羧酸盐等极性配体的多聚体，用作主催化剂时，助催化剂烷基铝除要进行烷基化外还要起到脱除水等极性杂质的作用。因消耗了烷基铝而减少了活性中心数。用 NDH 作主催化剂时，由于 NDH 是单元稀土化合物易于烷基化而形成较多的活性中心。以 NDH 作主催化剂时，催化剂活性和增长机理见图 3 - 79。

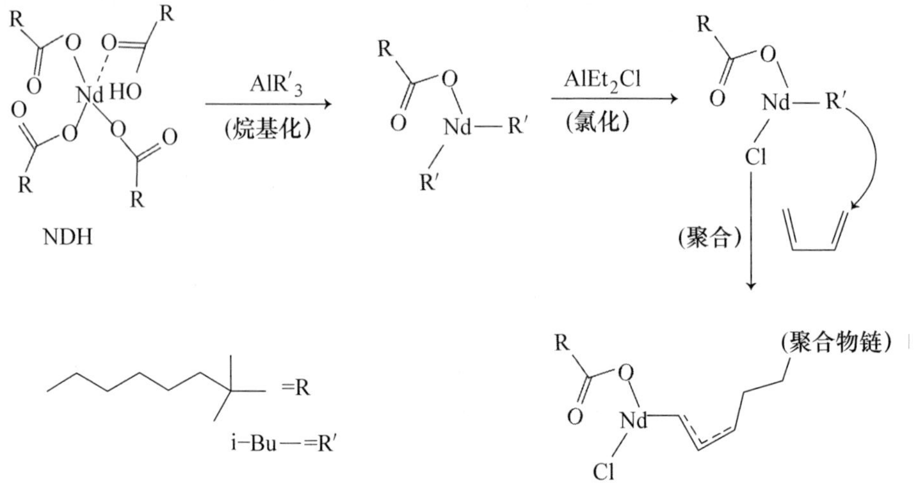

图 3 - 79 NDH 催化体系的链增长机理

钕化物首先被烷基化，然后被氯化，丁二烯不断插入 Nd—C 键中继续链的增长。NDH 活性种展现出与 NdX$_3$ 活性种有同样的结构特征。NDH 与 ND 不同之处是 NDH 中多余的一个新癸酸分子可将 ND 群族解离为单元新癸酸钕，使每个 Nd 原子都有可能被烷基化而成为活性种、催化活性种，这种活性种是由一个新癸酸基、氯原子和一个以 η^3 - 型键相结合的聚丁二烯基链与中心钕原子配位所组成，活性种中的聚丁二烯链中的倒数第二个双键稳定了活性中心钕。

B   新癸酸钕 – AlH(i – Bu)$_2$ – Al$_2$Et$_3$Cl$_3$ – 环己烷体系

L. Friebe 等人[69]对 NdV/DIBAH/EASC 三元体系引发丁二烯聚合的动力学研究过程中，观察到每个 Nd 原子产生的聚合物链数目远超过 1，并随着助催化剂 DIBAH 用量的增加而增大，当 DIBAH/Nd 摩尔比等于 50 时，聚合链数目可达 15.4。根据动力学研究发现，提出活性链转移到助催化剂 DIBAH 上，助催化剂的 Al 原子被结合到生成的聚合物链中的机理模型（见图 3 –80）。

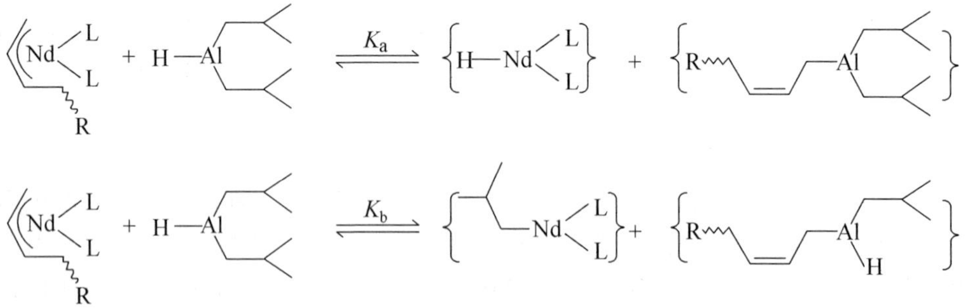

图 3 –80 聚合链从 Nd 到 Al 的可逆性转移（ $K_a < K_b$ ）

（括弧内没有实验证明）

根据图 3－80 所示反应机理模型，活性聚合物链从 Nd 被转移到 Al，而同时又生成含有异丁基或氢的活性 Nd 种，又可引发聚合生成新的活性链，这样周而复始，使每个 Nd 原子生成多个聚合物链。而与聚合链结合的含氢或异丁基的铝种是没有聚合活性的。但聚合物链转移到 Al 上而转移出 Nd 而又可重新引发聚合，可将结合聚合物链的铝看作潜在活性种。由于 Nd 与 Al 聚合物链之间的可逆转移非常快，所以分子量分布没有随单体转化率增加而加宽。

L. Friebe 等[69] 从动力学研究还发现，生成一个聚丁二烯链需要 3 个 DIBAH 分子，并求得 DIBAH/Nd 摩尔比不小于 4.4 才能引发聚合，这是催化体系要求清除杂质和催化剂活化所要求的助催化剂极限总量。为了说明在动力学研究中观察到的这些特征，假定了催化剂间化学反应顺序，并根据假定提出反应机理模型（见图 3－81）。

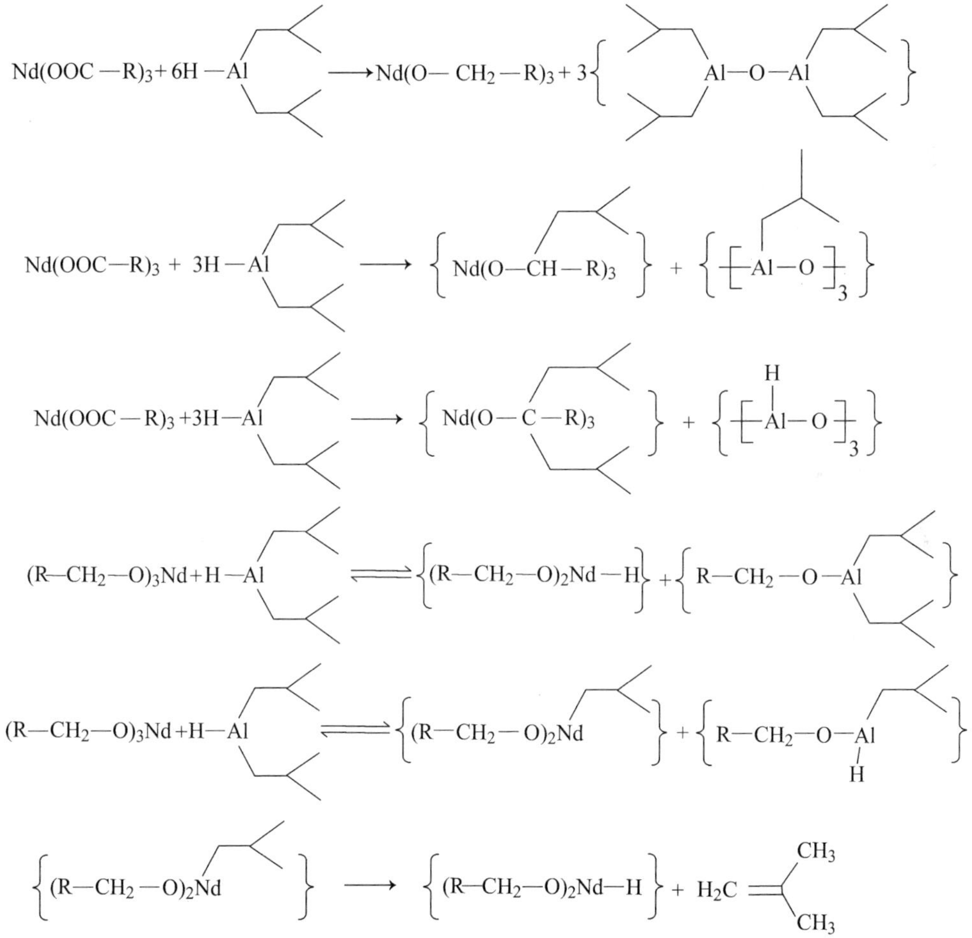

图 3－81　NdV 与 DIBAH 可能进行的反应（NdV 还原和 Nd—H 的形成）
（括弧中的化合物是没有实验证明）

按假定导出的反应图示，新癸酸钕先被 3~6 个等价的 DIBAH 还原成烷氧基钕［$(RCH_2O)_3Nd$］，烷氧基 Nd 再与 1 个等价的 DIBAH 进行交换反应才产生一个活性钕。DIBAH 可以将羧酸稀土盐还原为醇盐，而 TMA 则不能还原，这已由 NMR 的研究实验得到证实。按着这样模型形成一个 Nd—H 催化活性种，总的需要消耗 3~7 个等价的 DIBAH，Nd—H 活性种按图 3 – 82 所示的过程继续反应形成引发聚合的活性中心。

活性种 Nd—H 遇到丁二烯首先形成稀土 π – 配合物，π – 配合物与倍半乙基氯化铝反应生成氯化稀土 π – 配合物，此 π – 配合物再与三烷基铝结合而形成可引发丁二烯聚合的活性中心。

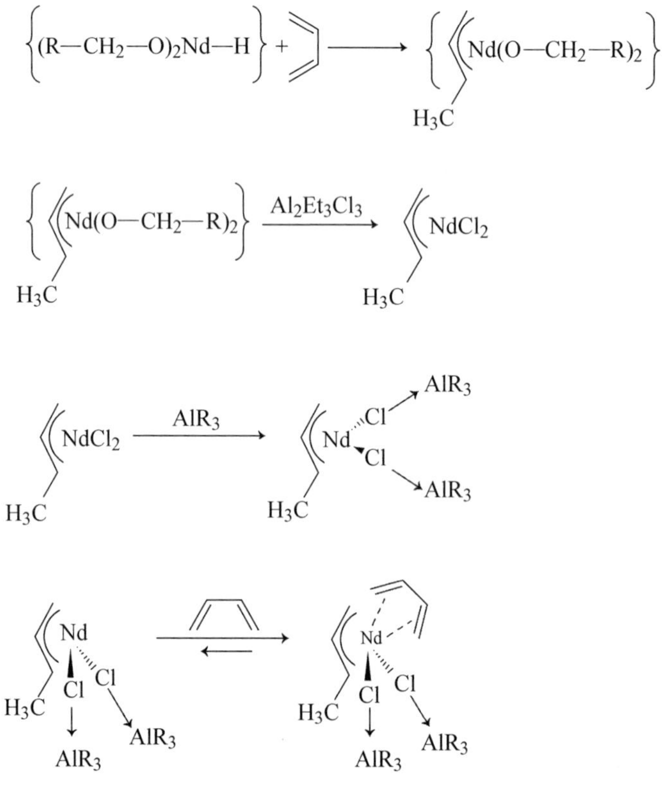

图 3 – 82   丁二烯与 Nd—H 反应和丁二烯的插入、烯丙基 Nd 的氯化
作用及 π – 烯丙基 Nd 同 Lewis 酸相互作用和丁二烯的配位
（括弧中的活性种无实验证据）

C   稀土羧酸盐的烷基化

对于稀土羧酸盐的烷基化，AlR_3 与 $AlH(i-Bu)_2$ 有不同的途径。

在稀土催化剂中常用作配体的几种羧酸为：

$$2-乙基己酸 \qquad HOOC-\underset{\underset{C_2H_5}{|}}{\overset{\overset{H}{|}}{C}}-(CH_2)_3CH_3$$

$$新癸酸 \qquad HOOC-\underset{\underset{CH_3}{|}}{\overset{\overset{CH_3}{|}}{C}}-(CH)_5CH_3$$

环烷酸

$$HOOC \ - \ (CH_2)_2 -$$

正辛酸 $\qquad HOOC - (CH_2)_6CH_3$

它们与稀土元素可生成稀土羧酸盐［$Nd(OOC-R)_3$］，在常温即可被烷基化。但由于羧基有被还原成醇基的可能性，$AlH(i-Bu)_2$ 又具有将羧基还原为醇基的能力，因此，稀土羧酸盐分别用 $AlH(i-Bu)_2$ 和 AlR_3 作助催化剂时，有不同的烷基化过程，可用图3-83来描述。

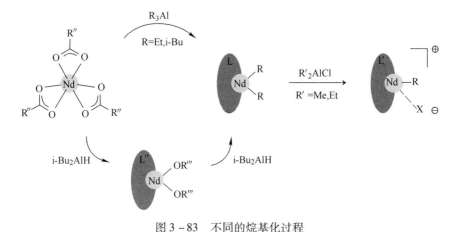

图3-83 不同的烷基化过程

3.6.3 稀土催化剂活性中心结构

Ziegler-Natta 催化剂是由主催化剂（过渡金属化合物）和助催化剂（有机金属化合物）或加第三组分等多组分组成，这些组分以某种特定的方式混合经过化学反应，形成具有催化能力的活性体结构或称活性中心结构。但由于该类催化剂的复杂性、不稳定性和众多因素的敏感性以及在活性体分离、单晶的培养等实验方面的诸多困难，虽然 Ziegler – Natta 催化剂已出现半个世纪，发现的催化剂已有上千种，但对活性体结构的研究却很少，迄今为止，仅有 Natta[83] 和 Porri[84] 分别得到了含 d 电子过渡金属和铝的两类双金属配合物单晶 $(C_5H_5)_2TiCl_2Al(C_2H_5)_2$ 和 $[2AlCl_2(C_6H_5) \cdot CoCl \cdot 0.5C_6H_6]_n$，并从均相催化剂中分离出测得了活性体的结构。

对 Ziegler – Natta 催化剂活性体结构的研究，欧阳均[12] 总结文献曾采用过的有下述一些方法和途径：

（1）从均相催化剂溶剂中分离出活性的单晶，再用 X 射线技术分析它的结构。

（2）测定催化剂反应产物的均相溶剂的光谱图，分析推测其可能的结构。

（3）从非均相组分的反应产物中制得均相溶液，再培养单晶以便分离出结晶活性体。

（4）从催化组分的非均相反应产物直接测定在无溶剂时反应产物的组成。

（5）对催化剂组分的均相反应产物，用 H – NMR、ESR 和化学电离质谱研究反应产物的结构。

（6）合成模型催化剂。

（7）催化剂模型的计算。

在文献中用过的这些方法中，从均相催化体系中分离单晶是唯一有效的方法。但如不能分离出活性体的单晶仍得不到活性体结构；非均相催化组分的反应产物很难得到组成均一的化合物，这是由于组分的反应产物很难完全，而且生成的固体混合物又很难分离；用光谱去分析均相催化剂溶剂，只是获得结构的局部数据，不能了解结构的全貌；合成的催化剂模型可能说明作者所假设的问题，但不能指定为某一催化剂的结构；催化剂模型的计算可能说明某些结构，但存在着所设计的模型是否符合实际的问题。从已经实验过的方法来看，还是 G. Natta 在 1957 年提出的从均相催化剂溶液中分离出活性的单晶，继而用 X 射线去测定它的结构，是迄今测定配位催化剂结构最直接而有效的方法[86,87]。目前研究遇到的主要困难是该类催化剂绝大部分是非均相，少部分均相催化剂也很难从中培养出单晶。

对稀土催化剂也曾尝试过多种方法对多种稀土催化体系的活性体进行研究，但仅有 Nd $(O – i – Pr)_3$ – AlEt$_3$ – AlEt$_2$Cl 均相催化体系成功地分离出多核 Nd – Al 双金属配合物并得到单晶又测得其晶体结构，获得了活性体结构[87]。

3.6.3.1 双金属配合物的合成及其单晶的培养

将异丙氧基钕、三乙基铝、一氯二乙基铝配成甲苯溶液，并按 Al/Nd 摩尔比 =10、Cl/Nd 摩尔比 =1.5 配成均相催化剂，在室温陈化过夜。取部分陈化液，在低于30℃下减压浓缩，然后逐渐滴入正己烷至有灰色沉淀析出，静置过夜；第二天，离心分离出沉淀，再经过正己烷洗涤四次后减压蒸干，经聚合实验证明有催化活性。余下部分母液在减压下沉淀到原体积的1/3~2/3，滴加正己烷，当有沉淀析出时立即停止滴加正己烷，然后熔融封口。将这混浊的母液避光保存，在室温下数月内逐渐生长成 Nd-Al 配合物单晶。活性配合物沉淀是暗紫色无定形固体，没有明显的熔点，温度高于150℃后逐渐分解变黑，活性单晶为粉红色长方形固体，在实验条件下最大晶粒尺寸为 0.2mm×0.2mm×0.3mm，也无明显熔点，温度高于200℃逐渐分解变黑，活性沉淀与活性单晶皆能和水及乙醇剧烈反应，放出氢气、乙烷及乙烯，同时产生异丙醇，二者皆微溶于甲苯而不溶于正己烷。

3.6.3.2 沉淀物与单晶的组成元素分析及聚合活性

沉淀的活性配合物及活性单晶的组成元素分析结果见表 3-29，分析结果表明，两者组成一样，其实验式为 $AlNd_2Cl_3C_{10}H_{26}O_2$。

表 3-29 沉淀物及单晶组成元素分析结果 （%）

配合物	Al	Nd	Cl	C	H	Al:Nd:Cl
活性沉淀	4.54	47.98	18.35	19.58	4.44	1:2:3
活性单晶	4.55	48.09	17.69	19.80	4.64	1:2:3
计算值[1]	4.57	47.73	17.63	19.87	4.97	1:2:3

[1]按实验式 $AlNd_2Cl_3C_{10}H_{26}O_2$ 计算。

聚合实验证明，沉淀配合物与单晶在催化活性上是一样的，都能在没有烷基铝存在的情况下单独引发丁二烯的顺式-1,4 聚合（见表 3-30），从表可知单晶和沉淀对丁二烯的聚合活性及所得聚丁二烯的分子量与微观结构都是一样的，并且和原来三元体系相同。三元体系所得分子量较低，可能是有游离的烷基铝存在的缘故。

表 3-30 沉淀物及单晶引发丁二烯聚合

催化剂	转化率/%	$[\eta]$/dL·g^{-1}	微观结构/%		
			顺式-1,4	反式-1,4	1,2-
沉淀	89.4	8.29	90.5	8.6	0.9
单晶	89.5	8.33	91.1	7.9	1.0
三元体系[1]	90.0	4.35	89.7	8.6	1.4

注：配合物/丁二烯 = $2×10^{-5}$mol/g，50℃，1h，正己烷溶剂。
[1]AlEt$_3$/Nd 摩尔比 = 10，AlEt$_2$Cl/Nd 摩尔比 = 1.5。

3.6.3.3 单晶结构分析

选取约 0.3×0.2×0.2 的单晶在脱氧除水的氩气保护下，连同少量母液一起封入由特制玻璃拉成的毛细管中，在约 $-65℃$ 氮气流冷却下，于 Nicolet – R_3 四元衍射仪上用 MoKα 射线，在 $3° < 2\theta < 48°$ 范围内收集 8602 个可观察独立衍射点，其中 $I > 3\theta(I)$ 的衍射点为 5992 个，晶体属三斜晶系；空间群为 $P\bar{1}$，$Z = 1$，晶胞参数见表 3 – 31。

表 3 – 31　活性单晶的晶胞参数

晶轴长/nm			晶轴间夹角/(°)			晶胞体积 V
a	b	c	α	β	γ	/nm³
1.5196	1.5263	1.3749	90.01	95.12	82.65	3.1495

晶体结构用 SHELXTL 程序解出，由三维 Patterson 函数法解出 Nd 原子坐标参数；Al、O、Cl 和 C 原子坐标参数用 Fourier 技术得到，最后偏离因子为 $R = 0.087$。结构分析的平均键长与键角部分列于表 3 – 32 和表 3 – 33。

表 3 – 32　键长　　　　　　　　　　　　（nm）

Nd(1)—Cl	0.2827	Nd(5)—Cl	0.2826	Al(2)—C	0.1996
Nd(2)—Cl	0.2831	Nd(6)—Cl	0.2823	Al(3)—C	0.2018
Nd(2)—C	0.2813	Nd(6)—C	0.2827	Al(6)—C	0.2036
Nd(2)—O	0.2899	Nd(6)—O	0.2886	Al(4)—C	0.2038
Nd(3)—Cl	0.2837	Nd(4)—Cl	0.2852	C—C	0.1536
Nd(3)—C	0.2706	Nd(4)—C	0.2742	O—C	0.1512

表 3 – 33　键角　　　　　　　　　　　　（°）

Cl—Nd(1)—Cl	84.7	Cl—Nd(5)—Cl	84.7	Nd(3)—C—Al(3)	71.7
C—Nd(3)—C	72.2	C—Nd(4)—C	73.6	Nd(3)—C—C	114.6
Cl—Nd(3)—Cl	80.4	Cl—Nd(4)—Cl	80.4	Al(3)—C—C	112.6
Cl—Nd(3)—C	92.8	Cl—Nd(4)—C	92.9	Nd(4)—C—Al(4)	71.3
C—Nd(2)—C	73.5	C—Nd(6)—C	70.2	Nd(4)—C—C	116.8
Cl—Nd(2)—Cl	80.1	Cl—Nd(6)—Cl	80.1	Nd(4)—C—C	108.6
Cl—Nd(2)—C	91.8	Cl—Nd(6)—C	92.8	Nd—Cl—Nd	95.0
O—C—C	125.2	C—C—C	85.9		

3.6.3.4　晶体结构（即活性体结构）

X 射线分析表明，这一晶体为一多核 Nd – Al 双金属配合物的二聚分子组成，可表示为 $[Al_3Nd_6(\mu_2 - Cl)_6(\mu_3 - Cl)_6(\mu_2 - Et)_9Et_5OPr^i]_2$，Nd 原子间以三重氯桥 $(\mu_3 - Cl)$ 和二重氯桥 $(\mu_2 - Cl)$ 相连接，Nd – $(\mu_3 - Cl)$ 键长为 0.2976 ~ 0.2845nm，Nd – $(\mu_2 - Cl)$ 键长为 0.2789 ~ 0.2714nm，Nd 和 Al 原子通过 $(\mu_3 - Et)$ 桥相连接。在稀土配合物中，桥键如此之多是罕见的。晶体结构示于图 3 – 84。

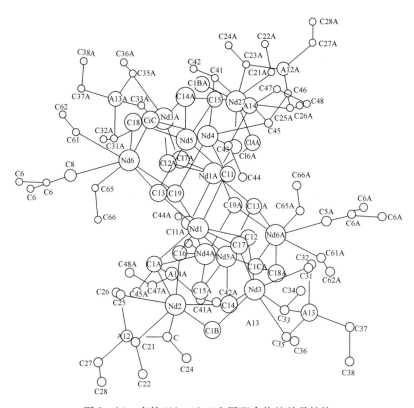

图 3 - 84 多核 Nd - Al 双金属配合物的单晶结构

（1）Nd 原子配位数。传统的 Ziegler - Natta 型催化剂含 d 电子的过渡金属
（如 Ti、Co、Ni 等），一般是六配位的八面体构型，如图 3 - 85(a) 所示，而含 f
电子的稀土 Ziegler - Natta 催化剂由于没有结构方面的直接实验证据，一般都是
借用 Ti 等过渡金属的六配位正八面体构型来进行活性中心、聚合机理和动力学
方面的讨论。但如图 3 - 84 所示，在所试验的催化剂中，所有 Nd 原子的配位数
都是 7，并且这 7 个配位体构成如图 3 - 85(b) 所示的单帽棱柱构型。

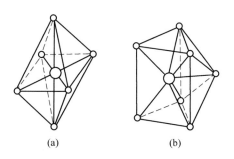

(a)   (b)

图 3 - 85 正八面体构型和单帽三棱柱构型

（2）Al 原子的配位数。所有的 Al 原子都分布在由 Cl 桥键与 Nd 原子所构成的分子骨架的周围。Al 原子的配位数为 4。4 个配位体（Et）组成稍歪的四面体构型。这一结果和 Natta 等对 Ti 催化剂所测得的结果相同。

（3）Nd 原子的配位环境。图 3 - 84 所示的测定结果表明，分子里的 Nd 原子并不完全等同，按照其周围的配位环境，可分为 3 类：

1）Nd（1）和 Nd（5）这类 Nd 原子的 7 个配位体都是用 Cl 桥与另一个 Nd 原子连接，即 Nd 原子是由 7 个氯桥构成的笼子中心，因此可以推论这类 Nd 原子在聚合中是不会有催化活性的。这可能是 Ziegler - Natta 催化剂中过渡金属的催化效率较低的原因之一。

2）Nd（3）和 Nd（4）这些 Nd 原子是通过 4 个 Cl 桥连到分子骨架上，通过 3 个乙基桥与 Al 原子相连。这样双金属配合物形成如式（3 - 86）所示的结构：

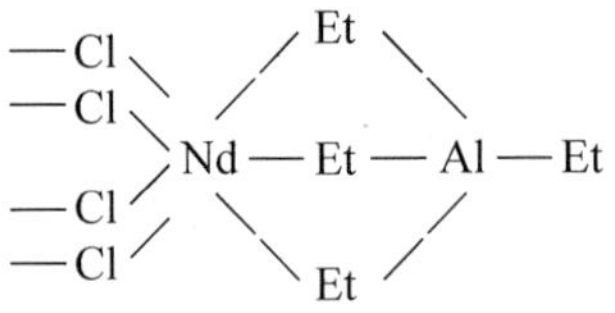

$$
\begin{array}{c}
\text{—Cl} \\
\text{—Cl} \\
\text{—Cl} \\
\text{—Cl}
\end{array}
\Big\rangle \text{Nd} \longrightarrow \text{Et} \longrightarrow \text{Al} \longrightarrow \text{Et}
\qquad (3-86)
$$

按 Natta 的早期双金属机理，这部分似乎应是活性中心，然而由于缺乏足够的实验数据，尚很难做出肯定或否定的最终结论，但已有很多作者放弃这部分是活性中心的说法。

3）Nd（2）和 Nd（6）与 Nd（3）和 Nd（4）相似，这类 Nd 原子也是以 4 个 Cl 桥连到分子骨架上，但不同之处是这类 Nd 原子有局部无序情况，即当 Nd（2）通过乙基桥和 Al 原子相连时（几率 $P = 0.45$），Nd（6）就直接和 O 原子（属烷氧基）及端乙基相连（$P = 0.45$），图 3 - 84 所示的就是这种情况；反之当 Nd（6）通过乙基桥和 Al 原子相连时，Nd（2）就直接和 O 原子及端乙基相连（$P = 0.55$），这就是说无论是 Nd（2）还是 Nd（6），两种情况的几率总和都为 1（$0.45 + 0.55 = 1$）。

当 Nd 原子直接和端乙基相连时，就形成如式（3 - 87）所示的"过渡金属—碳键"，按现代的一般观点，所示的 Nd—C 键就是活性中心，这一结果符合 Cossee[88] 的单金属机理。表明稀土催化剂在结构上属于双金属类型，但在增长机理上仍属于单金属类型。

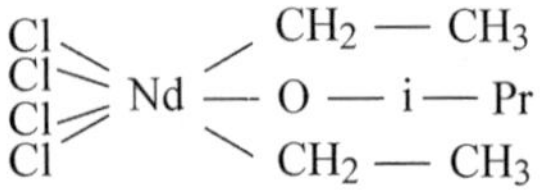

$$
\begin{array}{c}
\text{Cl} \\
\text{Cl} \\
\text{Cl} \\
\text{Cl}
\end{array}
\Big\rangle \text{Nd}
\begin{array}{c}
\text{CH}_2 \longrightarrow \text{CH}_3 \\
\text{O} \longrightarrow i\text{-Pr} \\
\text{CH}_2 \longrightarrow \text{CH}_3
\end{array}
\qquad (3-87)
$$

上述所测得的 Nd 催化剂结构有两个端乙基，因此在一个 Nd 原子上，文献上不曾见到，是否正确尚待研究。在 d 轨道过渡金属催化剂中常有—OR—基作为过渡金属与 Al 之间的桥键，而 Nd 催化剂中却不存在这种桥键。卤素虽是催化剂活性所必需的元素，但大量 Nd 原子却被包缠在 Cl 原子的笼中，而不能发挥作用。在动力学研究中常得出双基终止机理，但按两个独立的增长链很难会碰在一块。根据这个结构显示两个端乙基连在一个 Nd 原子上，这正好为双基终止机理提供了解决的途径；还有一点，曾测出均相催化剂和非均相催化剂在活性中心浓度上并不相差很大，这可能因为像 Nd 催化剂在溶液中是二聚体，在非均相体系中不过是无数的二聚体聚集在一块，而这种聚集体并不牢固、紧密，单体的穿入完全可以行动自由，所以均相与非均相体系的活性中心浓度并不是显得有很大差别。

不同稀土元素、不同配位体，甚至在不同的催化剂配制条件下，得到的催化剂结构也可能是不尽相同的，这里所得的结构只能说是在这种具体条件下得到的结果，不能作为普通的结论，还须有更多的单晶结构数据才能得到正确的结论。

参 考 文 献

[1] 唐有祺. 化学动力学和反应器原理 [M]. 北京：科学出版社，1974.

[2] 健谷勤. 重合反应的研究法 [Z]. 1965，13 (3 ~ 11) .

[3] 庆伊富长. 齐格勒－纳塔聚合动力学 [M]. 王杰，译. 北京：化学工业出版社，1979.

[4] 许越. 化学反应动力学 [M]. 北京：化学工业出版社，2005.

[5] 林尚安，等. 高分子化学 [M]. 北京：科学出版社，1984：384.

[6] 袁屐冰. 有机反应动力学 [J]. 旅大化工，1980 (3)：45 ~ 53.

[7] ИНЪроищтейн И К. А. СЕМЕНГЯЕВ, СпРАВОЧНИК. МАТЕМАТИКЕ, 1954, МОСКВа：392.

[8] Van de Kamp E P. Mari, Uber die struktur und Wirkungswelse des katalysators bei der polymerisation des Butadiene mit kobalr – Verbindungen [J]. Angew Chem, 1962, 74 (16)：661.

[9] Hans J Borchardt, Farrington Daniels. The Application of Differential Thermal Analysis to the Study of Reaction Kinetics [J]. Am Chem Soc, 1957, 79：41 ~ 46.

[10] 王佛松，江家奇，余赋生，等. 用热差分析法测定丁二烯定向聚合的活化能及反应级数 [J]. 高分子通讯，1964，6 (4)：332 ~ 335.

[11] Klepikova V I, Erusalimskii G B, Lobach M I, et al. Kinetics and Mechanism of the Initial Stages in the Bis (π – crotyl nickel iodide) – Catalyzed Polymerization of Butudiene [J]. Macro Molecules, 1976, 9 (2)：217 ~ 221.

[12] 欧阳均. 稀土催化剂与聚合 [M]. 长春：吉林科学技术出版社，1991：139.

[13] Feldman C F, Perry E. Active Centers in the Polymerization of Ethylene Using Titanium Tetrachloride – alkylaluminum Catalysts [J]. J Polym Sci, 1960, 46：217.

[14] Bier G, Hoffmann W, Lehmann G, et al. Zahl der aktiven zentren bei der polymerisation von propylen an ziegler – mischkatal ysatoren [J]. Makromol Chem, 1962, 58：1.

[15] Coover H W, Guillet Jr J E, Combs R L, et al. Active Site Measurements in the Coordinated

Anionic Polymerization of Propylene [J]. J Polym Sci, Part A – 1, 1966 (4)：2583.

[16] Burfield D R, Tait P J T. Ziegler – Natta catalysis：3. Active Centre Determination [J]. Polymer, 1972, 13：315.

[17] 沈之荃，姜连升，李兴亚，等. 丁二烯在乙酰基丙酮镍和一氯二烷基铝均相催化体系中的定向聚合 [J]. 高分子通讯，1965，7 (5)：322~335.

[18] 石油化学工业部科学技术情报研究所. 顺丁橡胶攻关会战科技资料汇编（聚合部分）[Z].

[19] Tkáč A，Adamčik V. Microhetrogeneous Catalytic System Ni (O) co₁ – Ni (1) – Ni (11) for Low Pressure Polymerization of Butadiene. IV. The Structure of An Active Centre [J]. Collection of Czechoslovak, Chemical Communications, 1973, 38 (5)：1346~1357.

[20] Yoshimot T, Komatsu K, Sakata R, et al. Kinetic Study of Cis – 1,4 Polymerization of Butadiene with Nickel Carboxylate/boron Trifluoride Etherate Triethylaluminum Catalyst [J]. Makromol Chem, 1970, 139：61.

[21] 王德华，等. 丁二烯在镍催化体系中的聚合行为及聚合物的分子量分布 [Z]. 应化档案 7604009 – 019（内部资料），1976 (22)：108.

[22] 焦书科，戚银城，韩淑珍，等. 顺式 – 1,4 聚丁二烯的动力学研究 [J]. 合成橡胶工业，1980，3 (3)：155~161.

[23] 浙江大学高分子化学教研组. 丁二烯在镍催化体系油溶剂中聚合动力学 [Z]. 顺丁橡胶攻关会战科技成果选编（聚合部分），石油化学工业部科学技术情报研究所：167.

[24] 陈滇宝，张兴琢，王春，等. 镍体系催化丁二烯聚合动力学 [J]. 合成橡胶工业，1987，10 (1)：13~16；1986，9 (4)：243.

[25] Kagiya T, Hatta M, Fukui K. Chem. High Polymers [Tokio], 1963, 20：730.

[26] 松本毅，大西章，トリエチルアルミニウムミフッ化木ウ素エテうトナフテン酸ニッケル系によるブタジエンの重合 [J]. 工业化学杂志（日本），1968，71.

[27] Tkáč A, Saško A. Microheterogeneous Catalytic System Ni (O) co₁ – Ni (1) – Ni (11) For Low Pressure Polymerization of Butadiene. Ⅱ An Infrared Study of the Mechanism of Reduction [J]. Collection of Czechoslovak Chemical Communications, 1972, 37 (3)：1006~1014.

[28] Dixon, Duck E W, Grieve D P, et al. High cis – 1,4 Polybutadiene— Ⅰ The Catalyst System Nickel Diisopropylsalicylate, Boron Trifluoride Etherate, Butyl Lithium [J]. Eur Polymer J, 1970, 6：1359；1971，7：55.

[29] Throckmorton M C, Farson F S. An HF – Nickel – R₃Al Catalyst System for Producing High Cis – 1,4 – polybutadiene [J]. Rubber Chem Technol, 1972, 45：268~277.

[30] Saltman W M, Kuzma L J. Preparation and Properties of Polydienes [J]. Rubber Chem Technol, 1973, 46 (4)：1055~1067.

[31] 小松公荣，弘田准，安永秀敏，等. ニッケル酸化物—ハロゲン化アルミニウム触媒によるブタジエンのcis – 1,4 重合の反応机构 [J]. 工业化学杂志（日），1971，74 (11)：2377.

[32] 黄葆同，欧阳均，等. 络合催化聚合合成橡胶 [M]. 北京：科学出版社，1981：58，115.

[33] Von Priv – DoZ, Dr G Wilke. Ein Zwischenprodunt der synthese von cyclododecatrien ans Butadien [J]. Angew Chem, 1961, 73 (23): 755.

[34] Азμзов А Г, Др. Азерб χиμ Жур, 1977 (2), 26: C. A. 87, 13645.

[35] Wilke G. Cyclooligomerization of Butadiene and Transition Mertal π – Complexes [J]. Angew Chem, International Edition, 1963, 2 (3): 105 ~ 164.

[36] Porri L, Natta G, Gallazzi M C. Chim Ind (Milam), 1964, 46: 426.

[37] Porri L, Gallazzi M C, Vitulli G. Polymerization of Butadiene, Allene and Transition Metal π – Complexes [J]. J Polym Sci, Part B, 1967, 5 (8): 629 ~ 633.

[38] Porri L, Natta G, Gallazzi M C, et al. Stereospecific Polymerization of Butadiene by Catalysts Prepared from π – Allyl Nikel Halides [J]. J Polym Sci, Part C, 1967, 16 (5): 2525 ~ 2537.

[39] Dawans F, Teyssie Ph. Polymerization by Transition Metal Derivatives, Ⅵ Investigation of the Cis Polymerization of 1, 3 – butadiene by Biscyclooctadienyl Nickel (o) and Acidic Metals Salts [J]. J Polym Sci, Part B, 1965, 3 (12): 1045 ~ 1048.

[40] Cooper W. Aspects of Mechanism of Coordination Polymerization of Conjugated Dienes [J]. Ind Eng Chem Prod Res Dev, 1970, 9 (4): 457 ~ 466.

[41] Furukawa J. Mechanism of Diene Polymerization [J]. Pure Appl Chem, 1975, 42 (4): 495.

[42] 焦书科，胡力平，常鉴会，等. 钴系催化剂合成液体聚丁二烯过程中 α – 烯烃的调节作用 [J]. 化工学报，1984，4: 357.

[43] Bnesler L S, Poddubnyi I Ya, Sokolov V N. Nature of Stereoregular Butadiene Polymerization Initinted by Ionic Coordinated Catalysts [J]. J Polymer Science, Part C, 1969, 16: 4337 ~ 4344.

[44] Henderson J F. Polymerization of Butadiene by Triisobutyl – aluminum Diisopropyl Etherate and Titanium Terraiodide [J]. J Polymer Science, Part C, 1963, 4: 233 ~ 247.

[45] Matsuzaki K, Yasukawa T. Mechanism of Stereoregular Polymerization of Butadiene by Homogeneous Ziegler – Natta Catalysts. I. Effects of the Species of Transition Metals [J]. J Polym Sci, Part A, 1967, 15: 511 ~ 512.

[46] Natta G, et al. Polymerization of Conjugated Diolefins by Homogeneous Aluminum Alkyl – titanium Alkoxide Catalyst Systems. Ⅱ.1, 2 – polybutadiene and 3, 4 – polyisoprene [J]. Makromol Chem, 1964, 77: 126.

[47] Matsumoto T, Furukawa J. A structural Study on π – crotyl Nickel Haiides in Relation to Their Caralyst Activity for Diene Polymerization [J]. J Polym Sci, Part B, 1967, 5 (10): 935 ~ 939.

[48] Labach M I, Kormer V A, Tsereteli I Yu, et al. PMR Study of Bis π – crotyl Nickel Iodide Reaction with 1, 3 – butadiene [J]. J Polym Sci, Part B, 1971, 9 (1): 71 ~ 77.

[49] Matsumoto T, Furukawa J. A Proposed Mechanism of the Stereospecific Polymerization of Butadiene with a Transition Metal Catalyst [J]. J Macromol Sci Chem, 1972, A6 (2): 281.

[50] 焦书科. 烯烃配位聚合理论与实践 [M]. 北京: 化学工业出版社，2004: 248.

[51] Porri L, di Corato A, Natta G. Polymerization of 1, 3 – pentadiene by Cobalt Catalysts. Synthesis of 1,2 and CIS – 1,4 Syndiotactic Polypentadienes [J]. Eur Polym J, 1969, 5 (1): 1.

[52] Haward R N. Developments in Polymerzation. Coaper W, Advances in the polymerization of con-

jugated Dienes, 1979: 124, 128.

[53] Pross A, Marquardt P, Reichert K H, et al. Modelling the Polymerization of 1, 3 – butadiene in Solution with a Neodymium Catalyst [J]. Angew Makromol Chem, 1993, 211: 89.

[54] Lars Friebe, Ockar Nuyken, Werner Obsrecht. Neodymium – based Ziegler/Natta Catalysts and their Application in Diene Polymerization [J]. Adv Polym Sci, 2006, 204: 99 ~ 126.

[55] Maiwald S, Sommer C, Müller G, et al. On the 1,4 – cis – polymerization of Butadiene with the Highly Active Catalyst Systems Nd(C$_3$H$_5$)$_2$Cl · 1.5THF/Hexaisobutylaluminoxane (HIBAO), Nd(C$_3$H$_5$)Cl$_2$ · 2THF/HIBAO and Nd(C$_3$H$_5$)Cl$_2$ · 2 THF/Methyl – aluminoxane (MAO) – Degree of Polymerization, Polydispersity, Kinetics and Catalyst Formation [J]. Macromol Chem Phys, 2001, 202 (8): 1446.

[56] Chigir N N, Guzman Is, Sharaev O K, et al. DOKI Akad Nauk SSSR, 1982, 263: 375.

[57] Nickaf J B, Burford R P, Chaplin R P. Kinetics and Molecular Weights Distribution Study of Neodymium – catalyzed Polymerization of 1, 3 – butadiene [J]. J Polym Sci, Part A: Polym Chem, 1995, 33 (7): 1125.

[58] Friebe L, Nuyken O, Obrecht W. A Comparison of Neodymium Versatate, Neodymium Neopentanolate and Neodymium Bis (2 – ethylhexyl) Phosphate in Ternary Ziegler Type Catalyst Systems with Regard to Their Impact on the Polymerization of 1, 3 – butadiene [J]. J Macromol Sci, Pure Appl Chem, 2005, A42 (7): 839.

[59] Friebe L, Nuyken O, Wiondisch H, et al. Polymerization of 1, 3 – butadiene Initiated by Neodymium Versatate/triisobutylaluminum/ethylaluminum Sesquichloride: Impact of the Alkylaluminum Cocatalyst Component [J]. J Macromol Sci, Pure Appl Chem, 2004, A41 (3): 245.

[60] 扈晶余, 邹昌玉, 欧阳均. 中科院长春应化所集刊 (第19集) [M]. 北京: 科学出版社, 1982: 63.

[61] 扈晶余, 欧阳均. 中科院长春应化所集刊 (第20集) [M]. 北京: 科学出版社, 1983: 33.

[62] Natta G, Pasquon I. The Kinetics of the Stereospecific Polymerization of α – olefins [J]. Advances in Catalysis, 1959, 11: 1.

[63] 潘恩黎, 仲崇祺, 谢德民, 等. 丁二烯在某些钕催化剂体系中聚合活性中心数的测定和动力学的研究 Ⅱ. 聚合链增长、链转移及链终止过程的研究 [J]. 化学学报, 1982, 40 (5): 395.

[64] 潘恩黎, 仲崇祺, 谢德民, 等. 丁二烯在某些钕催化剂体系中聚合活性中心数的测定和动力学的研究 Ⅰ. 聚合条件对活性中心浓度的影响 [J]. 化学学报, 1982, 40 (4): 301.

[65] Burfield D R, Tait P J T, McKenzie I D. Ziegler – Natta catalysis: Ⅳ. Quantitative Verification of Kinetic Scheme [J]. Polymer, 1972, 13 (7): 321.

[66] 孙涛, 杨继华, 逄束芬, 等. 在 Nd(OCt)$_3$ – HAl(i – Bu)$_2$ – CH$_2$ – CHCH$_2$Cl 均相催化体系下的丁二烯聚合动力学 [J]. 应用化学, 1985 (2): 47.

[67] Hsieh H L, Yeh G H C. Polymerization of Butadiene and Isoprene with Lanthanide Catalysts: Characterization and Properties of Homopolymers and Copolymers [J]. Rubber Chem Technol, 1985, 58 (1): 117.

［68］ Shen Z, Ouyang J, Wang F, et al. The Characteristics of Lanthanide Coordination Catalysts and the Cis – polydienes Prepared Therewith ［J］. J Polym Sci, Part A: Polym Chem, 1980, 18 (12): 3345.

［69］ Friebe L, Nuyken O, et al. Polymerization of 1, 3 – butadiene Initiated by Neodymium Versatate/Diisobutylaluminium Hydride/Ethylaluminium Sesquichloride: Kinetics and Conclusions About the Reaction Mechanism ［J］. Macromol Chem Phys, 2002, 203 (8): 1055.

［70］ Yasuda H. Top Organo Rare Earth Metal Catalysis for the Living Polymerizations of Polar and Nonpolar Monomers Lanthanides: Chemistry and Use in Organic Synthesis ［J］. Organomet Chem, 1999, 2: 255.

［71］ 逄束芬, 欧阳均. 有关 $NdCl_3 \cdot 3ROH - AlEt_3$ 催化体系的活性 ［J］. 高分子通讯, 1981, 5: 393.

［72］ 杨继华, 扈晶余, 逄束芬, 等. 对共轭双烯定向聚合活性较高的氯化稀土催化剂 ［J］. 中国科学, 1980, 127.

［73］ Skuratov K D, et al. Structure of Initial, Ultimate and Inner Chain Units of Polybutadiene Obtained with a Rare – earth Catalyst as Revealed by [13]C Nuclear Magnetic Resonance Spectroscopy ［J］. Polymer, 1992, 33 (24): 5202.

［74］ Shan C, Lin Y, Ouyang J, et al. Single Crystal Structure of a Polymerization Active Nd – Al Bimetallic Complex ［J］. Makromol Chem, 1987, 188 (3): 629.

［75］ Bolognesi A, Destri S, Zhou Zinan, et al. 1, 3 – butadiene/2, 4 – hexadiene Copolymers Prepared with Cobalt and Neodymium Catalysts. A ^{13}C NMR Study of the Structure of Hexadiene Units ［J］. Die Makromolekulare Chemie, Rapid Communications, 1984, 5: 679.

［76］ Iovu H, Hubca G, Simionescu E, et al. Butadiene Polymerisation Using Binary Neodymium – based Catalyst Systems. The effect of Catalyst Preparation ［J］. Eur Polym J, 1997, 33: 811.

［77］ Iovu H, Hubca G, Racoti D, et al. Modelling of the Butadiene and Isoprene Polymerization Processes with a Binary Neodymium – based Catalyst ［J］. Eur Polym J, 1999, 35: 335.

［78］ Sigaeva N N, Usmanov T S, Budtov V P, et al. Effect of Organoaluminum Compound on Kinetic Nonuniformity and Structure of Active Centers of Neodymium Catalytic Systems in Butadiene Polymerization ［J］. Russ J Appl Chem, 2001, 74: 1141.

［79］ Urazbaev V N, Efimov V P, Sabirov Z M, et al. Structure of Active Centers, Their Stereospecificity Distribution, and Multiplicity in Diene Polymerization Initiated by $NdCl_3 \cdot$ based Catalytic Systems ［J］. J Appl Polym Sci, 2003, 89: 601.

［80］ Usmanov T S, Maksyutova E R, Spivak S I. Mathematical Modeling of Butadiene Polymerization over Lanthanide – containing Catalysts ［J］. Dokl Phys Chem, 2002, 387: 331.

［81］ Kwag G. A Highly Reactive and Monomeric Neodymium Catalyst ［J］. Macromolecules, 2002, 35: 4875.

［82］ Kwag G, Lee H, Kim S. First In – situ Observation of Pseudoliving Character and Active Site of Nd – based Catalyst for 1, 3 – butadiene Polymerization Using Synchrotron X – ray Absorption and UV – visible Spectroscopies ［J］. Macromolecules, 2001, 34: 5367.

［83］ Natta G, Pino P, Mazzanti G, et al. Complessi cristallizzabili contenenti titanio e alluminio cataliticamente attivi nella polimerizzazione dell'etilene [J]. J Inorg Nucl Chem, 1958, 8: 612.

[84] Porri L, Carbonaro A. On the Reaction between Alkyl or Aryl Aluminum Chlorides and Cobalt Compounds [J]. Makromol Chem, 1963, 60: 236.

[85] Natta G, Pino P. A Crystallizable Organometallic Complex Containing Titanium and Aluminum [J]. J Am Chem Soc, 1957, 79 (11): 2975.

[86] Natta G, Connadini P, Bassi I W. Crystal Structure of the Complex $(C_2H_5)_2 - TiCl_2Al(C_2H_5)_2$ [J]. J Am Chem Soc, 1958, 80 (3): 755.

[87] 单成基, 林永华, 金松春, 等. $[Al_3Nd_6(\mu_2 - Cl)_6(\mu_3 - Cl)_6(\mu_2 - Et)_9Et_5OPr^i]_2$ 的单晶结构 [J]. 化学学报, 1987, 45: 949~954.

[88] Cossee P. Ziegler – Natta catalysis I. Mechanism of Polymerization of α – olefins with Ziegler – Natta Catalysts [J]. J Catal, 1964, 3 (1): 80.

4 氯化稀土二元催化体系

4.1 概述

中国是世界上稀土资源最丰富的国家。20 世纪 60 年代初,中科院长春应化所率先完成了稀土 15 个元素的分离,并将卤化稀土最早用于组成 Ziegler - Natta 催化剂,探索对双烯烃的催化活性,发现稀土元素组成的催化剂可催化双烯烃均聚和共聚合,制得高分子量、高顺式结构聚合物。经国内外近 40 多年的研究,稀土元素组成的催化剂已发展成为一类新型 Ziegler - Natta 催化剂。它可以催化双烯烃聚合,制得高顺式均聚物和共聚物、高反式均聚物、异戊二烯高 3,4 - 均聚物,是促进双烯烃合成橡胶发展的重要催化剂。它还能引发 α - 烯烃均聚和与双烯烃共聚、炔烃均聚、环氧化物开环聚合以及丙烯酸酯类等极性单体的聚合。稀土催化剂的发现丰富了高分子合成科学的研究内容,使 Ziegler - Natta 催化剂从研究 d 轨道金属元素扩展到 f 轨道金属元素。本章仅介绍由稀土各类氯化物组成的二元催化体系在催化双烯烃聚合方面的研究进展。

4.1.1 无水氯化稀土催化体系

自 20 世纪 60 年代,Ziegler - Natta 催化剂成功地用于工业上生产有规橡胶(如 Ti 系异戊橡胶和 Ti 系顺丁橡胶)后,各国学者更加广泛深入地研究探索新型 Ziegler - Natta 催化剂。中国学者同样不失时机地全面深入开展了对由 Ti、Co、Ni 和 Fe 等 d 轨道过渡金属所组成的各种催化剂的探索研究。在此同时,欧阳均等科学家更利用中科院长春应化所已分离的高纯单一稀土元素,广泛开展了由 f 轨道稀土金属元素所组成的 Ziegler - Natta 催化剂的探索研究,并发现无水稀土氯化物同三乙基铝组成的二元 Ziegler - Natta 催化剂可催化丁二烯聚合,制得高分子量、高顺式 - 1,4 聚丁二烯。无水稀土氯化物均采用含结晶水的氯化稀土在氯化铵存在下加热减压升华脱除结晶水的方法制得。由无水氯化稀土制得的氯化稀土吡啶配合物与三烷基铝组成的二元体系的催化活性好于无水稀土氯化物。初步的研究实验取得了可喜结果。沈之荃等[1]将取得的初步实验结果以论文形式公开报道后,引起世界各国有关学者的注意和极大的研究兴趣。由此拉开了研究稀土催化剂合成新型高分子材料的序幕。

20 世纪 70 年代,中科院长春应化所在全面开展了稀土三元催化体系研究的同时，欧阳均先生根据氯化稀土的吡啶配合物及氯化钕与 P$_{350}$ 的混合物[2] 与无水氯化稀土相比有较高催化活性的实验结果，推测在无水氯化稀土体系中添加给电子试剂有可能提高催化活性。扈晶余根据欧阳均先生的推测，首先进行了添加醇的聚合实验。结果发现，在醇与无水氯化稀土先混合陈化，再加烷基铝的特定加料方式下，氯化稀土二元催化体系的聚合活性出现了飞跃，达到了当时羧酸稀土三元体系水平[3,4]。根据无水氯化稀土可与醇发生溶剂化作用，并生成一种固定组成的醇合物[5]，为此合成了模型化合物 NdCl$_3$·3C$_2$H$_5$OH，并与 AlR$_3$ 组成二元催化剂进行了丁二烯聚合实验。结果证明，两者均具有较高活性，同各自三元体系（醇外加）相比，在聚合活性和聚合物微观结构方面均相同[4]。氯化稀土醇合物与烷基铝组成高活性的二元稀土催化体系，不仅使二元稀土体系具有实际应用的可能性，更证明欧阳均先生的推测：过渡金属卤化物接受 AlR$_3$ 的烷基化作用形成金属—碳键，是 Ziegler – Natta 型催化剂产生活性中心的一个必要过程。将二元氯化稀土体系（LnCl$_3$ – AlR$_3$）同典型的 Ziegler 催化剂（TiCl$_4$ – AlR$_3$）相比可知，TiCl$_4$ 为典型的共价键化合物，而 LnCl$_3$ 则为较强的离子键化合物，由于离子键化合物要比共价键化合物难于接受烷基化作用，这可能就是 LnCl$_3$ – AlR$_3$ 体系活性低的原因。当加入醇生成 LnCl$_3$·3ROH 后，配合醇分子中氧原子的孤对电子（—Ö—）的给电子性会降低稀土离子的正电性，从而减弱 Ln—Cl 键的离子性，使之有利于烷基化作用发生，而导致催化活性的显著提高。在欧阳均先生的指导和安排下，对含 O、N、P 和 S 的一些典型试剂进行了大量的聚合实验，发现醇类[6~9]、环醚[10,11]、中性磷（膦）[12~14]、亚砜化合物[15] 及含氮化合物[16,17] 等许多给电子试剂与氯化稀土形成的配合物均可与烷基铝组成高活性新型二元稀土催化体系，氯化稀土配合物催化体系可简化为 LnCl$_3$·nD – AlR$_3$（或 AlHR$_2$）形式。这是一类组成简单、原料易得、合成容易和活性较高的二元稀土催化体系。氯化稀土体系研究取得的进展公开报道后[6,18]，引起国外学者的兴趣和注意，并出现氯化稀土体系的研究热潮。文献相继报道了烷基或芳基磷酸酯及石油亚砜[19]、磷酸三丁酯（TBP）[20,21]、烷基亚砜（DMSO）[20,22]、吡啶（Py）[23]、2 – 乙基己醇（HEOH）[24]、B（OC$_2$H$_4$OC$_2$H$_4$OH）$_3$/B（OC$_2$H$_4$OC$_2$H$_5$）$_3$[25] 和 N – O 化合物[26] 等化合物作为给予体 D 的氯化稀土配合物所组成的二元稀土催化体系。

　　氯化稀土与给予体的配合物可直接将无水氯化稀土溶于给予体后再脱除多余的给予体，而得到粉状配合物[27]，或将含结晶水的氯化稀土溶于过量乙醇和给予体中，然后进行共沸蒸馏脱水制得[28]。

4.1.2　烷氧基稀土氯化物催化体系

　　为改进氯化稀土二元体系的聚合活性，在开展氯化稀土复合物研究的同时，欧阳均先生还安排开展含氧稀土氯化物，也即含氧的一氯或二氯稀土化合物与三烷基铝二元体系的研究[29~34]。单成基等改进文献中的方法[29]而采用氯化稀土醇合物和醇钠直接反应制得 Ln(OR)₂Cl 和 Ln(OR)Cl₂ 烷氧基稀土化合物[30]，并研究了与 AlEt₃ 分别组成的二元催化体系引发丁二烯[31]和异戊二烯[32]聚合的规律。Ln(OR)₂Cl - AlEt₃ 二元为均相体系，已成功地从中分离出有聚合活性，并含有 Ln - Al 双金属的结晶配合物。Ln(OR)Cl₂ - AlEt₃ 二元为非均相体系，但该催化体系的催化活性及所制得聚合物的顺式 -1,4 结构含量高于一氯化物体系，而与烷氧基稀土三元体系相近。对 R = i - Pr、n - Bu、i - Bu、s - Bu、n - Am、i - Am 和 t - Am 等不同基团的研究表明，R 的大小和结构对聚合物微观结构没有明显的影响，但对催化活性和分子量大小有影响。一氯烷氧基稀土的活性顺序为 n - R > i - R > s - R > t - R。分子量大小则为 n - R > i - R < s - R < t - R。二氯烷氧基稀土的活性顺序为 n - R ≤ i - R > s - R > t - R，分子量大小则 n - R < i - R > s - R > t - R。一般规律是 OR 较多或 R 位阻较大时，分子量则随转化率的升高而降低；当 OR 较少或 R 位阻较小时，则转化率越高分子量越大。

金鹰泰等[33]用三氟乙酸银盐在乙醚中同无水氯化钕反应制得二（三氟乙酸）氯化钕的乙醚复合物和乙醇配合物[34]。这种稀土化合物在碳氢溶剂中溶解度很小，但可与三烷基铝组成二元均相催化体系。由三异丁基铝组成的体系催化异戊二烯聚合制得顺式含量高于三乙基铝组成的体系。二（三氟乙酸）氯化钕乙醇配合物和三乙基铝在甲苯中于 30℃ 下反应 12h 后过滤，在滤液中加入己烷后得到褐色晶体，由此得到可引发双烯烃聚合的活性体，经组成分析，具有实验式[35]：(CF₃CO₂)HNdCl(C₂H₅)Al(C₂H₅)₂。

美国菲利浦石油公司报道了氯化钕氢氧化物乙二胺配合物 [Nd(OH)ₐCl₃₋ₐ · nEDA] 可与三乙基铝组成二元催化体系[36]，在环己烷溶剂中引发丁二烯聚合，显示出较高的催化活性，并有 97% 的顺式含量和 [η] > 7 的高分子量，但聚合物含有 35% 以上的凝胶。当以甲苯为溶剂时，凝胶含量可降至 6% 以下，但催化活性和顺式含量均下降。专利中提到可引发乙烯等 α - 烯烃聚合。

4.1.3 有机稀土氯化物催化体系

И. Н. МАРКЕВИЧ 等[37]根据卤代烃对金属的氧化化合反应可制备烷基（或芳基）金属卤化物的方法，用三苯基氯甲烷与稀土金属（Pr、Nd 等）在四氢呋喃介质中（也可在甲苯中）于 20℃ 下直接反应，合成含有 Ln—C 键的催化活性体。当 RCl/Ln 摩尔比为 2 时，制得的 Ph₃CLnCl₂ 收率接近理论量的 100%，合成的活性 Ph₃CLnCl₂ 产物并不能引发双烯烃聚合，需加入少量烷基铝，也即加入 Al/Ln 摩尔比 = 3 ~ 4 时，便可快速聚合，所制得的聚异戊二烯、聚丁二烯的顺式 -1,4 含量高达 98% 和 97% 以上。表明合成的三苯基甲基氯化稀土化合物与 Ziegler - Natta 型稀土催化体系有相同的定向性。加入少量的 Al(i - Bu)₃ 或 AlH(i - Bu)₂

显然不是为了稀土烷基化，它的作用有可能是消除 THF 等杂质。因为合成是在 THF 中进行的，有一定量的 THF 与金属配位紧密，较难以脱除，由于烷基铝比 THF 具有更强的电负性，使 THF 脱离稀土金属，保证了双烯烃单体配位并引发聚合。

4.1.4　中性芳烃稀土有机配合物催化体系

20 世纪 80 年代出现可溶性中性芳烃过渡金属有机配合物，并能与烷基铝组成二元烯烃聚合催化剂。1986 年，Cotton[38] 等用铝粉作还原剂首先合成了 $(\eta^6 - C_6Me_6)Sm(AlCl_4)_3$ 稀土金属配合物。报道后，各种不同的中心金属和苯、甲苯、二甲苯、1，2，4，5 – 四甲基苯等不同大分子合成的配合物相继出现[39]。在此同时，中科院长春应化所也合成了一系列中性芳烃稀土有机配合物，并对其结构进行了分析和表征[40~43]。

沈祺等[40~42] 将 $AlCl_3$ 和过量铝粉在 130 ~ 140℃加热活化，然后加入 $LnCl_3$（Ln = La、Nd）和苯，在 80℃反应数小时，离心分去不溶物，并将滤液浓缩，于室温下析出晶体，La 配合物晶体为白色，Nd 为蓝紫色。扈晶余等[44,45] 用钕系配合物 $NdC_6H_6(AlCl_4)_3$ 与 AlR_3 组成的二元催化体系研究了异戊二烯聚合，发现催化活性依赖于烷基铝的性质。在本实验中，$AlEt_3$ 和 $Al(C_8H_{17})_3$ 均无催化活性，而 $Al(i-Bu)_3$ 的活性大于 $AlH(i-Bu)_2$，在己烷中的催化活性又远大于在苯中的活性。催化活性还依赖于聚合温度，温度越高催化活性越大，分子量随温度升高而降低，对聚合物结构没有明显影响，顺式含量在 92% ~ 94% 之间。金尚德等[46] 对丁二烯聚合进行了研究，发现六甲基苯配合物无催化活性。烷基铝的性质同样影响催化活性，也是 $Al(i-Bu)_3$ 有最好活性，而 $AlEt_3$、$AlEt_2Cl$ 和 $Al(C_8H_{17})_3$ 均无催化活性。溶剂对聚合活性也有类似的影响，其活性顺序为：己烷＞苯＞甲苯。聚合温度对转化率、分子量的影响有相同趋势，但聚丁二烯的顺式 – 1，4 结构却随着聚合温度升高而明显降低。从 30℃的 98% 降到 70℃的 92%。从 $NdCl_3 – AlCl_3 – Al(i-Bu)_3$ 在苯溶剂中无聚合活性，而 $NdC_6H_6(AlCl_4)_3 – Al(i-Bu)_3$ 在己烷中却有很高活性，表明 $AlCl_3$ 与 $NdCl_3$ 需先形成苯的中性配合物后，才能与 AlR_3 组成定向聚合催化剂。量子化学计算证明[43] 配合物的形成降低了 Nd—Cl 键的离子性，而有利于烷基化形成活性中心。在 $NdCl_3$ 中 Nd 的正电荷为 0.683，Cl 的负电荷为 – 0.245 ~ – 0.201，而形成 $NdC_6H_6(AlCl_4)_3$ 配合物后，Nd 的正电荷变为 – 0.084，Cl 的为 – 0.115 ~ – 0.070。在苯的配合物形成过程中，Cl 配位成桥键。桥 Cl 的电荷转移有 Cl→Nd、Cl→Al。由于苯的配位使其部分 π 电子离域到 Nd 上，进一步增大了 Nd 上的电荷密度，而参与配位的桥联 Cl 上的电子密度降低，这样就有效地减小了 Nd—Cl 键电荷差，从而大大减弱了 Nd—Cl 键的离子性，增强了 Nd—Cl 键的共价性。

Biagini 等[47,48]用三烷基铝在室温下与配合物反应制得一系列（η^6-arene）Ln（AlX$_3$R）$_3$稀土中性芳烃有机配合物，由于配合物中的一个 Cl 原子被烷基（R）取代，增加了配合物在碳氢溶剂中的可溶性，有利于提高催化活性。用 Al（i-Bu）$_3$未能制得稳定的η^6-arene 稀土配合物，而形成新的、由 i-BuAlCl$_2$包围的稀土氯化物〔LnCl（i-BuAlCl$_2$）$_3$〕。用单烷基氯铝稀土配合物与 AlH（i-Bu）$_2$组成的二元体系可获得高分子量、高顺式聚丁二烯。与 MgBu$_2$也可组成高活性催化体系，制得高顺式（97%）低分子量聚丁二烯。当中心金属是钇时，则得到高反式（99.5%）聚丁二烯。

4.1.5 烯丙基稀土氯化物催化体系

Mazzei[49]于 1981 年报道了第一个烯丙基稀土配合物，Li〔Nd（C$_3$H$_5$）$_4$〕·1.5C$_4$H$_8$O$_2$能以单组分引发丁二烯聚合，得到以反式-1,4 结构为主，并有较高 1,2-含量的聚丁二烯。Taube 等[50]改进了 Mazzei 的合成方法，用 BEt$_3$脱掉 Li 而制得了中性 π-烯丙基配合物 Nd（η^3-C$_3$H$_5$）$_3$·C$_4$H$_8$O$_2$。此配合物单独用作催化剂，催化活性较低，并仍制得反式为主的聚合物。当加入 AlEt$_2$Cl 或 MAO 等助催化剂时，便形成高活性催化剂，并得到顺式结构聚合物。同 HIBAO 相比，MAO 是更有效的活化剂[51]，没有链转移反应，每个 Nd 原子制得一个分子链，且是顺式（84%）结构。

Taube 等[52,53]于 1998 年相继合成 Nd（η^3-C$_3$H$_5$）$_2$Cl·1.5THF、Nd（η^3-C$_3$H$_5$）Cl$_2$·2THF 及 Nd（η^3-C$_3$H$_5$）$_2$Cl·C$_4$H$_8$O$_2$等烯丙基钕氯化物。这些配合物在碳氢溶剂中溶解性很差，对二烯烃的聚合活性也很低。但加入 MAO 不仅溶解性能增加，而得到了均相催化体系，其催化活性远高于 Nd（η^3-C$_3$H$_5$）$_3$/MAO 体系，并制得更高顺式聚丁二烯（98%）。Tsutsui[11,60]认为烯丙基钕催化活性中心同金属茂催化烯烃聚合一样，是阳离子烯丙基钕配合物：

$$（C_3H_5）_3Nd·nD + MAO \longrightarrow [（C_3H_5）Nd^{2+}·2（C_3H_5）^-·MAO·nD]$$

$$（C_3H_5）NdCl_2·nD + MAO \longrightarrow [（C_3H_5）Nd^{2+}·2Cl^-·MAO·nD]$$

从动力学实验得到$\overline{M}_n$对〔M〕$_0$/〔Nd〕$_0$作图为一直线，表明为活性聚合，求得速率公式为：

$$r_p = K_p[Nd]·[Bd]^{1.8} \quad （Nd（\eta^3-C_3H_5）_2Cl·1.5THF/HIBAO）$$

$$r_p = K_p[Nd]·[Bd]^{2.0} \quad （Nd（\eta^3-C_3H_5）Cl_2·2THF/MAO）$$

聚合物的分子量取决于助催化剂用量。在脂肪烃溶剂中聚合活性高于在芳烃溶剂中。

4.1.6 茂稀土氯化物催化体系

茂稀土配合物（CpNd）组成的催化剂特点是能引发 α-烯烃、苯乙烯、共轭双烯烃以及丙烯酸酯等聚合[54,55]，但在非极性溶剂中的溶解性受到限制，而且在溶剂中不稳定，易于分解[56]。

陈文启等[57,58]用环戊二烯基钠与氯化稀土四氢呋喃配合物在四氢呋喃溶剂中，于室温下制得二环戊二烯基氯化钕四氢呋喃配合物，收率29%（$(C_3H_5)_2NdCl \cdot THF$）[58]。改变合成条件，制得不同配位数目的四氢呋喃稀土配合物，在合成错钕配合物时，发现生成含有氯化氢分子的配合物（$C_5H_5LnCl_2 \cdot HCl \cdot 2THF$），此配合物在THF中重结晶时，则易生成$C_5H_5LnCl_2 \cdot HCl \cdot 3THF$，稳定性差，易失去2个THF，形成较为稳定的$C_5H_5LnCl_2 \cdot HCl \cdot THF$的配合物，在减压下加热（150℃）可完全脱去四氢呋喃分子，得到$C_5H_5LnCl_2$或$C_5H_5LnCl_2 \cdot HCl$，氯化氢分子不易被脱除。

于广谦等[59]研究了环戊二烯基二氯化稀土四氢呋喃配合物与烷基铝组成的二元催化体系的聚合活性。各种稀土元素的催化聚合活性顺序为：Nd > Pr > Y >> Ce > Gd，Nd元素有最好的活性。配合物中含有THF的活性好于不含THF的配合物，同时含有THF和HCl的配合物活性最好。各种烷基铝的活性顺序为：$i-Bu_2AlH > i-Bu_3Al = Et_3Al >> Me_3Al$。$i-Bu_2AlH$为最有效的活化剂。对丁二烯聚合其顺式含量大于97%，而异戊二烯聚合顺式含量低于95%。

Tsutsui等[60]用无水氯化稀土与茚基钠反应制得三茚基稀土金属有机化合物（$(C_9H_7)_3Ln \cdot THF$）。陈文启等[61]用同样的方法，采用$LnCl_3$与C_9H_7Na的摩尔比为1:0.5，同样在THF中于室温下反应3～5h，然后过滤除去未反应的$LnCl_3$，在滤液中加入己烷，冷冻结晶，产物收率在10%～50%，产物开始分解温度约为64℃，继续升温至252℃，失重35.29%，相当于从$C_5H_5LnCl_2 \cdot HCl \cdot 2THF$配合物中失去2个THF和1个HCl分子，经组分分析和红外光谱分析，制得的产物一般式为：$C_9H_7LnCl_2 \cdot xTHF$和$C_9H_7LnCl_2 \cdot HCl \cdot xTHF$新型茚基稀土二氯化物。由$C_9H_7LnCl_2 \cdot HCl \cdot xTHF$与$AlH(i-Bu)_2$组成的二元体系，对丁二烯的催化聚合有较高活性，并得到顺式含量大于98%的顺式聚丁二烯。稀土元素的活性顺序为Nd > Pr > Gd >> Sm。烷基铝助催化剂的活性顺序为：$i-BuAlH > i-Bu_3Al \approx Et_3Al >> Me_3Al$，不同烷基铝用量仍较高，Al/Nd摩尔比仍需大于或等于30时才具有最好收率。

4.1.7　小结——稀土氯化物二元体系的类型

自中国公开报道氯化稀土二元催化体系的研究结果后，某些国家的学者也相继开展了稀土催化剂的研究，文献也相继报道了一些新型稀土氯化物组成的二元稀土催化体系，可大致归纳为下述几种主要类型：

$$LnCl_3 — AlEt_3 \quad [1]$$

$$NdCl_3 \cdot nD — AlR_3（或 AlHR_2）\quad [2,3]$$

$$Nd(OR)_nCl_{3-n}\text{——}AlEt_3^{[4\sim6]}$$

$$Ph_3CLnCl_2\text{——}AlHR_2^{[7]}$$

$$NdPh(AlCl_4)_3\text{——}Al(i-Bu)_3^{[8\sim10]}$$

$$Nd(\eta^3-C_3H_5)_nCl_{3-n}\cdot nD\text{——}AlR_3(或\ MAO)^{[11]}$$

$$CpNdCl_2\cdot D\text{——}AlR_3(或\ MAO)^{[12]}$$

$$IndNdCl_2\cdot D\text{——}MAO^{[13,14]}$$

上述体系中的 D 通常是醇、环醚、亚砜和胺等各种给电子试剂，R 可以是 H、烷基和 CF_3CO 等基团，Cp 为环戊二烯基（C_5H_5），Ind 为茚基（C_9H_7）。

稀土氯化物由于有多种不同类型，而构成几种不同的催化体系。从稀土氯化物的合成难易、催化活性及聚合物结构等方面考量，其中氯化稀土配合物（$NdCl_3\cdot nD$）较易于合成、稳定、成本低，同烷基铝组成的二元催化体系也有较高的催化活性，聚合物也有较高的规整性，是研究报道较多、较深入的一类二元催化剂。

从研究报道可知，有许多有机化合物，如醇、醛、酮、醚、酯、胺、肟、酰胺、有机磷（膦）化物、有机硫化物以及含有羟基的低聚物等不同类型的给电子有机化合物均可与无水氯化稀土形成稳定的配合物[62]，其中有相当多的氯化稀土配合物同烷基铝可组成具有高活性的催化剂，此类催化剂由于同氯化稀土配位的有机物以及助催化剂烷基铝的不同又有多种不同的催化体系，氯化稀土配合物按有机物中的 O 或 N 原子直接与稀土配位可分为两大类体系。目前文献上见到的含 P、S 配位均为通过 O 原子与稀土形成的配合物。

4.2　氧原子配位的氯化稀土催化剂

含氧原子有机化合物，如醇、酚、酮、醚、酯、羧酸、酸酐等多种类型的有机化合物，均可与氯化稀土形成配合物，但按 $LnCl_3$ + 有机化合物 + AlR_3 的加料顺序考察如醇、醛、酮、醚、酯等 20 多种有机化合物的催化活性时，发现在给定的试验条件下，丙酮、丁酮、乙醚、二苯醚、乙酸、三氟乙酸、乙酸乙酯、四氢呋喃等有机化合物均不起活化作用，或活化作用极低，仅发现醇类则可不同程度地提高氯化稀土体系的聚合活性[9]，但四氢呋喃[11]、苯酐、12~16 碳二醇、辛酸乙酯等[63]形成氯化稀土配合物后与烷基铝均可组成高活性催化体系。

4.2.1　$NdCl_3\cdot nROH-AlR_3$ 催化体系

4.2.1.1　醇的结构对催化活性和聚合物结构的影响

A　醇的链长对催化活性及聚合结构的影响[6,9]

链长不同的直链醇氯化稀土配合物与三乙基铝组成的二元体系引发双烯烃聚

合的结果见表 4-1，实验表明，甲醇的聚合活性较低，丙醇、丁醇的聚合活性和聚合速率均大于乙醇。丁二烯的聚合速率（K）、分子量（$[\eta]$）均大于异戊二烯，直链醇的链长对聚合物结构几乎无影响。

表 4-1　直链醇氯化稀土配合物对聚合的影响

NdCl_3 · nROH 中 ROH	丁二烯					异戊二烯				
	转化率/%	$[\eta]$ /dL·g^{-1}	顺式-1,4/%	活化能 /kJ·mol^{-1}	K/s^{-1}	转化率/%	$[\eta]$ /dL·g^{-1}	顺式-1,4/%	3,4-/%	K/s^{-1}
CH_3OH	19.2	10.0	96.5	52.7	0.92×10^5	12.4	7.5	95.6	4.4	0.35×10^5
CH_3CH_2OH	80.0	9.1	97.9	42.8	10.80×10^5	70.4	7.5	95.8	4.2	2.37×10^5
CH_3CH_2CH_2—OH	90.2	10.0	96.8	32.6	16.80×10^5	90.2	6.2	95.8	4.2	4.72×10^5
CH_3CH_2CH_2— CH_2OH	90.5	9.9	96.8	34.3	14.70×10^5	88.4	6.2	94.1	5.5	5.11×10^5

B　醇的链结构对聚合的影响[4]

不同结构的醇先与无水氯化稀土混合，并于室温放置 2~3h 后再与三乙基铝混合，室温放置过夜，实验结果见表 4-2，从表中数据可知，同为四碳醇，由于结构不同，催化活性相差很大，直链结构醇有最大活性，而叔碳醇几乎无活性，这可能与叔丁醇较难形成氯化稀土配合物有关[64]，其丁醇的活性顺序为：正丁醇 > 异丁醇 > 仲丁醇 > 叔丁醇。而戊醇与丁醇不同，3 个结构的戊醇活性顺序为：仲戊醇（戊醇-2）> 正戊醇（戊醇-1）> 异戊醇（戊醇-3）[62]。可见结构的影响与碳链大小有关。

表 4-2　链结构不同醇的氯化稀土配合物的影响

丁醇结构	转化率/%	$[\eta]$/dL·g^{-1}	顺式-1,4/%
正丁醇 CH_3CH_2CH_2CH_2OH	90.5	9.9	96.8
异丁醇 (CH_3)_2CHCH_2OH	59.0	11.5	97.9
仲丁醇 CH_3—CH_2—CH(CH_3)—OH	35.0	12.1	97.8
叔丁醇 (CH_3)_3C—OH	0	—	—

C　醇的类型对催化活性的影响[4,6]

按氯化稀土 + 醇 + 三乙基铝的顺序外加醇的方式混合长时间放置后，再进行聚合实验，聚合结果见表 4-3。

表 4-3　不同类型醇的氯化稀土配合物对聚合的影响

醇　类	转化率/%	$[\eta]/\text{dL} \cdot \text{g}^{-1}$	顺式 -1,4/%
乙醇	87	11.5	97.8
环戊醇	86	10.0	98.2
苯甲醇	72	10.0	97.7
丙烯醇	40	—	97.6
氯乙醇	32	11.8	98.0

从表 4-3 可知，不同类型的醇均有提高催化体系活性的作用，但提高活性的程度不同，其活性顺序为：乙醇 ≈ 环戊醇 > 苯甲醇 > 丙烯醇 > 氯乙醇。而聚合物的分子量及微观结构无明显差别。

4.2.1.2　烷基铝的种类对催化活性的影响[3,6]

工业上较常用的三烷基铝如 $Al(CH_3)_3$、$AlEt_3$、$Al(i-Bu)_3$ 和 $AlH(i-Bu)_2$，它们均可与氯化稀土配合物组成活性催化剂，但对不同氯化稀土配合物的活性是有差别的，对氯化稀土醇合物的催化活性见表 4-4，由表中数据可知，不同烷基铝的活性顺序为：$Al(C_2H_5)_3 > Al(i-C_4H_9)_3 > AlH(i-Bu)_2 \gg Al(CH_3)_3$。对于氯化稀土醇合物，用三乙基铝作助催化剂有最好活性。$Al(CH_3)_3$ 组成的二元体系几乎不能引发聚合。烷基铝对聚合物分子量的影响顺序为：$Al(i-C_4H_9)_3 > Al(C_2H_5)_3 > AlH(i-C_4H_9)_2$。

表 4-4　不同烷基铝与氯化稀土醇合物的催化活性

烷基铝	丁二烯		异戊二烯		丁 - 异共聚	
	转化率/%	$[\eta]/\text{dL} \cdot \text{g}^{-1}$	转化率/%	$[\eta]/\text{dL} \cdot \text{g}^{-1}$	转化率/%	$[\eta]/\text{dL} \cdot \text{g}^{-1}$
$Al(CH_3)_3$	微量	—	微量	—	微量	—
$Al(C_2H_5)_3$	81.0	10.0	83.0	7.6	66.0	8.7
$Al(i-C_4H_9)_3$	74.0	11.5	64.0	10.9	49.0	10.0
$AlH(i-C_4H_9)_2$	15.0	9.6	4.0	8.3	8.0	7.6

注：$LnCl_3 \cdot 3C_2H_5OH - AlR_3$，$LnCl_3/Bd = 2 \times 10^{-4}\text{mol/g}$，Al/Ln 摩尔比 =18，50℃聚合 5h。

在诸多氯化稀土醇合物中，氯化稀土异丙醇配合物（$NdCl_3 \cdot 3i - C_3H_7OH$）由于易于合成，并可经结晶制得高纯配合物，由它与 $AlEt_3$ 组成的二元体系尤其受到关注。研究人员不仅详细研究了引发共轭双烯烃的均聚和共聚，更深入研究了催化体系聚合动力学及其聚合机理[65~68]。该催化剂在引发丁二烯聚合时，催化剂的有效利用率可达 (8~11)% mol Nd，表观活化能为 (40.5 ± 0.5) kJ/mol，低于三元体系，对异二烯聚合，表观活化能为 48.96kJ/mol[65]。

4.2.1.3　氧原子配体对氯化稀土体系的活化机理

欧阳均等[70]在发现 $NdCl_3 \cdot 3ROH - AlEt_3$ 二元催化剂具有高活性的同时曾指出，氯化稀土醇合物中醇的作用在于它的给电子性，降低了稀土离子的正电性，从而减弱了 Nd—Cl 键的离子性，同时引起氯化稀土晶格的变化，使之有利于烷基化作用的发生而导致活性提高，这点从催化剂反应产物和结构测定而得到证实。

A　催化剂组分之间反应产物分析

逄束芬等[70]根据过渡金属氯化物被烷基化后仍不溶于烃溶剂，而起烷基化作用的烷基铝，经烷基化反应后生成氯化烷基铝，仍可溶于烃溶剂中的原理，将无水氯化稀土（$NdCl_3$）和氯化稀土醇合物分别与 $AlEt_3$ 混合在室温（或低温）下反应，然后将生成的混合物用烃溶剂抽出，或在减压下加热蒸馏的方法，将液固产物分开，并测定溶液中的 Cl^- 的含量（见表 4-5），分析表明，只有从醇合物体系的抽取液和蒸出液中测得 Cl^- 离子，证明 $NdCl_3 \cdot 3i - PrOH$ 与 $Al(C_2H_5)_3$ 发生了交换反应。而 $NdCl_3$ 与 $Al(C_2H_5)_3$ 难于发生交换反应。氯化稀土醇合物中卤素与烷基的交换程度为 10%~20%，这与动力学测得的活性中心数相近[65]。

表 4-5　稀土化合物烷基化产物分析

催 化 体 系	催化组分摩尔数		检测的 Cl^- 含量摩尔数		Cl/Nd① 摩尔比
	Nd	Al	抽出液中	蒸出液中	
$NdCl_3 - Al(C_2H_5)_3$	1.47×10^4	29.7×10^4	0		
	6.12×10^4	63.5×10^4	0		
	4.52×10^4	45.6×10^4		0	
$NdCl_3 \cdot 3i - PrOH - Al(C_2H_5)_3$	2.63×10^4	22.6×10^4	2.65×10^5		10.1×10^{-2}
	2.13×10^4	18.3×10^4	3.30×10^5		15.5×10^{-2}
	2.02×10^4	19.7×10^4	0.83×10^5		4.2×10^{-2}
	2.23×10^4	22.3×10^4		4.15×10^5	18.6×10^{-2}

①为实测的 Cl 与称取的 Nd 的摩尔比。

阮埃乃等[71]对 $NdCl_3 \cdot 3i - PrOH$ 与 $Al(C_2H_5)_3$ 反应产物，尤其是固体产物也进行了组成分析（见表 4-6）。固体经水解或加热放出的气体产物的主要成分是乙烷，表明固体中有键合烷基，同样证明 $NdCl_3 \cdot 3i - PrOH$ 已被烷基化，没有发现卤代烷烃的生成。油相中的 Cl/Nd 摩尔比随 Al/Nd 摩尔比增加而增大，说明烷基化的程度与 Al/Nd 比有关，当 $Al/Nd = 20$ 时约有 35% 的氯化稀土被烷基化，而仍有近 65% 的氯化钕并未反应。从固体产物中 Al/Nd 与 OR/Nd 比值分析，烷氧的量接近于铝的量，表明这些铝有可能以烷基化合物的形式配位于钕化合物上。

表4-6　NdCl$_3$·3i-PrOH 与 AlEt$_3$ 的反应产物（0℃）

Al/Nd 摩尔比	固体产物的组成					液相中 Cl/Nd 摩尔比
	R/Nd 摩尔比		Al/Nd 摩尔比	Cl/Nd 摩尔比	OR/Nd 摩尔比	
	热分（Rd）	水解（Rs）				
30	0.48	0.89	0.63	2.60	0.79	0.41
20	0.37	0.84	0.59	2.60	0.56	0.37
10	0.33	0.76	0.45	0.68	0.60	0.26
5	0.21	0.51	0.47	2.75	0.60	0.19

注：[Nd]=1.8×10^{-2}mol/L；Rd：主要是乙烷，极少的乙烯、丙烯；Rs：主要是乙烯，相当量的丙烷和丙烯，极少乙烷。

B　氯化稀土醇合物结构分析

金钟声等[72]用 X 射线衍射法确定 [NdCl$_3$·3i-PrOH]$_2$ 的晶体结构。在晶体中每两个钕离子通过两个氯离子形成的氯桥相关联，组成一个双核稀土配合物分子，其中每个 Nd 离子是七配位的，分子结构如图4-1所示。在晶体中由氯桥联系所形成的双核稀土配合物分子，其中 Nd—Cl(1)′键长为 0.2911nm，Nd—Cl(1) 键长为 0.2834nm，Cl—Nd—Cl 键角分布在 83.6°～144.3°之间。而氯化稀土（NdCl$_3$）具有三帽正三角棱柱九配位构型，Nd—Cl 键长分布在 0.2886～0.2923nm 之间，它的 Cl—Nd—Cl 键角分布在 70.75°～120°之间。氯化钕形成醇合物后虽然键长变化不大，但键角变大有利于烷基铝进攻，使氯桥断裂，与之反应而生成有活性的双金属络合物。

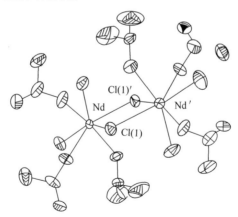

图4-1　氯化稀土醇合物结构

李振祥等[73]用 INDO 方法对 NdCl$_3$·3i-PrOH 分子结构的分子轨道进行计算，并绘得氯化钕异丙醇配合物的分子轨道能级分布图，由图可看到氯化钕与异丙醇配位后，与 Nd—Cl 键对应的分子轨道能量升高，说明键能降低，也即键的强度被削弱了。从计算配合物的 Mulliken 键级数据得知，3 个 Nd—Cl 键级数值不同，桥联二聚物的 Nd—Cl(1) 的键级降低最多，二聚物中两个相应的 Cl(1) 原子上的负电荷各向其对应的 Nd 原子转移，使 Nd—Cl(1) 键的共价性相对增大，键强度被削弱，因而有利于烷基化反应。图 4-2 标出了氯化钕及醇配位前后的电荷分布数值。醇配位后钕离子的净电荷由 0.742 降低为 0.124，异丙醇中氧原子电荷由 -0.634 变为 -0.373，氯离子电荷由 -0.20 ~ 0.33 变为 -0.26 ~ -0.41。显然表明，Nd—Cl 键的共价性相对增大，即离子性相对减小。这说明，配位的异丙醇中的氧原子的负电荷（孤对电子）向钕离子转移，使钕离子上的电子云密度增大，并推斥 Nd—Cl 键的价电子移向氯离子，使 Nd—Cl 间的价电子密度相应降低，而导致 Nd—Cl 键被削弱，降低了键能，有效地活化了 Nd—Cl 键，有利于烷基化反应的进行。

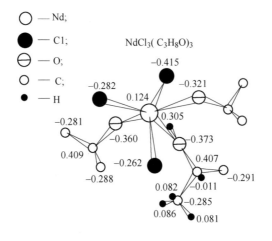

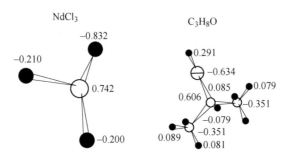

图 4-2   氯化钕的电荷分布

4.2.1.4   氯化稀土醇合物的合成

氯化稀土醇合物是较易合成的配合物，主要利用无水氯化稀土易溶于无水低碳（$\leqslant C_4$）醇中，不发生醇解反应，可发生溶剂化作用，并生成一种固定组成的醇合物[74]：

$$LnCl_3 + 3ROH \longrightarrow LnCl_3 \cdot 3ROH$$

在溶解过程中有热量放出，热量随溶剂醇的分子量增大而降低，为使完全溶剂化，有时需要升温回流使其完全溶解形成稀土醇合物，再将过量醇蒸出即得稀土醇合物。

高碳醇（≥C_4）与无水氯化稀土的直接溶剂化作用需在较高温度下回流，在高温下氯化稀土易发生氯被取代反应以及氯化稀土随醇的碳链长的增加溶解性降低，所以氯化稀土高碳醇合物的制备多采用低碳醇合物置换的方法[62]。

（1）氯化钕异丙醇配合物的制备[62,74]。在三口烧瓶中放入无水氯化稀土（$NdCl_3$）2.40g（1mmol），再加入26.0g（或50mmol）异丙醇，在氮气保护下，于80℃回流3h，得到清澈的紫红色溶液，在25℃下减压蒸出过量异丙醇得到干燥产品。也可将干燥产品再溶解于25℃的异丙醇中，然后冷却至10℃放置结晶制得更纯产品。

（2）氯化钕戊醇配合物的制备[62]。在回流装置中放入适量的氯化钕异丙醇配合物，再加入过量的戊醇，在80℃下先反应3h，再升温于100℃下反应1h。然后于40℃下减压蒸出异丙醇和过量的戊醇，即得到亮蓝色氯化钕戊醇配合物。仲戊醇配合物的活性较好。

（3）氯化钕异辛醇配合物的合成。

1）醇交换法[75]。在回流装置中加入3.0g（12.0mmol）无水 $NdCl_3$ 和30mL异丙醇，加热至80℃，当 $NdCl_3$ 完全溶解后，再加入7.5mL（48.0mmol）2-乙基己醇，继续回流8h，在真空下蒸出异丙醇和异辛醇，得到紫色黏状固体。黏状固体可溶于己烷溶剂中，但三天后有沉淀析出，产物为 $NdCl_3 \cdot 4EHOH$。

2）直接合成法[76]。在回流装置中加入3.0g无水 $NdCl_3$ 和30mL 2-乙基己醇，加热至140℃，待 $NdCl_3$ 完全溶解后，继续加热8h。在80℃下减压蒸出过量的异辛醇，便得到紫色黏状固体，此黏状固体可溶于己烷中。产物分析为 $NdCl_3 \cdot 4EHOH$。

4.2.2　$NdCl_3 \cdot n$THF－AlR_3 催化体系

四氢呋喃（THF）是许多有机合成反应常用的溶剂，对质子有惰性，对金属盐有配合能力，同 AlR_3 不发生反应，与无水氯化稀土亦容易形成几种不同的配合物，仍属于氧原子与稀土元素配位。

4.2.2.1　$NdCl_3 \cdot 2$THF－$AlEt_3$ 催化体系

杨继华等[11]用过量的 THF 于室温萃取无水氯化钕，制得氯化钕的四氢呋喃配合物（$NdCl_3 \cdot 3$THF），$NdCl_3 \cdot 3$THF 与 $AlEt_3$ 组成的催化剂，也是对双烯烃聚合有效的二元催化体系，见表4-7。由表中数据可知，随着主、助催化剂用量的增加，转化率提高，分子量略有降低，结构变化不大。异戊二烯的活性、分子量、结构均低于丁二烯。以庚烷为溶剂好于环己烷和甲苯。

表 4-7　$NdCl_3 \cdot 2THF - AlEt_3$ 催化体系对双烯烃的催化活性

溶剂	Nd/M /mol·g⁻¹	Al/Nd 摩尔比	丁二烯			异戊二烯		
			转化率 /%	[η] /dL·g⁻¹	顺式-1,4 /%	转化率 /%	[η] /dL·g⁻¹	顺式-1,4 /%
庚烷	3×10^{-6}	10	35.5	11.3	97.7	49.0	4.6	96
	3×10^{-6}	20	83.5	9.7	97.8	80.0	4.4	95.2
	3×10^{-6}	30	90.0	9.3	97.7	88.0	3.8	95.9
	3×10^{-6}	40	95.0	8.2	97.1	92.0	3.4	95.4
	2×10^{-6}	20	65.0	9.1	98.2	63.5	4.6	95.2
	4×10^{-6}	20	88.0	8.2	98.2	79.0	4.4	95.1
	6×10^{-6}	20	100.0	7.7	97.4	87.5	3.9	95.1
	8×10^{-6}	20	100.0	6.1	97.9	92.0	3.5	94.8
	5×10^{-6}	20	98.0	8.0	97.9	89.0	4.7	94.9
环己烷	3×10^{-6}	20	76.0	9.1	—	—	—	—
	5×10^{-6}	20	88.0	8.8	98.1	75.0	3.3	95.3
甲苯	3×10^{-6}	20	77.0	7.3	—	—	—	—
	5×10^{-6}	20	85.0	6.8	97.6	69.5	3.5	95.9

注：[M] = 10g/dL，50℃聚合 5h。

4.2.2.2　$NdCl_3 \cdot 4THF - AlEt_3$ 二元催化体系

A　对共轭双烯烃的催化活性

陈文启等[10]将无水氯化稀土溶解在四氢呋喃中，然后用离心机分出不溶性固体，再在清澈溶液中加入己烷，放置在0℃以下，得到紫色晶体，分析得到氯化稀土配合物的分子式为 $NdCl_3 \cdot 4THF$，该配合物与 $AlEt_3$ 组成的二元体系同样是对双烯烃聚合的有效催化剂，见表 4-8，实验结果表明，同样是丁二烯的活性高于异戊二烯，$NdCl_3 \cdot 2THF$ 与 $NdCl_3 \cdot 4THF$ 两种配合物对双烯烃的催化行为没有明显区别，后者所得聚合物的分子量略高些。

表 4-8　$NdCl_3 \cdot 4THF - AlEt_3$ 体系对双烯烃的聚合活性

Nd/M 摩尔比	丁二烯					异戊二烯			
	转化率 /%	[η] /dL·g⁻¹	微观结构/%			转化率 /%	[η] /dL·g⁻¹	微观结构/%	
			顺式-1,4	1,2-	反式-1,4			顺式-1,4	3,4-
2×10^{-5}	44.3	16.2	97.0	0.3	2.7				
3×10^{-5}	62.6	14.2	97.4	0.3	2.0				
4×10^{-5}	81.3	10.1	96.8	0.5	2.6				

续表4-8

Nd/M 摩尔比	丁二烯				异戊二烯			
	转化率 /%	[η] /dL·g^{-1}	微观结构/%			转化率 /%	[η] /dL·g^{-1}	微观结构/%	
			顺式-1,4	1,2-	反式-1,4			顺式-1,4	3,4-
6×10^{-5}						60.3	7.7	94.8	5.2
12×10^{-5}						85.3	5.7	95.5	4.5
14×10^{-5}						88.2	4.9	95.4	4.6

注：溶剂：己烷，[M] = 10g/dL，Al/Nd = 30(mol)，50℃聚合5h。

B　NdCl$_3$·4THF 晶体结构及 THF 活化机理

陈文启等[10]对低温下制得的氯化稀土四氢呋喃晶体，经 X 射线分析为五边双棱锥多面体（见图4-3），以 Nd 离子为中心，由 3 个氯原子和 4 个氧相连，配位数为 7，Cl$_1$—Nd—Cl$_2$ 键角为 166.5°接近 180°。Nd—Cl 键长在 0.2664 ~ 0.2689nm，平均值为 0.2673nm。Nd—O 键长在 0.2485 ~ 0.2530nm，平均值为 0.2504nm，Cl—Nd—O 和 O—Nd—O 的键角分别为 76.7°和 69.7°，前者比后者大，可能是由于氯原子的体积比氧原子大。

将 NdCl$_3$·4THF 的结构参数同 NdCl$_3$、NdCl$_3$·3i - PrOH、NdBr$_3$·4THF 比较（见表4-9）可看出，当不同配体同钕离子键合时空间群有很大变化。NdCl$_3$ 分子通过两个氯原子桥联形成结晶的多面体分子内的作用力较强，而且在非极性溶剂中又很稳定，故在碳氢溶剂中很难同烷基铝反应，而形成 NdCl$_3$·4THF 配合物后，分子是通过范德华力组合在一起的，分子内作用力很弱，在非极性溶剂中又不稳定，易与烷基铝反应形成活性中心。

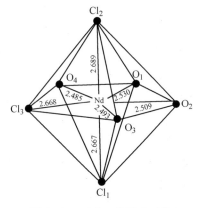

图4-3　五边双棱锥多面体

表4-9　分子结构的比较

配合物	空间群	单胞内分子数	Nd—X 链长/nm			密度 /g·cm^{-3}	组合状态	配位数
			(1)	(2)	(3)			
NdCl$_3$	$P6_3$/M	10	0.2923	0.2886		4.139	多聚体	9
NdCl$_3$·4THF	$P2_1$/C	4	0.2666	0.2689	0.2668	0.968	单基物	7
NdBr$_3$·4THF	$P\bar{1}$	2	0.2837	0.2863	0.2871	1.144	单基物	7
NdCl$_3$·3i - C$_3$H$_7$OH	$P\bar{1}$	1	0.2911	0.2755	0.2693	1.042	二聚体	7

4.2.2.3　氯化稀土醚合物制备方法的改进

A　用无水氯化稀土制备纳米级 $NdCl_3 \cdot nTHF$ 分散体

采用无水氯化稀土溶解在乙醇、异丙醇、四氢呋喃等极性溶剂中制得的相应氯化稀土配合物，当除掉多余溶剂后，便形成颗粒较大的粉状配合物，这种粉状物在非极性溶剂中几乎不溶解，无法用于连续聚合，不仅会堵死输送管线，而且催化活性也较低。为了提高氯化稀土在溶剂中分散的稳定性和催化活性。Kway 等[77,78]首先制得纳米级分散的 $NdCl_3 \cdot nTHF$ 的环己烷溶液，并显著地提高了催化活性，见表 4-10。由表中数据可知，$NdCl_3$ 的颗粒越小，活性越高，分子量也降低。

表 4-10　稀土化合物粒子大小对丁二烯聚合活性的影响

稀土化合物	粒径 /nm	催化活性 /g·(mol·h)$^{-1}$	微观结构/%			$\overline{M}_w$	$\overline{M}_w/\overline{M}_n$
			顺式-1,4	反式-1,4	1,2-		
$NdCl_3$①	1700	0.9×10^4	—	—	—	—	—
$NdCl_3 \cdot nTHF$①	197	10×10^5	96.0	3.5	0.5	253.5×10^4	4.39
$NdBr_3 \cdot nTHF$①	92	1.3×10^5	96.1	3.5	0.4	192.5×10^4	4.21
$NdV_3$②	—	4.3×10^5	97.7	1.9	0.4	93.3×10^4	4.31

①$Al(i-Bu)_3$ 和 $AlH(i-Bu)_2$ 混合，室温放置1h。
②$Nd(Neodecanoate)_3$，1.4×10^{-4} mol，Nd/Cl/DIBAH/TIBA=1/3/14/40，放置1h。

纳米级 $NdCl_3 \cdot nTHF$ 环己烷分散体的制备。取无水氯化稀土（$NdCl_3$ 1.04g）和四氢呋喃（105.9g）放在200mL烧瓶中，在氮气保护下，于室温搅拌24h，形成蓝色溶液后过滤，用注射器取滤液14mL，并逐渐滴加到300mL环己烷中，混合液继续强烈搅拌4h，然后加热，经共沸蒸馏，慢慢除去四氢呋喃，同时连续补加蒸出的环己烷，这样便可获得悬浮在环己烷中的氯化稀土胶体。THF残存量可用气相色谱法测定。

B　用稀土氧化物在常温下制备氯化稀土醚合物

Amico 等[79]提出用氧化稀土，酰氯和水在二甲氧基乙烷（或称乙二醇二甲醚，DME）溶剂中制备氯化钕醚合物的方法，方法原理为：

$$3H_2O + 3SOCl_2 \longrightarrow 3SO_2 + 6HCl$$
$$Ln_2O_3 + 6HCl \longrightarrow 3H_2O + 2LnCl_3$$
$$2LnCl_3 + 2nDME \longrightarrow 2LnCl_3(DME)_n$$

$$Ln_2O_3 + 2nDME + 3SOCl_2 \longrightarrow 2LnC_3(DME)_n + 3SO_2$$

Ln_2O_3 与 $SOCl_2$ 仅能在高温下反应，当加入 DME、H_2O 后反应便可在室温下进行。

$NdCl_3 \cdot 2THF$ 及 $NdCl_3 \cdot nDME$ 由 Ln_2O_3 直接合成：在500mL烧杯中放入

200mL 乙二醇二甲醚（DME）溶剂，取 Nd_2O_3 4.71g（25.1mmolNd 含量77%）和 60mL $SOCl_2$（$d=1.655g/cm^3$）放入烧杯中，在搅拌下于 2h 内滴加 8mL H_2O（444mmol）。然后继续在室温下反应 8h，过滤得到紫色固体，减压下于室温干燥 20h，可得到产品，收率 89%。将 $NdCl_3 \cdot 2DME$ 放入 200mL THF 中萃取 8h，过滤悬浮液得到蓝色固体，并在真空下干燥 9h，称重 4.76g，收率为 48.0%，分析为 $NdCl_3 \cdot 2THF$ 配合物。

Petricek 等[80,81]根据三甲基氯硅烷与水同样可在室温反应生成 HCl 的特点，而提出用 CH_3SiCl 与 Ln_2O_3 直接在 DME 中制备 $LnCl_3 \cdot DME$ 的方法：

$$6(CH_3)_3SiX + 3H_2O \longrightarrow 3(CH_3)_3SiOSi(CH_3)_3 + 6HX$$

$$Ln_2O_3 + 6HX \longrightarrow 3H_2O + 2LnX_3$$

$$2LnX_3 + nDME \longrightarrow 2LnX_3 \cdot (DME)_n$$

$$Ln_2O_3 + 6(CH_3)_3SiX + nDME \longrightarrow 3[(CH_3)_3Si]_2O + 2LnX_3 \cdot nDME$$

该方法同样是在 DME 溶剂和少量水存在下于室温下生成 $LnCl_2 \cdot nDME$。反应过程中生成的 HCl 和 $(CH_3)_3SiO(CH_3)_3$ 是挥发性产物，易于排出，是一个很简单的方法。

4.2.3　$NdCl_3 \cdot nD$（D：中性磷（膦）酸酯）$-AlR_3$ 催化体系

配体 D 为中性磷（膦）酸酯，有 $(RO)_3P=O$、$(RO)_2RP=O$、$ROR_2P=O$ 及 $R_3P=O$ 4 种类型，均能与氯化稀土形成稳定的配合物，已广泛用做稀土元素的萃取剂。配体虽然是含磷化合物，但仍是通过氧原子与稀土元素配位。因此，与醇、醚配合物有大致相同的活性及聚合规律。

4.2.3.1　氯化稀土中性磷（膦）酸酯配合物及配位数的测定

沙人玉等[12]研究了四种不同类型的中性磷（膦）酸酯，选择一些常见和有代表性的中性磷酸酯化合物（见表 4－11），并合成 $NdCl_3$ 的配合物。在减压蒸馏装置内加入 0.02mol 的氯化钕水溶液，再加入 0.06mol 的中性磷酸酯，加入无水乙醇 20mL，水浴加热，先用水泵减压蒸馏至无蒸出物为止，再加入 20mL 无水乙醇，用水泵抽空至无馏出物为止。产物经红外仪和磷元素分析，确定为 3 个中性磷分子与 $NdCl_3$ 配位形成 $NdCl_3 \cdot 3D$。从聚合实验证明游离的中性磷酸酯影响催化活性。

表 4－11　不同类型的中性磷（膦）酸酯

化合物类型	名　称	分子式	简　称
$(RO)_2\!-\!P\!=\!O$ OR	磷酸三丁酯	$(C_4H_9O)_3PO$	TBP
	磷酸三异辛酯	$(i-C_8H_{17}O)_3PO$	T1OP

续表 4 – 11

化合物类型	名　称	分　子　式	简　称

$(RO)_2$—P=O
    |
    R
	甲基膦酸二戊酯	$CH_3P(O)(OC_5H_{11})_2$	P_{218}

	甲基膦酸二仲辛酯	$CH_3P(O)[OCH(CH_3)(CH_2)_5CH_3]_2$	P_{350}
	丁基膦酸二丁酯	$C_4H_9P(O)(OC_4H_9)_2$	DBBP
	苯甲基膦酸二丁酯	$Ph—CH_2P(O)(OC_4H_9)_2$	DBBnP
	异丁基膦酸二丁酯	$i-C_4H_9P(O)(OC_4H_9)_2$	DBIBP

R_2—P=O
    |
   OR
	二丁基膦酸丁酯	$(C_4H_9)_2P(O)(OC_4H_9)$	BDBP

R_3P=O	三烷基膦酸酯	R 为 $C_7 \sim C_9$ 烷基混合物	6620

4.2.3.2　不同类型中性磷酸酯稀土配合物活性比较

沙人玉等[12]研究了表 4 – 11 中不同类型中性磷化合物合成 $NdCl_3$ 的配合物与三异丁基铝组成的二元催化体系，并比较了对异戊二烯的聚合活性的影响，见图 4 – 4 和图 4 – 5。从图 4 – 4(a) 中可知，TIOP 与 TBP 为同一类磷酸酯，前者有较长的碳链长度，油溶性较好，活性相对较高。P_{350} 和 P_{218} 是同一类磷酸酯，有相同的甲基和不同的烷氧基，同样是有较长碳链的 P_{350} 有较高的活性，这可能与它们的油溶性较好有关。图 4 – 4(b) 中 DBIBP、DBBnP、DBBP 与 P_{350}、P_{218} 均为同一类，所不同的是有相同的烷氧基而 R 基不同，只在催化剂用量低时活性有差别，活性顺序为：DBIBP > DBBnP > DBBP，用量增加时，活性差别减少或几乎相同，表明磷酸酯分子内的烷氧基的大小影响着催化活性。图 4 – 5 是 4 种不同类型中性磷酸酯 TBP[$(RO)_3P$=O]、DBBP[$(RO)_2RP$=O]、BDBP[$RO(R)_2P$=O]

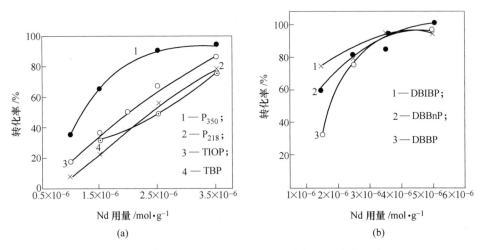

图 4 – 4　相同类型的中性磷酸酯钕配合物对聚合的影响

及 6602（$R_3P =\!\!=O$）与氯化钕形成的配合物同三异丁基铝组成的二元体系对异戊二烯的聚合活性影响的比较。从图可见，当 R 相同时（RO）$_3P =\!\!=O$ 类型的中性磷酸酯的配合物有最好的活性，催化活性顺序为 TBP > DBBP > BDBP > 6602。前三种中性磷酸酯中烷基都是正丁基，而 6602 中的烷基是 $C_7 \sim C_9$ 的混合物，随着中性磷酸酯中氧原子数目的减少而催化活性降低。

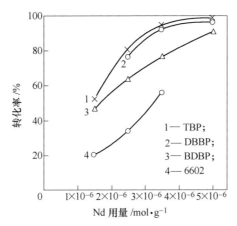

图 4 - 5　不同类型中性磷酸酯钕配合物对聚合的影响

研究结果表明，（RO）$_3P =\!\!=O$ 与（RO）$_2RP =\!\!=O$ 两类磷（膦）酸酯配合物有相近较高活性，R 基链长者活性较链短者高，可能与在溶剂中的分散程度有关。

4.2.3.3　$NdCl_3 \cdot 3TBP - AlR_3$ 催化体系

李玉良等[14]在相同的条件下，比较了 $AlEt_3$、$Al(i-Bu)_3$ 和 $AlH(i-Bu)_2$ 3 种常用烷基铝与 $NdCl_3 \cdot 3TBP$ 组成的二元催化体系的聚合活性，见表 4 - 12。从表中数据可知，$AlEt_3$ 作助催化剂时，Al/Nd 摩尔比 = 20 转化率即达 96%，而另两种烷基铝则需较高的 Al/Nd 比才能达到 90% 以上转化率，但顺式含量和分子量均低于后两种烷基铝，而在高转化率时，$AlH(i-Bu)_2$ 有最低分子量。

表 4 - 12　$NdCl_3 \cdot 3TBP - AlR_3$ 体系下丁二烯的聚合

AlR_3	Al/Nd 摩尔比	转化率 /%	$[\eta]$ /dL·g^{-1}	微观结构/%		
				顺式 - 1,4	反式 - 1,4	1,2 -
	10	4	9.4	—	—	—
	20	96	9.8	94.3	5.3	0.4
$AlEt_3$	30	96	9.9	94.2	5.3	0.5
	40	96	9.5	94.4	5.1	0.5
	50	96	9.5	94.2	5.3	0.5

续表 4-12

AlR₃	Al/Nd 摩尔比	转化率 /%	[η] /dL·g⁻¹	微观结构/%		
				顺式-1,4	反式-1,4	1,2-
Al(i-Bu)₃	10	—		—	—	—
	20	60	15.4	98.1	1.3	0.6
	30	92	11.9	98.1	1.3	0.6
	40	96	14.4	98.5	1.0	0.5
	50	96	10.0	98.3	1.2	0.5
AlH(i-Bu)₂	10	—		—	—	—
	20	20	15.2	97.5	1.3	1.2
	30	80	12.0	97.9	1.3	0.9
	40	92	7.2	97.5	1.4	1.1
	50	96	5.5	97.8	1.3	0.9

H. Iovu 等[82]研究了催化剂制备条件对丁二烯聚合的影响。他首先研究了 NdCl₃、TBP 和 Al(i-Bu)₃ 三组分及 NdCl₃·3TBP 和 Al(i-Bu)₃ 二组分对丁二烯的聚合，发现三组分的聚合转化率及分子量均低于二组分催化剂。但聚合物的微观结构相同，顺式-1,4 含量均达 99.0%。对 NdCl₃·3TBP 与 Al(i-Bu)₃ 二元陈化时，在无丁二烯（Ⅱa）和有丁二烯（Ⅱb）存在下陈化温度的影响实验结果见表 4-13，实验表明陈化时有无丁二烯存在，对陈化温度影响不大，有丁二烯存在时聚合活性稍高些，分子量低些，但对微观结构无影响。陈化时间对转化率及结构的影响见图 4-6，从图可知，随陈化时间增加转化率增加，60min 后基本平稳，不加丁二烯陈化时，转化率略低些，而顺式-1,4 则略高些。

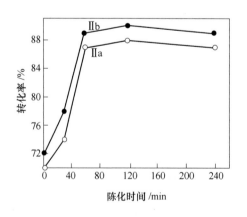
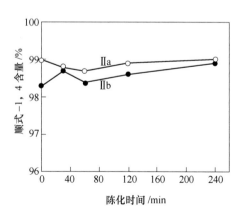

图 4-6　陈化时间对转化率及结构的影响

表4-13　陈化温度对丁二烯聚合的影响

催化剂	陈化温度 /℃	转化率 /%	[η] /dL·g^{-1}	微观结构/%		
				顺式-1,4	反式-1,4	1,2-
IIa	0	75	11.75	98.6	0.7	0.7
IIa	10	84	10.85	99.0	0.5	0.5
IIa	20	87	11.20	98.7	0.8	0.5
IIa	30	86	13.32	98.7	0.7	0.6
IIb	0	90	8.86	98.7	0.9	0.3
IIb	10	88	9.32	99.0	0.7	0.4
IIb	20	89	9.10	98.8	0.6	0.6
IIb	30	89	8.61	98.7	0.7	0.6

注：[Bd]=20%，[Nd]=5.5×10^{-6}mol/g. Bd，Al/Nd摩尔比=30，Bd/Nd=2(IIb)，陈化时间1h，聚合温度25℃，聚合时间2h。

在陈化时，丁二烯加入量（Bd/Nd比）对丁二烯聚合的影响见表4-14，从表中结果可知，在陈化温度、时间相同的条件下，随着丁二烯加入量增加转化率增加，分子量略有变化，而无明显规律，对结构无影响。

表4-14　陈化时丁二烯加入量对丁二烯聚合的影响

Bd/Nd 摩尔比	聚合时间 /min	转化率 /%	[η] /dL·g^{-1}	微观结构/%		
				顺式-1,4	反式-1,4	1,2-
0.5	15	54	10.06	98.3	1.0	0.7
0.5	30	69	9.63	98.4	0.9	0.7
0.5	120	87	9.06	98.6	0.6	0.8
2.0	15	60	8.50	98.8	0.5	0.7
2.0	30	72	8.98	98.4	0.8	0.8
2.0	120	89	9.35	98.8	0.6	0.6
5.0	15	70	8.76	98.6	0.6	0.8
5.0	30	76	8.88	98.3	0.9	0.8
5.0	120	93	9.02	98.7	0.4	0.9

注：[M]=20%，[Nd]=5.5×10^{-6}mol/g. Bd，Al/Nd摩尔比=30，陈化温度25℃，陈化时间1h，聚合温度25℃。

4.2.3.4　NdCl$_3$·3P$_{350}$-AlR$_3$催化体系

陈文启等[2]最早比较了NdCl$_3$·nP$_{350}$-AlR$_3$二元体系与三元体系对异戊二烯的聚合活性、分子量及结构的影响。用8.5g Nd$_2$O$_3$(0.025mol)制得的氯化钕乙醇水溶液和48g P_{350}（0.15mol）混合，溶液由粉红色变成黄棕色，减压蒸出乙醇和水，用水浴加热至没有馏出物为止，在氮气保护下冷却至室温，滤去不溶物，得到棕色液体，密度为 $1.06g/cm^3$。采用二组分在室温陈化14h，6 种不同催化体系对异戊二烯聚合活性及分子量的影响见图 4-7 和图 4-8。从图 4-7 可知，$NdCl_3 \cdot 3P_{350} - Al(i-Bu)_3$ 二元体系的催化活性仅次于 $Nd(P_{204})_3$ 三元体系，高于其他体系，从图 4-8 可知，分子量变化趋势相同，$NdCl_3 \cdot 3P_{350}$ 体系的分子量略低于其他体系。图 4-9 是 $Al(i-Bu)_3$ 用量对转化率的影响，$NdCl_3 \cdot 3P_{350}$ 二元体系在铝用量较低时，便可有较高的转化率，在 Al/Nd 比方面优于其他三元体系，从图 4-10 可知，$Al(i-Bu)_3$ 中含有 $AlH(i-Bu)_2$ 的混合铝活性高于单一纯铝。分子量随着混合铝中 $AlH(i-Bu)_2$ 的含量增加而降低，见表 4-15。$[\eta]$ 值随 $AlH(i-Bu)_2$ 含量增加而降低，对不同体系其规律性是一致的。

表 4-15 $AlH(i-Bu)_2$ 对 $NdCl_3 \cdot 3P_{350}$ 体系聚合物 $[\eta]$ 的影响

$AlH(i-Bu)_2$ 含量/%	$\dfrac{Nd}{Bd}/mol \cdot g^{-1}$			
	6×10^{-6}	5×10^{-6}	4×10^{-6}	3×10^{-6}
21	4.7	5.6	6.3	7.4
14	5.3	5.6	6.2	8.0
7	—	6.5	7.1	8.5
0	7.5	7.2	8.6	—

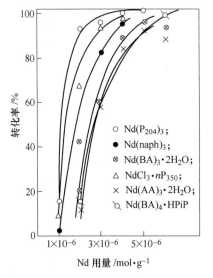

图 4-7   不同钕化合物的活性比较

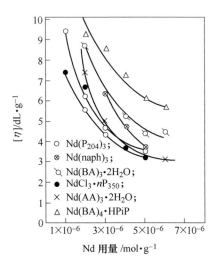

图 4-8   不同催化体系的分子量比较

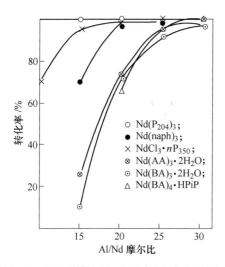

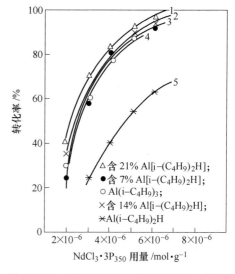

图 4-9　Al/Nd 摩尔比对不同钕化合物的影响
（聚合条件：Nd 用量为 $5×10^{-6}$mol/g；Cl/Nd =3；50℃）

图 4-10　AlH(i-Bu)$_2$ 对 NdCl·3P$_{350}$影响
（聚合条件：Al/Nd = 12；50℃；7h）

孙涛等[13]考察了 AlEt$_3$、Al(i-Bu)$_3$ 及 AlH(i-Bu)$_2$ 三种常用烷基铝同 NdCl$_3$·3P$_{350}$分别组成的二元体系对丁二烯和异戊二烯的聚合活性（见图 4-11）的影响。由图 4-11（a）可见，在 Al/Nd 摩尔比不小于 10 时，HAl(i-Bu)$_2$ 和 Al(i-Bu)$_3$ 与 NdCl$_3$·3P$_{350}$配合物分别组成了高活性催化体系，Al/Nd 值继续增加时，聚合活性趋于平稳，而 AlEt$_3$ 组成的二元体系的聚合活性明显低于前两种烷基铝体系，并且随 Al/Nd 值增加，聚合活性明显增加。由图 4-11（b）可见，异戊二烯本体聚合与丁二烯溶液聚合有着类似的规律，但在异戊二烯本体聚合时间短（为丁二烯溶液聚合的 2/5）、催化剂用量低（为丁二烯溶液聚合的 1/2）的条件下，其催化效率约为丁二烯溶液聚合的一倍。本体聚合是提高催化活性的有效途径之一。Al/Nd 比对三种不同烷基铝体系合成的聚合物分子量的影响见图 4-12。由图 4-12 可见，两种体系的聚合物的 [η]≤6.0，AlH(i-Bu)$_2$ 和 Al(i-Bu)$_3$ 体系均随 Al/Nd 比的增加 [η] 下降，表明过量的烷基铝增加了链转移作用，而 AlEt$_3$ 则有些特殊，随 Al/Nd 比增加而略有上升。这可能与其活性相对较低有关。三种烷基铝对聚合物微观结构的影响没有明显不同，对丁二烯顺式 -1,4 含量在 96%～99% 范围，而异戊二烯在 93%～96% 范围内，异戊二烯的顺式结构含量低于丁二烯。

4.2.3.5　Nd-Al 双金属活性体的组成

中性磷酸酯氯化稀土配合物的特点是可以溶解在芳烃，如甲苯溶剂中，而与烷基铝反应后又生成不溶性沉淀物，为进一步研究稀土化合物与烷基铝反应产物及活性中心结构提供可能性。

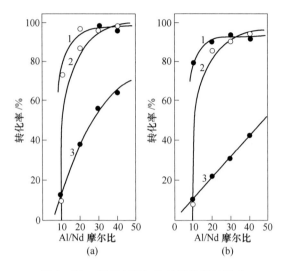

图 4 - 11　Al/Nd 摩尔比对转化率的影响

（a）聚合条件：[M] = 10g/100mL；Nd/单体 = 2.0 × 10^{-6}mol/g；己烷溶剂；50℃；5h；

（b）聚合条件：Nd/单体（曲线 3）= 2.0 × 10^{-6}mol/g；

Nd/单体（曲线 1、2）= 1.0 × 10^{-6}；50℃；2h

1—HAl(i - Bu)$_2$；2—Al(i - Bu)$_3$；3—Al(C$_2$H$_5$)$_3$

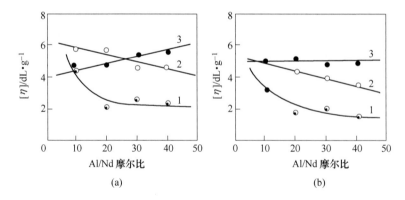

图 4 - 12　Al/Nd 摩尔比对 [η] 的影响

（a）聚合条件：[M] = 10g/100mL；Nd/单体 = 1.0 × 10^{-6}mol/g；己烷溶剂；50℃；5h；

（b）聚合条件：Nd/单体（曲线 3）= 2.0 × 10^{-6}mol/g；

Nd/单体（曲线 1、2）= 1.0 × 10^{-6}；50℃；2h

1—HAl(i - Bu)$_2$；2—Al(i - Bu)$_3$；3—Al(C$_2$H$_5$)$_3$

A　NdCl$_3$·3TBP - AlR$_3$ 体系组分间反应

李玉良等[14]首先研究了 Al/Nd 摩尔比对反应产物的影响，见表 4 - 16。研究发现，当 Al/Nd 摩尔比低于 5 时，体系中无沉淀物生成。

表 4 – 16   NdCl₃·3TBP 与 AlR₃ 反应产物分析

AlR₃	Al/Nd 摩尔比	沉淀物元素分析/%		
		Nd	Al	Cl
AlEt₃	5	38.7	2.5	19.8
	10	43.3	4.1	21.1
	20	43.1	4.0	21.3
Al(i – Bu)₃	5	38.1	2.5	18.1
	10	38.2	2.5	19.8
	20	41.5	4.1	21.1
	30	40.9	4.1	21.4

从表 4 – 16 可知，随 Al/Nd 比的增加，沉淀物中 Nd 含量增加，达一定比值后，产物中的 Nd、Al、Cl 的含量均趋于恒定。对于 AlEt₃、Al/Nd 比为 5，对于 Al(i – Bu)₃、Al/Nd 比低于 10 时，由于 AlR₃ 不足，产物中 Nd、Al 和 Cl 含量偏低。初步认为反应沉淀物可能是形成了 Nd – Al 双金属配合物。分离出的沉淀物对丁二烯的聚合见表 4 – 17。从表 4 – 17 可知，在未外加 AlR₃ 时，沉淀物仍有很高聚合活性，转化率在 90% 以上，顺式含量均在 97% 左右。这种活性体（双金属配合物）具有相当高的催化活性和定向效应。

表 4 – 17   NdCl₃·3TBP 与 AlR₃ 反应产物的催化活性

AlR₃	Al/Nd 摩尔比	Nd（质量分数）/%	Nd/Bd 微摩尔比	转化率/%	[η]/dL·g⁻¹	微观结构/%		
						顺式 –1,4	反式 –1,4	1,2 –
AlEt₃	5	38.7	20	92	7.4	95.9	3.3	0.8
			30	94	7.1	95.8	3.6	0.5
	10	43.3	20	93	7.7	96.1	3.4	0.5
			30	94	7.6	95.5	3.8	0.7
	20	43.1	30	93	7.6	95.9	3.4	0.7
Al(i – Bu)₃	5	38.1	30	92	11.7	97.9	1.7	0.4
	10	38.2	30	93	11.2	97.3	2.0	0.7
	20	41.5	30	94	9.8	97.3	1.8	0.9
	30	40.9	30	95	9.1	96.6	2.3	1.1

注：50℃聚合5h。

B   NdCl₃·3P₃₅₀ – AlR₃ 体系组分间反应产物的活性

由于 NdCl₃·3P₃₅₀ 在甲苯中呈均相溶液，与 AlR₃ 反应形成含有 Nd 和 Al 的双金属沉淀物并具有较高催化活性，孙涛等[83~86]对该体系之间的反应进行了深入研究。

a   双金属活性体的组成及其可能结构

不同 Al/Nd 摩尔比的条件下，$NdCl_3 \cdot 3P_{350}$ 与 $Al(i-Bu)$ 反应产物的元素分析结果见表 4-18，分析结果表明，液相中无 Nd，全部稀土元素均在固相中，固相中 Cl/Nd 摩尔比接近 3.0，固相中的稀土大部分为没有烷基的 $NdCl_3$。对于同一烷基铝，虽然浓度不同，但分离出的活性体中稀土和氯的含量差别不大。

表 4-18   不同 Al 浓度下所得活性体及分析结果

Al/Nd 摩尔比	收率/g	固相元素分析/%			Cl/Nd 摩尔比	Al/Nd 摩尔比	液相分析/mol	
		Nd	Cl	Al			Nd	Cl
10	0.885	34.18	24.99	2.33	2.97	0.36	无	6.09×10^{-4}
20	0.907	33.43	24.45	2.58	2.97	0.41	无	8.53×10^{-4}
30	0.928	33.52	24.22	2.57	2.94	0.41	无	8.22×10^{-4}
40	0.894	33.18	24.35	2.62	2.98	0.42	无	8.22×10^{-4}

注：$[Nd] = 4.44 \times 10^{-2}$ mol/L，室温，甲苯溶剂。

不同的烷基铝在 Al/Nd 摩尔比为 30 时，与 $NdCl_3 \cdot 3P_{350}$ 反应产物的元素分析结果见表 4-19，从表中可发现，在液相中每种铝均无钕，而含有一定量的氯原子。固体产物经激光拉曼光谱分析，出现新的稀土—碳键吸收峰，结合气相色谱分析结果，证明在反应过程中有稀土烷基化反应发生。固体经酸解后在 $CHCl_3$ 萃取剂有机相的红外光谱分析显示含有 P=O 基团，表明活性体中有部分 P_{350} 配体存在。为此推测活性体的形成过程如下：

$$NdCl_3 \cdot 3P_{350} + 2AlR_3 \longrightarrow \begin{matrix} R \\ Cl \end{matrix} Nd \begin{matrix} R(P_{350}) & R \\ Cl \end{matrix} Al \begin{matrix} R \\ R \end{matrix} + R_2AlCl + 2P_{350}$$

其中 Nd-R 基团是活性体具有聚合活性的根源所在，而这类反应过程中又将大量未被烷基化的 $NdCl_3$ 一起沉淀下来。

表 4-19   几种不同烷基铝与 $NdCl_3 \cdot 3P_{350}$ 反应产物分析结果

AlR_3	收率/g	固相元素分析/%			Cl/Nd 摩尔比	Al/Nd 摩尔比	液相分析/mol	
		Nd	Cl	Al			Nd	Cl
$AlEt_3$	0.94	32.81	23.14	4.29	2.87	0.70	无	1.52×10^{-4}
$AlH(i-Bu)_2$	0.919	40.71	26.13	2.99	2.61	0.39	无	2.19×10^{-4}
$Al(i-Bu)_3$	0.928	33.52	24.22	2.57	2.94	0.41	无	8.22×10^{-4}
$Al[(CH_2)_7CH_3]_3$	0.944	29.88	21.67	2.59	2.95	0.46	无	1.74×10^{-4}

注：Al/Nd 摩尔比 =30，其他同表 4-18。

b   活性体的定向聚合能力

$NdCl_3 \cdot 3P_{350}$ 配合物与 $Al(i-Bu)_3$ 在不同 Al/Nd 比下反应分离出的活性体对

丁二烯溶液聚合和异戊二烯的本体聚合结果见表4-20，由表可知，当Al/Nd大于20时，丁二烯聚合收率均在90%左右，异戊二烯聚合收率在50%左右，丁二烯顺式结构在97%以上，异戊二烯在93%以上。不同烷基铝制备的活性体均可引发丁二烯聚合，活性顺序为：$Al(C_2H_5)_3 > HAl(i-Bu)_2 > Al(i-Bu)_3 \geqslant Al[(CH_2)_2CH_3]_3$。

表4-20 不同 Al(i-Bu)₃ 浓度下制得的活性体对双烯烃聚合的影响

Al/Nd 摩尔比	丁二烯溶剂聚合					异戊二烯本体聚合			
	收率 /%	$[\eta]$ /dL·g⁻¹	微观结构/%			收率 /%	$[\eta]$ /dL·g⁻¹	微观结构/%	
			顺式-1,4	1,2-	反式-1,4			顺式-1,4	2,4-
10	66.7	11.7	97.4	1.0	1.6	11.7	5.8	94.1	5.9
20	92.7	11.6	98.2	0.6	1.2	40.8	6.4	93.7	6.3
30	88.1	13.8	98.0	0.9	1.2	52.8	5.4	93.8	6.2
40	87.8	12.4	98.3	0.6	1.1	54.3	5.5	93.8	6.2

注：$[M] = 1.85\,mol/L$，$Nd/Bd = 3.0 \times 10^{-5}\,mol/g$，己烷，50℃聚合5h。$Nd/Ip = 1.5 \times 10^{-5}\,mol/g$，50℃聚合2h。

4.2.3.6 氯化稀土中性磷酸酯配合物的合成

稀土磷酸酯配合物可用无水稀土氯化物与磷酸酯混合直接制得，但文献上多采用含结晶水的氯化稀土与磷酸酯、乙醇混合共沸脱水的方法制备[2,12,88,89]。

（1）$NdCl_3 \cdot nP_{350}$ 的合成。陈文启等[2]先将8.5g（0.025mol）Nd_2O_3 放入500mL烧杯中，加入浓盐酸15mL，加热至全溶，蒸发至结晶要析出时取下，加入10~20mL蒸馏水溶解，再加入95%乙醇60mL，溶液为粉红色，加入 P_{350} 48g（0.15mol），溶液由粉红色变成黄棕色。在蒸馏装置上减压蒸去乙醇和水。用水浴加热至没有馏出物为止，用热吹风机将蒸馏瓶壁烤干，停止抽空，充氮气，冷却后将少量沉淀物（$NdCl_3 \cdot 6H_2O$）滤出，得到棕色液体，分析结果为：Nd 11.3%，Cl 8.6%，Cl/Nd = 3.16，密度为 $1.06g/cm^3$。

（2）$NdCl_3 \cdot 3TBP$ 等多种中性磷配合物的合成。沙人玉等[12]先将稀土氧化物加浓盐酸溶解，配成一定浓度的氯化稀土水溶液。

在一减压蒸馏瓶内，加入0.02mol的氯化稀土溶液，再加入0.06mol的中性磷酸酯，加无水乙醇20mL，用水浴加热，先用水泵减压蒸馏至无馏出物为止，又加20mL无水乙醇，用水泵抽空至无馏出物为止，再加20mL无水乙醇，先用水泵抽，再用机械泵抽至无馏出物为止，即得稀土中性磷酸酯配合物。共合成中性磷酸酯氯化稀土配合物 $NdCl_3 \cdot 3TBP$、$NdCl_3 \cdot 3P_{350}$、$NdCl_3 \cdot 3P_{218}$ 等9种配合物。

4.2.4 $NdCl_3 \cdot nD$（含N、S、O配体）-AlR₃ 催化体系

丙酰胺、18碳酰胺、二甲基亚砜等含N、S有机物与氯化稀土形成的配合物

与烷基铝组成的二元体系均聚有较高的催化活性和定向作用，由于它们仍是通过氧原子与稀土元素配位的，故与上述诸多配合物有相近属性。

（1）$NdCl_3 \cdot 3PA$（PA：$C_2H_5CONH_2$）$- AlR_3$ 体系。在专利［63］中曾给出18 碳酰胺氯化稀土配合物与三乙基铝组成的二元体系在环己烷溶剂中聚合 4h，给出 100% 的转化率（Al/Nd 摩尔比 $= 15$，$Nd/Bd = 9 \times 10^{-5} mol/g$），顺式 94%、$[\eta] = 3.3$，凝胶 19%。曲雅焕等[90] 研究了丙酰胺氯化稀土与 AlR_3 二元体系引发丁二烯聚合的活性。首先经元素分析和红外谱图确定了配位数为 3，仍然是通过氧原子与稀土元素配位。对 $AlEt_3$、$AlH(i-Bu)_3$ 和 $Al(i-Bu)_3$ 三种烷基铝分别组成的体系的活性进行比较，见图 4-13，由图可知，不同烷基铝的催化活性均随 Al/Nd 比的增加而增高，所不同的是该配体是 $AlH(i-Bu)_2$ 活性较高，$AlEt_3$ 活性较低。而且 $AlH(i-Bu)_2$ 的分子量高于另两个烷基铝，顺式结构无差别，均在 98% 以上。

（2）$NdCl_3 \cdot 4DMSO - AlH(i-Bu)_2$ 体系。逢束芬等[15] 发现烷基亚砜类有机物和氯化稀土形成的配合物与 AlR_3 组成的二元体系对双烯烃的聚合有更高的催化活性（见图 4-14）。从图 4-14 可见，亚砜类配合物远高于醇类配合物。不同的烷基铝作助催化剂，其聚合活性差别较大（见表 4-21），从表 4-21 的数据可知，由 $LnCl_3 \cdot 4DMSO$ 组成的二元体系最适宜的助催化剂是氢化二异丁基铝，其次是三异丁基铝，再次是三乙基铝。这同酰胺类稀土配合物体系相近，不同于醇和环醚类稀土配合物体系，它们最适宜的助催化剂是三乙基铝。

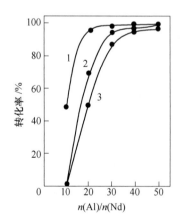

图 4-13　不同体系的 $n(Al)/n(Nd)$
对丁二烯聚合的影响
1—$Al(i-C_4H_9)_2H$；2—$Al(i-C_4H_9)_3$；
3—$Al(C_2H_5)_3$

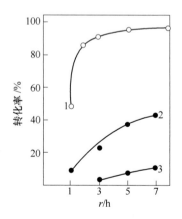

图 4-14　氯化稀土配合物的不同
配位体对聚合的影响
1—$NdCl_3 \cdot 4DMSO$；2—$NdCl_3 \cdot 6DPSO$；
3—$NdCl_3 \cdot 3i-C_3H_7OH$

表 4 – 21   NdCl₃ · 4DMSO – AlR₃ 中不同 AlR₃ 对丁二烯聚合的影响

AlR₃	Al/Nd 摩尔比	转化率 /%	$[\eta]$ /dL · g⁻¹	微观结构/%		
				顺式 – 1,4	反式 – 1,4	1,2 –
Al(C₂H₅)₃	80	30	11.2	98.5	1.1	0.4
Al(i – C₄H₉)₃	20	54	8.7	99.0	0.6	0.4
Al(i – C₄H₉)₂H	20	90	9.7	99.0	0.5	0.5

（3）氯化稀土配合物（含 N、S、O 配体）的合成。

1）丙酰胺氯化稀土的合成。曲雅焕等[90]按 $n(Ln)/n(C_2H_5CONH_2) = 1/8$，将 LnCl₃ · 6H₂O 和 C₂H₅CONH₂ 溶于无水乙醇中，加热回流 7h 后减压抽除溶剂，所得产物分别用醚和热苯反复洗涤后置于装有 P₂O₅ 的干燥器中真空干燥数日，经元素和红外光谱分析，合成产物为 LnCl₃ · 3C₂H₅CONH₂。

2）二甲基亚砜氯化稀土的合成。逄束芬等按文献［91］中方法，取约 2.5mg（约 0.01mol）含结晶水的氯化稀土，在搅拌下溶解在约 3.5mL（约 0.04mol）二甲基亚砜中，为放热反应，然后放在 P₂O₅ 中干燥获得固体产物，再用干燥的苯洗去游离的二甲基亚砜并干燥。经元素分析，产物分子式为 NdCl₃ · 4DMSO。

4.3   氮原子配位的氯化稀土催化剂

由氮原子与稀土配位的氯化稀土配合物与烷基铝组成的催化剂，最早见于文献的是 YCl₃ · 3Py – AlEt₃ 二元体系[1]，虽然活性略高于 YCl₃ – AlEt₃ 二元体系，并未引起人们的重视，相隔 20 年后，欧阳均研究组再次开展对氯化稀土含氮配合物催化剂的研究，发现氮原子与稀土配位形成的氯化稀土配合物同烷基铝组成的二元体系一样对双烯烃聚合有很高的聚合活性[16,17]，文献上也出现乙二胺、丙二胺配合物具有高活性的报道[63]。

4.3.1   氯化钕不同含氮有机物配合物的催化活性

杨继华等[16]按文献合成 5 种不同氮化物配体的氯化钕配合物，其结构、简称见表 4 – 22。

表 4 – 22   氯化钕配合物

配位体	化 学 式	简称	配合物组成
吡啶		Py	NdCl₃ · 1.5Py
联吡啶		Dpy	NdCl₃ · 1.5DPy

配位体	化学式	简称	配合物组成
邻菲罗啉		Phen	$NdCl_3 \cdot 2Phen$
六亚甲基四胺	$(CH_2)_6N_4$	HMTA	$NdCl_3 \cdot 2HMTA$
乙二胺	$H_2N-(CH)_2-NH_2$	EDA	$NdCl_3 \cdot 3EDA$

这些配合物同 $AlEt_3$、$Al(i-Bu)_3$ 分别组成的体系引发丁二烯的聚合见表 4-23，从表中可见，氯化钕乙二胺配合物在 $AlEt_3$ 及 $Al(i-Bu)_3$ 作用下均有相当高的催化活性，甚至超过了醇合物和四氢呋喃配合物体系，而且凝胶很少。

表 4 - 23   不同稀土配合物与 $AlEt_3$ 或 $Al(i-Bu)_3$ 体系引发丁二烯聚合

$NdCl_3 \cdot nL$	$AlEt_3$				$Al(i-Bu)_3$			
	转化率 /%	$[\eta]$ /$dL \cdot g^{-1}$	凝胶 /%	顺式 -1,4 /%	转化率 /%	$[\eta]$ /$dL \cdot g^{-1}$	凝胶 /%	顺式 -1,4 /%
$NdCl_3 \cdot 3EDA$	98.4	10.5	0	95.4	92.0	11.3	3	98.6
$NdCl_3 \cdot 1.5Py$	70.4	12.4	41	97.6	3.6	9.5	10	98.5
$NdCl_3 \cdot 2HMTA$	36.4	11.9	12	98.3	52.8	14.3	24	98.6
$NdCl_3 \cdot 1.5Dpy$	10.4	12.8	1	97.3	13.6	13.4	4	98.3
$NdCl_3 \cdot 2Phen$	痕量	—	—	—	痕量	—	—	—
$NdCl_3 \cdot 2THF$	97.6	9.1	3	96.7	92.0	8.3	5	97.8
$NdCl_3 \cdot 3i-PrOH$	94.8	9.1	6	97.6	85.2	10.4	0	98.1

注：$[Bd]=10\%(0.1g/mL)$，$Nd/Bd=2\times10^{-6}mol/g$，$Al/Nd$ 摩尔比 $=30$，$50℃/5h$。

表 4-24 是氮配合物与氢化二异基铝组成的二元体系对丁二烯的聚合活性。在表 4-24 中邻菲罗啉配合物有最好的活性，并高于醇合物和四氢呋喃配合物，而且凝胶很低，分子量也低。表 4-23 和表 4-24 给出的实验结果表明，氯化稀土含氮配合物与某种特定的烷基铝才能组成有活性的催化剂，尤其邻菲罗啉稀土配合物仅与 $AlH(i-Bu)_2$ 组成活性较高的催化剂，这种有选择地与某种烷基铝组成活性催化剂，在稀土催化剂中比较罕见。分子量也可在较宽的范围内调控，也是此类催化剂的一个特点。

表 4 - 24   氯化钕配合物在 $HAl(i-Bu)_3$ 作用下的丁二烯聚合

$NdCl_3 \cdot nL$	$Nd/Bd = 2\times10^{-6}mol/g$				$Nd/Bd = 6\times10^{-6}mol/g$		
	转化率/%	$[\eta]$ /$dL \cdot g^{-1}$	凝胶/%	顺式 -1,4/%	转化率/%	$[\eta]$ /$dL \cdot g^{-1}$	凝胶/%
$NdCl_3 \cdot 3EDA$	14.4	7.5	10	98.8	50.0	4.9	10
$NdCl_3 \cdot 1.5Py$	1.2	3.8	56	—	9.6	3.7	8
$NdCl_3 \cdot 2HMTA$	10.0	6.6	12	99.3	22.8	4.7	12

NdCl$_3 \cdot n$L	Nd/Bd $= 2 \times 10^{-6}$ mol/g				Nd/Bd $= 6 \times 10^{-6}$ mol/g		
	转化率/%	[η]/dL·g^{-1}	凝胶/%	顺式 -1,4/%	转化率/%	[η]/dL·g^{-1}	凝胶/%
NdCl$_3 \cdot 1.5$Dpy	—	—	—	—	0.4	—	—
NdCl$_3 \cdot 2$Phen	88.8	5.3	4	98.2	100.0	2.3	4
NdCl$_3 \cdot 2$THF	85.2	7.0	1	98.5	98.8	5.5	21
NdCl$_3 \cdot 3$i - PrOH	40.0	7.2	0	98.7	82.0	5.1	16

注：[Bd] $=10\%$（0.1g/mL），Al/Nd 摩尔比 $=30$，50℃/5h。

氯化钕含氮配合物体系同样可引发异戊二烯的高顺聚合（见表 4 - 25），从表 4 - 25 可知，仍是乙二胺配合物体系的活性较高。

表 4 - 25　含氮配合物催化剂对异戊二烯的聚合结果

催化体系	$\dfrac{\text{Nd}}{\text{Ip}}$ /mol·g^{-1}	转化率 /%	[η] /dL·g^{-1}	凝胶/%	微观结构/%	
					顺式 -1,4	3,4 -
NdCl$_3 \cdot 3$EDA - AlEt$_3$	2×10^{-6}	92.4	6.6	0	95.8	4.2
	6×10^{-6}	99.2	4.5	3	95.4	4.6
NdCl$_3 \cdot 2$Phen - AlH(i - Bu)$_2$	6×10^{-6}	75.6	3.2	3	96.2	3.8
NdCl$_3 \cdot 1.5$Dpy - Al(i - Bu)$_3$	6×10^{-6}	32.0	5.9	3	94.5	5.5

注：[Ip] $=10\%$（0.1g/mL），Al/Nd 摩尔比 $=30$，50℃/5h。

氯化钕含氮配体配合物可能与含氧配合物一样，由于给电子配位体的存在，减弱了氯化钕中 Nd—Cl 键的离子性，同时引起晶格变化，使之有利于烷基化作用的发生，从而产生比无配位体的氯化稀土高的催化活性。但不同配位体配合物的催化活性又相差较大，对不同类型烷基铝又有不同的最佳匹配的事实，反映了配位体配合物结构与催化活性之间的某种联系，有待于研究认识。

4.3.2　NdCl$_3 \cdot 2$Phen - AlH(i - Bu)$_2$ 催化体系

杨继华等[17]仿文献［92］合成了氯化钕邻菲罗啉配合物，并深入研究了它与二异丁基氢化铝组成的二元体系对丁二烯的聚合规律。氯化钕邻菲罗啉配合物是粉白色粉末，不溶于脂肪烃溶剂中，它与 AlEt$_3$、Al(i - Bu)$_3$ 的反应液呈紫红色，对丁二烯聚合均无活性；而与 AlH(i - Bu)$_2$ 反应液呈棕红色，过滤除去液相，洗涤干燥后的固体物仍能引发丁二烯聚合，NdCl$_3 \cdot 2$Phen - AlH(i - Bu)$_2$ 是一典型非均相催化体系。

4.3.2.1　聚合规律

A　催化剂组成及组分比的影响

当 NdCl$_3 \cdot 2$Phen 用量固定时，变化 AlH(i - Bu)$_2$ 用量，增大 Al/Nd 摩尔比，可在一定范围内提高转化率，聚合物 [η] 则随之下降，而且下降幅度变大，这是其他氯化稀土二元体系未曾出现过的（见图 4-15）。由图可见，较之 NdCl$_3$·3i-PrOH、NdCl$_3$·2THF 两个体系的活性及分子量均有较大差异。

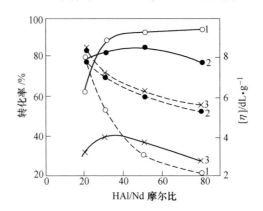

图 4-15　HAl/Nd 比对不同氯化稀土体系聚合的影响

（聚合条件：Nd/单体 = 2×10^{-6}mol/g，[丁二烯]=10%，50℃，5h）

1—NdCl$_3$·2Phen 体系；2—NdCl$_3$·2THF 体系；

3—NdCl$_3$·3i-PrOH 体系；——转化率，----[η]

当 AlH(i-Bu)$_2$ 用量固定时，变化 NdCl$_3$·2Phen 用量时，随着 NdCl$_3$·2Phen 用量增加，转化率先增后降，但聚合物的分子量无明显变化（见图4-16）。

当固定 Al/Nd 摩尔比为 30，而同时变化 AlH(i-Bu)$_2$ 和 NdCl$_3$·2Phen 两组分用量时，随着用量增加，转化率增加，聚合物 [η] 随之下降（见图 4-17），NdCl$_3$·2Phen 体系合成的聚合物的分子量低于另两个催化体系。

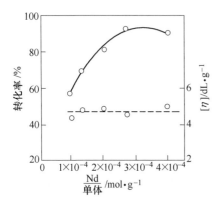

图 4-16　固定 HAl(i-Bu)$_2$ 用量下，Nd/单体对聚合的影响

（聚合条件：HAl/单体 = 8×18^{-5}mol/g，[丁二烯]=10%，50℃，5h）

——转化率，----[η]

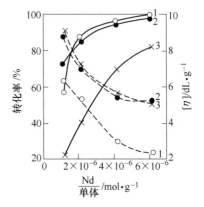

图 4-17　Nd/单体对不同氯化稀土体系聚合的影响

（聚合条件：HAl/Nd 摩尔比 = 30，[丁二烯]=10%，50℃，5h）

1—NdCl$_3$·2Phen 体系；2—NdCl$_3$·2THF 体系；

3—NdCl$_3$·3i-PrOH 体系；——转化率，----[η]

催化剂组分、配比的变化对聚合物的微观结构无明显的影响，顺式含量均在96%～99%之间波动。

B 聚合时间的影响

当固定催化剂用量，Nd/Bd = 2×10^{-6}mol/g，Al/Nd 摩尔比 = 30 时，变化聚合时间的实验结果见表4–26，随聚合时间增加转化率平稳增加，聚合物的［η］随转化率变化不明显，表明体系内存在着较强的链转移作用，而对结构无明显影响。

表4–26 时间对聚合的影响

聚合时间/h	转化率/%	［η］/dL·g^{-1}	微观结构/%		
			顺式–1,4	1,2–	反式–1,4
0.5	7.8	4.8			
1.0	15.6	3.9	98.6	0.2	1.2
2.0	58.8	3.7			
3.0	76.0	4.4	97.9	0.6	1.5
4.0	86.4	4.2			
5.0	88.0	4.4	98.1	0.5	1.4
6.0	88.8	4.6			

注：［Bd］= 10%（0.1g/mL），50℃聚合。

C 单体浓度的影响

当催化剂浓度固定时，改变单体浓度，对转化率影响不显著，而分子量有明显提高。聚合物顺式–1,4 含量略有提高。但当催化剂组分比一定时，转化率则随单体浓度的增加略有增加，分子量变化不明显，微观结构也无可见变化，见表4–27。

表4–27 单体浓度对聚合的影响

单体浓度/g·mL^{-1}	［Nd］/mol·L^{-1}	$\frac{Nd}{Bd}$/mol·g^{-1}	转化率/%	［η］/dL·g^{-1}	微观结构/%		
					顺式–1,4	1,2–	反式–1,4
0.4	2.5×10^{-4}	6.3×10^{-6}	82.0	2.8	96.9	0.6	2.5
0.6	2.5×10^{-4}	4.2×10^{-6}	92.7	3.4			
0.8	2.5×10^{-4}	3.1×10^{-6}	89.5	4.0	97.5	0.8	1.7
1.0	2.5×10^{-4}	2.5×10^{-6}	88.8	5.6			

单体浓度 /g·mL^{-1}	[Nd] /mol·L^{-1}	$\frac{Nd}{Bd}$/mol·g^{-1}	转化率 /%	[η] /dL·g^{-1}	微观结构/%		
					顺式 –1,4	1,2 –	反式 –1,4
1.2	2.5 × 10^{-4}	2.1 × 10^{-6}	93.3	7.1	98.6	0.4	1.0
0.4	1.2 × 10^{-4}	3.0 × 10^{-6}	68.0	4.6	98.0	0.6	1.4
0.6	1.8 × 10^{-4}	3.0 × 10^{-6}	78.7	5.0			
0.8	2.4 × 10^{-4}	3.0 × 10^{-6}	84.5	4.6	97.6	0.7	1.7
1.0	3.0 × 10^{-4}	3.0 × 10^{-6}	92.4	4.0			
1.2	3.6 × 10^{-4}	3.0 × 10^{-6}	94.0	4.1	97.7	0.7	1.6

注：Al/Nd 摩尔比 = 30，50℃/5h。

4.3.2.2　控制产物分子量的主要因素

从上述实验结果可知，催化剂用量以及 Al/Nd 摩尔比明显影响着聚合物的分子量，用量增加产物的分子量显著降低。而 AlH(i – Bu)$_2$ 用量（Al/Bd 比）在其中起着更重要的作用（见表 4 – 28）。从表中可见，Al/Bd 增加，分子量降低，Al/Bd 摩尔比不变时，虽然 Nd 用量增加，分子量仍然变化不大。

表 4 – 28　Al/Bd 摩尔比对聚合物分子量和微观结构的影响

[Bd]/g·dL^{-1}	$\frac{Nd}{Bd}$/mol·g^{-1}	Al/Nd 摩尔比	$\frac{Al}{Bd}$/mol·g^{-1}	[η]/dL·g^{-1}	顺式 –1,4/%
10	2 × 10^{-6}	20	4 × 10^{-5}	9.2	98.7
10	2 × 10^{-6}	30	6 × 10^{-5}	6.8	
10	2 × 10^{-6}	40	8 × 10^{-5}	4.9	98.0
10	2 × 10^{-6}	60	12 × 10^{-5}	3.5	
10	2 × 10^{-6}	80	16 × 10^{-5}	2.9	96.2
10	1.0 × 10^{-6}	80	8 × 10^{-5}	4.3	97.6
10	1.3 × 10^{-6}	60	8 × 10^{-5}	4.8	
10	2.0 × 10^{-6}	40	8 × 10^{-5}	4.9	98.0
10	2.7 × 10^{-6}	32	8 × 10^{-5}	4.5	
10	4.0 × 10^{-6}	20	8 × 10^{-5}	5.1	97.9

4.3.3　氯化稀土有机氮化物配合物的合成

氯化稀土含氮配体配合物的制备方法因含氮有机物不同而制法各异，此处仅简略介绍乙二胺与邻菲罗啉稀土配合物的制法。

（1）氯化钕乙二胺配合物的合成[93]。由无水氯化钕和乙二胺在乙腈中直接反应制得。取乙二胺 6mol，溶解在乙腈中，然后将这个乙二胺溶液逐渐滴加到搅拌的无水氯化钕乙腈溶液中，立即有沉淀产物生成。而要完全获得化学计算量的产品，需要将悬浮液加热回馏12h之后。这个步骤对氯化稀土是特别必要的，因为降低了无水盐在乙腈中的溶解性。产物是吸湿性结晶粉末，同空气接触后很快水解。

（2）氯化钕邻菲罗啉配合物的合成[92]。可由 $NdCl_3 \cdot 6H_2O$ 与 Phen 的乙醇溶液直接混合制得。经过滤和洗涤，抽空干燥得到产品。

取 1.54g Phen 溶解在 5mL 乙醇中，加入到溶有 1g 20mL $NdCl_3 \cdot 2H_2O$ 的乙醇溶液中，约 5min 后，便可观察到有微结晶析出。为了完全沉淀出来，需将溶液放置 2~3h。过滤后，用乙醇洗涤，并在 80~90℃ 干燥，产品为 $NdCl_3 \cdot 2Phen$。

4.4 无水氯化稀土的制备方法

无水氯化稀土可由稀土金属、稀土氧化物、稀土水合氯化物、稀土硫化物等多种原料和途径制备。但较方便、普遍采用的方法是从稀土水合氯化物和稀土氧化物出发制备无水稀土氯化物。

4.4.1 从氯化稀土水合物制备无水氯化稀土

4.4.1.1 氯化稀土水合物脱水过程及水解反应机理[94]

稀土元素的水合氯化物，除镧和铈的水合氯化物含有 7 个分子的结晶水外，其余各元素的水合氯化物均含有 6 个分子结晶水。稀土水合物的脱水过程的阶段性及中间水合物的生成情况见表 4-29。从表 4-29 中的数据可知，镨、钕、钐、铕的水合物的脱水过程的阶段性是相同的，均按下式进行：

$$PrCl_3 \cdot 6H_2O \xrightarrow[-3H_2O]{51\sim97℃} PrCl_3 \cdot 3H_2O \xrightarrow[-H_2O]{115\sim127℃} PrCl_3 \cdot 2H_2O$$

$$\xrightarrow[-H_2O]{137\sim147℃} PrCl_3 \cdot H_2O \xrightarrow[-H_2O]{177\sim227℃} PrCl_3 \xrightarrow[+H_2O]{>370℃} PrOCl$$

表 4-29 稀土水合氯化物的脱水过程

氯化稀土水合物	各脱水阶段的温度/℃				各阶段脱水分子数				水合物完全脱水的温度/℃	无水氯化物开始气相水解时的温度/℃
	1	2	3	4	1	2	3	4		
$LaCl_3 \cdot 7H_2O$	52~100	123~140	169~192		4	2	1		192	397
$CeCl_3 \cdot 7H_2O$	50~102	121~127	142~148	153~211	4	1	1	1	211	384
$PrCl_3 \cdot 6H_2O$	51~97	115~127	137~147	177~227	3	1	1	1	227	370
$NdCl_3 \cdot 6H_2O$	67~97	111~117	141~151	157~217	3	1	1	1	217	350
$SmCl_3 \cdot 6H_2O$	77~117	130~137	155~163	171~204	3	1	1	1	204	340

续表 4 - 29

氯化稀土水合物	各脱水阶段的温度/℃				各阶段脱水分子数				水合物完全脱水的温度/℃	无水氯化物开始气相水解时的温度/℃
	1	2	3	4	1	2	3	4		
$EuCl_3 \cdot 6H_2O$	84 ~ 125	134 ~ 143	163 ~ 170	175 ~ 203	3	1	1	1	203	335
$GdCl_3 \cdot 6H_2O$	68 ~ 130	137 ~ 163	163 ~ 200		3	1.5	1.5		200	327
$TbCl_3 \cdot 6H_2O$	87 ~ 140	142 ~ 162	168 ~ 198		3	2	1		198	320
$HoCl_3 \cdot 6H_2O$	72 ~ 117	122 ~ 147	169 ~ 190		3	2	1		190	300
$ErCl_3 \cdot 6H_2O$	72 ~ 102	110 ~ 147	162 ~ 189		3	2	1		189	280
$TmCl_3 \cdot 6H_2O$	82 ~ 127	145 ~ 167	180 ~ 190		3	2	1		190	260
$YbCl_3 \cdot 6H_2O$	70 ~ 110	117 ~ 144	152 ~ 199		3	2	1		199	244
$LuCl_3 \cdot 6H_2O$	80 ~ 134	137 ~ 180	180 ~ 210		3	2			210	217
$YCl_3 \cdot 6H_2O$	80 ~ 150	150 ~ 200			5	1			200	320

铕、镝、铽、铒、铥、镱、镥等的水合氯化物的脱水过程的阶段性是相同的，均按下式方式进行：

$$TbCl_3 \cdot 6H_2O \xrightarrow[-3H_2O]{87 \sim 140℃} TbCl_3 \cdot 3H_2O \xrightarrow[-2H_2O]{142 \sim 162℃}$$

$$TbCl_3 \cdot H_2O \xrightarrow[-H_2O]{168 \sim 198℃} TbCl_3 \xrightarrow[+H_2O]{>320℃} TbOCl$$

随着原子序数的增大，稀土元素水合氯化物脱水的阶段性越来越不明显，中间水合物稳定存在的温度区间也越来越窄。脱水后生成的无水稀土氯化物在继续升温时，便发生气相水解，生成相应的稀土氯氧化物：

$$LnCl_3(s) + H_2O(g) \longrightarrow LnOCl(s) + 2HCl(g)$$

稀土水合氯化物完全脱水的温度和无水氯化稀土开始水解的温度分别与原子序数作图，如图 4 - 18 所示。由图可见，各稀土元素水合氯化物完全脱水温度均在 200℃ 上下，但无水稀土氯化物开始气相水解的温度，却随原子序数的增大而显著降低，也即两条线的间隔越来越小。对镧元素温度大于 200℃，而到镥元素仅有 7℃。说明原子序数大的稀土元素，也即重稀土较难由水合氯化物制得高纯无水稀土氯化物，产品中极易掺杂有气相水解氯氧稀土。

从稀土水合氯化物来制备无水氯化稀土，为了避免或减少气相水解作用发生，可采用在氯化氢气流中加热，或预先将稀土水合氯化物与氯化铵混合后制成固体粉末，在空气中或在氯化氢气流中加热，或者在光气（或 CO 和 Cl_2 混合）气氛中加热脱水。较常用的是预先将稀土水合氯合物与氯化铵混合制成固体粉末的方法。

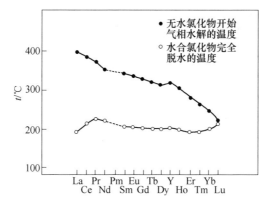

图 4-18　稀土元素水合氧化物完全脱水和无水氯化物开始气相水解的温度

4.4.1.2　从氯化钕水合物制备无水氯化钕[95,96]

在 100mL 圆底烧瓶内加入 20mL 浓盐酸及 15mL 蒸馏水，然后分批加 10g Nd_2O_3，摇荡使固体全溶并呈澄清液，称取 15g NH_4Cl 固体放入瓶内，加热使之全溶。继续加热浓缩至剩少量溶液时，转入蒸发器内，在电炉上烘炒，搅拌至固体变干变白色。冷却后，将得到的白色固体研细，然后转入另一 100mL 圆底烧瓶内。将烧瓶放入带有干冰冷冻的升华装置中，用沙浴加热和温度自动控制器控制反应温度。在 450℃ 使氯化钕缓慢升华。反应完全需 7～8h。反应结束后，在氮气保护下冷却，然后转入真空干燥器内储存，或分装封管。

4.4.2　从稀土氧化物制备无水稀土氯化物

用氯化剂将稀土氧化物直接转变为无水稀土氯化物，由于使用的氯化试剂不同而有多种途径。可用作氯化剂的试剂有 S_2Cl_2、$S_2Cl + Cl_2$ 混合物、$SOCl_2$、CCl_4、$COCl_2$ 以及 NH_4Cl 等，这些氯化剂在不同的操作条件下均可由氧化稀土制得无水稀土氯化物。但在大量制备无水稀土氯化物时，常选用氯化铵作为氯化试剂，这不仅是因为它方便、易得、便宜，主要因为它是一种对环境污染较小的绿色合成方法，近年来尤其受到关注。

4.4.2.1　稀土氧化物氯化过程

陈华妮等[97]用热分析方法考察了氯化铵氯化 La、Ce、Pr、Nd、Sm 等稀土氧化物制备无水稀土氯化物的反应过程。他首先研究了纯氯化铵的热分析曲线，无论是研磨的粉末或干燥后的晶体热失重曲线均出现两个明显失重台阶，在 150℃ 开始失重，到 270℃ 左右已经失去 95% 的质量，到 338℃ 时，质量只剩 1%，分解温度低于文献报道值（328～338℃）。当氯化反应温度（340℃）高于氯化铵的分解温度时，氯化反应有如下方程式：

$$NH_4Cl(s) \Longrightarrow NH_3(g) + HCl(g)$$

当稀土氧化物为 La、Nd、Sm 氧化物时：

$$Ln_2O_3(s) + 6HCl(g) = 2LnCl_3(s) + 3H_2O(g)$$

当稀土氧化物为变价的 Ce、Pr 的氧化物时：

$$CeO_2(s) + 3HCl(g) = CeCl_3(s) + 3/2H_2O(g) + 1/4O_2(g)$$

$$Pr_6O_{11}(s) + 18HCl(g) = 6PrCl_3(s) + 9H_2O(g) + O_2(g)$$

另有少量 NH_4Cl 直接参与氯化反应：

$$Ln_2O_3(s) + 10NH_4Cl(s) = 2(2NH_4Cl \cdot LnCl_3)(s) + 6NH_3(g) + 3H_2O(g)$$

$$2NH_4Cl \cdot LnCl_3(s) = LnCl_3(s) + 2NH_4Cl(s)$$

热重曲线表明，300℃之前，中间配合物已经分解，只有这样才能得到 100% 的 $LnCl_3$ 的质量。

从热失重曲线可知，La、Nd、Sm 三种氧化物的差热失重行为相似，有两个明显台阶，第一个出现在 200~303℃，第二个失重台阶出现在 299~327℃。La_2O_3 在 299℃时失重率为 63.5%，达到了完全氯化。Nd_2O_3 到 303℃已有 80% 氯化产率。Sm_2O_3 在 289℃基本 100% 氯化。继续升温有可能部分 Ln_2O_3 发生气相水解，而导致继续失重。La、Nd、Sm 在 300~330℃的失重均较缓慢，失重趋于平稳后的质量都小于理论应生成的 100% $LnCl_3$ 的结果。氯化铵的热重曲线表明在 260℃左右，氯化铵基本分解完全，体系中不再有过量的氯化铵存在，300~330℃间的缓慢失重应该是稀土氯化物的气相水解反应：

$$LnCl_3(s) + H_2O(g) = LnOCl(s) + 2HCl(g)$$

对于 Pr_6O_{11} 的氯化反应，从失重曲线可知，在 270℃的失重率的计算可知 $PrCl_3$ 生成量接近 100%，Pr_6O_{11} 氯化反应在 270℃几乎完全，由于没有氯化铵的存在，继续升温必将导致 $PrCl_3$ 的气相水解：

$$Pr_6O_{11}(s) + 30NH_4Cl(s) = 6(2NH_4Cl \cdot PrCl_3)(s) + 18NH_3(g) + 9H_2O(g) + O_2(g)$$

$$2NH_4Cl \cdot PrCl_3(s) = PrCl_3(s) + 2NH_3(g) + 2HCl(g)$$

$$Pr_6O_{11}(s) + 18HCl(g) = 6PrCl_3(s) + 9H_2O(g) + O_2(g)$$

$$PrCl_3(s) + H_2O(g) = PrOCl(s) + 2HCl(g)$$

氯化铵在 150℃左右即开始分解，到 260℃分解完全。在氯化温度范围内，既有氯化铵直接参与的氯化反应，又有氯化铵热解产物 HCl 与稀土氧化物的氯化反应。La、Pr、Nd、Sm 等稀土的氧化物的氯化反应及生成的中间化合物的分解反应在 300℃之前均已完成。在 NH_4Cl 不大量过量的条件下，继续升温只能导致稀土氯化物产率的降低。

4.4.2.2　从氧化钕直接制备无水氯化钕[98]

合成装置和操作方法可参见文献 [99]。取 25g Nd_2O_3 和 150g NH_4Cl 放在一起研磨成细粉末，可先放在蒸发皿中加热烘炒，然后再放在炉内抽至真空，升温到 300~320℃，直到不再有氯化铵升华出来为止，全过程约需 12~30h，产物极易吸水，需在氮气保护下冷却并放至真空干燥器中保持，收率在 85%~95%。

4.4.3　在常温下从稀土氧化物直接制备氯化稀土配合物

4.4.3.1　二氯亚砜水解法

Amico 等[79]根据用 Ln_2O_3 与 NH_4Cl 制备无水稀土氯化物是由于 NH_4Cl 在高温下分解产生的 HCl 与 Ln_2O_3 原位反应的机理提出，在温和条件下，用酰氯和水在二甲氧基乙烷（DME）溶剂中直接制备氯化稀土醚合物的方法。此法原理为：

$$3H_2O + 3SOCl_2 \longrightarrow 3SO_2 + 6HCl$$
$$Ln_2O_3 + 6HCl \longrightarrow 3H_2O + 2LnCl_3$$
$$2LnCl_3 + 2nDME \longrightarrow 2LnCl_3(DME)_n$$

$$Ln_2O_3 + 2nDME + 3SOCl_2 \longrightarrow 2LnC_3(DME)_n + 3SO_2$$

Ln_2O_3 与 $SOCl_2$ 在常温下不会发生反应，需在高温下反应才能进行，但在有水的 DME 溶剂中，室温下即可进行反应。这个反应仍然属于 HCl 与 Ln_2O_3 进行原位化学反应。HCl 是由加入化学计算量的水产生的，这个水相当于"催化剂"的角色。为了保证体系在无游离水的条件下，通常加入 $SOCl_2$ 的摩尔量是水的两倍。

此法之所以能成功制得 $LnCl_3 \cdot nDME$ 配合物，其一是由于 HCl 在 DME 溶剂中有较高溶解性和高的质子活性；其二是 $LnCl_3$ 与 DME 易于配合及配合物在 DME 溶剂中的有限溶解性；其三是过量酰氯的存在，保证体系全过程无游离水；其四是 $SOCl_2$ 有非常快的水解速率，这是一个极重要的因素。

$NdCl_3 \cdot nDME$ 的合成。在 500mL 的烧杯中放入 200mL DME，称取 4.71g（25.1mmol）Nd_2O_3（Nd 含量 77%）放入烧杯中，再取 60mL $SOCl_2$（$d=1.655g/cm^3$）也倒入烧杯中，在搅拌下于 2h 内滴加 8mL H_2O（444mmol）。在室温继续反应 8h，过滤得到紫红色固体，真空常温下干燥 20h 得到产品 $NdCl_3 \cdot nDME$，收率 89%。

$NdCl_3 \cdot nDME$ 是较易合成的氯化稀土醚合物。已发现有单核 $LnCl_3 \cdot nDME$ 和双核 $[LnCl_3 \cdot nDME]_2$ 两种，但目前还未见到用作双烯烃聚合催化剂的报道。

4.4.3.2　三甲基卤硅烷水解法

Petricek 等[80,81]根据三甲基卤硅烷与水同样可在室温反应生成 HX 的原理，便提出用三甲基卤硅烷与稀土氧化物直接在 DME 溶剂中制备卤化稀土配合物的方法：

$$6(CH_3)_3SiX + 3H_2O \longrightarrow 3(CH_3)_3SiOSi(CH_3)_3 + 6HX$$
$$Ln_2O_3 + 6HX + nDME \longrightarrow 2(LnX_3 \cdot nDME) + 3H_2O$$

$$Ln_2O_3 + 6(CH_3)_3SiX + nDME \longrightarrow 3[(CH_3)_3Si]_2O + 2(LnX_3 \cdot nDME)$$

Ln_2O_3 与 Me_3SiX 的反应同样是在 DME 溶剂中和加入少量水的条件下，并于

室温生成 $LnX_3 \cdot 2DME$，副产物 HX 和 $(CH_3)_3Si-OSi(CH_3)_3$ 是挥发性物质，易于排除，是一个很简单的方法，是制备 $LnX_3 \cdot 2DME$ 新的方便的合成路线。

$NdBr_3 \cdot nDME$ 的合成[81]：将 $0.460g(1.37mmol)$ Nd_2O_3 加到 $29.39g(327mmol)$ DME 溶剂中，并与 $6.8g(44.4mmol)$ $(CH_3)_3SiBr$ 和 $0.01g(0.56mmol)$ 水混合。混合后的悬浮液在室温搅拌下生成微晶物过滤，在真空中干燥，得到 $1.4g$(收率 99.6%) $NdBr_3 \cdot 2DME$ 产物。

4.5 聚合动力学及机理的研究

4.5.1 聚合动力学参数

4.5.1.1 $NdCl_3 \cdot 3i-PrOH-AlEt_3$ 体系引发丁二烯聚合动力学

扈晶余等[65]采用催化剂两组分先混合陈化预先形成活性中心，再加入单体中引发聚合，聚合很快，没有诱导期。当单体浓度在 $0.56 \sim 1.67mol/L$ 范围内变化时，聚合速度对单体浓度为一级关系，主催化剂浓度在 $3.0 \times 10^{-5} \sim 1.15 \times 10^{-5}mol/L$ 变化时，聚合速率先是随烷基铝浓度增加而增加，达到最大值后，又随着烷基铝浓度的继续增加而逐渐下降。求得聚合速率与烷基铝浓度呈 0.5 级关系，由此得到动力学表达式为：

$$-\frac{dM}{dt} = K[M][Nd][Al]^{\frac{1}{2}} \quad 或 \quad r_P = K_P[C^*][M]$$

式中，r_P 为聚合速度；K_P 为链增长常数；$[C^*]$ 为活性中心浓度。

用二环己基 18 冠 -6 醚作阻聚剂，由聚合瓶和膨胀计测得稳态聚合速率，并求得表观速率常数 K 和催化剂利用率 α，进而求得不同温度下的活性中心浓度 $[C^*]$ 和链增长速率常数 K_P（见表 $4-30$）及催化剂的有效利用率为 $8.0\% \sim 11\%(10 \sim 30℃)$，求得表观活化能为 $(40.5 \pm 0.5)kJ/mol$，链增长活化能为 $(29.3 \pm 0.5)kJ/mol$。

表 $4-30$ 活性中心浓度和聚合速率常数

方法	$[C^*]_0/mol \cdot L^{-1}$	温度/℃	$\alpha/\%$	$[C^*]/mol \cdot L^{-1}$	K/s^{-1}	$K_P/L \cdot (mol \cdot s)^{-1}$
I	9.0×10^{-5}	10	8.7	7.83×10^{-6}	2.52×10^{-5}	3.22
		20	9.7	8.73×10^{-6}	4.05×10^{-5}	4.37
		30	10.5	9.45×10^{-6}	7.33×10^{-5}	7.40
II	16.2×10^{-5}	10	8.1	13.1×10^{-6}	4.33×10^{-5}	3.07
		20	9.9	16.0×10^{-6}	8.27×10^{-5}	4.95
		30	10.8	17.5×10^{-6}	12.70×10^{-5}	7.13

注：方法 I. 膨胀计法 $[Bd] = 0.56mol/L$，$[Al] = 1.8 \times 10^{-3}mol/L$；方法 II. 聚合瓶法 $[Bd] = 1.0mol/L$，$[Al] = 3.24 \times 10^{-3}mol/L$。

该催化体系在聚合过程中存在着对烷基铝和单体的链转移反应，而无终止反应。利用已求得的动力学参数和聚合过程中的分子量，进一步求得 30℃下的引发、增长及链转移常数：

$$K_i = 2.4 L/(mol \cdot s), K_P = 7.4 L/(mol \cdot s)$$
$$K_{tra} = 0.2 L/(mol \cdot s), K_{trm} = 1.5 \times 10^{-3} L/(mol \cdot s)$$

对单体链转移很小，对烷基铝的链转移是对单体的 130 倍。按 Natta 等提出的动力学与分子量方法，求得在 30℃下聚合生长链的平均寿命为 6 ~ 7min[66]。在 -30℃下聚合平均活性链寿命为 90.2min，降低聚合温度既延长了活性链寿命，又减慢了链转移反应速度[100]。

4.5.1.2　LnCl₃ - EtOH - AlR 三元体系引发丁二烯聚合动力学

潘恩黎等[101]用氚醇猝灭法与动力学法，测定了 La、Nd 等几种氯化稀土与乙醇、三烷基铝组成的三元催化体系催化丁二烯聚合的链增长速率常数和活性中心浓度。在 30℃时链增长速率常数（K_P）值在 6 ~ 100L/(mol·s) 间。不同稀土元素的 K_P 值顺序为 Nd ≈ Sm ≈ Gd > La > Dy > Ho > Y。稀土 Nd 有最大活性中心浓度，其值为 (2 ~ 3) × 10⁻² mol/(mol Nd)，其中 LaCl₃ 与 Al(i - Bu)₃ 组成的催化剂开始活性中心浓度较大，仅次于 Nd 催化剂。但链增长常数（K_P）较小，仅为 Nd 催化剂的一半。测得的丁二烯聚合时的链转移常数（K_{tra}），AlEt₃ 作助催化剂的体系大于 Al(i - Bu)₃ 体系，前一个体系 Nd 有最大的 K_{tra} 值 (21L^{0.5}/(mol^{0.5} · s))，而对于 Al(i - Bu)₃ 作助催化剂的体系不同的稀土元素相差不显著，Nd 体系 K_{tra} 约为 1.7L/(mol·s)[102]。扈晶余等[103]用氚醇猝灭法和动力学方法测定了 NdCl₃ - EtOH - AlEt₃ 三元体系丁二烯聚合的相关动力学常数（见表 4 - 31），醇用量对活性中心数和链转移速率有较大影响，但对增长常数（K_P）无影响，在 10min 内醇钕比为 4 与 7 时，链转移速率相同。但后期醇钕比为 4 者较快。催化剂浓度对链转移速率有显著影响，浓度增加链转移速率增加，由 AlEt₃ 和 Al(i - Bu)₃ 分别组成的两个催化体系，在聚合初期速率相同，但后期 AlEt₃ 比 Al(i - Bu)₃ 体系聚合速率大，两种烷基铝浓度对动力学参数的影响见表 4 - 32。AlEt₃ 的链转移速度大于 Al(i - Bu)₃，但 Al(i - Bu)₃ 体系在聚合过程中活性中心不稳定，使聚合链终止，因此两体系所得聚合物的 [η] 相差不大。AlEt₃ 体系在 20 ~ 30℃下聚合，活性中心浓度是稳定的，而在 40 ~ 50℃下聚合对某些动力学参数的影响见表 4 - 33。聚合温度对链转移速率的影响大于聚合速率，说明提高聚合温度有利于烷基铝链转移反应，从而降低聚合物的分子量。求得增长活化能为 1.92kJ/mol，表观活化能为 (35 ± 1) kJ/mol，链转移活化能为 50.6kJ/mol。Hsieh[104]测得 NdCl₃ - nROH/AlR₃ 体系聚合丁二烯和异戊二烯聚合的活化能分别为 $E = 34.1$kJ/mol 和 $E = 34.3$kJ/mol。氯化稀土醇合物的二元体系聚合表观活化能低于稀土有机盐三元体系的活化能 (46 ~ 53kJ/mol)。

表 4 – 31   NdCl₃ – EtOH – AlEt 体系催化丁二烯聚合动力学参数

[Nd] /mol · L⁻¹	EtOH/Nd 摩尔比	r_{P0} /mol · (L · s)⁻¹	K_P /L · (mol · s)⁻¹	[C]₀ /mol · (mol Nd)⁻¹	R_{a0} /mol · (L · s)⁻¹	K_a /L⁰·⁵ · (mol⁰·⁵ · s)⁻¹
1×10^{-4}	7	1.63×10^{-4}	96	1.7×10^{-2}	2.92×10^{-8}	10.9
1×10^{-4}	4	1.80×10^{-4}	100	1.8×10^{-2}	2.63×10^{-8}	7.3
1×10^{-4}	2	0.61×10^{-4}	100	0.6×10^{-2}	0.35×10^{-8}	3.8
4×10^{-4}	4	1.08×10^{-4}	98	2.8×10^{-2}	0.883×10^{-8}	21.0
1×10^{-4}	4	0.21×10^{-4}	94	2.2×10^{-2}	0.095×10^{-8}	22.6

注：$[M]_0 = 1mol/L$，$[AlEt_3] = 2 \times 10^{-3} mol/L$，Al/Nd 摩尔比 = 30，30℃聚合。

表 4 – 32   烷基铝浓度对初始活性中心数和速率常数的影响

AlR₃	Al/Nd 摩尔比	r_{P0} /mol · (L · s)⁻¹	K_P /L · (mol · s)⁻¹	[C]₀ /mol · (mol Nd)⁻¹	R_{a0} /mol · (L · s)⁻¹	K_a /L⁰·⁵ · (mol⁰·⁵ · s)⁻¹
AlEt₃	45	1.71×10^{-4}	95	1.8×10^{-2}	7.33×10^{-8}	17.3
	30	2.08×10^{-4}	94	2.2×10^{-2}	9.50×10^{-8}	22.6
	20	1.80×10^{-4}	100	1.8×10^{-2}	2.63×10^{-8}	9.3
Al(i – Bu)₃	40	1.08×10^{-4}	98	1.1×10^{-2}	0.24×10^{-8}	0.6
	30	2.23×10^{-4}	97	2.3×10^{-2}	1.17×10^{-8}	1.7
	15	0.42×10^{-4}	93	0.5×10^{-2}	0.03×10^{-8}	0.4

注：$[M]_0 = 1mol/L$，$[Nd] = 1 \times 10^{-4} mol/L$，$[EtOH]/Nd$ 摩尔比 = 4，30℃聚合。

表 4 – 33   NdCl₃ – EtOH – AlEt₃ 体系不同温度下的某些动力学参数

温度 /℃	r_{P0} /mol · (L · s)⁻¹	K_P /L · (mol · s)⁻¹	[C]₀ /mol · (mol Nd)⁻¹	R_{a0} /mol · (L · s)⁻¹	K_a /L⁰·⁵ · (mol⁰·⁵ · s)⁻¹	K_t /mol · (L · s)⁻¹
20	0.96×10^{-4}	77	1.2×10^{-2}	0.92×10^{-8}	4.9	—
30	1.80×10^{-4}	100	1.8×10^{-2}	2.63×10^{-8}	9.3	—
41	2.47×10^{-4}	124	2.0×10^{-2}	5.16×10^{-8}	16.4	192
51	4.17×10^{-4}	168	2.5×10^{-2}	16.10×10^{-8}	41.0	260

注：$[Bd] = 1mol/L$，$[Nd] = 1 \times 10^{-4} mol/L$，$[AlEt_3] = 2 \times 10^{-3}$，$[EtOH]/Nd$ 摩尔比 = 4。

4.5.1.3   氯化稀土配合物其他二元催化体系

孙涛[105]用玻璃釜对 NdCl₃ · 3TBP – Al(i – Bu)₃ 二元体系引发丁二烯聚合，由不同聚合时间取样求得转化率，进而求得反应速度式：$-d[M]/dt = K[M][Nd][Al]^{1/3}$，此式适用于 20 ~ 50℃范围内。用环戊二烯作阻聚剂，测得催化剂初始活性中心浓度，求得该体系催化剂有效利用率为 0.47% 摩尔钕（30℃），表观活化能为 (41.8 ± 0.4) kJ/mol。

Iovu 等[106]对 $NdCl_3 \cdot 2Phen - AlH(i - Bu)_2$ 二元体系催化双烯烃聚合进行了全面研究，求得丁二烯的聚合速率式为 $V = KC_a^{\alpha}M^{\beta}$，$\beta = 1.03$，对单体为一级反应。求得异戊二烯聚合的表观活化能为 $25.58kJ/mol$，低于其他 Ziegler - Natta 催化体系（$40 \sim 60kJ/mol$）[107]。在相同的催化剂浓度下，丁二烯的聚合速度比异戊二烯聚合速度快，这显然与单体的体积阻力有关。

Monakov 等[108]研究了丁二烯在稀土催化体系中的聚合动力学，求得 $NdCl_3 \cdot 3L - Al(i - Bu)_3$ 催化体系在甲苯溶剂中的链增长常数（K_P）为 $140L/(mol \cdot min)$，催化剂效率为 7%，在庚烷溶剂中 $K_P = 470L/(mol \cdot min)$，效率为 6%，表明活性中心在甲苯中的反应能力低于在庚烷溶剂中，这可能由于形成芳基配合物。同时发现，聚合温度为 $25℃$ 时不同烷基铝的活性顺序为：

$$Al(i - C_4H_9)_3 > Al(CH_2CH_2 - \bigcirc)_3 > Al(n - C_{10}H_{21}) >$$
$$Al(n - C_6H_{13})_3 > Al(C_2H_5)_3 > Al(i - C_4H_9)_2H$$

聚合温度为 $80℃$ 的高温时，不同烷基铝的活性顺序为：

$$Al(CH_2CH_2 - \bigcirc)_3 > Al(i - C_4H_9)_2H > Al(C_2H_5)_3 >$$
$$Al(n - C_6H_{13})_3 > Al(n - C_{10}H_{21})_3 > Al(i - C_4H_9)_3$$

因此，在低温下聚合选用 $Al(i - Bu)_3$ 是有利的，而在高温聚合应选用 $AlH(i - Bu)_2$ 是有利的。

4.5.2 聚合机理

4.5.2.1 氯化稀土催化剂活性中心结构

王佛松等[109~111]根据异戊二烯在稀土三元体系中的聚合规律及稀土盐在催化剂形成过程中价态变化和烷基化的结论，推测在以稀土盐为主催化剂的双烯定向聚合中，通过稀土盐与三烷基铝和氯化烷基之间的烷基化和卤素的交换反应而形成活性中心。稀土以三价形式存在，至少有一个烷基与稀土元素相连。这种稀土的烷基化合物稳定，可通过桥键与烷基铝及其取代物形成双金属双核或多核配合物：

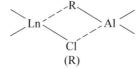

R- 烷基或其他基团

在此之后，前苏联学者[112]对氯化稀土体系的活性中心结构提出类似的形式：

杨继华等[113]根据稀土催化剂活性中心具有双金属结构的设想，对 $NdCl_3 \cdot$ 2Phen – AlH(i – Bu)$_2$ 二元体系，推测按下式反应过程形成具有双金属结构的活性中心：

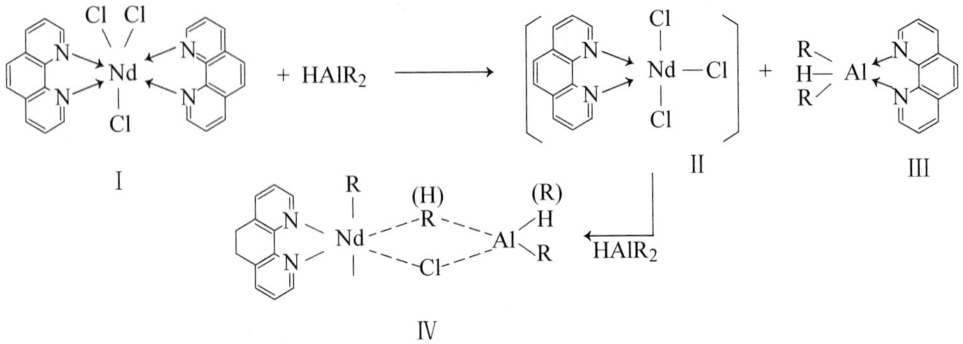

I   II   III

IV

孙涛等[83~86]从 $NdCl_3 \cdot 3P_{350}$ – AlR$_3$ 和 $NdCl_3 \cdot 3TBP$ – AlR$_3$ 体系成功地分离出可引发双烯烃聚合的活性体，对活性体组成的分析结果充分证明催化活性中心为稳定的双金属双核或多核配合物。

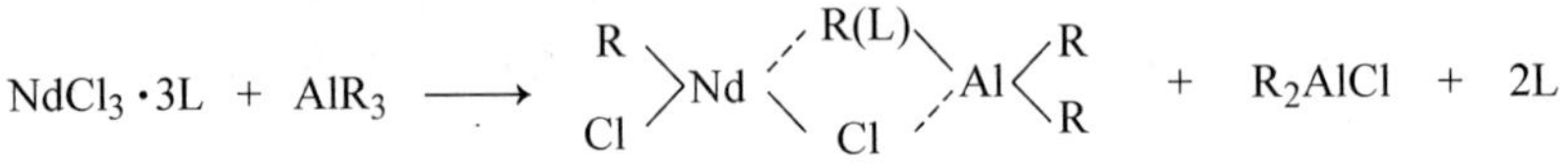

$$NdCl_3 \cdot 3L + AlR_3 \longrightarrow {}^{R}_{Cl}{>}Nd{\diagdown}^{R(L)}_{Cl}{\diagdown}Al{<}^{R}_{R} + R_2AlCl + 2L$$

(L=P$_{350}$ · TBP)

Iovu 等[82]对 $NdCl_3 \cdot 3TBP$ – Al(i – Bu)$_3$ 体系催化丁二烯聚合时，详细研究了催化剂制备方法和条件对聚合的影响，发现有少量丁二烯存在下制备的催化剂有较高的催化活性，他们认为这是由于有丁二烯生成大量的稳定的 π – 烯丙基配合物取代了不稳定的 Nd—C δ - 键，便提出如下的活性中心结构：

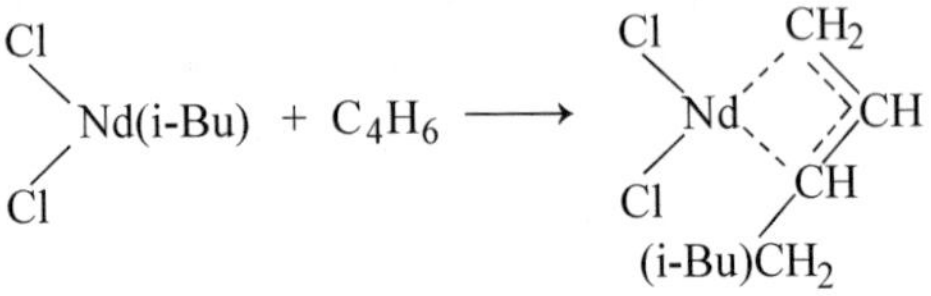

后又根据聚合机理模型进行动力学推算，该催化体系的聚合活性随着 Al/Nd 摩尔比增加而提高，又提出多核 Nd – Al 活性中心结构[114]：

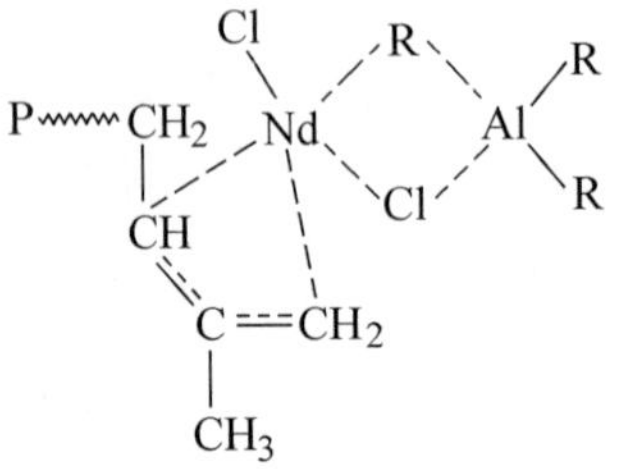

　　Monakov 等[115]对该体系同样提出异核 Nd – Al 活性中心结构，并存在 4 种不同的中间体，是由两个 Nd 中心配合和一个 Nd 中间体及一个 Al 有机化合物配合形成的：

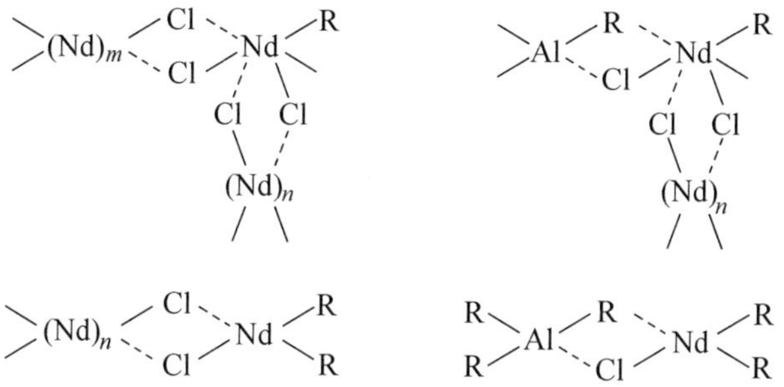

这些中间体的双金属 Nd – Nd 和 Nd – Al 结构是通过 Cl 与 R（烷基）以及 Cl/Cl 桥键集结在一起的。Monakov 等[115]后来又提出在 $NdCl_3 \cdot 3TBP – Al(i – Bu)_3$ 体系引发双烯烃聚合过程中有可能形成下述 6 种活性中心结构：

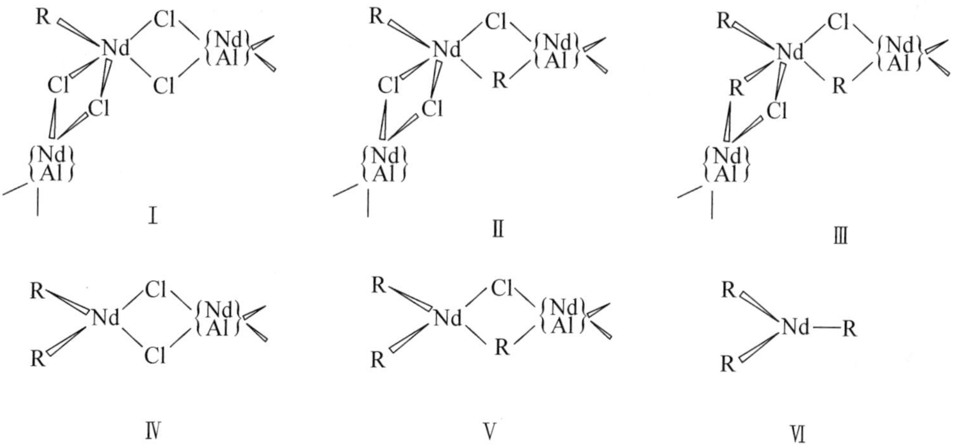

I　　Ⅱ　　Ⅲ

Ⅳ　　Ⅴ　　Ⅵ

前五种结构均可制得顺式聚合物，但顺式含量依次降低。第六种结构实为有机钕（R_3Nd）化合物，有 δ – 烷基结构而具有反式调节功能。体系中是一种或哪几种形式的活性种，取决于催化剂的制备条件和非过渡金属有机化合物的性质。

4.5.2.2　聚合反应机理模型

　　根据几十年研究 Ti、Ni 等多种催化剂对双烯烃聚合的影响，累积的大量实验数据和分析测试结果，以及有机金属配合物化学和量子化学知识的应用，目前对双烯烃定向聚合机理一般比较广泛被接受的观点是：单体预先配位于一定结构的催化剂配合物（可以是过渡金属烷基化物、双金属桥键配合物或是 π – 烯丙基配合物），然后配位了的单体插入增长聚合链中。聚合物的微观结构则由单体所配位于过渡金属的模型、催化剂配合物的结构以及单体插入的方式所决定；而这些又依赖于过渡金属的性质和氧化状态（价态）、所含有的有机铝化合物、配位体的性质、配位场的强度以及配位座数。这种观点和模型已用于稀土催化剂并发展了定向聚合机理的研究。

A　$NdCl_3 \cdot 3(i-PrOH) - AlEt_3$ 催化体系反应机理

欧阳均[67]根据多年对稀土催化剂的研究工作及 d 轨道过渡金属的定向聚合机理，并在下述的基本假定基础上，提出氯化稀土二元体系引发丁二烯聚合动力学模型与聚合机理：

（1）催化活性中心是烷基化的稀土金属，即稀土金属—碳键（Ln—C），并采用预先配制和陈化的方法，在未加单体前催化活性中心已形成。

（2）引发是第一个单体分子插入 Ln—R 键中。引发机理和增长机理相同。

（3）链增长分两个阶段进行，单体与稀土金属配位形成 π - 配合物和随后被配合的单体插入 δ - 稀土碳键之中。

（4）链转移是通过吸附在催化剂表面上的烷基铝和单体进行的。

（5）在无杂质存在和温度不高的情况下，本体系不存在链终止反应。

（6）随着聚合的进行，单体浓度降低，体系黏度增大或烷基铝过剩可引起活性中心的暂时失活或"休眠"状态。

在此假定基础上和实验数据，欧阳均对聚合过程描述如下[65,66]：

（1）活性中心的形成。根据实验，在 $NdCl_3 \cdot nL - AlR_3$ 二元体系中，催化剂中两组分的摩尔比（Al/Nd）需大于 2 时才能引发聚合[70]。配体 L 在烷基铝作用下又易脱去，故推测活性中心按下式过程形成：

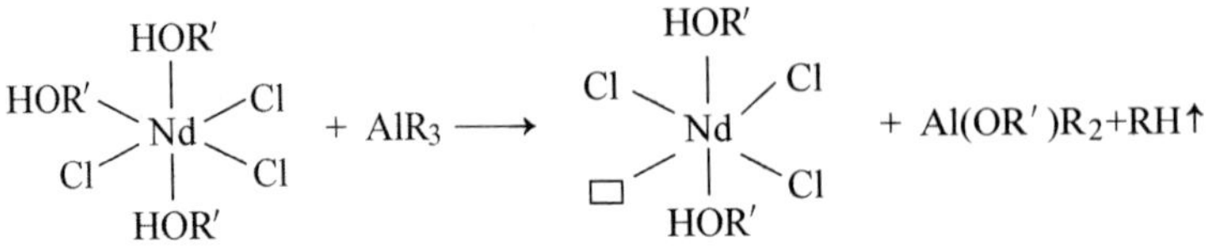

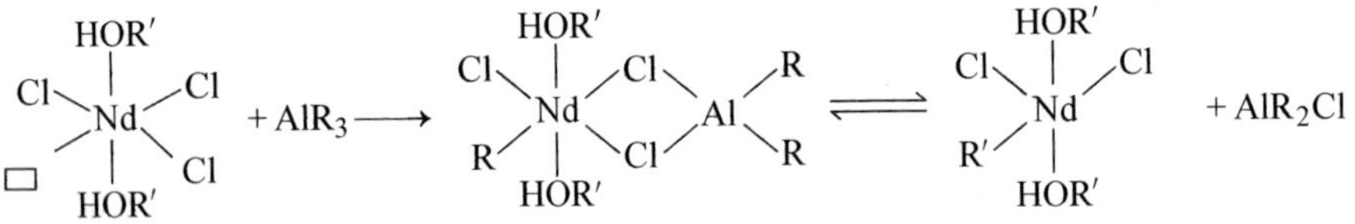

$$\text{（结构式）} + AlR_3 \longrightarrow \text{（结构式）} + Al(OR')R_2 + RH\uparrow$$

$$\text{（结构式）} + AlR_3 \longrightarrow \text{（结构式）} \rightleftharpoons \text{（结构式）} + AlR_2Cl$$

活性中心是烷基化的过渡金属，继续与烷基铝结合，增加了活性中心的稳定性和活性。

（2）聚合链的引发。单体先以 π 键与活性中心的稀土元素配合，这样减弱了 Nd—R 键的稳定性，从而使单体易于插入 Nd—C 键之间，形成新的金属—碳键，引发迅速，没有诱导期：

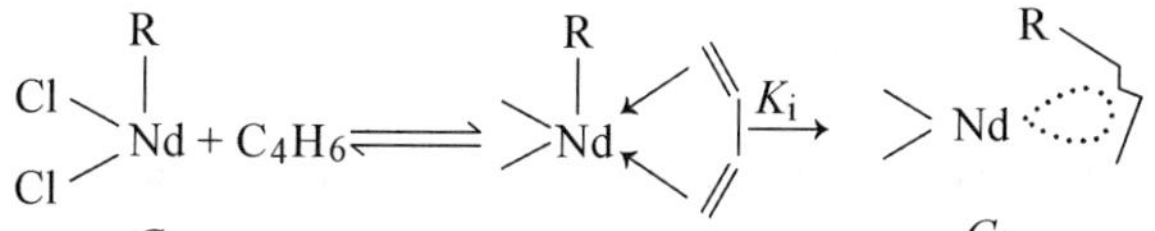

C_i　　　　　　　　C_p

（3）聚合链的增长。链的增长反应按两个阶段进行：单体先与稀土金属离子配合，然后配合的单体插入到稀土金属—碳键（Nd—C）中：

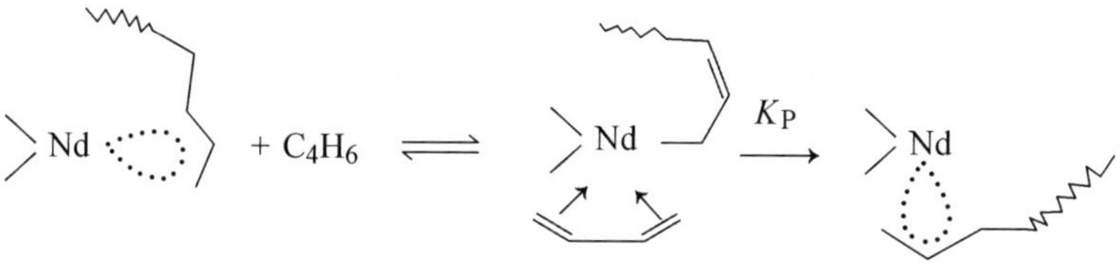

C_p　　　　　　　　C_p'

聚合速率随单体浓度而直线上升的实验事实[102]说明，单体的配合不是决定速率的步骤。

（4）聚合链的转移。聚合物的分子数目随转化率增长不断增加表明聚合过程中有链转移反应。这种链转移反应有两种情况：

1）对烷基铝的链转移。烷基铝先被吸附在增长的活性中心上而后进行转移：

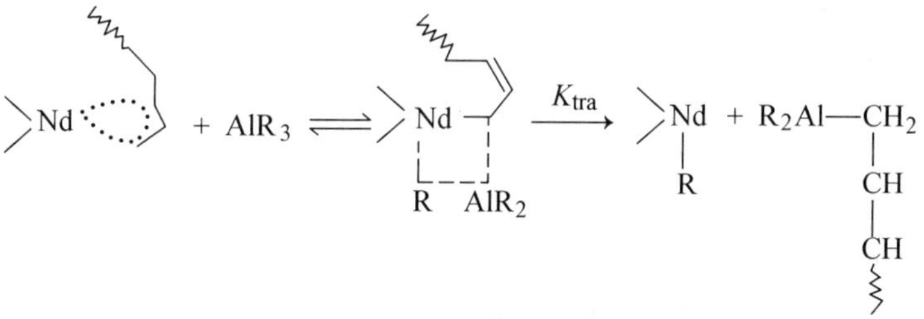

聚合速率与溶剂中三乙基铝单分子的浓度成正比说明烷基铝的吸附过程是很迅速的。

2）对单体的链转移。单体分子同样先被吸附在增长的活性中心上，而后进行转移：

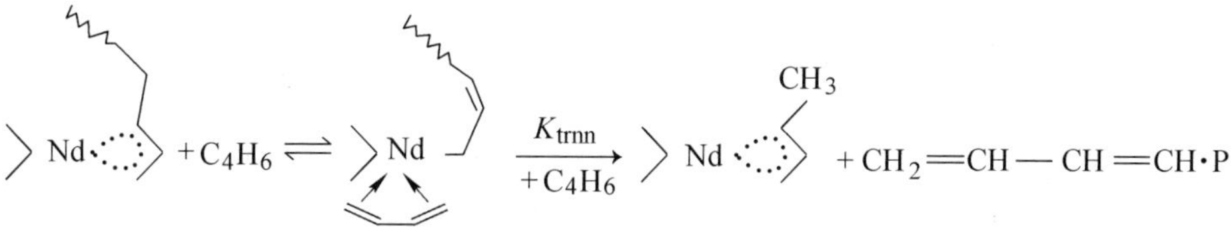

聚合初期聚合物的分子量随单体浓度的增加而上升，说明对单体的链转移反应不是主要的。

（5）聚合链的终止。无杂质存在时，稀土催化聚合双烯烃不存在终止反应。

由于催化剂的寿命特别长，一般不易发生失活。推测在聚合后期增长中心由于单体的缺乏而处于"休眠"状态或者存在可逆失活，这点从反应后期加入单体继续发生聚合且分子量增加的现象而得到证实。由于大分子数目也有所增加，表明在这种情况下同时存在着对单体的链转移反应。

B　$NdCl_3 \cdot 3(i-PrOH) - AlH(i-Bu)_2$ 催化体系反应机理

Skuratov 等[117]用放射性的 $DAl(i-Bu)_2$ 作链转移剂，CH_3OD 作淬灭剂，经 ^2H-NMR 测定，确定 $NdCl_3 \cdot 3(i-PrOH) - AlH(i-Bu)_2$ 二元体系催化聚合物起始单元结构，末端单元结构及 $DAl(i-Bu)$ 的链转移反应键。当 $AlH(i-Bu)_2$ 浓度较高时，聚丁二烯的末端单元结构为：$—CH_2CH=CHCH_2D$（顺式 $-1,4$，$\delta 1.49$）和 $—CH_2CHDCH=CH_2$（$1,2-$，$\delta 1.94$）；聚异戊二烯的末端单元结构为：

$—CH_2CH=\underset{\underset{CH_3}{\mid}}{C}CH_2D$ （顺式 $-1,4$，$\delta 1.54$）和 $—CH_2CHDC—CH_3=CH_2$（$3,4-$，

$\delta 1.93$）。其中顺式 $-1,4$ 含量在末端单元中大致为 0.2，而且与聚合时间无关，从 $DAl(i-Bu)_2$ 的实验得知链转移反应发生在 Al—D 键，聚丁二烯的起始单元结构主要是反式 $-1,4$ 构型。

Skuratov 等[117]对同样的聚合体系分别用 H_2O 和 HOD 终止淬灭，经 $^{13}C-$NMR 仪分析获得起始单元顺式 $-1,4$ 和反式 $-1,4$ 甲基碳谱峰（分别为：$\delta 12.9$ 和 $\delta 17.9$）。用 HOD 淬灭的样品的反式末端单元 CH_2D-谱峰完全移到顺式起始单元 CH_3-谱峰处。在末端单元不存在顺式 $-1,4$ 结构，主要是 $1,2-$结构（谱峰为 $\delta 138$，$\delta 114$，$\delta 32.8$，$\delta 33.3$ 和 $\delta 28.7$，$\delta 29.0$），也有反式 $-1,4$ 结构。

Skuratov 等[117]根据 ^2H-NMR 和 $^{13}C-NMR$ 对聚合物起始单元和末端单元结构的测试分析及已发表的研究结果，对聚双烯烃的合成提出如图 3-78 所示的反应机理，这个机理包括了用氯化稀土体系合成聚丁二烯的主要阶段，即活性中心形成、引发、增长、链转移和金属 - 聚合物键淬灭。

活性中心是由 $AlH(i-Bu)_2$ 与 $NdCl_3 \cdot 3(ROH)$ 互相反应形成的，具有双金属配合物的形式：

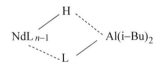

由于聚合过程中是在高浓度 $AlH(i-Bu)_2$ 下进行的，每个活性中心可通过一系列的再引发生成一系列大分子。异丁基连接到起始单元上，链转移反应主要发生在 Al—H 键处。开始形成对式 $-\pi-$烯丙基末端结构单元，通过单体的插入以进行增长反应并能异构化为同式 $-\pi-$烯丙基结构。引发单元主要是反式 $—CH_3CH=CHCH_2—$结构（反式/顺式 $=3:1$），末端单元主要是 $1,2-$结构。

C NdCl$_3$·3TBP – Al(i – Bu)$_3$ 催化体系反应机理

H. Iovu 等[118]根据对 NdCl$_3$·3TBP 二元体系催化双烯烃聚合的研究获得的数据及计算得到的动力学参数和结论，提出有终止反应机理模型：

（1）引发反应：

$$NdCl_3 \cdot 3L + AlR_3 \rightarrow RNdCl_2 \cdot 3L + AlR_2Cl \tag{1}$$

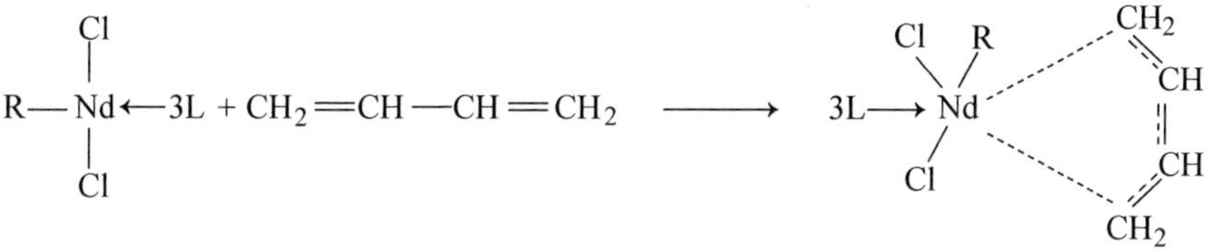

$$\tag{2}$$

（2）链增长：

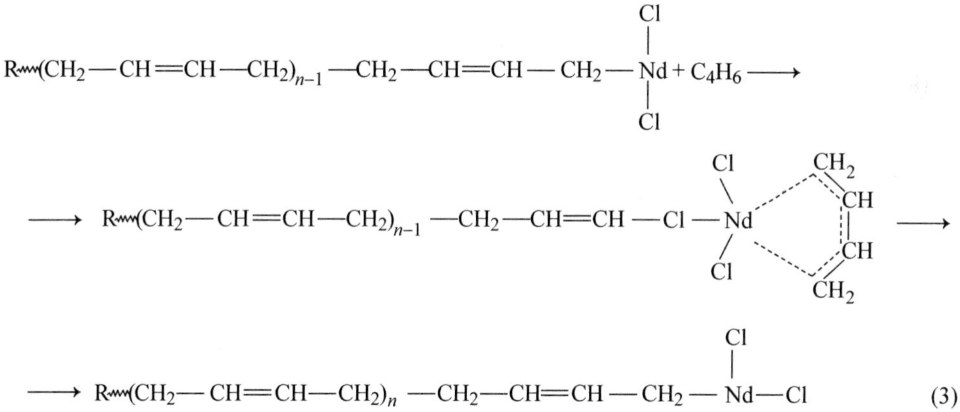

$$\tag{3}$$

（3）大分子的终止：

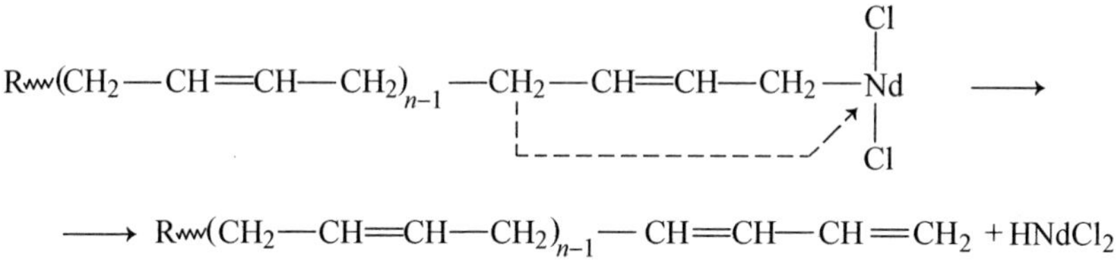

$$\tag{4}$$

（4）对单体的链转移：

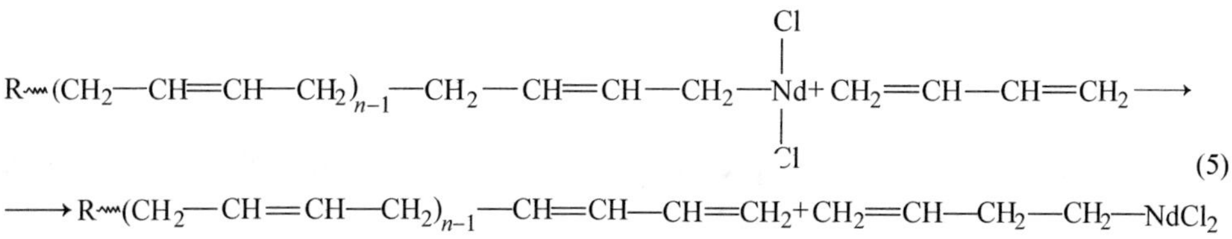

$$\tag{5}$$

（5）对烷基铝的链转移：

$$R \text{\small www}(CH_2-CH=CH-CH_2)_{n-1}-CH_2-CH=CH-CH_2-\overset{\overset{\displaystyle Cl}{|}}{\underset{\underset{\displaystyle Cl}{|}}{Nd}} + AlR_3 \longrightarrow$$

(6)

$$\longrightarrow R\text{\small www}(CH_2-CH=CH-CH_2)_{n-1}-CH_2-CH=CH-CH_2-AlR_2 + RNdCl_2$$

H. Iovu 等[118]根据数学模型和动力学方程进行理论推导和计算，证明该催化体系在催化丁二烯或异戊二烯的聚合过程中既不存在单分子终止反应也无其他链终止反应。

D　微观结构控制机制

Thiele 等[119]根据聚合机理模型中，最后插入的单体是 η^3 – 烯丙基键，烯丙基存在着 C_1 和 C_3 两个活性位点。在聚合物链末端的 η^3 – 烯丙基可以有两种插入模式：1,2 – 和 1,4 – 插入，如果是丁二烯聚合可由下述过程获得 1,2 – 聚丁二烯和1,4 – 聚丁二烯两种异构体（图 4 – 19）。

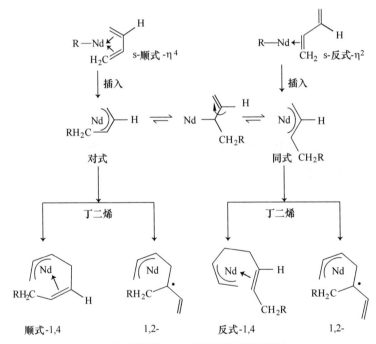

图 4 – 19　丁二烯以 1,4 – 和 1,2 – 方式插入聚合

聚合物链端烯丙基单元以对式或同式 – 构型配位于金属座。氢原子与 C_2 联结及—CH_2R 与 C_3 相连的相关方位决定着构型。对式 π – 烯丙基聚合物链从单个顺式

$-\eta^4$ 配位丁二烯单体开始，同式 π – 烯丙基聚合物链是由单个反式 – η^2 – 配位单体形成的。因此，单体的同式和对式配位于金属座对于生成聚丁二烯的微观结构的控制是决定因素，对式异构体形成顺式 – 1,4 聚合物，而同式异构体得到反式 – 1,4 聚合物。

参 考 文 献

[1] 沈之荃，龚仲元，仲崇祺，等．稀土化合物在定向聚合中的催化活性［J］．科学通报，1964（4）：335～337.

[2] 陈文启，宋镶玉，张玉明．不同配位基团稀土化合物在异戊二烯聚合中的催化活性［C］//稀土催化合成橡胶文集，北京：科学出版社，1980：113～123.

[3] 仲崇祺，杨继华，逄束芬，等．对双烯烃聚合活性较高的氯化稀土催化剂［C］//稀土催化合成橡胶文集，1980：210.

[4] 杨继华，逄束芬，扈晶余，等．醇类在 Ln – ROH – AlR$_3$ 体系中对丁二烯聚合的影响［C］//稀土催化合成橡胶文集，1980：224～229.

[5] Mthrotra R C, et al. J. Ind. Chem Soc, 1965, 42 (6)：351.

[6] Yang Jihua, Hu Jingyu, Feng Shufen, et al. A Higher Active, Lanthanide Chloride Catalyst for Stereospecific Polymerization of Conjugated Diene ［J］. Sclentia Sinica, 1980, 23 (6)：734～743.

[7] Shen Zhiquan, Song Xiangyu, Xiao Shuxiu, et al. Coordination Copolymerization of Butadiene and Isoprene with Rare Earth Chloride – Alcohol – Aluminum Trialkyl Catalytic Systems ［J］. J Applied Polymer Science, 1983, 28：1585～1597.

[8] 沈之荃，宋镶玉，肖淑秀，等．丁二烯和异戊二烯在氯化稀土一醇 – 三烷基铝催化体系中的共聚合［J］．中国科学，1981, 11：1340～1349.

[9] 扈晶余，杨继华，逄束芬，等．在 LnCl$_3$·3ROH – AlEt$_3$ 二元体系中不同稀土及醇类对双烯烃定向聚合的影响［C］//应化集刊，1981, 17：78～84.

[10] 陈文启，金钟声，邢彦，等，NdCl$_3$·4THF 的晶体结构及其在双烯烃聚合物中的催化活性［J］. Inorganica Chimica Acta, 1987, 130：125.

[11] Yang Jihua, Tsutsui M, Chen Zonghan, et al. Macromolecules, 1982, 15：230.

[12] 沙人玉，王玉玲，王佛松．用中性磷酸酯络合物为催化剂聚合异戊二烯［J］．应用化学（试刊），1980（3）：8.

[13] 孙涛，逄束芬，嵇显忠，等．NdCl$_3$·3P$_{350}$ – AlR$_3$ 二元催化体系对双烯烃的定向聚合［J］．中国稀土学报，1990, 8（2）：185.

[14] 李玉良，张斌，于广谦．有关氯化钕磷酸三丁酯体系的活性及其与烷基铝反应的研究［J］．分子催化，1992, 6（1）：76～80.

[15] 逄束芬，李玉良，欧阳均．改进氯化稀土催化剂［J］．应用化学，1984, 1（3）：50.

[16] 杨继华，逄束芬，李瑛，等．由氯化钕含氮络合物组成的双烯烃定向聚合［J］．催化学报，1984, 5（3）：291.

[17] 杨继华，逄束芬，孙涛，等．丁二烯在 NdCl$_3$·2Phen – HAl(i – Bu)$_2$ 定向聚合［J］．应

用化学，1984，1（4）：11.

[18] Shen Z, Ouyang J, Wang F, et al. J Polym Sci Polym Chem Ed, 1980, 18：3345.

[19] Rafikov S R, Monakov Yu B, Marina N G, et al. Chem Abstr, 1980, 93, 72926, 96152.

[20] Shamaeva Z G, Marina N G, Monakov Y B, et al. Izv Akad Nauk SSSR Ser Khim, 1982, 846.

[21] Monakov Y B, Marina N G, Tolstikov G A. Chem Stosow, 1988, 32：547.

[22] Zavadovskaya E N, Yakovlev V A, Tinyakova E I, et al. Vysokomol Soedin Ser A, 1992, 34：54.

[23] Gallazzi M C, Bianchi F, Depero L, et al. Polymer, 1988, 29：1516.

[24] Rao Gss, Upadhyay V K, Jain R C. Angew Makromol Chem, 1997, 251：193.

[25] Iovu H, Hubca C, Dimonie M, et al. Mater Plast, 1997, 34：5.

[26] Asahi Chemical Industry Co. 日本，59113003［P］. 1984.

[27] Mehrotra R C, et al. J Indian Chem Soc, 1965, 42：151.

[28] Kwag G H, Kim D H, Jang Y C. 欧洲，994131［P］. 2000.

[29] Misra S N, Misra T N, Mehrotra R C. Indian J Chem, 1967, 5：439.

[30] 单成基，欧阳均. Nd($O_i - C_3H_7$)$_2$Cl 的直接合成法［J］. 应用化学，1985，2（2）：74~75.

[31] 单成基，李玉良，逄束芬，等. Nd(OR)$_{3-n}$ - Cl$_n$ - AlEt$_3$ 催化丁二烯的聚合［J］. 化学学报，1983，41（6）：490~497.

[32] 蔡小平，龚志，王佛松，等. Nd(Opr^i)$_{3-n}$Cl$_n$ - AlR$_3$ 二元体系催化异物戊二烯聚合的研究［J］. 催化学报，1994，15（2）：157~159.

[33] 金鹰泰，孙玉芳，欧阳均. 二（三氟乙酸）氯化钕的合成及其对双烯聚合的催化活性［J］. 高分子通讯，1979，6：367~369.

[34] 李兴民，金鹰泰，李贵生，等. 二（三氟乙酸）卤化钕催化体系中卤素对催化共轭双烯烃聚合的影响［J］. 应用化学，1986，3（2）：77~79.

[35] 金鹰泰，李兴民，孙玉芳，等. 均相稀土配位催化剂及其活性体结构的研究［J］. 高分子通讯，1984，5：358~362.

[36] Phillips Petroleum Co. U S：4.544.718, 1985.

[37] МАРКЕВИЧ И Н，ШАРАЕВ О К，ТИНЯКОВА Е И. акадсмнк Б. А. ДОЛГОПЛОСК, 1983, 268（a）：892~896.

[38] Cotton F A, Schwotzer W. J Am Chem Soc, 1986, 108：4657.

[39] Cotton F A, Schwotzer W. Organometallics, 1987, 6：1275.

[40] 范宝臣，沈琪，林永华. 有机化学，1989，9：414.

[41] Fan B C, Sen Q, Lin Y H. J Organomet Chem, 1989, 376：61.

[42] 范宝臣，林永华，沈琪. 应用化学，1990，7（6）：23~27.

[43] 李振祥，沈琪，林永华，等. 稀土中性苯配合物的化学键及其配位活性［J］. 物理化学学报，1992，8（2）：171.

[44] 扈晶余，田鹤琴，沈琪，等. 中性芳烃稀土有机配合物 - AlR$_3$ 体系催化异戊二烯聚合的研究［J］. 科学通报，1991，20：1555~1558.

[45] 扈晶余，梁洪泽，沈琪. NdPh(AlCl$_4$) - AlR$_3$ 体系对丁二烯与异戊二烯的共聚合［J］. J

Rare Earths, 1993, 11 (4): 304.

[46] 金尚德, 关景文, 梁洪泽, 等. (η^6 – Arene) Nd (AlCl$_4$)$_3$ – AlR$_3$ 催化丁二烯的聚合 [J]. 催化学报, 1983, 14 (2): 159 ~ 162.

[47] Biagini P, Lugli G, Abis L. New J Chem, 1995, 19: 713.

[48] Enichem Elastomeri S. r. l, U. S. P: 5633. 353, 1997.

[49] Mazzei A. Macromol Chem Phys Suppl, 1981, 4: 61.

[50] Taube R, Maiwald S, Sieler J. J Organomet Chem, 1996, 513: 37.

[51] Maiwald S, Weissenborn H, Windisch H, et al. Macromol Chem Phys, 1997, 198: 3305.

[52] Maiwald S, Taube R, Hemling H, et al. J Organomet Chem, 1998, 552: 195.

[53] Maiwald S, Sommer C, Taube R. Macromol Chem Phys, 2002, 203: 1029 ~ 1039.

[54] Yasuda H. Top Organomet Chem, 1999, 2: 255.

[55] Yasuda H, Inara E. Adv Polym Sci, 1997, 133: 53.

[56] Thiele S K H, Wilson D R. J Macromol Sci Polym Rev, 2003, 43: 581.

[57] 陈文启. 二环戊二烯基氯化钕的合成 [J]. 应用化学, 1983, 1 (1): 55 ~ 56.

[58] 陈文启, 于广谦, 肖淑秀, 等. 环戊二烯基轻稀土二氯化钕的合成 [J]. 科学通讯, 1983, 28 (17): 1043 ~ 1046.

[59] 于广谦, 陈文启, 王玉玲. 在新型环戊二烯基二氯化稀土催化体系中双烯烃的定向聚合 [J]. 科学通报, 1983, 28 (7): 408.

[60] Tsutsui M, Gysling H J. J Am Chem Sci, 1968, 90: 6880.

[61] 陈文启, 肖淑秀, 王玉玲, 等. 茚基稀土氯化物的合成及对丁二烯聚合的催化活性 [J]. 科学通报, 1983, 28 (22): 1370.

[62] Rao G SS, et al. J Appl Polym Sci, 1999, 71: 595 ~ 602.

[63] Henry L, Hsieh, et al. Phillips Petroleum Co, US 4575538, 1986.

[64] Mehrotra R C, et al. J Ind Chem Soc, 1965, 42 (6): 351.

[65] 扈晶余, 邹昌玉, 欧阳均. 丁二烯在 NdCl$_3$3i – C$_3$H$_7$OH – AlEt$_3$ 体系中的聚合动力学, I 聚合的一般规律 [C] // 应化集刊 (19 集), 1982: 63.

[66] 扈晶余, 邹昌玉, 欧阳均. 丁二烯在 NdCl$_3$3i – C$_3$H$_7$OH – AlEt$_3$ 体系中的聚合动力学, II 分子量与分子量分布及聚合机理 [C] // 应化集刊 (20 集), 1983: 33.

[67] 欧阳均. 稀土催化剂与聚合 [M]. 长春: 吉林科学技术出版社, 1991: 169 ~ 172.

[68] Skuratov K D, Lobach M I, Shibueva A N, et al. Polymer, 1992, 33 (24): 5197 ~ 5201.

[69] 杨继华, 扈晶余, 逄束芬, 等. 对共轭双烯定向聚合活性较高的氯化稀土催化研究 [J]. 中国科学, 1980, 2: 127.

[70] 逄束芬, 欧阳均. 有关 NdCl$_3$3i – C$_3$H$_7$OH – AlEt$_3$ 催化体系的聚合活性 [J]. 高分子通讯, 1981, 5: 393.

[71] 阮埃乃, 李柏林. Zigler – Natta 型催化剂 NdCl$_3$3i – C$_3$H$_7$OH – AlEt$_3$ 两组分间反应及其反应产物对双烯烃聚合的活性 [J]. 化学学报, 1983, 41 (9): 783.

[72] 金钟声, 王生龙, 王佛松, 等. 三氯化钕异丙醇络合物的晶体结构和分子结构 [J]. 高等学校化学学报, 1985, 6 (8): 735 ~ 737.

[73] 李振祥, 王生龙, 王佛松. 氯化钕异丙醇配合物的电子结构与络合活化的研究 [J]. 物

理化学学报，1985，1（5）：420～423.

[74] Mehrotra R C，Misra J N，Misra S N. J Indian Chem Soc，1965，42（6）：351.

[75] Rao Gss，Upadhyay V K，Jain R C. Angew Makromol Chem，1997，251：193～205.

[76] Ren Changyou，Li Guilian，Dong Waimin，et al. Polymer，2007，48：2470～2474.

[77] Kway G，Kim D，Lee S，et al. Morphology and Activity of Nanosized $NdCl_3$ Caralyst for 1，3 – Butadiene Polymerization ［J］. J Appl Polym Sci，2005，97：1279～1283.

[78] Korea Kumho Petrochemical Co. Kway. GwangHoon Ep 0994 131 A_1，2000.

[79] Amico D B D，Calderazzo F，Porta C，et al. Inorg Chem Acta，1995，240：1～3.

[80] Petricek S，Demsar A，Golic L. Polyhedron，1998，18：529～532.

[81] Petricek S. Polyhedron，2004，23：2293～2301.

[82] Iovu H，Hubca G，Simionescu E，et al. Butadiene Polymerization Using Binary Neodymium – Based Catalyst Systems，The Effect of Catalyst Preparation ［J］. Eur Polym J，1997，33（6）：811～814.

[83] 孙涛，李玉良，逄束芬，等. 由氯化稀土体系获得的 Nd – Al 双金属活性体的组成及其定向聚合活性 ［J］. 催化学报，1989，10（4）：416～421.

[84] 孙涛，逄束芬，嵇显忠，等. Nd – Al 双金属活性体的组成及其对共轭双烯烃的聚合 ［J］. 应用化学，1991，8（5）：66～68.

[85] 孙涛，逄束芬，嵇显忠，等. Nd – Al 双金属活性体的组成及其对共轭双烯烃聚合机理的研究 ［J］. 高分子学报，1991，4：489～492.

[86] 孙涛，逄束芬，杨继华. Nd – Al 双金属活性体对异戊二烯的溶液聚合 ［J］. 分子催化，1992，6（1）：72～75.

[87] 董为民，杨继华，单成基，等. 多核 Nd – Al 双金属配合物对丁二烯的聚合 ［J］. 催化学报，1997，18（3）：234～237.

[88] Murinov Yu I，Monakov Yu B，Shamaeva Z G，et al. Izv Akad Nauk SSSR Ser Khim，1977，12：2790.

[89] Dimonie M，Hubca G，Badea E，et al. Synth Polym J，1994，1：1.

[90] 曲雅焕，于薇，李玉良，等. 应用化学，1998，15（5）：21～23.

[91] Ramalingam S K，Soundararajan S，Anorg Z. Allg Chem，1967，353：216.

[92] Bansal B M，et al. Inorg Nucl Chem Lett，1969，5：509.

[93] Forsberg J H，Moeller T. Inorg Chem，1969，8：883.

[94] 苏勉曾，李根培. 化学通报，1979，4：34～38.

[95] 徐忠. 稀土氯化物制备方法的改进 ［J］. 化学试剂，1996（5）：314.

[96] Taylor M D，Carres C P. J Inorg Nucl Chem，1962，24：387.

[97] 陈华妮，孙艳辉，符远翔. 氯化铵氯化法制备无水稀土氯化物的反应机制 ［J］. 稀土，2008，29（1）：54～59.

[98] Reed，Hopkins，Audrieth. J Am Chem Soc，1935，57：1159.

[99] Booth H S，龚毅生，申泮文. 无机合成（第一卷）. 北京：科学出版社，1959.

[100] 嵇显忠，逄束芬，李玉良，等. 应用化学，1985，852（4）：16.

[101] 潘恩黎，扈晶余，邹昌玉. 丁二烯在氯化稀土 – 乙醇 – 烷基铝催化体系中的某些动力

学规律Ⅰ链增长速度常数变化规律［J］. 高分子通讯，1985，2：125.

［102］潘恩黎，扈晶余，邹昌玉. 丁二烯在氯化稀土－乙醇－烷基铝催化体系中的某些动力学规律Ⅱ链转移常数的测定及链终止反应机理的探讨［J］. 高分子通讯，1985，3：161.

［103］扈晶余，潘恩黎，邹昌玉. 丁二烯在氯化稀土－乙醇－烷基铝催化体系中的某些动力学规律Ⅲ NdCl₃3i－C₃H₇OH－AlEt₃ 体系中的聚合动力学［J］. 高分子通讯，1985，3：167.

［104］Hsieh H L，Yeh H C. Polymerization of Butadiene and Isoprene with Lanthanide Catalysts：Characterization and Properties of Homopolymers and Copolymers［J］. Rubber Chem Technol 1985，58：117.

［105］孙涛，杨继华，逄束芬，等. 丁二烯在 NdCl₃·2Phen－HAl(i－Bu)₂ 催化体系下的聚合动力学［J］. 应用化学，1990，7（1）：80～82.

［106］Iovu H，Hubca G，Simionescu E，et al. Polymerization of butadiene and isoprene with the NdCl₃·3TBP－TIBA Catalyst System［J］. Angew Makromol Chem，1997，249：59～77.

［107］Loo C C，Hsu Can C C. J Chem，1974，52：381.

［108］Murinov Yu I，Monakov Yu B. Lanthani de Complexes with Different Ligands Used to Catalyze Diene Polymerization［J］. Inorganica Chimica Acta，1987，140：25～27.

［109］中科院应化所. 用稀土催化剂的异戊二烯顺式－1,4 定向聚合［J］. 中国科学，1974，5：486～491.

［110］王佛松，庞德仁，沙人玉，等. 异戊二烯在稀土催化剂作用下顺－1,4 定向聚合的某些规律［C］//稀土催化合成橡胶文集，北京：科学出版社，1980：100.

［111］Shen Z，Ouyang J，Wang F，et al. The Characteristics of Lanthanide Coordination Catalysts and the Cis－Polydienes Prepared Therewith［J］. J Polym Sci Polym Chem Ed，1980，18：3345～3357.

［112］Rafikov S R，Monakov Y B，Bieshev Y K，et al. Dokl Akad Nauk SSSR，1976，229：1174.

［113］杨继华，逄束芬，孙涛，等. 丁二烯在 NdCl₃·2Phen－HAl(i－Bu)₂ 催化定向聚合［J］. 应用化学，1984，1（4）：11～18.

［114］Iovu H，Hubca G，Racoti D，et al. Modelling of the Butadiene and Isoprene Polymerization Processes with a Binary Neodymium－based Catalyst［J］. Eur Polym J，1999，35：335.

［115］Sigaeva N N，Usmanov T S，Budtov V P，et al. Russ J Appl Chem，2001，74：1141.

［116］Urazbaev V N，Efimov V P，Sabirov Z M，et al. Structure of Active Centers，Their Stereospecificity Distribution and Multiplicity in Diene Polymerization Initiated by NdCl₃－Based Catalytic Systems［J］. J Appl Polym Sci，2003，89：601～603.

［117］Skuratov K D，Lobach M I，Shibaeva A N，et al. Polymer，1992，33：5202.

［118］Iovu H，Hubca G，Racoti O，Hurst J S. Eur Polym J，1999，35：335.

［119］Thiele S K H，Wilson D R. J Macromol Sci Polym Rev，2003，43：581.

5 顺式-1,4聚丁二烯橡胶的结构表征

5.1 顺丁橡胶分子结构的表征

在 20 世纪 60 年代研发顺丁橡胶的过程中，研究人员同时研发和建立了十几种表征橡胶结构和黏弹性能的方法。在对我国自主研发的顺丁橡胶进行表征研究时发现，镍系顺丁橡胶在分子量分布、凝胶、支化等分子结构以及冷流指数、应力应变曲线、应力松弛行为等黏弹性能方面均有许多不同特点[1]。表征方法的建立和应用加速了顺丁橡胶的研发进程。20 世纪 70 年代，我国又研发了稀土催化橡胶（包括稀土顺丁、稀土顺丁充油、稀土异戊及稀土丁-戊共聚橡胶），对稀土催化合成的聚合物进行了更加深入的研究，表征方法更加全面和完善[2]。对稀土催化橡胶的大量表征研究工作，揭示了稀土顺丁橡胶的本质和特点，促进了稀土顺丁橡胶的研发工作。

合成橡胶工业用锂、钛、钴、镍和稀土等 5 种催化剂生产多种顺丁橡胶。由于催化剂不同而有低顺式胶种和高顺式胶种。高顺式胶实质仍是顺式、反式和1,2-三种构型单元混合加成均聚物。对结构单元构型的分析多采用红外光谱法。这是因为丁二烯在-1,4 或 1,2-加成时，每个链节单元都仍含有一个双键，根据这个双键的振动性质的变化，可方便地利用红外光谱法，对聚丁二烯微观结构进行定性和定量分析。红外光谱法是最早应用于合成橡胶方面的分析技术，它与核磁共振、X 射线、裂解色谱、气相色谱、质谱、电镜等分析技术相结合，可完成对合成橡胶的异构体、立体规整度、不饱和度、大分子链的序列分布及结晶度、环化度、支化度、分子量和势能转变等结构参数的分析表征。

5.1.1 顺丁橡胶微观结构的红外光谱分析

5.1.1.1 聚丁二烯的红外谱图及特征吸收谱带[3]

1，3-丁二烯在自由基引发剂、阴离子、阳离子及配位配合催化剂作用下，以顺式-1,4、反式-1,4 和 1,2-三种构型链节单元（见图 5-1）进行加成反应，形成不同构型的均聚物。

这些均聚物本质上可视为 3 种结构单元的共聚物，或者看做不同成分的共聚物。用配位配合催化剂（或称定向催化剂）已能制得高单一构型的聚合物，并

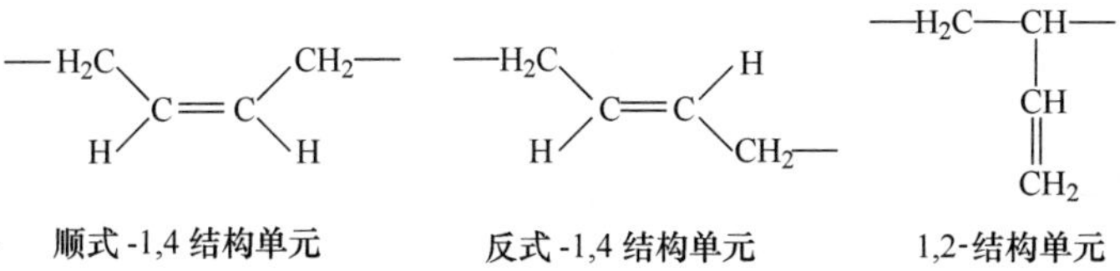

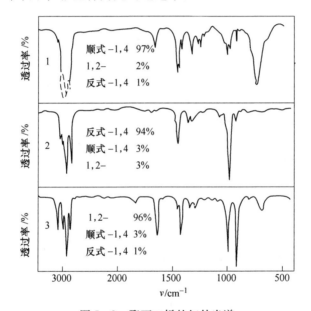

图 5 - 1 聚丁二烯的 3 种不同构型链节单元

测得了它们的红外谱图（见图 5 - 2），谱图的横坐标常用波长（λ）或波数（ν）来表示，波数的定义为波长的倒数：

$$\nu(\mathrm{cm}^{-1}) = 1000/\lambda(\mu\mathrm{m}) \tag{5-1}$$

其单位用 cm^{-1} 来表示，纵坐标为光的透过率。

图 5 - 2 聚丁二烯的红外光谱

1—顺式 - 1,4 聚丁二烯；2—反式 - 1,4 聚丁二烯；3—1,2 - 无规立构聚丁二烯

谱图中的吸收谱带与分子振动类型的关系见表 5 - 1，顺式 - 1,4 构型的特征吸收谱带出现在 $3005\mathrm{cm}^{-1}$（$3007\mathrm{cm}^{-1}$）、$1656\mathrm{cm}^{-1}$（$1653\mathrm{cm}^{-1}$）、$1406\mathrm{cm}^{-1}$、$1307\mathrm{cm}^{-1}$（$1308\mathrm{cm}^{-1}$）、$741\mathrm{cm}^{-1}$（宽不对称，高顺式为 $738\mathrm{cm}^{-1}$）等波数处。无定形 1,2 - 构型的特征吸收谱带出现在 $3075\mathrm{cm}^{-1}$、$2975\mathrm{cm}^{-1}$、$1825\mathrm{cm}^{-1}$（$1824\mathrm{cm}^{-1}$）、$1637\mathrm{cm}^{-1}$（$1640\mathrm{cm}^{-1}$）、$1415\mathrm{cm}^{-1}$（$1418\mathrm{cm}^{-1}$）、$996\mathrm{cm}^{-1}$（$993\mathrm{cm}^{-1}$）、$912\mathrm{cm}^{-1}$（$911\mathrm{cm}^{-1}$）和 $677\mathrm{cm}^{-1}$ 等波数处。$695\mathrm{cm}^{-1}$ 为全同立构 1,2 - PBd 的特征吸收谱带，$664\mathrm{cm}^{-1}$（$667\mathrm{cm}^{-1}$）为间同立构 1,2 - PBd 的特征吸收谱带，$677\mathrm{cm}^{-1}$ 为无规立构 1,2 - PBd 的特征吸收谱带。若为高反式 PBd，则在 $1340\mathrm{cm}^{-1}$、$1240\mathrm{cm}^{-1}$、$1127\mathrm{cm}^{-1}$、$1057\mathrm{cm}^{-1}$、$444\mathrm{cm}^{-1}$、$250\mathrm{cm}^{-1}$ 等处会有结晶

谱带峰出现。目前通常选用 $738cm^{-1}$ 为顺式-1,4、$912cm^{-1}$ 为1,2-和 $967cm^{-1}$ 为反式-1,4等3种不同构型成分的特征吸收谱带。但顺式-1,4构型由于对周围环境敏感,吸收谱带在 $720 \sim 740cm^{-1}$ 范围内变化。吸收谱带的位置依赖于相邻单元的构型,随着顺式-1,4含量的不同,吸收谱带最大值出现在不同位置。高顺式PBd的顺式-1,4在 $738cm^{-1}$ 处的吸收带的峰形很稳定,容易确认,吸收强度也容易测量。但低顺式聚合物或高1,2-聚合物中的顺式-1,4构型的吸收谱带位置就不是那么清楚,准确确定存在着困难,测量数据的准确度较差。

表5-1   聚丁二烯的红外吸收带

吸收带		振 动 类 型
μm	cm^{-1}	
3.25[①]	3077	CH_2=CH—的 CH 伸缩振动
3.32[①]	3012	顺式—CH=CH—的伸缩振动
3.45[①]	2900	CH_2 的 CH 伸缩振动
3.40	2841	CH_2 的 CH 伸缩振动
5.4[①]	1850	CH_2=CH—泛频振动
6.05[①]	1660	顺式—CH=CH—的伸缩振动
6.10[①]	1640	CH_2=CH—的 C=C 伸缩振动
6.8~6.9[①]	1470	CH_2 变形振动
7.05[①]	1418	CH_2=CH—中的 CH 面内变形
7.10[①]	1408	顺式—CH=CH—中的 CH 面内变形
7.38	1355	反式—CH=CH—的 CH;同样也在1,2-无规立构、全同立构和间同立构的聚丁二烯中
7.55	1325	在1,2-无规立构、全同立构和间同立构的聚丁二烯中
7.63	1311	顺式—CH=CH—中的 CH
7.65	1307	在1,2-无规立构、全同立构和间同立构的聚丁二烯中
7.75	1290	在1,2-无规立构、全同立构和间同立构的聚丁二烯中
8.1	1235	在所有的聚丁二烯中
8.3	1205	在1,2-全同立构聚丁二烯中
8.8	1136	在1,2-间同立构聚丁二烯中
9.0	1111	在1,2-全同立构聚丁二烯中
9.25	1081	在乳胶和顺式及反式—CH=CH 中
9.3	1075	在1,2-全同立构和间同立构聚丁二烯中
9.5	1053	高反式-1,4(结晶带)

吸收带		振 动 类 型
μm	cm^{-1}	
10.0	1000	高顺式 - 1,4
10.05[①]	995	$CH_2 = CH-$ 的面外弯曲振动
10.34[①]	967	反式—CH ≡ CH—中的 CH 面外弯曲振动
10.98[①]	910	$CH_2 = CH-$ 的 CH_2 面外弯曲振动
11.4	877	在 1,2 - 全同立构聚丁二烯中
11.7	855	在 1,2 - 间同立构聚丁二烯中
12.4	806	在 1,2 - 全同立构聚丁二烯中
12.5	800	在某些高顺式 - 1,4 中
12.9	775	高反式 - 1,4（结晶带）
12.7	785	在 1,2 - 间同立构聚丁二烯中
13.5	740	顺式—CH ≡ CH—、1,2 - 无规立构和间同立构聚丁二烯
14.1	709	1,2 - 全同立构聚丁二烯
14.4	695	1,2 - 全同立构聚丁二烯
14.8	675	1,2 - 无规立构和全同立构聚丁二烯
15.0	667	1,2 - 间同立构聚丁二烯

①这些吸收带是由烯烃的红外光谱确定的。

红外光谱法的定量计算是以朗泊 - 比尔定律为依据，即在光路长为 L 的容器中，仅加入溶剂时，透过强度为 I_0，当加入浓度 C 的溶液时，透过光强度为 I，则吸光度 (D) 可按下式计算：

$$D = \lg(I_0/I) = KCL \qquad (5-2)$$

式中，K 为吸光系数（或称吸光率），$L/(mol \cdot cm)$；C 为浓度，mol/L；L 为光路长，cm。

同一物质浓度不同时在同波数处具有相同的吸光系数。混合系统各成分的吸光度 (D) 表现为加和性。在有顺式 - 1,4，反式 - 1,4 和 1,2 - 三种构型成分系统中，若各构型成分的特征光谱吸收带分别为 λ_1、λ_2 和 λ_3 时，吸光度 (D) 可列成下面的三元联立方程式：

$$\begin{cases} D_{\lambda_1} = K_{11}C_1L + K_{12}C_2L + K_{13}C_3L \\ D_{\lambda_2} = K_{21}C_1L + K_{22}C_2L + K_{23}C_3L \\ D_{\lambda_3} = K_{31}C_1L + K_{32}C_2L + K_{33}C_3L \end{cases} \qquad (5-3)$$

用已知光路长（L）的容器和高纯样品，利用式（5-2）可求得各特征吸收谱带的吸光系数 K_{ij}，由式（5-3）可求得样品各种构型的浓度 C_1、C_2 及 C_3。可见有 3 个特征谱带的吸光系数 K_{ij} 和吸光度 D_{λ_i} 就可以求得各组分的含量。关于聚丁二烯的顺式-1,4、反式-1,4 及 1,2-构型的特征吸收谱带的吸光系数（或称消光系数），文献已有许多研究报道[3]。

5.1.1.2 朱晋昌红外光谱定量分析计算方法

朱晋昌等[4]在分析对比 Silas 及 Kimmer 的分析计算方法时认为，Kimmer 的方法比较简单可靠，该法由于采用了基线法，只需测出顺式-1,4(738)、反式-1,4(967) 及 1,2-(912) 三个吸收谱带的主吸光系数。标准样品也不需用高纯度单组分聚合物。测得的相应吸收谱带的主吸光系数为：

$$K_{738}^{顺式} = 31.4L/(mol \cdot cm)$$

$$K_{967}^{反式} = 117L/(mol \cdot cm)$$

$$K_{912}^{1,2} = 151L/(mol \cdot cm)$$

为了方便地测试大量样品的各组分相对含量，采用比较光密度法导出三种组分相对百分含量计算式[5]：

$$顺式-1,4(\%) = 17667D_{738}/17667D_{738} + 3674D_{911} + 4741D_{967}$$

$$反式-1,4(\%) = 4741D_{967}/17667D_{738} + 3674D_{911} + 4741D_{967}$$

$$1,2-(\%) = 3674D_{911}/17667D_{738} + 3674D_{911} + 4741D_{967}$$

式中吸光度 D 根据比尔定律，仍由入射光强 I_0 与透射光强 I 的比值的对数（lg(I_0/I)）求得。I_0 与 I 由基线法求得（见图 5-3）：738cm^{-1} 作 ab 平行线，911cm^{-1} 作 bc 线，967cm^{-1} 作 cd、ce 两切线取两线中点，测量峰高得 I_0。

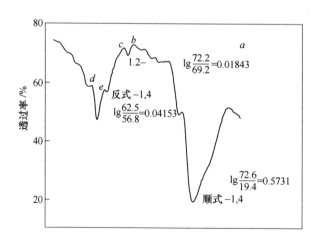

图 5-3 顺丁橡胶红外谱图

5.1.2 顺丁橡胶分子链节序列结构的分析

顺丁橡胶分子链节由顺式、反式和 1,2 - 三种不同的基本链节单元构成，胶的性能不仅与 3 种单元的相对含量有关，同时也与 3 种不同单元结构之间的连接方式，即序列结构有关。序列结构主要取决于合成时所采用的催化剂。因此，不同催化剂制备的顺丁橡胶的分子链序列结构有较大的差异。

赵芳儒等[6]利用[13]C – NMR 测得了 Li、Co、Ni 及 Ln 等 4 种催化剂合成的顺丁橡胶样品的核磁共振谱图（见图 5 - 4），并对谱带进行了详细分析研究，对饱和碳谱峰做了明确归属（见表 5 - 2），从谱图上可知，几种催化剂制得的聚合物在链节结构和序列结构上有明显的区别。Li 系催化剂制得的聚合物 3 种链节结构含量（C - 1,4 30%，V 30%，T 40%）均在 30% 以上，链节单元有 10 多种连接方式。Co 与 Ni 催化剂制得的聚合物均有较高的顺式含量（顺式 - 1,4，约 96%），由于顺式含量较高，乙烯基和反式 - 1,4 含量均较低，链节的连接方式相对较少，有 6~7 种方式。在 Co 系样品中，e 谱带低于 d 和 k 谱带，并出现 s 谱带，而 Ni 系样品中，e 谱带与 k 谱带几乎相同或略高些，同 d 峰相比，也相差较少，又未见 s 谱峰，表明 Co、Ni 两种催化剂合成的顺丁橡胶，链节结构序列分布和每种序列含量均有较大差异，使得两种高顺式胶在宏观性能上出现差别，两个催化剂的主峰两侧均出现支化链的 b_1、b_2、b_3 小峰，表明两催化剂聚合物均有支化结构。Ln 系胶仅有顺式的主峰，表明稀土顺丁橡胶分子链有高度规整性。

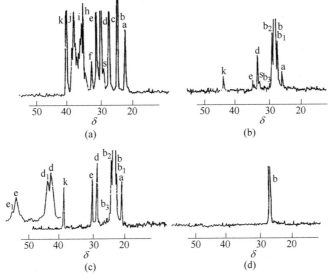

图 5 - 4   Li(a)、Co(b)、Ni(c) 及 Ln(d) 胶样的[13]C – NMR 谱图

表5－2   对图5－4的^{13}C谱峰的归属与表征

谱峰	化学位移			序列分布
	实验值		计算值	
	图5－4(a)	图5－4(b)		
a	24.6	24.6	24.9	—C=C—C—C—C—C—C=C—C— 带 C=C 支链, C-1,4
b	27.1	27.1	27.1	—C—C=C—C—C—C=C—C—C－1,4 长序列
c	29.6	—	30.1	—C=C—C—C—C—C—C=C—C— 带 C=C 支链, T-1,4
s[10]	31.7	31.7	31.7	—C=C—C—C—C—C=C—C—C— 带 C=C 支链, C-1,4
d	32.4	32.4	32.4	—C—C=C—C—C—C=C—C—T－1,4 长序列
e	34.0	34.0	34.7	—C=C—C—C—C—C—C=C—C— 带 C=C 支链
k	43.2	43.2	42.6	—C=C—C—C—C—C—C=C—C— 带 C=C 支链

5.1.3   顺丁橡胶的单分子结构的测定

分子量及分子量分布是高聚物的主要单分子结构参数之一。高分子在合成过程中，断链反应是一个随机过程，生成大小不等的分子链。因此，合成的高聚物分子量都是多分散的，一个高聚物的分子量只能由平均分子量和分子量分布来表征。平均分子量由统计方法计算，不同的统计方法得到不同的平均分子量。按统计方法不同，可分为数均分子量（$\overline{M}_n$），重均分子量（$\overline{M}_w$），黏均分子量（$\overline{M}_v$），GPC 分子量（$\overline{M}_{G.P.C}$），Z 均分子量（$\overline{M}_Z$）和 Z＋1 均分子量（$\overline{M}_{Z+1}$）。其中 $\overline{M}_n$、$\overline{M}_w$、$\overline{M}_Z$、$\overline{M}_{Z+1}$ 四种平均分子量可由式（5－4）表示：

$$M = \frac{\sum_i N_i M_i^{\alpha+1}}{\sum_i N_i M_i^{\alpha}} \tag{5－4}$$

式中，N_i、M_i 分别为第 i 种的物质的量和分子量。

当 $\alpha = 0$ 时，$M = \dfrac{\sum\limits_i N_i M_i}{\sum\limits_i N_i} = \overline{M}_n$，即为数均（或称线均）分子量；当 $\alpha = 1$ 时，

$M = \dfrac{\sum\limits_i N_i M_i^2}{\sum\limits_i N_i M_i} = \overline{M}_w$，即为重均（或称面均）分子量；当 $\alpha = 2$ 时，$M = \dfrac{\sum\limits_i N_i M_i^3}{\sum\limits_i N_i M_i^2} =$

$\overline{M}_Z$，即为 Z 均（或称体均）分子量；当 $\alpha = 3$ 时，$M = \dfrac{\sum\limits_i N_i M_i^4}{\sum\limits_i N_i M_i^3} = \overline{M}_{Z+1}$，即为 $Z+1$ 均

（或称多维均）分子量。若高聚物的分子量是单一分散的，则有：$\overline{M}_n = \overline{M}_w = \overline{M}_Z$。实际上是多分散的，一般是 $\overline{M}_n < \overline{M}_w < \overline{M}_Z$。

黏均分子量（$\overline{M}_v$）则用式（5-5）表示：

$$\overline{M}_v = \left(\frac{\sum\limits_i N_i M_i^{\alpha+1}}{\sum\limits_i N_i M_i} \right)^{\frac{1}{\alpha}} \tag{5-5}$$

当 $\alpha = 1$ 时，$\overline{M}_v = \overline{M}_w$；当 $\alpha = 0.5$ 时，$\overline{M}_v > \overline{M}_n$ 靠近 $\overline{M}_w$；一般情况下，$0.5 < \alpha < 1$，故 $\overline{M}_n < \overline{M}_v \approx \overline{M}_w$。

G.P.C 分子量（$\overline{M}_{G.P.C}$）可用式（5-6）表达：

$$\overline{M}_{G.P.C} = \frac{\sum\limits_i N_i M_i^{\alpha+2}}{\sum\limits_i N_i M_i^2} \tag{5-6}$$

当 $\alpha = 1$ 时，$\overline{M}_{G.P.C} = \overline{M}_Z$；当 $\alpha = 0.5$ 时，$\overline{M}_{G.P.C} > \overline{M}_w$；一般情况下，$0.5 < \alpha < 1$，故 $\overline{M}_w < \overline{M}_{G.P.C} < \overline{M}_Z$。

典型的高聚物分布曲线中平均分子量的相对数值如图 5-5 所示。

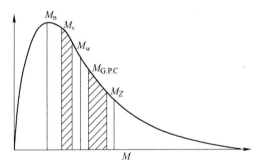

图 5-5 微分重量分布曲线与 4 种平均分子量的关系示意图

5 种平均分子量中，分子量不同的分子对各种平均分子量的贡献所占的比重是不同的。$\overline{M}_n$ 是按分子数来平均的，对低分子量级分敏感。$\overline{M}_w$ 是按重量平均的，对高分子量级分敏感，分子量大的分子对 $\overline{M}_w$ 的贡献比对 $\overline{M}_n$ 的大，而对 $\overline{M}_Z$ 的贡献又比对 $\overline{M}_w$ 的大。$\overline{M}_w$ 着重于不同分子量级分的重量贡献，较接近实际情况。

5.1.3.1 黏均分子量（$\overline{M}_v$）及测定方法

在 5 种平均分子量中，仅有黏均分子量（$\overline{M}_v$）测定方法的设备简单、操作

便利，又有相当好的实验精度，已成为惯常测试分析方法。在合成橡胶的研究、生产及加工、应用中均采用黏均分子量来表征生胶的分子量。

黏均分子量（$\overline{M}_v$）实际上是间接测得的，它不能从理论上计算得到，仅能用 $[\eta] - \overline{M}_v$ 的经验方程式求出，需用其他绝对方法给予校对。严格地说，$\overline{M}_v$ 没有确切的物理意义，它只是考虑了高分子溶解之后所形成的线团大小及流动阻力、黏度的影响。

可用测定的稀溶液黏度由 Mark – Houwink 经验公式计算求得：

$$[\eta] = KM^\alpha \qquad\qquad (5-7)$$

式中，$[\eta]$ 为溶液的特性黏数；K、α 为与聚合物 – 溶剂体系和温度有关的常数。

K、α 可由实验确定，方法是将高聚物样品先分级得到窄分布级分，并测得每个级分的特性黏数 $[\eta]$ 和绝对分子量，最好用光散射法测得重均分子量（$\overline{M}_w$），因为黏均分子量 $\overline{M}_v$ 与 $\overline{M}_w$ 比较接近。然后根据 $\lg[\eta] = \lg K + \alpha\lg\overline{M}_w$ 对数方程，以 $\lg[\eta] - \lg\overline{M}_w$ 作图，从直线的截距和斜率可分别求得 K 及 α 值。

测定高分子稀溶液的黏度，常用玻璃毛细管流出式黏度计，如奥氏黏度计或乌氏黏度计（包括普通型及多球黏度计）。高分子的稀溶液黏度 η 比溶剂的黏度 η_0 要大一些，从两者在毛细管中的流下时间 t 和 t_0，即可计算求得高聚物的特性黏数 $[\eta]$。

高分子稀溶液黏度常用下述几种黏度表示：

相对黏度 $\eta_r = \eta/\eta_0$（其中 η、η_0 分别为溶液和溶剂的黏度）

增比黏度 $\eta_{SP} = (\eta - \eta_0)/\eta_0 = \eta_r - 1$

比浓黏度 $\eta_{SP}/C = (\eta_r - 1)/C$

比浓对数黏度 $\eta_{inh} = \ln\eta_r/C$

特性黏数 $[\eta] = (\eta_{SP}/C)_C \rightarrow 0 = (\ln\eta_r/C)_C \rightarrow 0$

η_r、η_{SP} 是无因次的量，η_{SP}/C、$[\eta]$ 是 $[浓度]^{-1}$，单位常用 mL/g 或 dL/g 表示。

按定义可采用作图法（见图 5 – 6）求取 $[\eta]$，需对一个样品同时测定几个不同浓度下的黏度，这是比较费时的。除非特殊要求外，一般采用迅速估算法，也称"一点法"，即只需测定一个极稀的高分子溶液的相对黏度 η_r，取它的 $\ln\eta_r/C$ 值就算做是特性黏数 $[\eta]$ 的近似值，因为 $\ln\eta_r/C$ 对 C 作图的直线斜率往往很小。

程镕时[7] 将哈金斯（Huggins）和弗司（Fuoss）两个经验公式合并

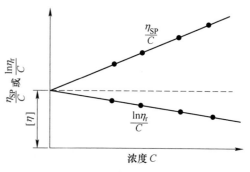

图 5 – 6   黏度与浓度的关系图

简化，得到用一个相对黏度 η_r 值即可计算特性黏数 $[\eta]$ 的公式：

$$\frac{\eta_{SP}}{C} = [\eta] + K_H[\eta]^2 C$$

$$\frac{-\ln\eta_r}{C} = [\eta] - K_P[\eta]^2 C$$

$$\frac{\eta_{SP}}{C} - \frac{\ln\eta_r}{C} = (K_H + K_P)[\eta]^2 C$$

式中，$K_H + K_P = 0.5$，由此得到一点法公式：

$$[\eta] = \frac{1}{C}\sqrt{2(\eta_{SP} - \ln\eta_r)} \qquad (5-8)$$

此一点法公式仅适用于常数 K_H 在 0.180 ~ 0.1470 范围内。用乌氏黏度计时，要选用溶剂流下时间超过 100s，可略去动能的改正。若高聚物的分子量太大，可采用多球乌氏黏度计。

钱锦文等[8]提出一个适用于常数 K_H 在 0.472 ~ 0.825 范围内的"一点法"特性黏数计算公式：

$$[\eta] = \frac{\eta_{SP}}{C\sqrt{\eta_r}} \qquad (5-9)$$

该公式适用于塑料、纤维、橡胶等高分子材料分子量的计算。

镍系顺丁橡胶采用 F. Danusso 用渗透压法建立的黏均分子量关系式[9]：

$$[\eta] = 3.05 \times 10^{-4} M^{0.725}(\text{dL/g,甲苯,30℃}) \qquad (5-10)$$

$$[\eta] = 2.51 \times 10^{-4} M^{0.725}(\text{dL/g,四氢呋喃,30℃})^{[11]} \qquad (5-11)$$

阮梅娜等[10]用倒沉淀方法对稀土和镍系催化剂制备的顺丁橡胶样品进行分级，并测得每个级分特性黏数 $[\eta]$ 和光散射实验求得重均分子量（$\overline{M}_w$）、分子的均方回转半径 $<R^2>_z^{1/2}$ 和第二维利系数 A_2（见表 5-3）。由表 5-3 中的数据得到的各级分的 $[\eta]$ 和 $\overline{M}_w$ 的双对数图见图 5-7。由图可知，稀土顺丁橡胶分级试样在

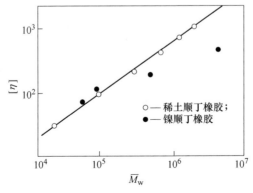

图 5-7 稀土顺丁橡胶与镍顺丁橡胶级分在 25℃甲苯中的 $\lg[\eta] - \lg\overline{M}_w$ 图

lg[η] – lg $\overline{M}_w$ 图中呈良好的直线关系，由此得到稀土顺丁胶黏均分子量关系式：

$$[\eta] = 3.24 \times 10^{-4} M^{0.70} (\text{dL/g,甲苯,30℃}) \qquad (5-12)$$

$$[\eta] = 2.46 \times 10^{-4} M^{0.732} (\text{dL/g,四氢呋喃,30℃})^{[11]} \qquad (5-13)$$

此关系式与上述 F. Danusso 建立的关系式很接近。从图 5-7 中可以观察到，稀土顺丁橡胶为典型的线形高分子，而镍系顺丁橡胶两个分子量较小级分实验数据与稀土顺丁胶很接近，显示低分子量镍系胶没有明显支化。但又稍高于稀土胶，这可能与镍系胶的反式结构含量随分子量降低而增加有关，但两个高分子量级分的点在直线下面。在相同分子量时，[η] 比稀土顺丁胶低得多，表明镍系胶在高分子量部分呈支化结构。从光散射实验测得的 $<R^2>_z^{1/2}$ 对 $\overline{M}_w$ 的对数图也有同样的结果。稀土顺丁胶样的 lg $<R^2>_z^{1/2}$ 对 lg $\overline{M}_w$ 也同样呈良好的直线关系，得到如下关系式：

$$<R^2>_z^{1/2} = 0.24 \overline{M}_w^{0.58} (\text{单位为 Å}(1\text{Å}=0.1\text{nm}),\text{环己烷,25℃}) \qquad (5-14)$$

进一步证明稀土顺丁胶为典型的线形高分子。而从光散射实验中测得镍系顺丁胶高分子量级分的回转半径则比相同分子量的稀土顺丁橡胶的回转半径要小些，也说明镍系胶高分子量部分具有显著的支化结构。这与在研发镍系胶时所作的表征结论是一致的[1]。

表 5-3　稀土与镍系胶样的各级分的分子参数

试样	级分	[η]/dL·g^{-1}	$\overline{M}_w$	A_2/mol·cm^3·g^{-2}	$<R^2>_z^{1/2}$/nm
Ln–BR	P21	8.60	206×10⁴	4.6×10⁻⁴	114
	P31	6.30	129×10⁴	6.3×10⁻⁴	90.5
	P41	4.10	75.1×10⁴	7.9×10⁻⁴	62.5
	P51	2.51	35.7×10⁴	8.9×10⁻⁴	42.7
	P61	1.25	12.7×10⁴	10.6×10⁻⁴	28.4
	P71	0.49	3.4×10⁴	11.0×10⁻⁴	10.5
Ni–BR	P11	4.51	426×10⁴	1.1×10⁻⁴	112.6
	P21	2.18	55.6×10⁴	4.5×10⁻⁴	58.0
	S2	1.08	12.2×10⁴	9.8×10⁻⁴	16.0
	S1	0.97	7.9×10⁴	9.6×10⁻⁴	16.8

5.1.3.2　稀土顺丁橡胶分子量的快速估算方法

A　用屈服强度估算分子量

余赋生等[12]首先将屈服强度的概念引入橡胶领域，从实验观察到稀土顺丁橡胶的应力-应变曲线（见图 5-8）与塑料的应力-应变曲线相似，在 B 点有最大值，并且 dT/dε = 0（T 为强度，ε 为形变），都可近似地认为在 B 点以前是虎克形变，这样可将该点（B 点）的强度称为橡胶的屈服强度（T_y），并发现屈

服强度 T_y 与特性黏数 $[\eta]$ 之间有良好的线性关系，求得关系式：

$$[\eta] = 1.2047 T_y + 2.4355 \qquad (5-15)$$

只要测得样品的屈服强度 T_y，即可由此方程式求得特性黏数 $[\eta]$。

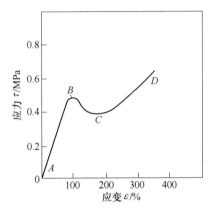

图 5-8　稀土顺丁胶的典型应力-应变曲线

B　用可塑性估算分子量

张新惠等[13]在考察高门尼稀土顺丁橡胶的塑炼过程中的变化时，发现稀土顺丁橡胶的可塑性与特性黏数 $[\eta]$ 之间存在较好的线性关系（见图 5-9）。无论是改变条件制得的不同分子量的样品，还是由于塑炼降解的不同分子量的样品，都基本上落在同一直线上（见图 5-10）。经回归分析法得到稀土顺丁橡胶的可塑性与特性黏数 $[\eta]$ 的直线方程式：

$$P_{70℃} = 0.468 - 0.0451[\eta]$$
$$[\eta] = 10.3769 - 22.1730 P_{70℃} \qquad (5-16)$$

为此，由威廉可塑仪测得 70℃ 下的可塑性，即可求得稀土顺丁橡胶的特性黏数 $[\eta]$。

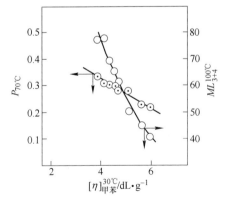

图 5-9　高门尼稀土顺丁胶塑炼后
可塑性与 $[\eta]$ 的关系

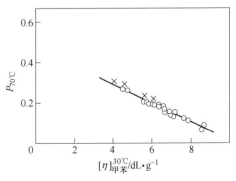

图 5-10　不同样品的 $P_{70℃}$ 与 $[\eta]$ 的关系

5.1.4 顺丁橡胶的长链支化及表征

顺丁橡胶在合成时，由于催化剂和工艺条件的影响，往往会含有不同程度的支化分子，支化分子分为长链支化及短链支化，支链仅有数个碳原子的为短链支化，支链长度可与主链的长度相比的为长链支化，具有长链支化的分子与线性分子相比其构象和分子尺寸等发生了变化，直接影响聚合物的物理力学、加工等性能。聚丁二烯分子链的支化度较高时，对顺丁橡胶的加工行为、吃炭黑能力、可塑性、挤出行为、冷流、门尼黏度、硫化胶的强度、弹性等都会有显著的影响。

5.1.4.1 表征聚合物长链支化（LCB）的参数[14]

长链支化可分为无规支化、星型支化和梳型支化等不同类型。各种支化均可由支化分子（b）和线性分子（l）的均方半径之比 g、特性黏数之比 g' 和流体力学体积之比 h 等参数来表征：

$$g = (<R>_b / <R^2>_l)_M \qquad (5-17)$$

$$g' = ([\eta]_b / [\eta]_l)_M \qquad (5-18)$$

$$h = (V_{hb} / V_{hl})_M \qquad (5-19)$$

g、g' 和 h 均小于1，其值越小支化度越高。3个参数之间的关系为：

$$g' = g^v = h^3$$

对于星型支化，$v \approx 0.5$，梳型支化 $v \approx 1.5$，一般情况下 v 值在 $0.5 \sim 1.5$ 之间。

通常求 g 是较困难的，一般是由 g' 去求 g。但要注意 g 是对应于 θ 条件下的 g'_θ，在支化度较低时，多数情况下用良溶剂中的 g' 不会引起太大的误差。

由 g、g' 和 h 可以计算更直观的支化参数：分子链上支化点数目 n，支化频率 λ（每个链上单位分子量的支化点数目 $\lambda = n/M$）和支化官能度 f（一个支化点引出的支链数目）。当假定分子链为无排除体积效应的简单高斯链时，对等臂长的星型支化分子有：

$$h = f^{1/2} / [2 - f + \sqrt{2}(f-1)] \qquad (5-20)$$

$$g = (3f-2)f^2 \qquad (5-21)$$

对支链长度无规分布的星型支化分子则有：

$$g = 6f / [(f+1)(f+2)] \qquad (5-22)$$

对于 $f=3$ 或 $f=4$ 的无规支化分子，则有：

$$g_3 = \frac{6}{\bar{n}_w} \left[\frac{1}{2} \frac{(2+\bar{n}_w)^{\frac{1}{2}}}{\bar{n}_w^{\frac{1}{2}}} \ln \frac{(2+\bar{n}_w)^{\frac{1}{2}} + \bar{n}_w^{\frac{1}{2}}}{(2+\bar{n}_w)^{\frac{1}{2}} - \bar{n}_w^{\frac{1}{2}}} - 1 \right]$$

$$g_4 = \frac{1}{\bar{n}_w} \ln(1 + \bar{n}_w)$$

式中，$\bar{n}_w$ 为重均支化点数目，已知 n 后可由 $\lambda = n/M$ 计算支化频率 λ。

聚合物长链支化的测定[14]主要有 GPC-黏度法、GPC-光散射法、GPC-沉降法等溶液方法，基本出发点是基于在相同的分子量和条件下，支化高分子在溶液中的尺寸变小，支化度越高尺寸越小。此外，$^{13}C-NMR$、IR、氢化裂解色谱、热场流分级等方法也被用于研究聚合物的支化（主要是短链支化）问题。

5.1.4.2 顺丁橡胶长链支化的表征

A GPC-黏度法[1]

将样品淋洗分级测定各级分的特性黏数 $[\eta]$。用自装简易凝胶渗透色谱装置测定 GPC 谱图，并计算重均分子量 $\overline{M}_w$，作 $\lg[\eta]-\lg\overline{M}_w$ 图（见图 5-11），从图中读出起始呈现支化的临界分子量 M^*；再与未分级的 GPC 谱图（求出 $\overline{M}_w$）对照，便可知样品中支化高分子的含量，对于支化高分子，支化点间分子量 $M_{bp}=M^*/3$。

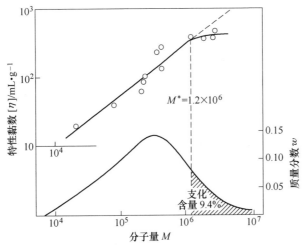

图 5-11 顺丁生胶支化度测定示例

M^*—临界支化分子量

对本体样品中平均支化指数（$\overline{\lambda}$）按 $\overline{\lambda}=\dfrac{1}{2}\left(\dfrac{1}{M_{bp}}-\dfrac{1}{\overline{M}_w}\right)$ 计算，$1/\lambda$ 意味着围绕每一支化点所包络的分子量。对国产镍胶和国外样品的测试结果见表 5-4。

表 5-4 国产镍胶与日本镍胶和法国钴胶的比较

项 目	国产 Ni-顺丁				日本（Ni）	法国（Co）
	F-A	F-B	F-C(1)	F-C(2)	BR01	1220
顺式-1,4 含量/%	96.4	96.6	96.2	96.2	96.4	96.8
凝胶含量/%	0.9	0.4	0.5	1.2	0.3	0.3
特性黏数 $[\eta]/dL \cdot g^{-1}$	2.69	2.64	2.29	2.11	2.57	2.00
重均分子量 $\overline{M}_w$	17.3×10^5	7.65×10^5	4.50×10^5	12.1×10^5	6.41×10^5	5.12×10^5

续表5-4

项　目	国产 Ni-顺丁				日本（Ni）	法国（Co）
	F-A	F-B	F-C(1)	F-C(2)	BR01	1220
分子量分布 $\overline{M}_w/\overline{M}_n$	8.50	3.28	2.40	5.54	3.35	2.62
临界支化分子量 M^*	12.0×10^5	12.0×10^5	2.8×10^5	4.4×10^5	9.0×10^5	2.5×10^5
平均支化指数 $\overline{\lambda}$	0.096×10^{-5}	0.060×10^{-5}	0.427×10^{-5}	0.299×10^{-5}	0.089×10^{-5}	0.505×10^{-5}
平均支链分子量 $\dfrac{1}{\overline{\lambda}}$	10.4×10^5	10.7×10^5	2.34×10^5	3.34×10^5	11.3×10^5	1.98×10^5
支链含量/%	13.5	9.4	29.2	30.2	12.7	33.0

　　测试结果表明国产镍顺丁橡胶同国外顺丁胶一样均存在着支化高分子，支化择优在分子量较高的高分子发生，有时导致分子量分布变宽。

　　金春山等[15,16]用 NJ-792 型与自动黏度计联用装置测定聚合配方和工艺条件的变化对聚合物长链支化的影响（见表5-5），比较几种不同催化剂合成聚合物的支化情况（见表5-6）。测试结果表明，同一催化剂制备的胶样，由于配方及条件不同，支化度变化很大，有时镍催化剂制得的支化度大于钛和钴催化剂的胶样。顺丁胶产生支化的临界分子量为20万~30万，一般是 Co>Ti>Ni 胶，Ln 胶几乎无支化。

表5-5　聚合条件对合成生胶支化的影响

聚合配方 Ni/Al/B	釜温/℃		$\overline{M}_w$	$\overline{M}_w/\overline{M}_n$	g	$\overline{n}$	$\overline{\lambda}$
	1号	2号					
1.5/4/2.0	64.9	65.3	87.8×10^4	4.40	0.64	3.3	0.37×10^5
1.5/4/2.0	60	80	45.8×10^4	2.56	0.86	0.89	0.19×10^5
1.5/0.5/1.65	72.1	80.8	62.2×10^4	4.70	0.74	1.90	0.31×10^5
1.5/0.6/1.55	91.2	91.3	50.5×10^4	2.80	0.83	0.97	0.19×10^5
2.0/10/2.0	66	65.5	46.4×10^4	2.61	0.82	1.20	0.26×10^5
2.0/10/2.0	74.5	73.5	78.1×10^4	5.79	0.76	1.80	0.23×10^5
2.0/10/2.0	79.6	80.4	48.7×10^4	2.36	0.65	3.20	0.65×10^5
	87.5	91.5	51.2×10^4	4.40	0.62	3.8	0.74×10^5
1/3/1.0	约60		37.1×10^4	3.27	0.96	0.19	0.40×10^5
1/3/1.2	约60		30.6×10^4	3.22	0.91	0.17	0.17×10^5
1/3/2.0	约60		37.9×10^4	3.34	0.86	0.99	0.56×10^5

　　B　^{13}C-NMR 谱图分析法

　　GPC-黏度法等方法虽能测定长链支化度，但还不能表征聚丁二烯支化点的位置和结构。赵芳儒等[6]对支化和无支化的顺丁橡胶样品（见表5-7）用 ^{13}C-

表 5-6 几种不同催化剂聚合物支化比较

试 样	$\overline{M}_w$	$\overline{M}_n$	$\overline{M}_w/\overline{M}_n$	g	$\overline{n}$	$\overline{\lambda}$	M^*
国产镍胶 1	29.1×10^4	13.4×10^4	2.17	0.811	1.27	0.44×10^{-5}	29.9×10^4
国产镍胶 2	27.1×10^4	12.8×10^4	2.11	0.853	0.92	0.33×10^{-5}	20.5×10^4
国产镍胶 3	21.0×10^4	13.7×10^4	2.26	0.853	0.92	0.29×10^{-5}	35.6×10^4
国产镍胶 4	28.5×10^4	12.3×10^4	2.32	0.877	0.75	0.26×10^{-5}	28.9×10^4
日本钴胶	37.6×10^4	15.6×10^4	2.38	0.91	0.55	0.32×10^{-5}	22.5×10^4
美国钛胶	42.2×10^4	16.8×10^4	2.57	0.752	1.86	4.4×10^{-5}	32.0×10^4
稀土胶	25.3×10^4	10.5×10^4	2.41	1.00	0	0	—

表 5-7 支化和线型胶样

编号	催化体系	微观结构/%			$\overline{M}_w$	$\overline{M}_n$	$\dfrac{\overline{M}_w}{\overline{M}_n}$	临界支化 M^*	$\overline{\lambda}$	支化/%	$[\eta]$ /dL·g^{-1}
		C	V	T							
1	Ni	96	2	2	57.47×10^4	12.42×10^4	4.62	7.74×10^4	0.129×10^{-5}	65	2.71
2	Co	96.7	1.7	1.6	5.12×10^4		2.62	2.5×10^4	0.25×10^{-5}	33	2.0
3	Ni	97	1.5	1.5	7.65×10^4	3.28×10^4	12.0	0.60×10^4	0.012×10^{-5}	9	2.64
4	Li	30	30	40	50×10^4						
5	Ln	99									

NMR 测定了谱图，研究了支化点的位置和结构。从测得的 ^{13}C-NMR 谱图（见图 5-12）可观察到，不同的催化剂制备的胶样有完全不同的谱峰。具有高支化度的 Co、Ni 胶样的 ^{13}C-NMR 谱图，在分子链的主峰 b 的两侧均出现 b_1、b_2 及 b_3 等一些小峰，而低支化度的 Ni 胶样和 Li 系胶样的主峰 b 两侧则无小峰。Ln 催化胶样仅有一条主峰 b。当采取缩小谱宽，提高 8 倍分辨率时，对高支化的 Ni 胶样可清楚地观察到 d 峰和 e 峰裂分出二重峰（见图 5-4(c)），而用同样方法测试 Li 系胶样，d 峰无裂分。从主峰 b 两侧出现的较明显的 b_1 和 b_2 小峰可推断，Ni、Co 生产的顺丁橡胶，在主链双键的 α 一次甲基生长出长支链应具有式（5-23）的结构：

$$
\begin{array}{c}
\overset{3}{\text{—CH}=\text{CH—CH}_2\text{—CH—}}\overset{1}{\text{CH}=\text{CH—CH}_2\text{—}}\overset{2}{\text{CH}_2\text{—}} \\
\underset{4\ \text{CH}_2}{|} \qquad\qquad\qquad\qquad\quad \underset{b_2}{} \\
\underset{\text{CH}}{|} \\
\underset{\text{CH}}{\parallel} \\
\underset{5\ \text{CH}\ \ b_1}{|} \\
|
\end{array}
\qquad (5-23)
$$

由主链双键的 α 一次甲基接出的聚丁二烯长支链中 C_1、C_2、C_3、C_4 和 C_5 等的化学位移，从经验公式计算的数值和实验值得知，b_1 和 b_2 分别为 C_5 和 C_2 的谱峰。从较弱的 b_3 小峰的出现可判断，Ni、Co 胶样中可能含有少量式（5-24）的支化结构：

$$-CH_2-CH=CH \overset{1}{-} CH_2 \overset{2}{-} CH \overset{3}{-} CH_2 \overset{4}{-} CH_2-CH=CH-$$

$$\overset{5}{CH_2}$$

$$\underset{b_3}{\overset{6}{CH_2}} -CH_2 \overset{7}{-} CH=CH \overset{8}{-} CH_2-$$

(5 – 24)

式（5 – 24）的结构是由侧乙烯基双键打开生成长链支化的。从经验公式计算的化学位移（C_6：28.3）与实验值（28.3）相同，可知 b_3 小峰为 C_6 的谱峰。

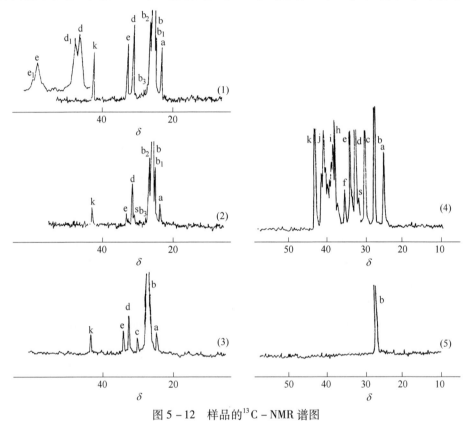

图 5 – 12　样品的 ^{13}C – NMR 谱图

5.1.5　顺丁橡胶中凝胶的表征

顺丁橡胶在生产过程中，由于催化剂种类、催化剂组分配比以及聚合工艺条件不同，或后处理条件的影响，生胶往往含有少量的凝胶和微凝胶。凝胶具有三维空间网络结构，不溶于溶剂中。凝胶的存在将导致合成橡胶的流动性变差，可塑性降低，严重影响橡胶的加工及物理力学性能。凝胶含量多采用吊网法或不同型号熔沙玻璃漏斗过滤法测定。用电镜可直接观察到各种凝胶形貌。

5.1.5.1　凝胶的形貌

章婉君[17]用电子显微镜方法直接观察和研究了 Ni 系顺丁橡胶在室温下胶液

中凝胶的分布、粒子的尺寸和形貌。用甲苯溶解的顺丁胶样品经铜网过滤后放在H-500型电子显微镜下进行透射观察，可看到分散的尺寸大小不等的球粒，小的为数百埃，有些小球粒重叠（或堆积）在一起（见图5-13(a)），有些小球粒连成串（见图5-13(b)），如此组成形状和大小差异较大的橡胶团，它们的尺寸要比分散的球粒大得多，可由几个微米到几千个埃。这些连在一起的球粒聚集体组成的就是凝胶和微凝胶。将甲苯胶液经 G_2 漏斗过滤后在室温下干燥，再经

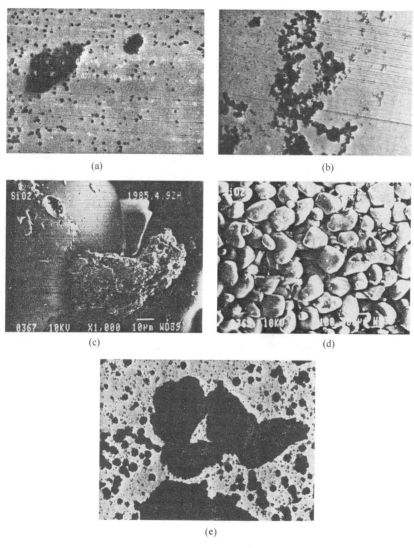

(a)

(b)

(c)

(d)

(e)

图 5-13　凝胶的形貌

（a）小球粒堆积；（b）小球连成串；（c）玻璃砂片上的凝胶团；

（d）G_2 玻璃砂片；（e）G_2 漏斗过滤液

OsO$_4$ 庚烷溶液处理后，放在扫描电子显微镜下观察。可在 G$_2$ 玻璃砂片上看到没有固定形状、直径大小不一的凝胶团，有的出现在玻璃砂的夹缝中，有的在玻璃砂上（见图 5-13(c)）。这些凝胶团尺寸大约在 10μm 以上。图 5-13(d) 为干净的、过滤样品之前的 G$_2$ 玻璃砂片的电子显微镜照片，滤板由表面光滑近似圆形的玻璃砂堆积而成。G$_2$ 漏斗过滤液在电镜下观察，同样看到是由球粒和球粒聚集体组成，球粒的尺寸较为均匀（见图 5-13(e)）。

5.1.5.2 微凝胶的形貌

将甲苯胶液经 G$_5$ 和 G$_6$ 过滤液稀释至浓度为 3×10^{-5}g/mL 并把溶液滴在带有支持膜的铜网上，并立即滴入 OsO$_4$ 正庚烷溶液固定。溶剂挥发后，在电镜下观察两种滤液，可看到分散球粒和球粒的聚集体（图 5-14(a) 和图 5-14(b)），这些球粒聚集体的尺寸处在微凝胶尺寸之列，表明 G$_5$ 漏斗可除掉凝胶而不能除掉微凝胶。微凝胶实际上是交联度达到凝胶点以前的大分子的聚集体。G$_6$ 过滤液除了有球粒外，仍有比球粒大数十倍的球粒聚集体，尺寸虽小，但属微凝胶。即使在极稀的溶液中（1.26×10^{-7}g/mL 和 1.25×10^{-9}g/mL）仍然是以球粒聚集体状态存在（见图 5-14(c)），表明这是球粒聚集体本身所固有的形状，同时也说明 G$_6$ 漏斗不能除掉全部微凝胶。

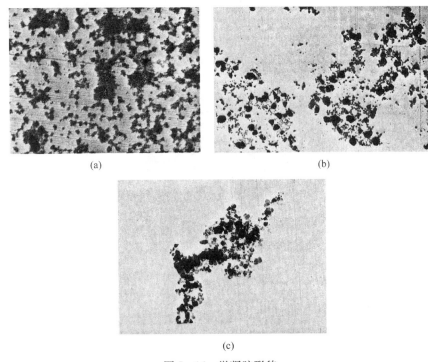

(a)　　　　　　　　　　　(b)

(c)

图 5-14　微凝胶形貌

（a）G$_5$ 过滤液；（b）G$_6$ 过滤液；（c）球粒聚集体

5.1.5.3 化学交联网络结构特征

张延寿等[18]选用不含凝胶的原始样品，用辐射（Co[60]）交联的方法，制得交联前分子量及分布一定，而交联程度不同的试样（见表5-8）。根据凝胶的溶胀比，一般将凝胶分为紧密凝胶和松散凝胶两种结构。张延寿等人根据 Flory 的溶胀理论，用溶胀度 $Q_m = V_g/W_g$（W_g、V_g 分别为凝胶的质量和溶胀体积）计算了化学网络交联点间的分子量$\overline{M}_c$值和下面的公式（5-25）计算出物理网络中交联/缠结点间分子量$\overline{M}_e$值[28]。

$$-\left[\ln(1-V_{2m})+V_{2m}+X_1 V_{2m}^2\right] = \frac{V_1}{V\overline{M}_c}\left(1-2\frac{\overline{M}_c}{\overline{M}_n}\right)\left(V_{2m}^{\frac{1}{3}}-\frac{V_{2m}}{2}\right) \quad (5-25)$$

式中，$V_{2m}=1/Q_m$；$V=1/\rho$；溶剂摩尔体积（甲苯）$V_1=106.85$；橡胶与溶剂分子的相互作用参数 $X_1=0.36$；$\overline{M}_n$ 是样品的起始数均分子量，计算结果列于表5-9。

表5-8 辐射交联顺丁橡胶样品（北京胜利厂）

试样	辐射剂量/Mrad	凝胶量/%	$[\eta]$/dL·g^{-1}	溶胀比
2	0.232	0.048	2.47	—
3	0.348	0.100	3.18	—
4	0.464	0.390	3.04	179.2
5	0.697	3.149	3.09	74.3
6	0.928	22.010	2.67	62.5
1	1.180	64.990	—	22.9

表5-9 顺丁橡胶交联/缠结网络结构特征

试样	凝胶量/%	交联点间		交联/缠结点间	
		$\overline{M}_c$	重复单元数 NC	$\overline{M}_e$	重复单元数 NE
2	0.048	—	—	7469	138
3	0.100	—	—	7632	141
4	0.390	1.778×10^5	3293	7823	149
5	3.149	1.525×10^5	2824	7185	133
6	22.010	1.433×10^5	2654	6324	117
1	64.990	0.672×10^5	1245	—	—

根据实验松弛谱 H_R 计算每个分子链上缠结链段数 m 值：

$$m = 3 + \frac{2}{3}\times 2.303\int_{min}^{\infty}H_R \mathrm{dlg}\tau \quad (5-26)$$

可求得物理网络中交联/缠结点间的分子量$\overline{M}_e$值：

$$\overline{M}_e = \frac{\overline{M}_n}{m} \quad (5-27)$$

求得的$\overline{M_c}$和$\overline{M_e}$与凝胶含量的关系见表5－9。化学网络交联点间分子量M_c，其范围从$1.7 \times 10^5 \sim 6.7 \times 10^4$，即在1000～3000个重复单元中有一个交联点。由此可见，顺丁橡胶的化学交联网络结构属松散型。与物理缠结网络相比（后者在100多个重复单元中有一个缠结点），其密度要小得多，数量级之差说明含凝胶的顺丁橡胶其物理缠结网络密度远远高于化学交联网络（密度），前者约为后者的20倍，即在20多个物理缠结点之间才有一个化学交联。

5.2　顺丁橡胶聚集态结构的表征

顺丁橡胶具有规整的链结构，较低的玻璃化转变温度（$T_g \approx -100℃$），在适当条件下极易结晶，其晶胞为单斜晶系，晶胞参数为：$a = 0.460nm$，$b = 0.950nm$，$c = 0.960nm$，$\beta = 109°$[19]，结晶熔点$T_m = -4℃$。在常温下是无定形弹性体，处于高弹态，为非晶态结构，但在电子显微镜下观察，可见非晶态的顺丁橡胶内部结构并不是均匀的，而是由具有一定规整度的区域所组成，从电镜照片上可清楚看到2nm直径的链球。链球（nodule）是聚集态的基本结构单元，链球包含的碳原子数（$C_{个数}$）可按下式求出[20]：

$$C_{个数} = \frac{4}{3}\pi R^3 \frac{\rho}{\delta} N \tag{5-28}$$

式中，$\rho = 0.91$为实测橡胶密度；δ为摩尔量$CH_{1.5}$（13.5）；R为链球半径（cm）；N为阿伏伽德罗常数（6.02×10^{23}）。

从计算得知，链球约由170个碳原子的链段组成直径为2nm的球形结构，一个大分子可包含几百个链球，链球间有分子链联系，由这些链球组成直径为10～100nm的链球（aggregation of nodules）（见图5－15），相当于几个或几十个大分子所组成，链球成为橡胶本体结构中的基本超分子结构单元，链球的大小与分子间的交联和缠结程度、凝胶含量以及聚合时所用溶剂有关，大小分布是不均匀的。在干胶中是由交联网或分子的物理缠结组成1～10μm大小的胶团结构，比链球大得多。

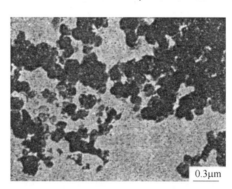

0.3μm

图5－15　Ni－1顺丁橡胶超薄切片的电镜照片（OsO_4固定）

在常温下为非晶态的顺丁橡胶处在低温下时极易结晶，结晶速率主要与高分子链的规整性，如顺式含量和线性度等因素有关。国外文献曾报道顺式含量为99％的铀顺丁橡胶的结晶速率（－20℃）比顺式含量低的 Ni、Co、Ti 等合成的顺丁橡胶要快得多。国内也已用电镜、线膨胀、X 射线等方法对顺丁橡胶的聚集态结构，尤其是在低温下晶态的形成和结构进行了详细研究报道。

5.2.1 顺丁橡胶的结晶形态

贾连达[21] 利用透射电镜观察了 Co、Ni、Ln 和 U 等催化剂合成的高顺式聚丁二烯（PB）在 －30 ~ －25℃低温下的结晶速度和结晶形态。图 5－16 ~ 图 5－18是 4 种不同体系的 PB 在结晶过程中不同时间下所观察到的典型结晶形态。Ln－PB 和 U－PB 在结晶 1min 时即出现发展完善的球晶（图 5－16(c)、图 5－17(b)），而 Ni－PB 和 Co－PB 在结晶 3min 时仍是孤立球晶（图 5－18(a)、(b)），结晶 5min 以后，孤立球晶才互相连成一片，形成有明晰边界的完善球晶。可见，结晶速度较前者低得多。这些照片表明结晶诱导期较短，如 U－PB 在 5s 时即已形成较完善的孤立球晶（图 5－17(a)）。PB 结晶不仅有径向辐射状生长的球晶形态（如图 5－16(c)、图 5－17(b)、图 5－18(b) 所示），还有一种结构单元沿切向生长，从而形成环状结构形态（如图 5－16(b) 和图 5－17(a) 所示），但 Ni－PB 除外。这种形态往往只出现在结晶的早期阶段，Ln－PB 和 U－PB 在结晶 5s 时便可得到（见图 5－16(b)、图 5－17(a)、图 5－18(b)）。但 Ln－PB 直到 1min，结晶已趋完善时，仍有这种形态存在，并与球晶形态共存，这种球晶的中央部分为非晶区，然后是环状生长的结构单元，当其直径达 10μm 后，便生长出通常的辐射状扭曲片晶。这种生长方式在高聚物球晶中是很少见到的。

周恩乐等[22] 用电子显微镜观察了 Ni－BR（BR01）及 Ln－BR 样品在 －30℃低温下球晶结构的形态。图 5－19 是 －30℃下经 5min 结晶得到的 Ni 及 Ln 胶的电镜照片，图 5－19(a) 为 Ni 胶刚刚形成的由几个片层组成的片层束，只形成了球晶的晶核。图 5－19(b) 为 Ln 胶已经形成了球晶的雏形，具有向外发散的纤维状结构，表明 Ln 胶的结晶速率较 Ni 胶快。余赋生等用线膨胀系数仪测定的 －26℃下 Ni 胶的半结晶期为 692s，而 Ln 胶为 160s，也完全证明这一结果。图 5－20 为 －30℃下经 30min 结晶得到的 Ni 胶及 Ln 胶的球晶，具有清晰的放射型扭曲排列的片层组成的完整球晶，直径为 5 ~ 30μm。对比 Ln 胶和 Ni 胶在相同条件下的结晶形态可以发现，由于 Ln 胶分子规整度好，易于结晶，片层厚而粗大，同时由于结晶速度快，来不及形成圈状，而形成放射型球晶，而 Ni 胶的球晶（图 5－20(a)）则由非常绒细的纤维毛状结晶有规则地排列而成。

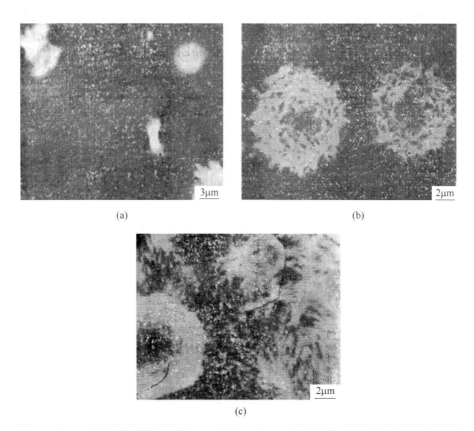

图 5 – 16   0.25% 甲苯溶液成膜的 Ln – PB 在 –30 ~ –25℃ 结晶时不同时间下的结晶形态
（a）开始点；（b）5s；（c）1min

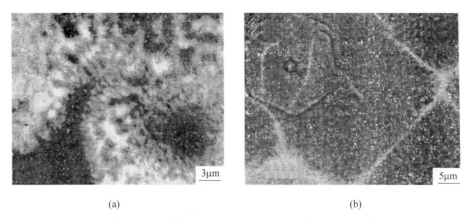

图 5 – 17   0.25% 甲苯溶液成膜的 U – PB 在 –30 ~ –25℃ 结晶时不同时间下的结晶形态
（a）5s；（b）1min

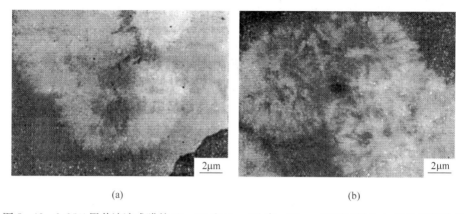

(a)   (b)

图 5 - 18 0.25% 甲苯溶液成膜的 Ni - PB 和 Co - PB 在 -30 ~ -25℃结晶 3min 时的结晶形态

（a）Ni - PB；（b）Co - PB

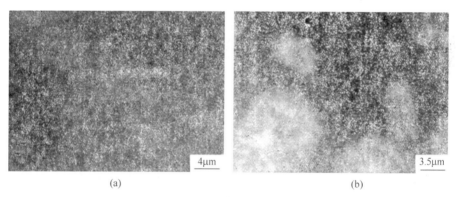

(a)   (b)

图 5 - 19 顺式 -1,4 聚丁二烯在 -30℃下结晶 5min 的 TEM 照片（OsO$_4$ 固定）

（a）Ni 胶；（b）Ln 胶

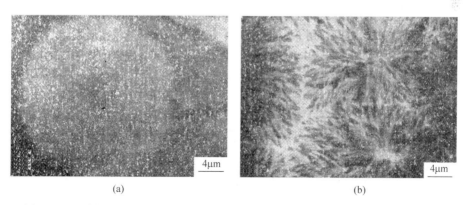

(a)   (b)

图 5 - 20 顺式 -1,4 聚丁二烯在 -30℃下经 30min 结晶的 TEM 照片（OsO$_4$ 固定）

（a）Ni 胶；（b）Ln 胶

根据 Avrami 方程计算的 n 值（表示晶核生成及结晶体生长方式的常数），对 Ln 及 Ni 两胶有较显著的差异。Ln - BR 为 1.7，接近二维生长，是原纤维状和圆盘状的混合方式生长，而 Ni - BR 为 2.7，接近三维生长，是球状和圆盘状的混合方式生长。表明 Ni - BR 的晶核生成及晶体生长形式与 Ln - BR 相比都较为复杂，因而影响结晶形态。

5.2.2 影响结晶行为的因素

5.2.2.1 温度对结晶的影响

周恩乐等[22]用电镜同时观察 -60℃ 结晶得到的球晶，同 -30℃ 下结晶相比，-60℃ 具有更快的结晶速率，晶核多，球晶尺寸小，均为放射型球晶。若先使结晶在 -30℃ 形成球晶，然后急剧降低结晶温度至 -60℃，则结晶速率明显增加，并且结晶形态改变（见图 5 -21）。对于 Ln 胶、U 胶可明显看出沿球晶半径方向的不同形态的界限，而 Ni 胶由于晶核生成速率慢，直接影响后一种形态。由此可知变化结晶温度便可在同一球晶上得到不同的形态。

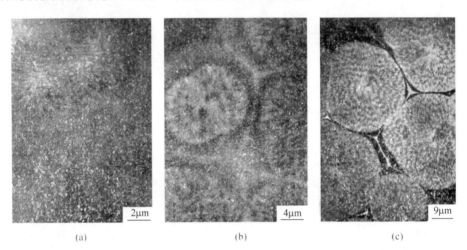

(a)　　　　　　　　　(b)　　　　　　　　　(c)

图 5 -21　顺式 -1,4 聚丁二烯在变化温度下结晶的 TEM 照片（OsO_4 固定）

(a) Ni 胶；(b) Ln 胶；(c) U 胶

徐洋等[23,24]通过对 Ln 胶的分级可得到单分散分子量不同的样品，测定这些样品在不同温度下的结晶形态和结晶速率发现，Ln 胶在 -100 ~ -15℃ 的温度范围内结晶，在大致 6 个温度区域中有 6 种形态不同的球晶。但在每个区域中，当温度相同时，随分子量增加，晶片的密度和完善程度下降，晶片变短变宽。而在分子量相同时，随温度升高，晶片的密度和完善程度下降，晶片变宽变长，因此结晶度下降。Ln 胶样在高于 -20℃ 不能均相成核，只能以非均相成核引发结晶的生长，所以球晶很大，在电镜中可以观察到，只能生成图 5 -22 所示的球晶。在 -33 ~ -22℃，同时存在着均相及非均相成核，均相成核比例及均相成核速率随温度下降而变大，球晶亦随之变小。在 -30℃结晶 3min 在电镜下可观察到图 5-23 所示的球晶。在 -65 ~ -35℃基本以均相成核引发结晶生长，成核速率随温度下降变快，球晶亦随之变小。当温度低于 -65℃时，均相成核速率随温度降低而变慢，球晶则随之变大。

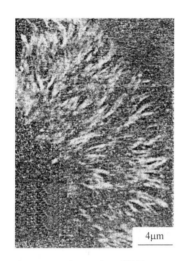 

4μm 0.7μm

图 5-22 在 -15℃下结晶 69min   图 5-23 在 -30℃下结晶 3min

徐洋等[24]用线膨胀仪[25]和体膨胀仪测定了 Ln 胶分级样品在不同温度下的结晶速率（见图 5-24），图中的 $\tau_{0.1}$ 为结晶度达到主级结晶值 10% 时所需的时间（$\tau_{0.1}$ 的单位为 min），从图 5-24 可看出，在各结晶温度下，Ln 胶的结晶速率在 $\overline{M}_v = (3.0 \sim 3.8) \times 10^8$ 间有一极大值，而在 $\overline{M}_v = (4.6 \sim 6.7) \times 10^5$ 间有一极小值，并且在 -20 ~ -9.1℃温度范围内，各试样的结晶速率都随温度的降低而加快。结晶温度越高，结晶速率随分子量的变化起伏越大。Ln 胶的结晶速率与温度的关系符合结晶成核理论：

$$\ln(\tau_{0.1})^{-1} = B - K \frac{T_m}{\Delta T T_c} \tag{5-29}$$

式中，T_c 为结晶温度；T_m 是熔点；$\Delta T = T_c - T_m$。Ln 胶在 -20℃左右，结晶逐渐由单二维核生长转变为多二维核生长。

5.2.2.2 分子量及其分布对结晶的影响

周恩乐等[26]用电镜观察了不同分子量的 Ln 胶样的结晶行为。图 5-25 是 3 个分子量不同的 Ln 胶样品在 -30℃下结晶 5min 后的电镜照片。球晶随分子量增加而减小，晶核数目随分子量增加而增加，分子量较大（$[\eta] = 5.68$）的样品，其中存在着许多片层束组成的晶核。其晶核生长速率较快，但因其大分子运动比较困难，因而球晶生长速率慢，只形成了片层束，并未能形成球形排列。而分子量较低（$[\eta] = 3.28$）的样品，由于分子缠结少，能够形成晶核的片层聚集体的

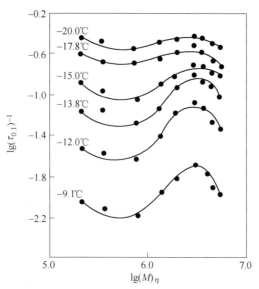

图 5-24   Ln－PB 的结晶速率与分子量及温度的关系

数目比较少，相对球晶尺寸比较大，但球晶大小分布不均匀。由于分子量较低，分子链易于运动，结晶生长速率快，在晶核两侧迅速分散，形成双扇形结构，球晶界面清晰，片层很少互相渗透。总之，分子量高对晶核生成有利，对晶体生长不利。分子量对结晶速率总体的影响，由成核和生长速率之积决定。

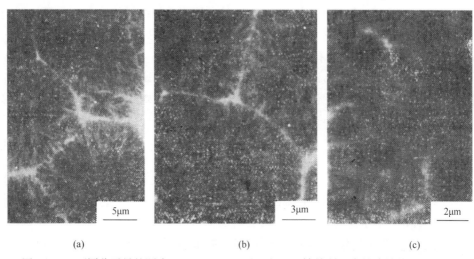

(a)   (b)   (c)

图 5-25   不同分子量的顺式－1,4 PB，－30℃下 5min 结晶所生成的球晶的 TEM 照片
(a) 样品 3，$[\eta]=2.28$；(b) 样品 2，$[\eta]=3.70$；(c) 样品 1（OsO_4 固定），$[\eta]=5.68$

图 5-26 是分子量相近、分布不同的 Ln 胶样品的球晶结构电镜照片。低分子量含量较多的样品，在 5min 内，不仅球晶相碰完成主级结晶，同时，在球晶内片层间继续生长二次结晶，形成片层比较密集的球晶（见图 5-26(a)）。高分

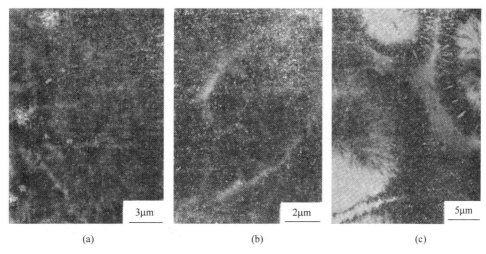

图 5-26 不同分子量分布样品在 -30℃结晶 5min 后的 TEM 照片

(a) $[\eta]_{0.9}/[\eta]_{0.1}=19.5$；(b) $[\eta]_{0.9}/[\eta]_{0.1}=40$；(c) $[\eta]_{0.9}/[\eta]_{0.1}=85$

子量含量较高的样品，在 5min 内，只形成了不完整的互不相碰的双扇形（见图 5-26(c)），每个球晶分内外层，内层球晶生长片层密集，分枝较多，结晶度高，外层片层比较疏松，厚度大，分枝少，这是低分子量部分结晶的结果。分子量分布相对较窄的胶样，球晶生成比较均匀（见图 5-26(b)），其生长速率介于上述两者之间。晶核由许多平行排列的片层束组成，片层结构清晰，球晶界面的片层间相互渗入比较多，界面不如含低分子量多的样品整齐。

高分子量部分的含量是影响其形态结构的关键因素。控制聚合物中分子量及分子量分布，可以控制其低温结晶行为，得到不同的聚集状态。

5.2.2.3 凝胶、微凝胶对低温结晶的影响

周恩乐等[27]用电子显微镜观察了 Ni-BR 中凝胶和微凝胶对 -30℃低温下结晶的影响，图 5-27(a)～(c) 是 3 个具有大致相同结构和门尼值的胶样电镜照片。其中图 5-27(a) 为无凝胶样品，在 -30℃下结晶 5min 时仅在铜网的边缘出现少量片晶晶核（图 5-27(a) 上面两图）。结晶 30min 后，由铜网边缘生长的球晶向铜网中心发展，形成大球晶，直径约为 40μm，生长速率为 0.7μm/min。图 5-27(b) 为含有大量尺寸为 0.5～2μm 的凝胶块胶样，在 -30℃下结晶 5min 时，在薄膜中心产生少量的球晶晶核（见图 5-27(b) 上面两图），结晶 30min 后形成圆形球晶（见图 5-27(b) 下面两图），球晶数量少，尺寸小，远未充满整个空间，球晶生长速率慢，仅为 0.2μm/min，表明凝胶的存在明显地影响结晶行为。图 5-27(c) 为含有大量尺寸在 30nm 左右微凝胶粒子的胶样。该胶样在 -30℃的低温下结晶 5min 便出现大量晶核（见图 5-27(c) 上面两图），并且很快长满全视野，球晶间相互碰撞，形成草把式的片层结构（见图 5-27(c) 下面两图），表明胶样中的微凝胶均为大分子链的缠结及聚集，形成大量晶核，使其橡胶极易结晶。

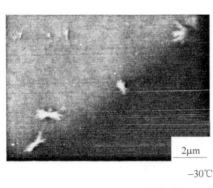

−30℃下结晶 5min

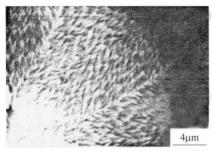

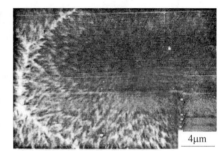

−30℃下结晶 30min

(a)

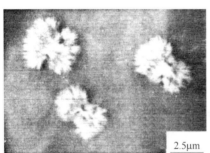

−30℃下结晶 5min

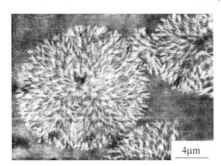

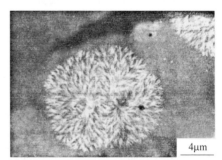

−30℃下结晶 30min

(b)

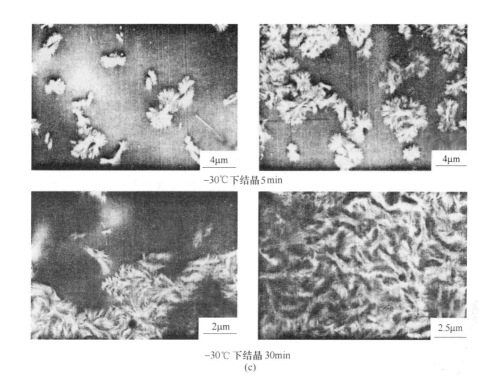

−30℃下结晶5min

−30℃下结晶 30min

(c)

图 5−27 凝胶对低温结晶的影响

（a）无凝胶的 Ni−BR；（b）含有凝胶的 Ni−BR；（c）含有微凝胶的 Ni−BR

从上述电镜照片观察得知，若胶样中无凝胶或凝胶含量很低，则结晶诱导期很长，晶核为单个片层或片束。在片层生长过程中，首先形成宽为 $100 \sim 200\text{nm}$ 的界面不十分清楚的预结晶区。进一步结晶，排列为规整的有清晰界面的片层；若胶样中凝胶含量较高，并存在大量尺寸为 $0.1 \sim 10\mu\text{m}$ 的凝胶聚集区，则这个区域一般不能形成结晶。交联密度疏松的部位间或夹杂有短而粗的单个片层或片层束结晶生成；若胶样中含有微凝胶，则在低温下微凝胶粒子成为晶核，使橡胶极易结晶。

5.2.2.4 分子链缠结对结晶速率的影响

张延寿等[28]曾以松弛谱计算了 Ln−PB 的缠结网络参数，发现 Ln−PB 的缠结网络链段数 m 与分子量有如下的关系：

$$m = 1.96 \times 10^{-12} \overline{M}_v^{2.29} \qquad (5-30)$$

分子的缠结网络链段数 m 随分子量增大而增大，如果以 Ln−PB 的结晶速率 $(\tau_{0.1})^{-1}$（结晶度达到主级结晶值的 10% 所需的时间）对缠结链段 m 作图，可以看出：当 $\overline{M}_v = 5 \times 10^5 \sim 3 \times 10^6$ 时，结晶速率随缠结点的增多而加快，$\ln(\tau_{0.1})^{-1}$ 与 $\lg m$ 接近线性关系（见图 5−28）。

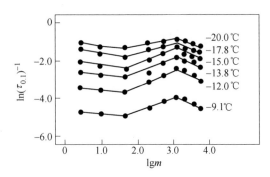

图 5 – 28 Ln – PB 的结晶速率与缠结链段数的关系

徐洋等[29]根据结晶成核理论推测，在温度较高时，球晶生长速率（v）可用下式表示：

$$\ln v = \ln v_o + \frac{-C_1}{C_2 + T_{\bar{c}} - T_g} + \frac{-4b_o\delta\delta_e T_m^o}{\Delta h_f \rho_{\bar{c}} T_{\bar{c}} K(T_m^o - T_{\bar{c}})} \qquad (5-31)$$

式中，C_1、C_2 为常数；b_o 为晶体的单层厚度；Δh_f 为单位质量晶体的熔融热；$\rho_{\bar{c}}$ 为晶体密度；K 为玻耳兹曼常数。

根据图 5 – 28，可设 Ln – PB 的球晶生长速率正比于缠结链段数 m。并采用 Magill 的经验公式：$\ln v_o = B\,\overline{M}_v^{-\frac{1}{2}}$，则可导出：

$$\ln v = C + B\,\overline{M}_v^{-\frac{1}{2}} + 2.29\ln \overline{M}_v + \frac{-C_1}{C_2 + T_{\bar{c}} + T_g} + \frac{-4b_o\delta\delta_e T_m^o}{\Delta h_f \rho_{\bar{c}} T_{\bar{c}} K(T_m^o - T_{\bar{c}})}$$
$$(5-32)$$

式中，C、B 为常数。

由于在结晶温度较高的情况下，二维成核不仅是决定球晶生长速率的关键步骤，也是决定整个结晶速率的关键步骤，所以：

$$\ln(\tau_{0.1})^{-1} = D + B\,\overline{M}_v^{-\frac{1}{2}} + 2.29\ln \overline{M}_v + \frac{-C_1}{C_2 + T_{\bar{c}} - T_g} + \frac{-4b_o\delta\delta_e T_m^o}{\Delta h_f \rho_{\bar{c}} T_{\bar{c}} K(T_m^o - T_{\bar{c}})}$$
$$(5-33)$$

式中，D 为常数。取 C_1 和 C_2 分别为 750cal·deg/mol 和 130K，并将样品的分子量、$\tau_{0.1}$ 值及结晶温度分别代入上式中进行曲线拟合，则可求出：

$$\ln(\tau_{0.1})^{-1} = 27.09 + 3214\,\overline{M}_v^{-\frac{1}{2}} + 2.29\,\overline{M}_v + \frac{-750}{130 + T_{\bar{c}} - T_g} + \frac{-5.972\delta_e T_m^o}{T_{\bar{c}}(T_m^o - T_{\bar{c}})}$$
$$(5-34)$$

此式即为在原结晶成核理论基础上，考虑到分子链缠结的作用导出的 Ln – PB 本体结晶动力学方程。图 5 – 29 是由此方程求出的 $\ln(\tau_{0.1})^{-1} - \ln \overline{M}_v$ 曲线，其中黑点是实验值。在较高的结晶温度下，当 $\overline{M}_v > 1.27 \times 10^5$ 时，可比较圆满地解释分子量对 Ln – PB 本体结晶速率的影响。

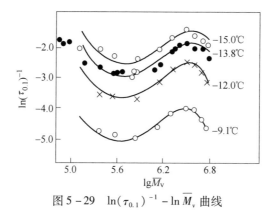

图 5 - 29 $\ln(\tau_{0.1})^{-1} - \ln \overline{M}_v$ 曲线

5.3 顺丁橡胶的黏弹性能的表征

5.3.1 应力松弛

张延寿等[28]用自记式的高低温应力松弛仪[30]测定了 Ni、Ln 和 U 催化剂合成的顺丁橡胶样品在 25 ~ 150℃ 范围内，拉伸 50% 形变下的等温应力松弛曲线（见图 5 - 30 和图 5 - 31），再利用时温叠加原理，组成以 25℃ 为参考温度的组合曲线，将各温度的迁移因子对温度的倒数作图，求得稀土顺丁橡胶的松弛活化能为 21 ~ 33.5kJ/mol，与镍顺丁橡胶相同[31]。由应力松弛组合曲线求得松弛模量（E）和最长松弛时间（τ_m）列于表 5 - 10 中。

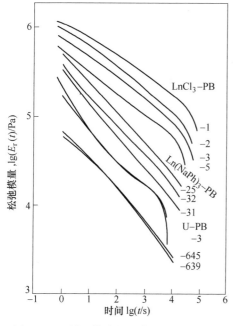

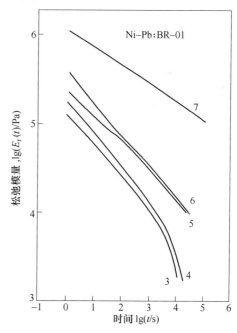

图 5 - 30 稀土橡胶的组合应力松弛曲线　　　图 5 - 31 镍顺丁橡胶的组合应力松弛曲线

表5–10   顺丁橡胶的分子特性和黏弹性参数

胶 样	$[\eta]/dL \cdot g^{-1}$	M_v	$E(1'')/MPa$	τ_m/s
$LnCl_3 - PB - 1$	10. 0	$25. 92 \times 10^5$	1. 14	$8. 23 \times 10^4$
$LnCl_3 - PB - 2$	8. 12	$19. 25 \times 10^5$	0. 97	$6. 65 \times 10^4$
$LnCl_3 - PB - 3$	7. 00	$15. 57 \times 10^5$	0. 76	$4. 90 \times 10^4$
$LnCl_3 - PB - 5$	5. 68	$11. 55 \times 10^5$	0. 57	$3. 37 \times 10^4$
$Ln(naph)_3 - PB - 25$	5. 68	$11. 55 \times 10^5$	0. 53	$3. 15 \times 10^4$
$Ln(naph)_3 - PB - 31$	5. 00	$9. 62 \times 10^5$	0. 35	$2. 13 \times 10^4$
$Ln(naph)_3 - PB - 32$	4. 38	$7. 97 \times 10^5$	0. 39	$2. 45 \times 10^4$
$Ln(naph)_3 - PB - 3$	3. 60	$6. 02 \times 10^5$	0. 17	$0. 91 \times 10^4$
$Ln(naph)_3 - PB - 645$	2. 52	$3. 62 \times 10^5$	0. 068	—
$Ln(naph)_3 - PB - 639$	2. 39	$3. 35 \times 10^5$	0. 062	—
$Ni - PB(BR01) - 7$	5. 84	$8. 06 \times 10^5$	1. 24	$36. 4 \times 10^4$
$Ni - PB(BR01) - 6$	3. 08	$3. 34 \times 10^5$	0. 438	$3. 98 \times 10^4$
$Ni - PB(BR01) - 5$	2. 59	$2. 63 \times 10^5$	0. 26	$2. 54 \times 10^4$
$Ni - PB(BR01) - 4$	2. 25	$2. 16 \times 10^5$	0. 19	$1. 07 \times 10^4$
$Ni - PB(BR01) - 3$	1. 92	$1. 74 \times 10^5$	0. 126	$0. 68 \times 10^4$
$U - PB$	3. 24	$5. 18 \times 10^5$	0. 21	$0. 61 \times 10^4$

5.3.1.1   最长松弛时间对分子量的依赖性

将表5–10中的松弛时间（τ_m）与特性黏数 $[\eta]$ 的双对数作图（见图5–32），由图可知，最长松弛时间均随分子量增加而成指数地增长，但不同催化体系的增长指数不同，铀顺丁橡胶与稀土橡胶相近。

从主曲线获得本体高聚物的最长松弛时间 τ_m 对分子量的依赖性是 $\tau_m = K \overline{M}_W^\beta$，与高分子溶液的特性黏数 $[\eta]$ 和分子量的关系式 $[\eta] = K M_W^\alpha$ 两者相结合可得到 τ_m 与 $[\eta]$ 的关系式：

$$[\eta] = K_\gamma \tau_m^\gamma \qquad (5-35)$$

从双对数作图可获得 $\gamma = \alpha/\beta$、K_γ，如图5–32所示，从图可知 Ln 与 Ni 胶有不同的斜率 γ。对于 Ni 胶，已知 $\alpha = 0.725$，从分级样品得到 $\gamma = 0.277 = \tan 15.5°$，由此求得 $\beta = 2.6$。$\beta = 1$ 表明分子链不存在缠结现象，有缠结时，$\beta = 3.4$。从图5–32求得 β 值，Ni – PB 为2.6，与上述相同。对于 Ln – PB，$\gamma = 0.415$，而已知 $\alpha = 0.7$，求得 $\beta = 1.7$，仅为缠结指数3.4的一半，表明镍顺丁橡胶比较接近一般的链缠结规律，而稀土顺丁橡胶则偏离较大，这是由于高分子量的非牛顿效应。

5.3.1.2 松弛模量对分子量的依赖关系

将表5-10中1s时的松弛模量［$E(1'')$］与特性黏数［η］以双对数作图，Ln-PB 与 Ni-PB 是两条斜率几乎相同的平行线（见图5-33），由此得到下列方程：

$$E_\tau(1'') = 1.29 \times 10^4 [\eta]^{2.03} \quad (\text{Ln} - \text{PB}) \qquad (5-36)$$

$$E_\tau(1'') = 3.70 \times 10^4 [\eta]^{2.03} \quad (\text{Ni} - \text{PB}) \qquad (5-37)$$

表明两种催化剂制得的胶样松弛模量对分子量的依赖性是相似的，但系数不同，当分子量相同时，稀土胶的松弛模量要低于镍顺丁橡胶。

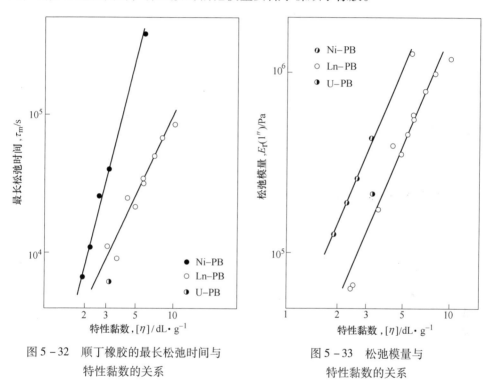

图5-32 顺丁橡胶的最长松弛时间与 特性黏数的关系 图5-33 松弛模量与 特性黏数的关系

5.3.1.3 松弛谱与顺丁橡胶的分子链缠结

图5-34~图5-36 为各试样的折合实验松弛谱图。按照 Chompff 理论[32]，可从组合应力松弛曲线导出实验松弛谱图 $H(\tau)$，估计出高分子中缠结链段的数目 m：

$$m = 3 + \frac{2}{3} \times 2.303 \int_{\min}^{\infty} H_R \mathrm{d}\lg\tau \qquad (5-38)$$

式中，H_R 为折合松弛谱与实验松弛谱 $H(\tau)$ 的关系：

$$H_R = \frac{\overline{M_v}}{\rho RT} H(\tau) \qquad (5-39)$$

式中，$\overline{M_v}$ 为黏均分子量；ρ 为密度；R 为气体常数；T 为绝对温度。

可以从折合实验松弛谱 H_R 计算每个分子链上缠结链段的数目 m 值，也可求得缠结链段的平均分子量 $\overline{M_e} = \dfrac{\overline{M_v}}{m}$，缠结链段的原子数 N_e，计算结果见表 5-11 和图 5-37。

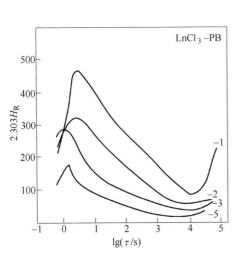

图 5-34 氯化稀土顺丁橡胶的折合松弛谱

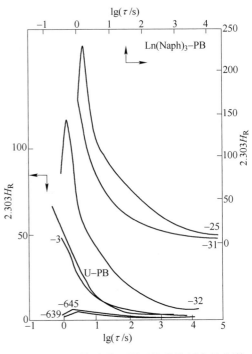

图 5-35 环烷酸稀土顺丁橡胶的折合松弛谱

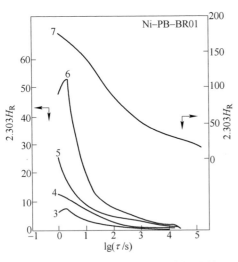

图 5-36 镍系顺丁橡胶的折合松弛谱

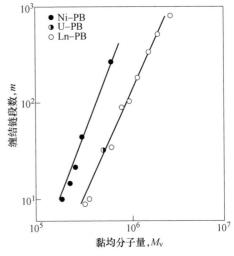

图 5-37 顺丁橡胶缠结链段数与黏均分子量的关系

表 5 – 11 顺丁橡胶分子链的缠结网络结构参数

胶 样	平均缠结链段数 m	缠结链段 $\overline{M}_e$	链段的聚合度 X_e	缠结链段原子数 N_e[①]
LnCl$_3$ – PB – 1	791	3.277×10^3	61	243
LnCl$_3$ – PB – 2	516	3.731×10^3	69	276
LnCl$_3$ – PB – 3	334	4.662×10^3	86	345
LnCl$_3$ – PB – 5	181	6.381×10^3	118	473
Ln(naph)$_3$ – PB – 25	178	6.489×10^3	120	481
Ln(naph)$_3$ – PB – 31	103	9.340×10^3	173	692
Ln(naph)$_3$ – PB – 32	90	8.856×10^3	164	656
Ln(naph)$_3$ – PB – 3	34	17.706×10^3	328	1312
Ln(naph)$_3$ – PB – 645	10	36.939×10^3	684	2736
Ln(naph)$_3$ – PB – 639	9	38.953×10^3	721	2885
Ni – PB(BR01) – 7	269	2.996×10^3	55	222
Ni – PB(BR01) – 6	44	7.591×10^3	140	563
Ni – PB(BR01) – 5	22	11.955×10^3	221	886
Ni – PB(BR01) – 4	15	14.595×10^3	270	1081
Ni – PB(BR01) – 3	10	17.938×10^3	332	1329
U – PB	32	16.037×10^3	297	1188

①$N_e = M_e / M_a$，M_a = 链节分子量/链节碳原子数 = 54/4 = 13.5。

图 5 – 37 说明缠结网络链段数量随分子量的增大而增加，可用指数方程描述：

$$m = K_e \overline{M}_v^e \tag{5 – 40}$$

对不同的催化体系可分别表示为：

$$m_{Ln} = 1.96 \times 10^{-12} \overline{M}_v^{2.29} \quad (Ln – PB) \tag{5 – 41}$$

$$m_{Ni} = 3.76 \times 10^{-11} \overline{M}_v^{2.28} \quad (Ni – PB) \tag{5 – 42}$$

从该方程可求出开始产生链缠结的临界分子量 $M_{m=1}$ 的值：

Ln – PB：$\quad M_{m=1} = 1.27 \times 10^5 \quad$（相当于 $[\eta]_{m=1} = 1.21$）

Ni – PB：$\quad M_{m=1} = 6.13 \times 10^4 \quad$（相当于 $[\eta]_{m=1} = 0.90$）

比较 $M_{m=1}$ 值结果说明 Ln – PB 开始形成链缠结的临界分子量要高于 Ni – PB，或者说相同分子量时，Ni 胶的缠结链段数大于 Ln 胶。缠结链段分子量 $\overline{M}_e$ 随生胶分子量的增大而减少，在 $10^3 \sim 10^4$ 的数量级范围内，相当于每个缠结链段包含 $60 \sim 700$ 个链节。稀土胶同镍胶相比，在分子量相同时，Ln 胶的 $\overline{M}_e$ 大于 Ni 胶的 $\overline{M}_e$，说明稀土橡胶的缠结网络密度较稀疏，镍胶的网络密度则较稠密些。

5.3.2   流变性能

5.3.2.1   顺丁橡胶浓溶液的流变性质

王英等[33]用Rheotest Z型旋转黏度计和落球法测定了不同催化剂制备的顺丁橡胶浓溶液的流变行为。落球法剪切速度的计算采用$\dot{\gamma} = 2v/(D-d)$公式。式中v为落球速度，d、D为球、管的直径。

零剪切黏度与浓度的关系：由不同催化体系制得的顺丁橡胶，在正辛烷或十氢萘溶剂中的零剪切黏度与溶液的质量分数w_2作双对数图（见图5-38），除A、D两样品的低浓度点向斜率减少的方向偏移外，基本上是直线关系。斜率均在5.6~6.1之间，而用良溶剂十氢萘的两个结果是4.8、5.0，虽然略低些，但与通用的斜率基本一致，表明溶剂和浓度对斜率影响不大，但在相同浓度时，在十氢萘中的零剪切黏度要比在正辛烷中的将近大一个数量级。在相同浓度下稀土胶的零剪切黏度较其他催化剂顺丁胶高，这可能与稀土顺丁胶的支化度低、分子量分布宽有关。

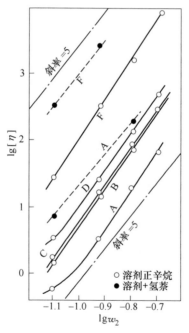

图5-38   各种顺丁胶液的零剪切黏度与浓度的关系
A—Co-1220；B—Ti-顺式4；C—Ti-1203；D—Ni-BR01；F—La-B37-1

5.3.2.2   顺丁橡胶浓溶液的非牛顿性

根据黏度与剪切速度的依赖性的分子理论，即在给定剪切速度下的黏度$\eta_{\dot{\gamma}}$与零剪切黏度η_0的比值应为剪切速度与松弛时间λ_y乘积的函数，即：

$$\frac{\eta_{\dot{\gamma}}}{\eta_0} = f(\dot{\gamma}\lambda_y) \qquad (5-43)$$

$$\lambda_y \propto \frac{\eta_0 M}{\rho RT} \qquad (5-44)$$

式中，ρ、M 为聚合物的密度和分子量。

由于样品及温度相同时，M、ρ 和 T 都是常数，故对同一样品用 $\lg\dfrac{\eta_{\dot\gamma}}{\eta_0}$ 对 $\lg(\dot\gamma\eta_0)$ 作图，不同浓度的曲线可叠加成一窄带（见图 5-39），浓度大的曲线偏向右上方。良溶剂十氢萘与不良溶剂正辛烷的曲线也基本叠加在一起，但不同样品之间相差较大。将不同试样的曲线族都叠合在图 5-39 中可以看出，在同一 $\dot\gamma\eta_0$ 时，稀土顺丁胶的剪切速度依赖性远大于其他顺丁胶。

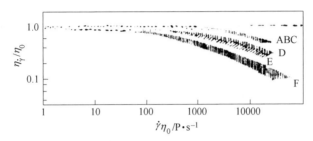

图 5-39　各种顺丁胶的黏度对剪切速度依赖性的对比
A—Co-BR（日本）；B—Ti-BR（美国）；C—Ti-BR（意大利）；
D—Ni-BR（日本）；E—Ni-BR（国产）；F—Ln-BR（国产）

由于稀土顺丁胶浓溶液的黏度对剪切速度的依赖性比镍顺丁胶大，在零剪切黏度相同时，高剪切下的黏度要低得多。稀土顺丁胶在低剪切速度下的黏度要比门尼值相同的镍系顺丁胶的大得多，而搅拌时（较高剪切速度下）所需的动力却不一定按比例增加。

5.3.2.3　顺丁生胶流动曲线特征

秦汶等[34]用 Instron3211 型毛细管流变仪测定和比较了 Ti、Co、Ni 及 Nd 等不同催化体系合成的顺丁橡胶样品的流变曲线，并拍摄了相应挤出物的外形相片（见图 5-40~图 5-45）。所选用样品的性能数据列于表 5-12，4 种催化剂的胶样的流动曲线均由连续变成不连续，但临界温度却不同。图 5-40 为 Ti 系顺丁胶的流出曲线。图 5-41 为 Ti 系胶样品挤出物的照片。Ti 系胶在振荡区出现 3 段不同外形组成物（见图 5-41(d)）。秦汶等认为，在黏着阶段流速较低，毛细管内的物料在入口受到的扰动原本不严重，在管内又有足够松弛时间。但当压力高至"滑移"产生时，管内物料便迅速滑出；由于滑移本身并不造成破裂，同时出口处管壁的速度又不为零，不会造成表面破裂，因而挤出物表面是光滑的。而滑移发生后才迅速进入毛细管的物料，由于流速高产生了入口破裂，在排出后表现为无规破裂，直至压力降低重新"黏着"后流速降低，入口破坏的原因消除，挤出物重新表现为表面光滑。50℃时，Ti-PB 在很低的剪切速度下（2s⁻¹）产生表面破裂，说明此时胶的抗撕裂能力很低。由图 5-42~图 5-44 可见，流动曲线在低温时是连续的，当温度升高后才变成不连续的，流动曲线开始变为不连续的临界温度随胶种而异。Ti-PB 的临界温度在 50℃ 以下，直到 100℃ 均为不连续。Co-PB 的临界温度在 50~70℃，Ni-PB 在 75~80℃，而 Ln-PB 的最高，在 80~90℃，与 U-PB 的临界温度相近。由于 Ln-PB 有较高的强度，在黏滑区仍能承受出口处的撕裂及入口处的拉伸断裂，但在黏滑状态下流经入口的速度及在毛细管中的停留时间不同，而使得入口膨胀效应不同，从而出现图 5-45(c) 中粗细相间的挤出物。

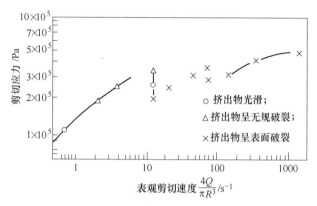

图 5-40   Ti-BR 在 50℃ 时的流动曲线及挤出物的外形

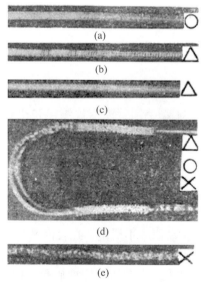

图 5-41   Ti-BR 在压力振荡前及振荡区内挤出物外形示例（50℃）

(a) $\frac{4Q}{\pi R^3} = 7.1 \times 10^{-1} \text{s}^{-1}$； (b) $\frac{4Q}{\pi R^3} = 2.4 \times 10^{0} \text{s}^{-1}$； (c) $\frac{4Q}{\pi R^3} = 4.4 \times 10^{0} \text{s}^{-1}$；

(d) $\frac{4Q}{\pi R^3} = 1.47 \times 10 \text{s}^{-1}$； (e) $\frac{4Q}{\pi R^3} = 7.1 \times 10 \text{s}^{-1}$ （d~e 为压力振荡区）

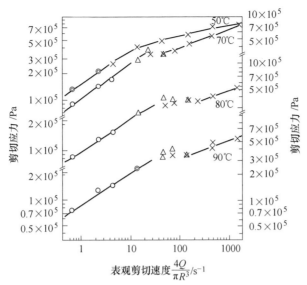

图 5-42　Co-BR 在不同温度下的流动曲线及挤出物外形

○—挤出物光滑；△—挤出物呈表面破裂；×—挤出物呈无规破裂；

◎—挤出物表面光滑但有较大波浪

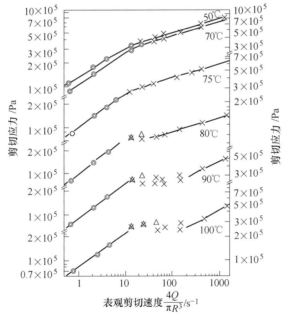

图 5-43　Ni-BR 在不同温度下的流动曲线及挤出物外形

○—挤出物光滑；△—挤出物呈表面破裂；×—挤出物呈无规破裂；

◎—挤出物表面光滑但有较大波浪

　　Ln-PB 产生无规破裂的入口破坏与其他胶相比发生在更高的剪切速度处，即使在振荡条件下，也不出现表面破裂，说明它经受剪切及拉伸破坏的能力最强。Co-PB、Ni-PB的情况介于Ti-PB和Ln-PB之间，表面破裂产生在较高的剪切速度下（10s⁻¹）。

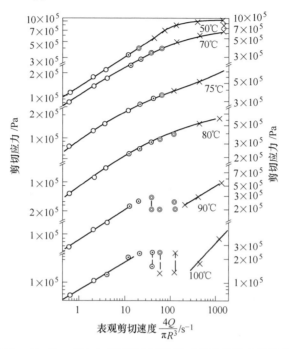

图5-44   Ln-BR在不同温度下的流动曲线及挤出物外形

○—挤出物光滑；×—挤出物呈无规破裂；

⊙—挤出物表面光滑但呈微小波浪；◎—挤出物表面光滑但有较大波浪

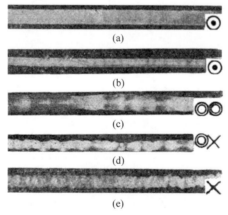

图5-45   Ln-BR在压力振荡前及振荡区挤出物外形示例（100℃）

(a) $\frac{4Q}{\pi R^3}=1.47\times10s^{-1}$； (b) $\frac{4Q}{\pi R^3}=2.4\times10s^{-1}$； (c) $\frac{4Q}{\pi R^3}=4.4\times10s^{-1}$；

(d) $\frac{4Q}{\pi R^3}=7.1\times10s^{-1}$； (e) $\frac{4Q}{\pi R^3}=1.17\times10s^{-1}$（c~e为压力振荡区）

表 5 - 12 顺丁橡胶试样的表征数据

胶种（牌号）	Ti - BR (Phillips cis - 41023)	Co - BR (Cariflex1220)	Ni - BR （北京 78 标）	Ln - BR （锦 B - 37 - 1）
	93.1	96.8	96.1	97.7
顺式 - 1,4/%	92.7	97.2	95.9	97.7
	92.2	97.7	96.3	97.7
门尼黏度（$ML_{1+4}^{100℃}$）	49.5	47.1	50.6	42.5
$[\eta]$/dL·g^{-1}	2.27	1.95	2.33	3.31
本体黏度 η/P $\dot{\gamma} = 0.013$	1.27×10^3	2.8×10^3	2.3×10^3	1.9×10^3
$\eta/[\eta]$	5.6	14.3	9.8	5.8
流动曲线出现不连续的临界温度/℃	<50	50~70	75~80	80~90

5.3.2.4 生胶的包辊性能

顺丁胶、乙丙胶等合成橡胶问世后，出现胶上辊性能差，有时几乎无法进行加工混炼现象。经研究观察发现，生胶在辊上的行为随着辊温由低到高出现包辊、脱辊、再包辊的现象。在开炼机上的这种加工性能，Tokita - White 认为可分为 4 个区域，如图 5 - 46 所示。

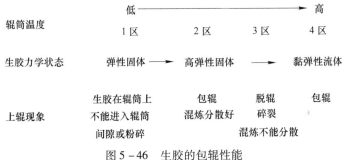

图 5 - 46 生胶的包辊性能

这 4 个区域也可用 4 个阶段来描述：第一阶段，弹性体艰难地进入辊隙并被破坏；第二阶段，包辊胶看上去较粗糙，有很多颗粒而且脱辊；第三阶段，通常在慢速辊上形成有弹性的平整的包辊胶；第四阶段，包辊胶变得均匀有光泽，基本上是黏性的。因此，对各种生胶必须选择适当的温度，使其在包辊的 2 区内进行混炼，不同的橡胶上辊的最佳 2 区温度不同。顺丁橡胶低温上辊在 2 区，如果在 50℃以上即转变到 3 区，此时即使将辊距减少到最小也不能回到 2 区。

李素清等[35]研究了 Ti、Ni、Co 及 Nd 等催化剂合成的顺丁橡胶的包辊行为，并绘得辊距 - 辊温图（见图 5 - 47），即 2 ~ 3 区转变曲线。Ti、Ni(Co)、Nd 不同顺丁胶的 2 ~ 3 区转变曲线依次由左向右排列。由图可知，Ti 系胶在最窄的辊距时，辊温不能超过 40℃，Nd 系胶在较宽的辊距时和较宽的辊温范围内都有较好的包辊性能。2~3区转变温度比 Ni-PB 高 20~30℃。此工作发表 10 年后，意大利学者也发表了同样的辊距-辊温曲线图[36]，也证明稀土顺丁橡胶有较好的包辊行为。各胶 2~3 区转变温度的序列与在毛细管所得到的流动曲线不连续的临界温度序列是一致的。这表明用流动曲线不连续的临界温度来判断聚丁二烯生胶的包辊行为要比用结晶速率更为切合。

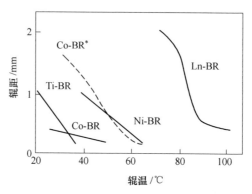

图 5-47　各种顺丁胶的 2~3 区转变曲线

参 考 文 献

[1] 中科院应化所高分子物理研究室. 顺丁生胶的表征 [J]. 化学通报, 1977 (5): 268~279.

[2] 钱保功, 余赋生, 程容时, 等. 稀土催聚的顺-1,4 聚丁二烯的表征 [J]. 科学通报, 1981 (20): 1244~1248.

[3] 曾焕庭. 合成橡胶的红外光谱分析 [J]. 合成橡胶工业, 1978 (2): 56~69.

[4] 朱晋昌, 席时全, 吴雅南, 等. 定向聚丁二烯不饱和度分布的红外吸收光谱测定 [C] // 中国科学院高分子学术会议会刊, 1961 年高分子化学和物理研究工作报告会, 北京: 科学出版社, 1963: 398.

[5] 于宝善. 合成橡胶结构与组成红外分析的一些问题 [J]. 分析化学, 1974, 2 (4): 311~321.

[6] 赵芳儒, 苏会文, 等. ^{13}C-NMR 研究聚丁二烯长支链化 [J]. 高分子通讯, 1982 (3): 225.

[7] 程镕时. 粘度数据的外推和从一个浓度的溶液粘度计算特性粘数 [J]. 高分子通讯, 1960, 4 (3): 159~163.

[8] 钱锦文, 杜志强. 一个适用于 Huggins 常数 K' 较大的新的一点法特性粘数方程 [J]. 高分子学报, 1988 (2): 113~118.

[9] Danusso F, Morglic G, Gianoti G. Cis—Tacric Polybutadiene: Solubility, $[\eta]$-M Relations in Different Solvents, and Molecular Conformation [J]. J Polymer Sci, 1961, 51: 475.

[10] 阮梅娜, 程镕时. 稀土顺丁橡胶与镍顺丁橡胶的分子量 [C] //中科院长春应化所集刊 (18 集), 1981: 19.

[11] 殷敬华, 李斌才. 顺丁橡胶在几种溶剂中的特性粘数-分子量关系式和无扰分子尺寸的

估算 [J]. 高分子通讯, 1984 (3): 187~191.

[12] 余赋生, 杨毓华, 徐桂英, 等. 从屈服强度结算稀土顺丁橡胶的分子量 [C] //稀土催化合成橡胶文集, 北京: 科学出版社, 1980: 246.

[13] 张新惠, 徐敬梅. 稀土顺丁橡胶的可塑性与特性粘数的关系 [C] //稀土催化合成橡胶文集, 北京: 科学出版社, 1980: 308.

[14] 杨荣杰, 施良和. 聚合物长链支化表征进展 [J]. 石油化工, 1988, 17 (3): 192~196.

[15] 金春山, 等. 用 GPC - [η] 法研究高聚物的长链支化 [J]. 合成橡胶工业, 1979, 2 (1): 20~28.

[16] 金春山, 孙淑莲, 闫承浩, 等. 镍顺丁橡胶的长链支化 [Z]. 镍顺丁橡胶攻关会战工作报告 (之三), 内部资料, 1986, 4.

[17] 章婉君. Ni - PB 中凝胶粒子的分布 [Z]. 镍顺丁橡胶攻关会战工作报告 (之二), 内部资料, 1986, 4.

[18] 张延寿, 罗云霞, 章婉君, 等. 凝胶对镍顺丁橡胶力学性能的影响 [Z]. 镍顺丁橡胶攻关会战工作报告 (之二), 内部资料, 1986, 4.

[19] Brandrup J, Lnmergut E H. Polymer Handbook [M]. New York: Interscience Publishers.

[20] 周恩乐, 徐白玲, 贾连达. 顺丁橡胶的聚集态结构及其拉伸行为 [J]. 高分子通讯, 1980, 1: 27~33.

[21] 贾连达. 聚 (顺 - 1,4 - 聚丁二烯) 结晶过程中的形态观察 [C] //中科院长春应化所集刊 (18 集), 1981: 151~154.

[22] 周恩乐, 徐白玲. 高顺式 - 1,4 - 聚丁二烯的结晶形态研究 [J]. 高分子通讯, 1982 (3): 178~181.

[23] 徐洋, 金桂萍, 周恩乐, 等. 稀土聚丁二烯的结晶形态 [J]. 电子显微学报, 1984 (2): 51~56.

[24] 徐洋, 余赋生, 周恩乐, 等. 稀土聚丁二烯的结晶行为与分子量及温度的关系 [J]. 应用化学, 1984, 1 (4): 51~55.

[25] 余赋生, 徐桂英, 张世林, 等. 稀土丁二烯 - 异戊二烯无规共聚物低温转变的研究 [J]. 应用化学, 1983 (1): 58.

[26] 周恩乐, 金桂萍, 廖玉珍, 等. 稀土顺 - 1,4 - 聚丁二烯的分子量及分子量分布对其低温结晶形态结构的影响 [C] //中科院长春应化所集刊 (19 集), 1982: 81~84.

[27] 周恩乐, 李虹. 燕山 Ni 顺丁中试胶样的电镜剖析 [Z]. "镍系顺丁胶攻关会战" 之二, 1986.

[28] 张延寿, 钱保功. 稀土顺丁橡胶的粘弹性及链缠结 [C] //中科院长春应化所集刊 (17 集): 36.

[29] 徐洋, 周恩乐, 余赋生, 等. 稀土顺 - 1,4 - 聚丁二烯的分子量及分子缠结对结晶行为的影响 [J]. 应用化学, 1987, 4 (1): 48~52.

[30] 张延寿, 冯之榴, 田禾. 高低温自控自记式橡胶应力松弛仪 [C] //中科院长春应化所集刊 (16 集), 1966: 83.

[31] Hong S D, Hansen D R, Shen M. Viscoelastic Properties of Entangled Polymers. Ⅱ. The Interchain - Intrachain Entanglement Model [J]. J Polymer Sci: Polym Phys Ed, 1977, 15

（11）：1869~1883.

［32］ Chompff A J, Duiser J A. Viscoelasticity of Networks consisting of Crosslinked or Entangled Macromolecules. Ⅰ. Normal Modes and Mechanical Spectra Ⅱ. Verification of the Theory for Entanglement Nerworks ［J］. J Chem Phys, 1966, 45：1505；1968, 48：235.

［33］ 王英, 秦汶. 顺丁橡胶浓溶液的粘度 ［J］. 合成橡胶工业, 1984, 7（4）：304~308.

［34］ 秦汶, 李素清, 张芃. 顺式-1,4-聚丁二烯的流变性质Ⅰ. 流动曲线的不连续性 ［J］. 高分子通讯, 1984, 2：120~124.

［35］ 李素清, 秦汶. 顺式-1,4聚丁二烯的流变性质 Ⅱ. 生胶的包辊性能 ［J］. 高分子通讯, 1984, 2：125~128.

［36］ Colombo L, Buserti S, Dipasquale A, et al. A New High Cis Polybutadianc for Improved Tyre Performance ［J］. Kautschuk Gummi Kunststoffe, 1993, 46（6）：458~461.

6 稀土顺丁橡胶的物理力学性能及其在轮胎中的应用

6.1 稀土顺丁橡胶的基本性能

1970 年中科院长春应化所研制成功了新型高活性三元稀土催化体系，并于 1971 年起又继续与锦州石油六厂合作，先后在实验室的玻璃瓶、40L 单釜、30L 双釜连续模拟装置及千吨半工业生产装置中的 $1.5m^3$、$6m^3$ 等聚合反应器进行多次间断和连续聚合实验，对稀土顺丁橡胶的合成与生产技术进行较大规模的全面和系统的工业开发研究。包括降低催化剂用量、宏观结构调整、产品质量控制、加工、应用等诸多方面进行了全面研究开发。到 1983 年，不仅完成稀土顺丁充油橡胶生产工艺技术的开发，试制高门尼稀土顺丁基础胶约 600t，同时试制出中门尼稀土顺丁胶 200 多吨。在此基础上，锦州石化公司于 1998 年、2000 年、2001 年、2004 年在万吨级生产装置上进行了 4 次成功的试生产，试生产 BR9100 41 号、BR9100 47 号、BR9100 51 号 3 种不同门尼牌号的稀土顺丁橡胶 1700 多吨，为橡胶加工厂试制高性能轮胎提供了大量工业生产样品。

6.1.1 稀土顺丁橡胶独特的加工性能

由含卤化物与 Ln - 盐和 AlR_3（$AlHR_3$）组成的三元催化体系，引发丁二烯的聚合活性出现飞跃，并具有工业化意义。研究人员于 1971 年在锦州的千吨装置中的 $1.5m^3$ 釜试制门尼值为 $49 \sim 53$，分子量分布指数为 4.4 的稀土顺丁橡胶近 200kg，并送与青岛橡胶二厂进行加工试验和试制里程胎。在加工试验过程中，除挤出性能稍差外，其他方面均与 Ni 系顺丁橡胶相近，但发现稀土顺丁橡胶具有较好的混炼加工性能（见图 6 - 1）。从图上可见稀土顺丁橡胶加工行为明显地好于北京 Ni 系顺丁橡胶和 JSR BR01 王牌顺丁橡胶。在 20 世纪 60 年代初顺丁、乙丙等合成橡胶问世后，出现上辊加工性能差，有时几乎无法进行加工混炼等问题，稀土顺丁橡胶这一极好的混炼加工性能引起生产厂家的极大兴趣。对顺丁橡胶流变性质的研究所绘制的辊距 - 辊温图（见图 5 - 47）进一步证实，稀土顺丁橡胶在较宽的辊距、辊温范围内都有较好的包辊性能，比目前市场上最好的商品胶 Ni - BR 的辊距温度要高 $20 \sim 30$℃[1]。10 年后意大利学者也发表了同样的辊距 - 辊温曲线图（详见第 6.5.2.2 节）[2]，证明稀土顺丁橡胶有较好的包辊行为。

北京 Ni-BR　　　　　　　锦州 Ln-BR

　薄通

　加炭黑

　加完炭黑

日本 JSR BR01

图 6-1　稀土顺丁橡胶与 Ni 系顺丁橡胶加工行为比较照片
（Ln-BR 为 1973 年锦州 1.5m³ 釜放大胶样在青岛橡胶二厂试制里程轮胎）

稀土顺丁橡胶在辊筒上塑炼时，胶中凝胶、分子量及分子量分布等宏观结构参数都发生较大变化，凝胶消失、分子量降低、分布变窄，这种塑炼降解行为显然与 Ti、Co、Ni 等催化剂合成的顺丁橡胶有较大差别，而与天然橡胶、顺式异戊橡胶、π-烯丙基镍合成的长链支化顺丁橡胶相似。故稀土顺丁橡胶中的凝胶不影响硫化胶的物性，在等速和非等速辊筒上的塑炼降解效果一样，但不同的胶样降解速度有可能不同，也不像天然胶那样降至同一特性黏数。由于塑炼降解的特性，稀土顺丁橡胶的特性黏数 [η] 在很宽的范围内（[η] 在 2.7~5.0 之

间），只要控制低分子量（$[\eta]<1$）部分在35%左右，均能得到物理力学性能良好的硫化胶[3]。在混炼过程中，同塑炼一样，稀土顺丁胶同样发生降解现象，门尼黏度降低等一些变化，这些变化与原生胶的宏观结构有关，生胶分子量高，分布宽的样品变化较显著，挤出膨胀增高，炭黑达到均匀混合所需时间也较长。高分子量或宽分布的稀土顺丁胶，虽然可以通过延长混炼时间来改善挤出行为，但"过炼"又将降低硫化胶的各种物理力学性能。因此，稀土顺丁橡胶在合成时仍需要有合适的宏观结构参数[4]。

6.1.2 稀土顺丁橡胶与镍系顺丁橡胶基本性能比较

锦州石化公司委托北京橡胶研究设计院对中试稀土顺丁橡胶和1981年储存的稀土顺丁橡胶样品，从宏观结构、生胶性能、混炼胶特性到硫化胶特性及其动态力学性能等诸多方面的基本特性进行了全面剖析研究。

6.1.2.1 顺丁橡胶的宏观结构及其性能比较

对几种顺丁橡胶样品的宏观结构的主要参数测定结果见表6-1。稀土顺丁橡胶比镍系顺丁橡胶有更加规整的分子链。稀土顺丁胶的降解性或支化度低于Ni系顺丁橡胶，而屈服强度又高于后者[5]。

表6-1 顺丁橡胶的结构参数及生胶性能比较

项 目		Nd-BR				Ni9000
		H-11	H-12	H-14	B-38	Ni-BR
微观结构/%	顺式-1,4	97	97.6	97.5	96.2	96.2
	反式-1,4	2.4	1.9	1.9	2.1	2.0
	1,2-	0.7	0.6	0.6	1.7	1.8
宏观结构	M_w	66.6×10^4	75.5×10^4	75.9×10^4	71.1×10^4	41.8×10^4
	M_n	10.2×10^4	11.4×10^4	14.7×10^4	9.3×10^4	12.7×10^4
	M_w/M_n	6.52	6.62	5.16	7.83	3.29
	$[\eta]/dL\cdot g^{-1}$	3.75	3.82	4.31	3.62	2.46
	M_v	63.8×10^4	66.5×10^4	77.9×10^4	60.7×10^4	24.9×10^4
	难溶物/%	2.4	2.9	3.2	6.0	2.9
机械降解性	ML_{1+4}(100℃)	42	48.1	64.1	54.4	42.8
	降解指数/%	1.1	0.8	1.4	13.8	9.1
	ΔML	2.4	3.8	2.7	10.3	5.2
生胶屈服强度		123	138	175	133	109

6.1.2.2 混炼胶与硫化胶的物理性能

松弛试验结果表明，Nd-BR的生胶、混炼胶的加工性能不如Ni-BR，这种差异显然与分子量及分子量分布的差别有关，即宽分布对加工性带来的改善，远抵不上分子量高，尤其是超高分子量的负面影响。但 Nd – BR 的混炼胶有较高强度，尤其在大变形下的应力远高于 Ni – BR，净强度均呈正值，显然这也与分子量高，尤其超高分子量部分的链缠结，甚至拉伸结晶现象的存在有关。混炼胶的高强度对轮胎成型与胎坯的存贮性极为有益。Nd – BR 的混炼胶的性能均高于 Ni – BR[6]。

Nd – BR 的硫化胶的抗拉强度与撕裂性能明显高于 Ni – BR，高门尼的 Nd – BR 的抗拉强度比 Ni – BR 甚至高出 3 ~ 4MPa。磨耗、抗疲劳性等性能比较见表 6 – 2。

表 6 – 2　混炼胶及硫化胶的物理性能

项　目		Nd – BR				9100
		H – 11	H – 12	H – 14	B – 38	Ni – BR
混炼胶性能	生胶门尼	40.5	45.5	57	52	43.5
	混炼胶门尼	66	76	84	63	60
	增长指数/%	57	58	31	17	40
	炭黑结合胶/%	30.1	33.7	35.4	30.8	26.8
	300%定伸应力/kPa	242	748	372	322	68
	抗拉强度 (T_b)/kPa	168	206	240	178	177
	屈服强度 (T_y)/kPa	301	795	444	298	68
	净强度 ($T_b - T_y$)/kPa	133	589	204	120	– 104
硫化胶的物理力学性能	抗拉强度/MPa	17.9	18.2	19.6	16.8	16.0
	撕裂伸长率/%	515	490	521	523	520
	300%定伸应力/MPa	9.0	9.5	10.0	8.7	8.0
	永久变形/%	5	4	1	6	3
	撕裂强度/kN·m^{-1}	46.3	49.1	45.7	45.2	44.4
	硬度	61.0	60	62	60	61
	磨耗量 (1.61km)/cm³	0.031	0.024	0.032	0.029	0.024
	回弹性/%	46	48	51	45	44
	曲挠龟裂（割口法到5万转）/mm	14.5	14.2	14.1	12.5	12.1
	疲劳生热 温升/℃	40.8	39.3	34.2	40.0	43.2
	疲劳生热 变形/%	3.3	2.9	1.7	3.1	4.1
	疲劳生热 最终压缩率/%	14.4	11.5	9.7	14.1	14.3
	滞后损失/%	13.2	12.0	10.3	12	14.1
	损耗因子 tanδ 0℃	0.095	0.097	0.081	0.111	0.110
	损耗因子 tanδ 70℃	0.078	0.074	0.067	0.079	0.095

Nd – BR 在湿路面上的抗湿滑性优于 Ni – BR，高门尼 Nd – BR 可比 Ni – BR 高出 20 个百分点。在滚动实验中，Nd – BR 的阻力均小于 Ni – BR。高门尼黏度的 Nd – BR 兼有较高的抗湿滑性与较低的滚动阻力，从而可对轮胎制动性、湿牵引性与低滚动阻力、低能耗之间相互矛盾的特性得到良好的平衡作出贡献。现代轮胎对安全性、牵引性、滚动阻力、耐用性能有更高要求，Nd – BR 无疑是更符合使用要求的新型 BR 品种。

6.1.2.3 稀土顺丁橡胶与国外钕系顺丁橡胶的结构与性能

经多年的研发和试生产，我国于 1983 年初完成了稀土顺丁橡胶及其充油橡胶的生产工艺技术及应用技术的开发。1983 年 4 月，化工部科技局在锦州召开了鉴定会，全面验收了该项技术，并计划在锦州先建设年产 1.5 万吨稀土顺丁充油橡胶的装置。由于国家在 1984 年实行经济体制改革及其他一些因素的影响，稀土顺丁橡胶的生产装置的建设被搁置。直到 20 世纪 80 年代末，欧洲市场上才出现了稀土顺丁橡胶（1988 年德国、1989 年意大利先后生产了多种牌号的钕系顺丁橡胶），引起了国内橡胶生产厂家的注意和重视。北京燕化公司于 1993 年，锦州石化公司于 1995 年先后与中科院长春应化所签订委托合同，合作开发稀土顺丁橡胶生产技术。锦州石化公司再次委托北京橡胶研究设计院对国产稀土顺丁橡胶，从生胶性能、工艺性能和硫化胶性能等多方面进行研究剖析，并将其与国外 Nd – BR 商品和国产 Ni – BR 进行对比。

A　生胶性能

两个意大利钕系商品胶和门尼黏度相近的两种国产稀土顺丁橡胶及 Ni – BR 的结构和相关性能见表 6 – 3。从表中的数据可见，Nd – BR 的顺式含量高于 Ni – BR，1,2 – 含量小于 1.0，低于 Ni – BR。表明 Nd – BR 具有比 Ni – BR 更优良的链结构规整性。中国产 Nd – BR 的分子量高于意大利 Nd – BR 和 Ni – BR，分子量分布也较窄。ΔML 与胶的支化程度密切相关。国产 Nd – BR 和 Ni – BR 的 ΔML 高于国外 Nd – BR，表明国产的 Nd – BR 或 Ni – BR 的支化程度略高于国外 Nd – BR。从热失重的实验可知，Nd – BR 的热稳定性相当，均好于 Ni – BR。而开始失重的温度相差较大，Ni – BR 在 62℃ 便开始失重，显然与低挥发分物质含量较高有关。在室温易出现冷流现象是顺丁橡胶的特点，几个样品抗冷流差别较大，分子量高，分子量分布宽，支化度大的生胶有较好的抗冷流性。

表 6 – 3　顺丁橡胶的结构参数及性能的比较[7a]

项　目		中　国			意大利	
		NdBR – 1	NdBR – 2	Ni – BR	NdBR – 40	NdBR – 60
微观结构/%	顺式 –1,4	97.8	—	95.6	96.5	94.9
	反式 –1,4	1.7	—	2.3	2.9	3.0
	1,2 –	0.5	—	2.1	0.7	0.1

续表 6 - 3

项 目		中 国			意大利	
		NdBR - 1	NdBR - 2	Ni - BR	NdBR - 40	NdBR - 60
分子量及分布	M_n	—	26.2×10^4	9.7×10^4	14.4×10^4	26.0×10^4
	M_w	—	56.2×10^4	38.8×10^4	50.6×10^4	42.0×10^4
	M_w/M_n	—	2.1	4.0	3.6	1.6
不同分子量级分所占比例/%	$M > 5 \times 10^{-6}$		15.3	9.1	11.4	5.6
	$M = 5 \times 10^{-4} \sim 5 \times 10^{-6}$		77.3	77.1	82.6	94.3
	$M < 5 \times 10^{-4}$	—	7.0	3.8	6.0	0.1
ΔML 与机械降解性	$ML_{1+2.5}(100℃)$	44.2	64.1	47.2	46.0	65.8
	$ML_{1+16}(100℃)$	40.8	59.3	42.1	43.3	62.6
	$\Delta ML = ML_{1.5} - ML_{16}$	3.4	4.8	5.1	2.7	3.2
$ML_{1+4}(100℃)$	原胶	43.3	62.1	45.8	45.0	64.7
	降解后	41.1	59.5	43.1	42.4	61.5
	降解指数/%	5.1	4.2	5.9	5.0	4.9
胶样热失重	105℃/%	0	0	0.4	0.4	0
	开始失重温度/℃	217	322	62	73	334
	失重1%温度/℃	357	357	308	320	334
	550℃时残重/%	2.4	2.1	0.6	0.6	1.2

B 工艺性能[7b]

a 混炼与挤出行为

在开炼机上 Nd - BR 与 Ni - BR 有大致相似的混炼行为，门尼黏度较高的 NdBR - 60 稍差些，在密炼机中均有良好的密炼工艺性，炭黑的混入速度大致相同，Nd - BR 的功耗高于 Ni - BR，国产 Nd - BR 高于国外 Nd - BR。

在混炼胶挤出性能方面，Ni - BR 的挤出速度、胶料收缩性和 D 型膨胀性等均不如 Ni - BR 优良。国产 Nd - BR 与国外 Nd - BR 在收缩性和 D 型膨胀性方面大致相当，但挤出速度稍低。在挤出物外观质量方面，低 ML Nd - BR 与 Ni - BR 相媲美，而高 ML Nd - BR 则略差些。

b 流变性能

5 个胶样的流变曲线和黏度曲线（见图 6 - 2）均显示出剪切应力变稀的非牛顿流体的流动属性，它们的剪切应力（τ）和表观黏度（η_a）与剪切速率（$\dot{\gamma}$）有明显的相关性，τ 与 η_a 均随 $\dot{\gamma}$ 的增大而分别增大和降低。

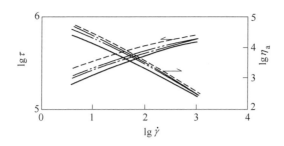

图 6-2　胶样的流变曲线与黏度曲线

——NiBR；－－NdBR-1，NdBR-40；－·－NdBR-60；---NdBR-2

从图 6-2 可以看出，Nd-BR 的曲线均在 Ni-BR 上方，这表明 Nd-BR 的流动性不如 Ni-BR 好。Nd-BR 随着 $\dot{\gamma}$ 的增大，其 η_a 的下降速率比 Ni-BR 快些，说明非牛顿性比较明显。国产 Nd-BR 在不同 $\dot{\gamma}$ 下的挤出物外观与膨胀率比国外 Nd-BR 稍差，比 Ni-BR 更差，表明 Nd-BR 具有较强的弹性记忆效应。

c　混炼胶的强度与黏合性

由图 6-3 可见，混炼胶（未硫化）Nd-BR 的强度高于混炼胶 Ni-BR 的强度，但国外 Nd-BR 与 Ni-BR 的净强度（抗拉强度-屈服强度）均呈负值，而国产 Nd-BR 的强度不仅高于国外 Nd-BR 和 Ni-BR，而且应力-应变曲线也有明显区别，国产 Nd-BR 在经屈服强度之后，随着应变的增大，强度值继续增大，即净强度呈正值，显示在大变形下的应力远高于对比胶样。这反映了上述胶样之间自身内聚能以及与炭黑相互作用的不同。推测与国产 Nd-BR 分子量高、超高分子量级分较高、在拉伸进程中易与炭黑相互缠绕形成所谓的"物理交联"能力或因其分子链的规整程度较高易于形成局部拉伸结晶有关。国产混炼胶的门尼黏度增幅高于国外 Nd-BR 和 Ni-BR，也反映了国产 Nd-BR 与炭黑之间相互作用较强。

Nd-BR 的自黏性高于 Ni-BR，国产 Nd-BR 高于国外 Nd-BR（见表 6-4）。这与混炼胶的强度是一致的。

Nd-BR 同 Ni-BR 相比，具有硫化速度较快，焦烧时间较短的特点。

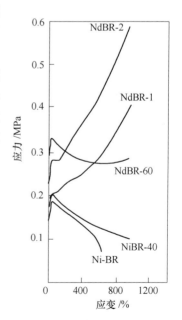

图 6-3　胶样未硫化胶的
应力-应变曲线

表6-4　胶样黏合性

胶　　样	混炼胶的自黏强度/kN·m⁻¹
NdBR-1	0.32
NdBR-2	0.37
NdBR-40	0.23
NdBR-60	0.33
Ni-BR	0.22

C　硫化胶的性能[7c]

胶料按 GB 8660—88 规定的标准配方进行配合，即 BR100、氧化锌3、炭黑60、硬脂酸2、操作油15、促进剂 NS 0.9、硫黄1.5。

a　硫化胶的物理力学性能

从表6-5中的数据可知，同 Ni-BR 相比，Nd-BR 具有抗拉强度和定伸应力较高，扯断伸长率与扯断永久变形较低的特点，高门尼胶样比低门尼胶样的抗拉强度和定伸应力高，扯断伸长率低。高的抗拉强度有利于提高 BR 在轮胎中的掺用比例。

表6-5　胶样硫化胶的物理力学性能

项　　目		NdBR-1	NdBR-2	NdBR-40	NdBR-60	Ni-BR
抗拉强度/MPa		16.9	18.3	16.5	18.0	15.1
扯断伸长率/%		614	506	590	472	678
300%定伸应力/MPa		5.9	8.2	6.7	7.8	5.1
扯断永久变形/%		13	10	12	9	16
撕裂强度/kN·m⁻¹		45.3	53.9	48.8	49.9	46.2
回弹性/%		42	49	47	48	42
硬度（邵尔A型）		57	62	62	61	60
200%疲劳/次数（指数）		4115(52)	4210(53)	8547(109)	7469(94)	7966(100)
磨耗量（1.61km）/cm³		0.013	0.013	0.017	0.015	0.014
压缩曲挠实验	温升/℃	44.0	37.0	43.5	40.0	51.0
	终动压缩率/%	20.4	12.0	15.1	12.5	20.6
	永久变形/%	5.8	3.2	5.2	3.5	7.5

5个胶样显示了几乎相同的高耐磨性，但国产 Nd-BR 的抗疲劳性较差。NdBR-2 的回弹性比 NdBR-60 高，温升却低，是所试胶样中具有最高回弹性的温升最低的样品。

b　抗湿滑性能和滚动阻力

Nd-BR 与 Ni-BR 在干路面上的抗湿滑性基本无高低之分，但在湿滑路面上，Nd-BR 明显高于 Ni-BR，约高出20个百分点（见表6-6）。Nd-BR（除NdBR-1）较之 Ni-BR 显示出较低的滚动阻力。高门尼 Nd-BR 有最佳水平。

表 6-6　胶样的抗湿滑性与滚动性

性　　能		NdBR-1	NdBR-2	NdBR-40	NdBR-60	Ni-BR
抗滑性干路面	摩擦系数	0.77	0.78	0.77	0.77	0.77
	相对指数	100	101	100	100	100
湿路面	摩擦系数	0.32	0.32	0.31	0.32	0.26
	相对指数	123	123	119	123	140
滚动性	滚动距离/cm	539	699	659	697	583
	相对指数	92	120	113	120	100

注：相对指数均以 Ni-BR 为 100 计算。

Nd-BR 与 Ni-BR 相比，在具有较高回弹性、较低生热的同时，又兼有较高的抗湿滑性和较低的滚动阻力，这对安全性、牵引性、滚动阻力、耐磨性等性能有更高要求的现代汽车轮胎而言，是更符合使用要求的 BR 品种。

6.2　稀土顺丁橡胶的应用试验及工业试生产技术指标

6.2.1　轮胎试制及里程实验[8]

稀土顺丁橡胶的最早应用实验开始于 1971 年 12 月。重点是应用于汽车轮胎胎面胶中，兼有少量杂品试用。首批实验选用 1971 年 8~11 月在千吨装置的 1.5m³ 釜由错钕富集物的环烷酸盐合成的稀土顺丁橡胶 200 多千克，门尼值为 49~53，分子量分布指数为 4.4。由青岛橡胶二厂进行轮胎试制。按镍系顺丁橡胶配方及工艺条件进行混炼，并压出 900-20 型汽车轮胎 7 条。在轮胎试制过程中，稀土顺丁橡胶的加工性能及应力应变性能均与国产镍系顺丁橡胶相近。但挤出性能稍差些，压出的胎带表面有些不光滑，这可能与生胶的门尼黏度较大有关。从轮胎机床及解剖胎试验发现，除稀土胶的机床行驶时间略短于镍系胶外，其他性能与镍胶相近。若生胶门尼值调节适当，以及选择较为合适的硫化配方及条件，则稀土顺丁橡胶的性能应好于镍系顺丁橡胶[9]。

第二批稀土顺丁胶的里程试验胎选用 1978 年 12 月千吨装置连续聚合制得的稀土顺丁橡胶，门尼黏度为 28~36。由上海正泰橡胶厂于 1980 年 2 月试制了 43 条里程胎，分别在湛江、扬州等里程试验点装车进行里程试验。桦林橡胶厂于 1980 年 3 月也用此批胶试制了里程胎，在赣州、吉安等里程试验点装车试验，两个厂在国内 5 个里程试验点都得到了完整的里程试验结果。行驶里程平均比 Ni 系对比胎高 2.74%，磨耗指数比 Ni 系高 3.6%。尽管此批试验的门尼黏度波动而偏低，但试验结果证明稀土顺丁胶有明显优势。为了验证本批试验结果，上海正泰橡胶厂于 1982 年 5 月又用此批胶（挑选门尼值为 32~36）试制一批里程胎，在杭州、肇庆、安庆 3 个地区进行行车试验，其行驶里程及磨耗指数分别比

Ni 系胶对比胎高 4.8%、6.8%，再次证实稀土顺丁胶的优势。

　　第三批稀土顺丁胶的里程试验胎选用 1981 年千吨装置连续聚合制得的稀土顺丁橡胶，该批胶按门尼值分为 36～37、40～41、49～50 3 种胶样，由上海正泰橡胶厂于 1982 年 5 月试制 144 条里程试验胎，分别在杭州、肇庆、安庆等里程试验点装车行驶。朝阳、贵州及桂林等轮胎厂对门尼黏度为 40～41 的稀土顺丁胶也试制了里程试验，各试验点都得到了完整的试验结果。上海正泰橡胶厂的里程胎在杭州、肇庆、安庆 3 个地区进行行车试验，其行驶里程和磨耗指数分别平均比 Ni 系顺丁胶对比胎高 5.6% 及 19.8%，试验胶的门尼黏度越高越显著。朝阳轮胎厂试验胎在几个里程点的行车试验结果显示，其磨耗指数平均比 Ni 系顺丁胶对比胎高 16.9%。此批试验胶由于改进了合成工艺，聚合稳定，胶的平均分子量及门尼黏度相对前批较高些，两个厂家的试验胎在全国各里程地区行驶的磨耗指数总平均值为 Ni 系顺丁橡胶对比胎的 119.5%，稀土顺丁胶里程胎的耐磨性远远优于 Ni 系顺丁胶对比胎。

6.2.2　钕系顺丁橡胶企业试行标准[11]

　　经过多年的自主研发及国外稀土顺丁橡胶的上市，锦州石化公司在 $12m^3$ 釜的万吨装置上试生产钕系顺丁橡胶，公司责成研究院编制"钕系顺丁橡胶 BR9100"企业标准。根据多年对稀土顺丁橡胶样品基本性能的全面剖析测试研究结果，建成了工业试生产产品，名称为"钕系顺丁橡胶"，牌号为"BR9100"，以别于 Ni 系顺丁橡胶（BR9000）。BR9100 的技术要求和试验方法见表 6-7。经 4 次试生产后，又将企业标准略加调整。

表 6-7　聚丁二烯橡胶 BR9100（钕系顺丁橡胶）企业试行标准

项　　目		指　　标				实验方法
		44		52		
		一级品	合格品	一级品	合格品	
生胶 ML_{1+4}（100℃）		44±5	44±5	>49～55	>49～55	GB/T 1232—92 GB/T 6737—86 GB/T 6736—86 直观 红外光谱法
挥发分/%			≤1.0	≤0.5	≤1.0	
灰分/%		≤0.5	≤0.7	≤0.5	≤0.7	
防老剂		非污染	非污染	非污染	非污染	
顺式-1,4/%		>96		>96		
145℃×20min 硫化胶	扯断强度/MPa	≥15.0		≥15.5		
	300%定伸强度/MPa	≥8.0		≥8.0		
	扯断伸长率/%	≥450		≥450		

按门尼黏度值为 41、47、53 分 3 个牌号产品，其技术质量指标如表 6 - 8 所示。

表 6 - 8 BR9100 的质量指标

项　目		质量指标			试验方法
		41	47	53	
生胶门尼 ML_{1+4}(100℃)		41 ± 3	47 ± 3	53 ± 3	GB/T 1232—92
挥发分/%		≤0.75	≤0.75	≤0.75	GB/T 6737—86
灰分/%		≤0.50	≤0.50	≤0.50	GB/T 6736—86
防老剂		非污染	非污染	非污染	—
145℃ ×35min 硫化胶	抗拉强度/MPa	≥15	≥15.5	≥15	GB/T 8660—88
	300% 定伸应力/MPa	≥7.5	≥8.0	≥8.5	GB/T 8660—88
	扯断伸长率/%	≥450	≥450	≥450	GB/T 8660—88

6.3　万吨装置试生产的钕系顺丁橡胶（BR9100）的基本性能

1998 年 7 月锦州石化股分公司开始在改造后的 $12m^3$ 聚合装置和 5 万吨级后处理系统进行约半个月的 Nd 系顺丁橡胶的试生产，产胶 200 多吨，胶样送与有关轮胎生产厂试制轮胎。2000 年 4 月、2001 年 5 月又相继进行两次试生产，总共试生产 3 个牌号稀土顺丁橡胶 1500 多吨。2004 年应用户的要求，进行第四次试生产，共产胶 210 多吨。4 次试生产初步解决了稀土顺丁橡胶在工业化生产过程中遇到的聚合工艺、工程和设备问题，为实现工业化稳定生产创造了条件。试生产的大量稀土顺丁橡胶为工业化生产质量控制与技术标准的确定提供了充分的实验技术依据，更为加工行业推广应用稀土顺丁橡胶提供了足够的胶样和技术参考。北京橡胶研究设计院、辽轮集团有限责任公司技术中心对试生产的 3 个牌号稀土顺丁橡胶的基本性能进行了全面的研究和评价，并考察了半成品的工艺加工性能、轮胎（9.00 - 20 16PR）的耐久性能、高速性能及行驶里程，并与 Ni 系顺丁橡胶进行比较。辽轮公司朝阳轮胎厂、广州珠江轮胎有限公司等对试生产的稀土顺丁橡胶进行了轮胎方面的应用研究。在载重斜交轮胎胎冠、全钢子午胎胎侧等的应用方面都获得了令人满意的结果。

试生产的 3 个不同门尼值的 Nd - BR 和对比胶 Ni - BR 及 NdBR - T 胶样的分子结构参数及基本性能如表 6 - 9 所示。

表6-9　胶样结构参数及其基本特性

项　目		NdBR-41	NdBR-47	NdBR-53	NdBR-T	Ni-BR
微观结构/%	顺式-1,4	97.3	97.2	97.2	97.2	95.7
	反式-1,4	2.0	2.1	2.0	2.2	2.3
	1,2-	0.7	0.7	0.8	0.6	2.0
$[\eta]/dL \cdot g^{-1}$		3.8	4.11	4.31	2.92	2.5
M_η		65.2×10^4	72.8×10^4	77.3×10^4	44.6×10^4	251×10^4
M_w/M_n		10.0	8.34	10.9	5.8	4.21
门尼黏度（$ML_{1+4}(100℃)$）		39.5	46.6	52.6	38.7	43.9
$\Delta ML(2 \sim 16min)$		1.9	2.5	3.2	3.7	5.1
屈服强度/kPa		113	134	156	121	110
灰分/%		0.28	0.10	0.30	0.28	0.02
挥发分/%		0.31	0.32	0.44	0.48	0.32
防老剂（2.6.4）/%		0.62	0.48	0.60	0.36	0.60

注：Ni-BR为锦州优级品；NdBR-T为中国台湾奇美KIBIPOLPR-040。

　　Nd-BR的顺式含量均高于Ni-BR，分子量及分子量分布也高于Ni-BR，但支化度低于Ni-BR，这些不同决定了胶样的加工性能与硫化胶物理性能的差异。锦州Nd-BR具有极佳的抗冷流性，明显优于Ni-BR和NdBR-T（见图6-4）。NdBR-41放置60天，外形尺寸仍未发生变化，NdBR-T的抗冷流性不

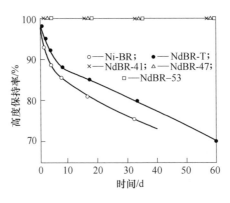

图6-4　生胶的冷流曲线

如 Ni‑BR，静置 30 天前后试块已坍塌，胶样的抗冷流性的差别主要与其分子量分布的宽窄和支化程度有关。

6.3.1 混炼胶性能[12ab]

6.3.1.1 加工性能

加工性能主要指混炼时配合剂混入橡胶的特性。挤出和压延的速度、半成品的收缩性与膨胀性也是黏弹体橡胶在加工过程中其黏性与弹性的不同表现。孟山都 MV200 型门尼黏度试验机所进行的门尼松弛试验结果表明，无论是全 BR 还是 BR/NR（并用比 50/50）的加工性能，3 个锦州 Nd‑BR 的加工性能均随门尼黏度的降低而有所改善。但 NdBR‑41 比 Ni‑BR 稍差，而 NdBR‑T 却较好于前 4 个胶样，但这种差别在 BR/NR 并用胶中并不明显。采用孟山都 RPA2000 型橡胶加工分析仪对所试胶样进行不同温度与频率的扫描对比发现（见图 6‑5 和图 6‑6），无论是生胶还是并用胶料，随操作温度提高，弹性模量（G）降低，损耗因子（$\tan\delta$）增大，这表明提高温度可以改善加工性能。若以剪切频率的高低表示加工操作中工艺速度的快慢，则加快工艺速度，加工性能逐渐变差。两种方法的结果是一致的，即 3 个锦州 Nd‑BR 胶样的加工性能随门尼黏度的降低而有所改善，但仍稍差于 Ni‑BR，也不如 NdBR‑T。并用胶中的差异不如生胶和单用混炼胶料那样明显，说明在实际使用过程中，由于掺用 NR，锦州 Nd‑BR 的加工性能获得明显改善，使其接近 Ni‑BR 或 NdBR‑T 水平。

6.3.1.2 混炼行为

胶料的密炼操作性能，无论是 BR 单独使用还是 BR/NR 并用胶，密炼初期尤其在生胶的捏炼过程中 Nd‑BR 的转矩明显高于 Ni‑BR，而在密炼后期，尤其在排胶时的转矩，Nd‑BR 基本与 Ni‑BR 相近或稍高。从总功耗来看 Nd‑BR 稍高于 Ni‑BR。Nd‑BR 的密炼温升明显高于 Ni‑BR，而 Nd‑BR 之间无明显差异。在单独使用 Nd‑BR 或 BR/NR 并用胶中有与 Ni‑BR 大致相同的密炼行为。在开炼上包辊性比 Ni‑BR 好，有利于各种配合剂在胶料中的良好分散。

6.3.1.3 挤出行为

全 BR 和 BR/NR 胶料的挤出性能如表 6‑10 所示。由表中数据可知，锦州 Nd‑BR 的挤出速度比 Ni‑BR 慢，收缩性与口型膨胀性较 Ni‑BR 大。挤出物的外观（见图 6‑7）随门尼黏度的下降而有改善。NdBR‑T 的挤出速度、收缩性、口型膨胀性与 NBR 相近或稍好，但挤出物的外观却最差。

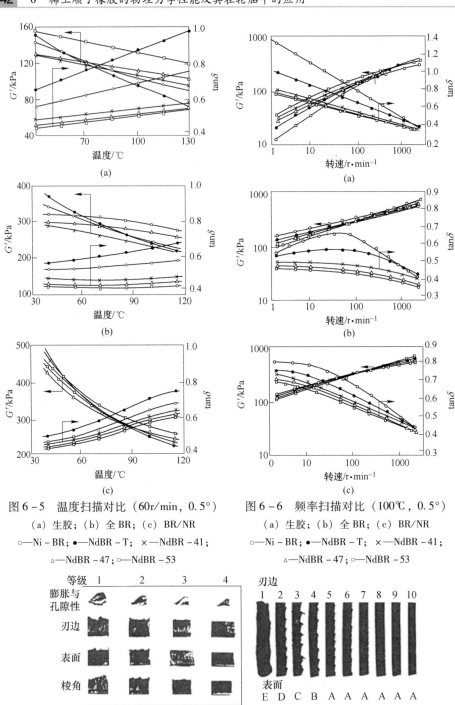

图 6 - 5　温度扫描对比（60r/min，0.5°）

（a）生胶；（b）全 BR；（c）BR/NR

○—Ni - BR；●—NdBR - T；×—NdBR - 41；

△—NdBR - 47；□—NdBR - 53

图 6 - 6　频率扫描对比（100℃，0.5°）

（a）生胶；（b）全 BR；（c）BR/NR

○—Ni - BR；●—NdBR - T；×—NdBR - 41；

△—NdBR - 47；□—NdBR - 53

图 6 - 7　挤出胶条的外观状态等级（ASTM D 2230）

（a）A 评价方法；（b）B 评价方法

表 6 – 10　全 BR 和 BR/NR 并用胶的挤出性能

项　目			Ni – BR	NdBR – 41	NdBR – 47	NdBR – 53	NdBR – T
全 BR	挤出速度	长度/cm · min⁻¹	425	306	345	363	435
		质量/g · min⁻¹	422	404	383	372	420
		胶条收缩率/%	7.2	12.5	11.6	8.7	5.5
		D 型膨胀率/%	192	271	225	201	183
	挤出物外观	A 评价方法①	(3334)13	(3444)15	(3444)15	(3444)15	(3222)9
		B 评价方法②	B – 7	A – 10	A – 9	A – 8	C – 5
BR/NR 并用胶	挤出速度	长度/cm · min⁻¹	325	271	270	278	294
		质量/g · min⁻¹	408	368	351	353	368
		胶条收缩率/%	6.1	4.4	7.6	6.7	8.7
		D 型膨胀率/%	240	255	252	244	246
	挤出物外观	A 评价方法①	(3444)15	(3444)15	(3444)15	(3344)14	(3444)15
		B 评价方法②	B – 10	A – 10	A – 10	A – 7	A – 10

①括号内 4 项数据代表胶条膨胀与孔隙性、刃边、表面、棱镜的评分，(4，4，4，4)16 最佳；
②分别代表挤出胶条表面（A~E 5 个等级，A 最佳）和刃边（10 个等级，10 最佳）。

在 BR/NR 并用胶中仍有差别，但差别程度明显减少，锦州 Nd – BR 的挤出速度、收缩率、膨胀率较接近于 Ni – BR。

6.3.1.4　混炼胶强度

锦州 Nd – BR 在单用时，混炼胶的应力 – 应变曲线与 Ni – BR 显著不同（见图 6 – 8），显示了 Nd – BR 在大变形下的应力远高于 Ni – BR 的特点。屈服强度也高于 Ni – BR，随门尼黏度上升越加明显，表明锦州 Nd – BR 分子链缠结能力较强，在拉伸应力作用下的应变诱导取向结晶能力较强。随着门尼黏度的上升，净强度（$T_b - T_y$）越大，诱导结晶能力也越强。

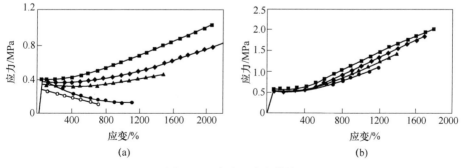

图 6 – 8　应力 – 应变曲线

（a）全 BR；（b）BR/NR 并用胶

○—Ni – BR；●—NdBR – T；▲—NdBR – 41；◆—NdBR – 47；■—NdBR – 53

在 BR/NR 并用的配合胶料中，3 个锦州 Nd－BR 仍然是随门尼黏度的升高，则赋予轮胎胶料以更优良的混炼胶强度（见表6－11 和图6－8）。混炼胶强度高可增加半成品的挺性，有利于轮胎成型操作与胎坯的停放和储存。

表6－11　全 BR 和 BR/NR 混炼胶的性能

项　目			Ni－BR	NdBR－41	NdBR－47	NdBR－53	NdBR－T
全 BR	门尼黏度 （ML_{1+4}(100℃)）	生胶	43.9	39.5	46.6	52.6	38.7
		混炼胶	69.9	74.9	88.9	97.8	71.8
		增长总值	26.0	35.4	42.3	45.2	28.1
		增长指数/%	59.2	89.6	90.8	85.9	64.3
	混炼胶强度 /MPa	屈服强度（T_y）	0.31	0.36	0.39	0.42	0.38
		抗拉强度（T_b）	0.13	0.44	0.77	0.99	0.12
		净强度（T_b-T_y）	－0.18	0.08	0.38	0.57	－0.26
	胶片收缩率① /%	长片收缩	35	50	53	53	38
		圆状收缩	51	56	57	60	52
BR/NR 并用混 炼胶	门尼黏度（ML_{1+4}(100℃)）		62.3	63.9	68.2	71.5	61.8
	混炼胶强度 /MPa	屈服强度（T_y）	0.51	0.53	0.59	0.59	0.53
		抗拉强度（T_b）	1.05	1.41	1.83	1.94	1.10
		净强度（T_b-T_y）	0.54	0.88	1.24	1.35	0.57
	胶片收缩率 /%	长片收缩	29	30	32	34	30
		圆状收缩	30	35	35	39	35

①于 XK－160 型开炼上，采用停车取样法测定。

6.3.1.5　压延胶片的性能

锦州 Nd－BR 压延胶片的收缩性高于 Ni－BR、NdBR－T（表6－11）。在 BR/NR 并用胶中，NdBR－53 的收缩性仍较高，NdBR－41 则与 NdBR－T 相当。说明锦州 Nd－BR 有较明显的弹性记忆效果。为取得良好的工艺效果，对较高门尼黏度的胶样需适当调整工艺条件。

6.3.1.6　硫化特性

稀土顺丁橡胶及其与天然胶并用胶的硫化特性见表6－12。3 个不同门尼值的稀土顺丁胶，硫化速度基本相同，且比 NdBR－T 和 Ni－BR 稍慢些。在 BR/NR 并用胶中，胶样之间的硫化速度基本趋向一致。单使用 BR 时，3 个锦州 Nd – BR 之间焦烧速度无明显差别，较慢于 Ni – BR 和 NdBR – T。锦州 Nd – BR 的硫化速度在与 Ni – BR 相当的前提下，焦烧速度较慢，加工安全性更好。

表 6 – 12　全 BR 和 BR/NR 并用胶的硫化特性

项　目			NdBR – 41	NdBR – 47	NdBR – 53	NdBR – T	Ni – BR
全 BR	硫化仪数据 （145℃）	$MH/N \cdot m$	3.13	3.21	3.29	3.61	3.42
		$ML/N \cdot m$	1.16	1.25	1.34	1.22	1.23
		t_{10}/min	12.6	12.4	12.3	10.2	12.0
		t_{90}/min	23.5	23.6	23.6	20.5	21.8
		硫化指数	7.6	7.1	7.2	7.4	8.3
	门尼焦烧时间 （120℃）	t_5/min	50.2	49.3	49.6	39.8	43.8
		t_{15}/min	57.7	56.2	56.0	48.8	50.8
		$\Delta t_{30}/min$	7.5	6.9	6.4	9.0	7.4
BR/NR 并用胶	硫化仪数据 （145℃）	$MH/N \cdot m$	3.10	3.18	3.22	3.37	3.13
		$ML/N \cdot m$	1.14	1.23	1.26	1.16	1.12
		t_{10}/min	9.2	9.5	9.7	9.1	8.8
		t_{90}/min	17.6	18.7	18.8	17.5	17.2
		硫化指数	10.2	9.8	9.8	10.2	10.5
	门尼焦烧时间 （120℃）	t_5/min	38.6	38.4	38.3	36.0	36.1
		t_{15}/min	44.1	44.4	44.1	42.5	41.6
		$\Delta t_{30}/min$	5.5	6.0	5.8	6.5	5.5

6.3.2　硫化胶的物理性能[12b]

硫化胶的部分物理性能数据见表 6 – 13。在单独使用配合中，Nd – BR 的抗拉强度和扯断伸长率明显高于 Ni – BR。抗拉强度一般比 Ni – BR 高出 3～4MPa。门尼黏度增加，抗拉强度无太大变化，但扯断伸长率略有下降，撕裂强度无明显区别。在 BR/NR 并用胶中，掺用 Nd – BR 的胎面胶的抗拉强度仍比 Ni – BR 高。随门尼黏度值升高，抗拉强度与抗撕裂性能有相应的提高。稀土顺丁胶的耐磨性能、抗疲劳性、弹性与生热性、抗刺扎性均好于 Ni – BR，并随 ML 值升高越加明显，与帘线的黏结性、抗臭氧老化性均明显优于 Ni – BR。

表 6 - 13   全 BR 和 BR/NR 硫化胶的物理性能

项　　目		NdBR - 41	NdBR - 47	NdBR - 53	NdBR - T	Ni - BR
全 BR，硫化条件：145℃ × 35min	邵尔 A 型硬度	60	59	61	63	61
	抗拉强度/MPa	18.6	19.3	18.6	18.2	15.9
	扯断伸长率/%	510	477	490	463	456
	300% 定伸应力/MPa	7.7	8.9	8.4	9.3	8.2
	扯断永久变形/%	8	5	6	5	6
	撕裂强度/kN·m^{-1}	49.3	50.1	51.6	51.8	51.3
	阿克隆磨耗量/cm^3	0.024	0.018	0.015	0.023	0.022
	回弹性/%	50	50	51	52	49
	滞后损失/%	12.1	11.8	11.3	12.3	12.4
	疲劳生热 温升/℃	33.0	32.8	32.6	34.9	34.7
	变形/%	2.9	2.9	2.4	3.0	3.0
	终压缩率/%	14.8	13.8	12.7	13.9	13.9
	抗刺穿强度/kN·m^{-1}	33	34	36	35	33
BR/NR 并用胶、硫化条件：145℃ × 25min	邵尔 A 型硬度	62	62	63	63	63
	抗拉强度/MPa	24.3	25.8	26.0	26.9	24.8
	扯断伸长率/%	735	753	744	714	821
	300% 定伸应力/MPa	6.4	6.0	6.3	7.1	6.1
	扯断永久变形/%	16	14	16	18	16
	撕裂强度/kN·m^{-1}	88.7	93.8	96.4	99.8	88.6
	阿克隆磨耗量/cm^3	0.065	0.063	0.058	0.067	0.073
	回弹性/%	42	42	43	43	41
	滞后损失/%	21.6	21.6	21.2	21.7	22.5
	屈挠龟裂(50 万次割口长度)/mm	5.3	4.1	4.9	5.2	5.1
	H 抽出力/N	142	149	146	125	138
	疲劳生热 温升/℃	42.5	42.8	41.7	42.3	44.2
	变形/%	8.4	8.4	7.8	8.1	8.8
	终压缩率/%	24.1	23.9	23.0	21.7	25.4
	抗刺穿强度/kN·m^{-1}	32	34	33	32	32

6.3.3　动态力学性能及其抗滑性、滚动性[12c]

轮胎的牵引性、滚动性、转向性、耐磨性等特性，均取决于轮胎胶料的动态力学性能。根据实验室测得胶料的动态力学性能可以预测和评估轮胎的实用性能。表6-14为黏弹谱仪测定结果。从所预测的轮胎各项性能来看，Nd-BR具有比Ni-BR更佳的滚动性、低生热性和高速行驶性。在干牵引性与干操纵性和抗干滑性方面，Nd-BR与Ni-BR大致相当。但湿牵引性、湿操纵性与抗湿滑性的实测结果相差甚大。实测Nd-BR的抗湿滑性均高于Ni-BR，而随着门尼值增加而提高。从动态力学性能测定各胶样的配合胶料的损耗因子（tanδ）、弹性模量（G'）均随温度的升高而呈下降趋势。随着频率的增大，tanδ则相应增大，而弹性模量（G'）则变化较小。随应变振幅的增大，tanδ增大，而弹性模量则降低。当振幅增至1°时，tanδ值陡然上升，这表明胶料的应变幅度或汽车轮胎负荷达到极限。在不同因素扫描中，Nd-BR的tanδ值总是低于Ni-BR，随ML值升高，tanδ越低。

表6-14　全 BR 和 BR/NR 由动态黏弹性能预测的胎面胶特性

胎 面 特 性			黏弹性预测参数		Nd-BR			Ni-BR
			参数①	期望方向	41	47	53	
全BR	高速行驶性	滚动阻力，生热性	75℃下的tanδ②	低	0.101	0.102	0.093	0.119
		湿牵引性和湿操纵性	0℃下的tanδ	高	0.085	0.081	0.076	0.080
		干牵引性	25℃下的tanδ	高	0.076	0.074	0.070	0.063
		干操纵性	25℃下的 E	高	10.7	10.3	9.9	9.2
		冰雪面牵引性	-25℃下的 E	低	13.0	26.1	23.5	21.1
		转向因数	25℃下的 E	高	10.7	10.3	9.9	9.2
		耐磨性	T_g	低	-90.6	-90.7	-90.8	-90.6
		乘坐舒适性	25℃下的 E	低	10.7	10.3	9.9	9.2
BR/NR 并用胶	高速行驶性	滚动阻力，生热性	75℃下的tanδ②	低	0.186	0.172	0.168	0.182
		湿牵引性和湿操纵性	0℃下的tanδ	高	0.094	0.102	0.093	0.106
		干牵引性 0℃下的tanδ	25℃下的tanδ	高	0.090	0.085	0.082	0.092
		干操纵性	25℃下的 E	高	14.8	14.1	12.8	13.2
		冰雪面牵引性	-25℃下的 E	低	55.8	53.8	43.8	30.6
		转向因数	25℃下的 E	高	14.8	14.1	12.8	13.2
		耐磨性	T_g③	低	-54.7	-54.8	-54.8	-54.7
		乘坐舒适性	25℃下的 E	低	14.8	14.1	12.8	13.2

①tanδ为损耗因子，E为复合模量，T_g为玻璃化温度。

②由 RPA 测得。

③所列数据为 NR 相的 T_g。

黏弹谱线和动态力学性能测定结果与前述抗拉强度、耐磨性、与帘线黏合性、抗疲劳性、生热、滚动阻力、抗湿滑性等测定结果显示，Nd-BR 均优于 Ni-BR，这一事实说明 Nd-BR 比 Ni-BR 更适用于载重轮胎和轿车轮胎胎面、胎侧、胎体胶。因而 Nd-BR 更符合对安全性、牵引性、滚动性、耐用性等有更高要求的现代轮胎的用胶要求。

6.4　稀土顺丁橡胶在轮胎中的应用

6.4.1　在载重斜交轮胎中的应用[13]

辽轮公司对两次试生产的 47 号 Nd-BR 的基本性能和实用性能进行了较为全面的试验研究，分析了 Nd-BR 对胶料基本性能的影响，考察了半成品的工艺加工性能、轮胎（9.00-20 16PR）的耐久性能、高速性能及行驶里程，并与 Ni-BR 进行比较[14,15]。

6.4.1.1　NdBR-47 号胶的硫化特性

3 个胶样的胶料硫化特性测定结果（见表 6-15）表明，两次试生产的钕系顺丁胶的胶料最大转矩 M_H 值相似，稍低于 Ni 系顺丁胶，最低转矩 ML 值中，1998 年 Nd-BR 高于 2000 年 Nd-BR 和 Ni-BR。两次试生产的 Nd-BR 的焦烧时间（t_{10}）相当，无明显差异，稍快于 Ni-BR。与天然橡胶的并用胶料（BR/NR=30/70 或 50/50）的硫化特性与单用的 BR 有相似规律。

表 6-15　BR 胶料的硫化特性

项　　　目		NdBR-47(1998 年)	NdBR-47(2000 年)	Ni-BR(2000 年)
硫化仪数据（145℃）	MH/N·m	37.42	38.33	38.56
	ML/N·m	12.72	11.57	12.41
	t_{10}/min	5.8	5.5	5.9
	t_{90}/min	8.7	8.6	9.2

注：橡胶配方：BR100，氧化锌3，炭黑 N330 50，硬脂酸2，促进剂 CZ 0.9，环烷油5，硫黄1.5。

6.4.1.2　NdBR-47 号硫化胶的物理力学性能

3 种 BR 及 BR/NR（50/50）并用胶种的硫化胶物理性能测定结果（见表 6-16）表明：Nd-BR 或与 Nd-BR/NR 并用胶种的硫化胶的物理性能均显示出低变形、高弹性、耐疲劳、耐磨耗。其中 1998 年的 Nd-BR 最好，Ni-BR 最差，2000 年的 Nd-BR 居中。

表 6 – 16 硫化胶性能比较

项 目		NdBR – 47(1998 年)	NdBR – 47(2000 年)	Ni – BR(2000 年)
全 BR	硫化时间（148℃）/min	35	35	35
	抗拉强度/MPa	15.1	15.3	15.0
	扯断伸长率/%	428	352	465
	300% 定伸应力/MPa	9.9	11.2	10.0
	扯断永久变形/%	5.6	6.4	7.4
	撕裂强度/kN·m^{-1}	26	26	23
	邵尔 A 型硬度	61	64	63
	阿克隆磨耗量/cm^3	0.031	0.036	0.039
	回弹性/%	67	61	50
	200% 疲劳寿命/次	756	382	249
BR/NR = 50/50	硫化时间（142℃）/min	40	40	40
	抗拉强度/MPa	18.6	18.3	18.6
	扯断伸长率/%	517	492	523
	300% 定伸应力/MPa	8.9	9.7	9.2
	扯断永久变形/%	10.4	9.6	12.4
	邵尔 A 型硬度	63	63	63
	撕裂强度/kN·m^{-1}	76	71	69
	回弹性/%	50	50	48
	200% 疲劳寿命/次	24427	13171	9225

注：标准配方。

6.4.1.3 在载重斜交轮胎中的应用

A 轮胎胎冠胶料实验

采用 BR/NR = 30/70 并用胶料，在混炼工艺条件相同时，提高混炼胶填充因数（由 0.738 提高到 0.753），与 Ni – BR 有相同的挤出工艺性能。Nd 系并用胶胎冠的耐磨性能好于 Ni 系并用胶，耐磨性能提高 15.8%，特别是耐疲劳性能、撕裂性能、弹性和扯断永久变形都优于 Ni 系 BR 的并用胶料，见表 6 – 17。

表 6 – 17   BR/NR = 30/70 并用胎冠胶料

项 目	Nd – 47(1998 年)	Nd – 47(2000 年)	Ni – BR(2000 年)
300% 定伸应力/MPa	11.2	10.6	9.6
扯断永久变形/%	13.6	16.8	15.6
撕裂强度/kN·m⁻¹	62	49	48
阿克隆磨耗量/cm³	0.095	0.098	0.11
回弹性/%	56	55	54
200% 疲劳寿命/次	19605	19365	4318

注：配方：SMR20 70，BR 30，硫黄 + NOBS 2.25，氧化锌 4，硬脂酸 3，防老剂 2.0，石蜡 1，FS – 200 1.5，炭黑 53，芳烃油 5，142℃ ×40min。

B   轮胎胎侧胶料的实验

采用 BR/NR = 50/50 并用胎侧胶料，在混炼工艺条件相同时，提高 Nd 系胶的填充因数（由 0.749 提高到 0.767），与 Ni – BR 有相同的挤出工艺性能。含 Nd – BR 的并用胶料经 90℃ 热老化 48h 后，仍具有低形变、高弹性，尤其耐疲劳寿命较 Ni 系胶料提高 27% ~ 45%（见表 6 – 18）。

表 6 – 18   BR/NR = 50/50 并用胎侧胶料的物理性能

项 目		Nd – 47(1998 年)	Nd – 47(2000 年)	Ni – BR(2000 年)
300% 定伸应力/MPa		10.5	10.7	10.5
扯断永久变形/%		8.0	8.0	7.6
撕裂强度/kN·m⁻¹		43	39	36
200% 疲劳寿命/次		7347	7370	3415
热老化性能 90℃ ×48h	300% 定伸应力/MPa	12.9	12.4	13.3
	扯断永久变形/%	7.2	6.0	5.6
	撕裂强度/kN·m⁻¹	35	32	30
	200% 疲劳寿命/次	1639	1237	907

注：配方：SMR20 50，R 30，胶粉 80 目 5，硫黄 + 促进剂 2.3，氧化锌 4，硬脂酸 3，防老剂 2.0，胶易素 T – 78 1.5，石蜡 1，炭黑 53，芳烃油 5，142℃ ×40min。

C   行驶里程试验

由 Nd – BR 47 号并用胶料试制的 900 – 20 16PR 载重斜交胎成品，其黏附强度提高 28.95%，耐久性能提高 54.2%，表面温度降低 20℃ 以上。于 1999 年 11 月 8 日装车，行驶路线为全国各大中城市，即东南西北。因路面翻新改造，常用毛石、牌石奠基，水泥路表面粗糙，行驶路线长，且超载连续行驶，轮胎生温高。试验于 2000 年 5 月 22 日结束。试验结果（见表 6-19）表明，Nd 系并用胶料的行驶里程及累积磨耗均高于 Ni 系并用胶轮胎。

表 6-19　重庆地区全国轮胎专项里程装车实验结果

项　目	整 装 车		混 装 车	
	长征牌	A 品牌	长征牌	A 品牌
累计平均磨耗/km·mm^{-1}	4884	4545	4580	4359
总行驶里程/km	53200	47320	47733	45900
新胎花纹深度/mm	14.1	15.1	14.0	15.1
剩余花纹深度/mm	3.2	4.7	3.5	3.9
断面宽度变化/mm	+4	+5	+6	+4
外直径变化/mm	+6	+5	+3	+1
试胎数目/套	6	6	3	3

6.4.2　在全钢载重子午线轮胎胎侧胶中的应用[16]

辽轮公司对稀土顺丁胶在子午线轮胎方面的应用也进行了实验研究，胎侧胶的配合实验结果表明（见表 6-20），1998 年试制的 3 个牌号 Nd-BR 同 Ni-BR 相比，在混炼胶的硫化特性上基本相同，而硫化胶的物理性能两者相差很大。Nd-BR 的抗拉强度、扯断伸长率都优于 Ni-BR。热空气老化前后的疲劳寿命明显优于 Ni-BR，这正是解决胎侧胶耐疲劳性能的关键。而其他物理性能，如回弹性和硬度两者则基本接近。根据此结果选定 Nd-41 号进行车间大料试验。大料试验重现了小试结果，改用 Nd-BR 的胎侧胶的物理性能明显优于使用 Ni-BR 的胎侧胶。关于热空气老化后 200% 疲劳寿命，Nd-BR（15980 次）比 Ni-BR 高出 393.7%；老化前则高出 180.6%。扯断伸长率和撕裂强度也有明显提高，并改善了挤出工艺性能，胎侧胶料挤出表面光滑平整，挤出膨胀率小，尺寸稳定性高。

表 6-20　胎侧胶的配合试验结果（BR/NR=50/50）

项　目		Ni-BR	NdBR-41	NdBR-47	NdBR-51
硫化仪数据（150℃）	ML/N·m	1.53	1.52	1.62	1.72
	MH/N·m	6.26	6.31	6.43	6.51
	t_{10}/min	6.2	5.9	5.90	5.7
	t_{90}/min	15.1	15.6	14.0	14.6

续表 6-20

项　目		Ni－BR	NdBR－41	NdBR－47	NdBR－51
硫化胶的物理性能 （145℃×35min）	抗拉强度/MPa	14.2	17.03	14.68	15.13
	扯断伸长率/%	467	558	486	452
	300%拉伸应力/MPa	7.22	6.67	6.87	8.00
	硬度（邵尔 A 型）	57	59	59	58
	200%拉伸疲劳寿命/次	2595	9211	8371	7195
	回弹性/%	56	55	55	56
	撕裂强度/kN·m^{-1}	46	73	73	65
	90℃×48h，热空气老化后 的抗拉强度/MPa	12.17	14.28	14.28	14.04
	扯断伸长率/%	355	392	392	380
	200%拉伸疲劳寿命/次	1630	3384	3384	3056

用 Nd－BR 和 Ni－BR 分别试制了一批 10.00 R20 型轮胎，耐久试验结果（见表6-21）表明，Nd 系胶料轮胎的耐久性能比 Ni－BR 胶料轮胎提高50%。

表6-21　10.00 R20 成品轮胎耐久性试验结果[16]

项　目	试验配方（Nd－BR）	原生产配方（Ni－BR）
总行驶时间/h	600	400
总行驶里程/km	30000	20000
试验结束时轮胎状况	完整无损	胎侧裂口

6.5　国外稀土顺丁橡胶的研发

意大利埃尼集团研究中心于 1974 年看到中国有关稀土催化合成橡胶方面的研究报道后，在停掉早在 1954 年已开展的铀（U238）催化合成橡胶的研究项目后，便开展了钕系催化剂的研究。为了避免专利纠纷，埃尼集团研究中心选用烷氧基钕化合物作为主催化剂，所得实验数据和聚合规律与中国报道的相近。研究中心经过两个 2L 釜的中试装置，以 100g 时产胶量的进料速度连续运转 3 个月后，于 1980 年下半年利用已停产的异戊橡胶的生产装置，在 60m^3 釜进行单釜工业放大实验，试生产出 5 批 4 种不同门尼值的钕系顺丁橡胶和充油胶，近 80t，并在室内小型轮胎机床实验机、负重长距离实验机上等对试生产产品的使用性能进行初步考察。但经放大试生产后发现，催化剂用量高；产品门尼虽然合格，但分子量分布不合适，并非是理想的顺丁橡胶。选用烷氧基钕作主催化剂，虽不侵犯他人专利，但制备成本高，又怕水、怕氧，不稳定，不利于生产操作。为了生产理想的、具有竞争力的新型钕系顺丁橡胶，意大利有关学者曾多次来中国考察、座谈，希望与中国合作，共同开发稀土顺丁橡胶生产技术。于 1981 年 2 月 7 日中意双方在米兰正式签订为期 2 年的合作协议书。在合作期间双方相互交换了催化剂，分别在两国进行了实验比较。意方更是详细地考察了中方锦州中试装置和实验的进行情况以及稀土环烷酸盐的制备方法，全面了解到中方未能工业化的原因。中方虽然了解到他们的实验情况以及所遇到的问题，但双方未能进行实质性的技术开发合作。

意大利 Enichem 公司通过与中国的合作，尤其从催化剂的比较实验中，看到了环烷酸钕较之烷氧基钕在活性和制备方面的优越性，同时又不侵犯他国专利。意方便将主催化剂改为羧酸钕。当中国再次停止稀土顺丁橡胶研发时，意方却对羧酸钕合成顺丁橡胶进行了全面深入的研究，连续不断地公开专利和发表文章，揭示了钕系顺丁橡胶较传统顺丁橡胶的优异性能，1984 年再次进行试生产。1989 年便向市场推出 Europene® NEOCIS 牌号的新型钕系顺丁橡胶。Enichem 公司宣称 NEOCIS BR 的综合性能优于传统顺丁橡胶，是制造轮胎胎侧的理想胶料[17~19]。Enichem 公司现已改名为 Europa 公司，即意大利欧洲聚合物公司。

德国 Bayer 公司同样在 20 世纪 70 年代末停掉铀（U238）系催化剂的研发后，转向了稀土催化剂的研究。Bayer 公司发现人工合成支链石油酸 - 新癸酸（Versatic acid）制备的新癸酸钕作主催化剂，不仅催化活性高，并能很好地溶解在脂肪烃溶剂中，便选择对环境友好的无毒的脂肪烃作溶剂。Bayer 公司非常关注中国在稀土催化合成橡胶方面的研究工作，见到中国在这方面发表的文章，尤其是在物理性能方面的论文，便会来函索取。Bayer 公司于 1988 年先于 Enichem 公司向市场推出牌号为 Buna CB 的新型钕系顺丁橡胶，并宣称用该钕系顺丁橡胶制造的轮胎比用传统顺丁橡胶高一个档次[20~22]。Bayer 公司目前已改名为 Lanxess（朗盛）公司，朗盛公司已成为全球最大的钕系顺丁橡胶生产厂家和供应商。

稀土（钕系）顺丁橡胶的工业化生产，使聚丁二烯橡胶的总体性能上了一个新台阶。由于轮胎标签法的实行，绿色轮胎对胶料的要求越来越高，极大地提升了 Nd - BR 的需求量。目前不仅朗盛在扩大产量，中国、俄罗斯、美国、韩国、法国、英国、日本等国也已在生产或将生产 Nd - BR。

6.5.1　德国对稀土（钕）顺丁橡胶性能的研究和评价

1988 年德国 Bayer 公司推出的新型钕系顺丁橡胶有 3 个牌号，Buna CB22、23、24，与传统顺丁橡胶相比（见图 6 - 9），分子参数的特点是顺式 - 1,4 含量高，长链支化低，分子量分布可调，这些特点是新型钕系聚丁二烯橡胶性能优异的根本原因[19~21]。

Buna CB Nd - BR 的特点如下：一是生胶强度大（见图 6 - 10），有利于提高未硫化轮胎胶的尺寸稳定性；二是生胶黏性大（见图6－11），可改善混炼时炭黑等配合剂的分散度与分散效果，提高硫化胶的性能；三是优异的耐疲劳性能（见图6－12），可延长轮胎使用寿命。

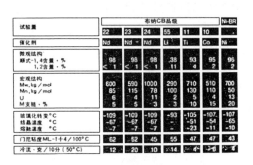

图6－9   钕－聚丁二烯橡胶聚合物特性与传统聚丁二烯橡胶品级聚合物特性比较

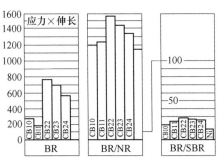

图6－10   顺式－BR的生胶强度比较

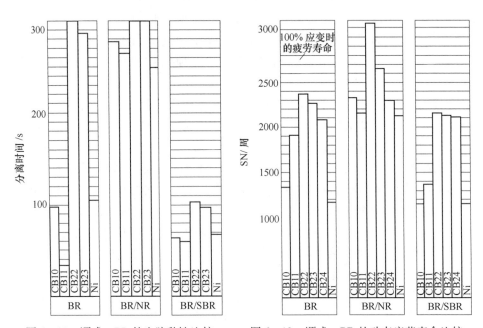

图6－11   顺式－BR的生胶黏性比较   图6－12   顺式－BR的动态疲劳寿命比较

6.5.1.1   Buna CB Nd－BR与传统BR的微观、宏观结构特点及生胶的性能

催化剂与微观结构和物理参数的关系见表6－22。从表中可知，Co、Ni和Nd生胶均有较高的顺式－1,4含量。Li系胶为顺反共混结构，它们的结构都有重现性，都被视作等规立构橡胶。Nd－BR有最高的顺式结构和最低的T_g、结晶温度及相对高的熔融温度。Bayer公司在20世纪90年代后，调低了Nd－BR的分子量及分子量分布指数。与传统BR的比较见表6－23。Nd－BR的分子量分布

较窄，支化程度低，Li-BR分子量分布最窄。微观与宏观结构的差异都会对橡胶产生不同的影响。包括加工性能（混炼、炭黑结合程度、填充能力、生胶强度、挤出性能、成型黏性）和硫化胶性能（强力性能、弹性性能、耐曲挠断裂性能）两方面。BR宏观结构对加工性能的影响见表6-24。

表6-22 催化剂与BR的微观结构[23]

催化剂 （BR样品）	微观结构/%			T_g /℃	结晶温度 /℃	熔融温度 /℃
	顺式-1,4	反式-1,4	1,2-			
LiBunaCB55NF	38	52	10	-93	无定形	无定形
Ti	92	4	4	-105	-51	-23
CoTakene1203	96	2	2	-107	-54	-11
Ni	96	2	2	-107	-65	-10
NdBunaCB22	97	2	1	-109	-67	-7

表6-23 催化剂与BR的宏观结构[23]

催化剂	分子量/kg·mol⁻¹			支化程度
	M_w	M_n	M_w/M_n	
LiBunaCB55NF	290	125	2.3	
Ti	410	155	2.6	15
CoTakene1203	360	125	2.9	18
Ni	580	75	7.7	25
NdBunaCB22	455	160	2.8	<5
NdBunaCB22	460	135	3.4	<8
NdBunaCB25	470	130	3.6	15

表6-24 BR的宏观结构和加工性能之间的关系

催化剂	M分布	支化	填充能力	共混性能	炭黑混入时间	挤出能力(外观)	生胶强度	生胶黏性
Ni	中等	很低	低中等	中等—好	长	中等	好	好
Co	中等	中等	高	好	短	好	差中等	中等好
Li	窄	很低	很高	差	短	很好	差	差
Ti	中等	低	高	中等	中等	中等	差中等	中等
Nd	宽	高	中等	很好	中等	很好	差	中等好

高顺胶具有良好的加工性能。低顺式Li胶加工比较困难，挤出温度较高易导致烧焦。良好的生胶强度和成型黏性对于轮胎成型过程是非常重要的，这需要高顺式含量、宽分子量分布、中等支化程度的顺丁橡胶，Nd-BR具有较低支化

程度最为适宜。耐磨性能好、回弹性好、动态生热低。多分散性和支化程度的增加，会导致生胶强度下降，耐曲挠疲劳性能下降，长链支化含量增加也会损害弹性性能。低顺式 Li 系胶磨耗较大、回弹性较低、刹车性能较好。

BR 生胶储存过程中的一个主要特性是冷流。冷流的大小通常采用 50℃下，10min 内通过一个喷嘴的克数来表征。在表 6 - 25 中列出了 Nd 系 Buna CB 产品的相关数据。钕系 Buna CB 与传统 BR（Ti、Ni 为 4，Co 为 6，Li 为 14）相比，有较高的冷流值。储存期相比较短，约 18 个月，而钴系胶约 36 个月，锂系胶的安全储存时间为 1～2 年。

表 6 - 25　钕系 **Buna CB** 产品的相关数据[23]

项　目	Buna CB					试验方法
	22	23	24	25	29	
颜　色	无色、浅褐色	无色、浅褐色	无色、浅褐色	无色、浅褐色	黑褐色	
顺式 - 1,4/%	≥96	≥96	≥96	≥96	≥96	IR 光谱
挥发分/%	≤0.5	≤0.5	≤0.5	≤0.5	≤0.5	ISO248/ASTMD5668
灰分/%	≤0.5	≤0.5	≤0.5	≤0.5	≤0.5	ISO247/ASTMD5667
有机酸含量/%	≤1.0	≤1.0	≤1.0	≤1.0	≤1.0	ASTMD5774
油含量/%	25.8～28.8					ISO1407/ASTMD5774
ML_{1+4}(100℃)	63±5	51±5	40±5	44±5	37±5	ISO289/ASTMD1646
密度/g·cm^{-3}	0.91	0.91	0.91	0.71	0.93	
冷流（50℃）/g·min^{-1}	1.7	2.5	1.8	<0.8		
储存寿命/月	约 18	约 18	约 18	约 18	约 18	

6.5.1.2　钕系 Buna CB 的共混胶及性能特点

目前工业上用 5 种不同的催化剂，大规模地生产不同结构的有规丁二烯橡胶（BR）。虽然 BR 的硫化胶与 SBR 有同样的耐热性能，并优于 NR，还具有极佳的耐磨性能、弹性（生热低）、低温柔韧性、动态疲劳性能（耐曲挠裂纹增长）、填充炭黑、油的能力又高于 NR，但由于加工性能较差，很少或几乎不单独使用。通常与 NR、SBR、IR 或其他合成橡胶共混并用，并用时会使胶料呈现独特性能。因此，BR 最主要的应用是在共混橡胶中。共混橡胶的优点可概述为两个方面：一是加工性能：可改善挤出速度、制品的尺寸稳定性、模压过程中的流动性能、硫化返原性能；提高炭黑/油的填充能力；降低 CR 混炼胶的粘辊性能。二是硫化胶的性能：改善耐磨性能、弹性性能（回弹性能、动态阻尼性能）、耐曲挠疲劳性能、低温柔韧性能及耐老化性能。

然而不同催化剂生产的 BR，由于微观及宏观结构上的差异，对混炼胶料改善的程度也不同。5 种不同催化剂合成的 BR，分别与 SBR 共混胶料的混料性能与硫化胶性能的比较，概括于图 6 - 13 中[20]。概括评价表明，BR 与 NR 共混时，对于 Buna CB Nd - BR，除挤出性能次于 Ni、Co 及 Ti 合成的传统 BR 外，其余性能均比传统 BR 优越。当选用 Buna CR 22、23 Nd - BR 更为有利。当 BR 与 SBR 共混时，也仅有混料时加工性能及挤出性能不如传统 BR，其余性能仍然属于最好。当 BR 与 SBR 共混时，应选用门尼黏度较低的 Buna CB 24 Nd - BR。

		基础聚合物丁苯橡胶评定 + → −					基础聚合物天然橡胶评定 + → −				
		1	2	3	4	5	1	2	3	4	5
混料性能	混合料制备时加工		▲◆	＊●■			■◆＊		▲		●
	可挤出性		▲	◆＊	●■		＊◆		▲■		●
	外形稳定性	■		▲●	◆＊		■	●◆▲			＊
	胶料强度	■	＊◆▲		●		■		◆▲●＊		
	黏着性	■		＊▲●	◆		■		＊◆▲●		
硫化胶性能	回弹性	■		▲◆●		＊	■＊◆	▲		●	
	耐磨性	■		▲	◆●＊		■	●▲		●＊	
	动态应力下的生热性	■	▲●◆		＊		■	▲◆		●＊	
	耐疲劳性	■	▲●◆		＊		■		▲		＊●

图表符号：$\boxed{Nd}$ = ■　$\boxed{Li}$ = ●　$\boxed{Ti}$ = ▲　$\boxed{Co}$ = ◆　$\boxed{Ni}$ = ＊

图 6 - 13　BR 与 SBR、NR 共混胶料性能评价

在生产斜交轮胎时代，使用顺丁橡胶主要是满足高耐磨的要求，在客车和卡车胎面中，通常使用 30 ~ 60 Pbw BR 与 SBR 或 NR 共混来提高耐磨性。在轮胎的其他部位，如胎侧、胎体，BR 用量相对低些。随着子午绒轮胎的发展，顺丁橡胶在胎侧和胎踵部位变得重要，而在胎面上的应用相对减少，这是因为子午绒结构大幅度地提高了耐磨性能。另外，子午胎柔软的胎侧很容易发生曲挠疲劳断裂，在这里 BR 获得成功应用。混炼 40 ~ 70 Pbw 顺丁橡胶可在耐曲挠疲劳断裂和耐裂纹增长方面获得较好的平衡。40 Pbw 是指相对于其他组分是 100 的情况下。

6.5.1.3　混炼胶的加工性能[23]

顺丁橡胶的门尼黏度受温度的影响较小，这也是和 SBR 和 NR 不同的特点（见图 6 - 14）。

在常规的开炼或密炼温度下，Nd - BR 的生胶黏度保持为常数，不会发生断链反应。但 Buna CB 29 MES 充油胶在加工过程中会出现明显的黏度下降。

不同的 BR 生胶强度和混炼胶成型黏性有着显著的差异（见图 6 - 15 和图 6 - 16），Nd - BR 有着较高的生胶强度和黏性，对于保持未硫化轮胎胶料的尺寸稳定性十分有利，也有利于轮胎的成型操作。

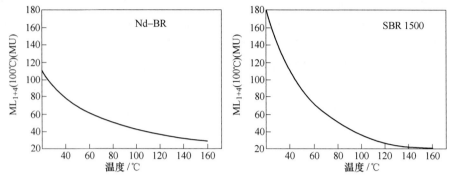

图 6-14 黏度与温度的关系

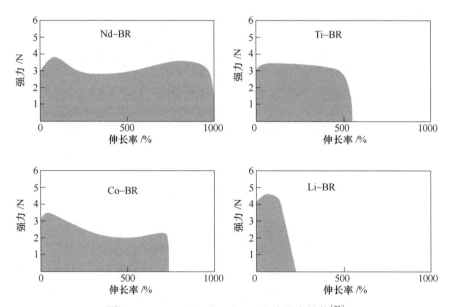

图 6-15 Buna CB 和 Toktene 生胶强力性能[23]

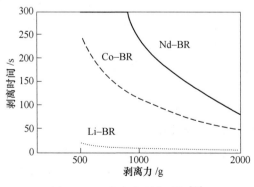

图 6-16 黏合的剥离时间[23]

BR 可在传统的开炼和密炼机上加工，但由于缺乏热塑性，在开炼机操作中，可先将 NR 或 SBR 包辊，然后再加入 Nd – BR 比较有利于加工，共混胶再按照常规的混炼工艺操作，密炼时排胶温度应尽可能的高些（150℃），在开炼机混炼的后期，应尽量降低辊温、降低速比，在转速高的滚筒上操作，否则将很容易脱辊。

在大型密炼机中，采用逆辊法可获得良好的效果，具有吃粉速度快、混炼周期短的特点。推荐将生胶在密炼机中先塑炼 1min 左右，然后再加入（或注射）填料和增塑剂。促进剂最后加入或泄料到开炼机上加入。采用二段法在充分冷却的条件下短时间内混炼，可保证促进剂和硫黄的分散效果最佳。

混炼胶停放一段时间后重新进行精炼，可提高硫化胶的物理力学性能。不同 BR 生胶性能的差异自然影响共混胶的性能。可根据图 6 – 13 提供的共混胶料性能概况，选择适当的 BR。

当 BR 与 NR 共混时，Nd – BR 与 Co – BR 相比，混炼胶的优点是在 NR/BR 共混胶中，炭黑的分布更加均匀、生胶强度提高、开炼机的包辊性能改善、混炼胶黏性增加、半成品尺寸稳定性增加。其缺点是炭黑填充能力下降（大约 70Phr）、炭黑混入时间延长、混炼胶门尼黏度增加、挤出胶料表面粗糙等。

6.5.1.4　硫化胶的物理性能[23]

强力性能：BR 与 NR 或 SBR 共混的主要目的是改善耐磨性能。从图 6 – 17 可见，高黏度的 Nd – BR 具有明显的优势。高顺式 BR 的耐磨性能超过其他通用橡胶，但摩擦系数较低。在耐磨和车辆行驶性能两者之间最佳的折中选择是采用充油的 BCB29。与其他牌号的 BR 相比，Nd – BR 耐掉块能力（轮胎胎面在高温和苛刻路况下，胎面龙纹块脱落的倾向）较好。

弹性性能：在很宽的温度范围内 Buna CB Nd – BR 的弹性性能都优于其他的二烯烃橡胶。由于具有低滞后和较高的耐硫化返原性能，Buna CB 特别适合应用在高动态应力的情况下。在常温和低温下，BR 共混所赋予的高弹性降低了轮胎的滞后损失和滚动阻力，但损失了刹车性能。弹性性能的改善在 SBR/BR 共混胶中表现得格外突出，某些情况下，弹性性能基本上等同于 NR 的水平。

耐热和氧化性能：Buna CB Nd – BR 硫化胶的耐热性能基本上与 SBR 相近，明显地优于 NR 硫化胶。在高填料/增塑剂填充的胶料中，正确地选择硫黄用量，对于提高耐热老化性能非常重要。

耐弯曲疲劳和臭氧断裂性能：伴随着轮胎结构的发展特别是子午绒轮胎，BR 的使用明显改善了耐曲挠疲劳断裂性能。改善主要集中在曲挠裂口的初始化上。在 NR/BR 共混胶中，在裂纹初始化和裂纹增长方面最好的折中是并用 40 ～ 70 Pbw BR。BR 与 SBR 共混，性能的改善与 BR 含量呈线性增长关系，Nd – BR 尤为突出（见图 6 – 18）。随着支化程度增加，耐曲挠断裂性能下降。

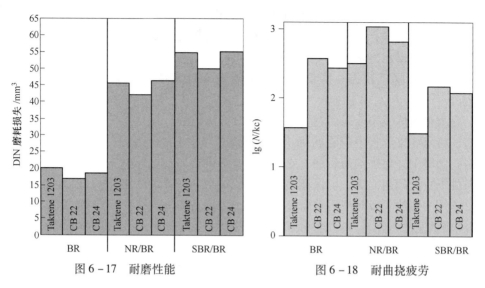

图6-17　耐磨性能　　　　　　图6-18　耐曲挠疲劳

6.5.1.5　在轮胎方面的应用[24]

BR最大的用途是在轮胎中，其消耗量约为目前产量的74%。在轮胎中的应用见图6-19，最大的用量是在子午线轮胎胎侧中。

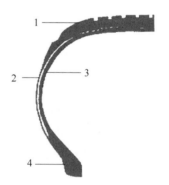

图6-19　BR在轮胎中的应用

1—胎面0~40份；2—胎侧40~70份；3—胎体0~25份；4—胎圈0~70份

胎面：客车胎面胶通常是由SBR制造的。当并用Buna CB Nd-BR后，可改善耐磨性能，降低曲挠疲劳裂纹。与传统弹性体的胎面相比，并用Buna CB后，在冰雪地面的抓着力会增大，这一点在冬天特别有利。Buna CB 29 MES是首选的产品。它的滞后损失低，轮胎的生热降低（同时降低了滚动阻力）。卡车胎面或载重轮胎胎面胶，通常是基于NR制造的，NR的综合性能很好。如具有良好的耐磨性、抓着性、生热性及较低的滚动阻力等。但并用Buna CB同样可以改善耐磨性能，提高弹性、降低生热、改善耐曲挠疲劳断裂性能。最佳的选择是Buna CB 22、29 MES。

胎圈：胎圈胶料（如胎圈包布胶或三角胶）要求高硬度、高耐磨，且易加工。Buna CB 65 提供了最佳的综合性能，并得到广泛应用。以 BR/NR（＝70/30）并用为基础的标准胎圈包布胶料为例，与 100 份 Buna CB 65 为基础的胶料相比，耐磨性和回弹性能提高，生热性能下降，物理性能得到改善（见图 6 - 20），Buna CB 65 是 Li 系星型支化聚丁二烯。

胎体：发现 NR 并用高乙烯基 BR（VBR）可以提高胎体的抗老化性能和抗硫化返原性。在胎体钢丝帘线黏合胶中用乙烯基含量为 80% 的 BR 替代 10 份 NR，呈现的关键性能的优势见图 6 - 21。在气候炎热的国家，在载重车斜交胎体中，胶料过热是一大难题。

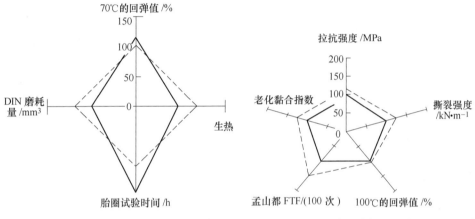

图 6 - 20　Buna CB 65 胎面胶割口崩花的相关性   图 6 - 21　钢丝帘布胶中加入 10 份 VBR 的影响
－－－－标准胶料；——Buna CB 65 胶料　　　　　——NR；－－－－NR/BR（并用比为 90/10）

子午胎胎侧：胎侧是轮胎产生曲挠以减缓路面起伏不平的部位。低断面轮胎是当今的主要类型，在极窄的胎侧承受最大应力，且要求具有最佳的抗割口增长性能。NR/BR（并用比为 50/50）并用胶中添加防老剂 6PPD 可以获得最佳的抗割口增长性，而且提供了满意的抗破坏性和较长的使用寿命。

对于不同催化体系的 BR，考察从相同的胎侧配方得到的各项物理性能后发现，Co - BR 胶料的抗拉强度较低，Li - BR 胶料的抗拉强度和抗撕裂性能均高于其他胶料。各胶料的抗老化性能没有多大差别。但 Nd - BR 由于固有回弹性，好的耐磨性（图 6 - 22）和低的反映滚动阻力的 $\tan\delta(60℃)$（见图 6 - 23），表明 Nd - BR 是 BR 中最佳的选用并用胶种。

以 BR/NR ＝50/50 的胎侧胶（表 6 - 26）为例，Buna CB 22、23、24 的动态疲劳寿命（100% 应变时）分别是 Ni - BR 的 2.7、2.3 与 2 倍，动态磨耗量分别是 Ni - BR 的 74%、88% 与 85%，Googrich 生热分别比 Ni - BR 低 9、8 与 7。若以 BR/SBR 共混的轿车胎面胶为例，Buna CB 22 与 24 的疲劳寿命、耐磨性与生热性均好于 Ti - BR 与 Co - BR。

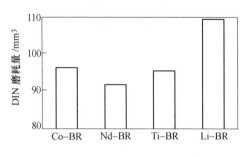

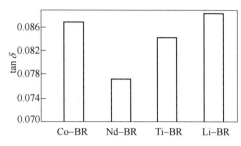

图 6-22　不同类型 BR 的 DIN 磨耗量　　　　　图 6-23　60℃时的 tanδ 值

表 6-26　BR/NR =50/50 的胎侧胶性能比较[21]

比较项目	Buna 牌号					Ni-BR
	CB22	CB23	CB24	CB11	CB10	
催化剂	Nd	Nd	Nd	Ti	Co	Ni
混炼胶 ML$_{1+4}$(100℃)	100	90	80	70	75	70
邵氏 A 型硬度	67	66	65	66	66	65
300% 定伸应力/MPa	12.4	11.3	11.7	11.5	11.7	11.8
回弹性/%	50	49	49	45	47	45
DIN 磨耗/mm³	39	44	47	49	49	53
古特里奇生热性/℃	30	32	33	30	36	39
孟山都疲劳 KC 100% 应变时	427	363	309	195	214	158
孟山都疲劳 KC 125% 应变时	170	109	93	69	78	50

　　BR 在绿色轮胎（ECD）中的应用也迅速发展，这些轮胎不仅具有最佳的抓着性和耐磨性，而且还有较低的滚动阻力，可节油达 5%。这项技术以白炭黑和硅烷补强的 S-SBR/BR 并用胶为基础。BR 用量高达 40% 以上，以保持轮胎的耐磨性能，其中 S-SBR 和白炭黑改善了滚动阻力和雨雪路面上的湿抓着力（见图 6-24），从图 6-24 可以看到，以 0℃和 60℃时的 tanδ 作为湿抓着力和滚动阻力的量度。研究发现高门尼 Buna CB 22 具有优异的耐磨性能，在此类轮胎中具有良好的使用性能，并克服了"魔三角"中第三角即磨耗的原有缺陷，从图 6-25 可知，增大胎面胶料中 BR 用量，提高了耐磨性能，降低了滚动阻力（60℃下的 tanδ），即对抗湿滑性只有很小的不良影响。

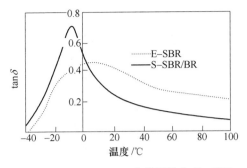

图6-24　S-SBR/BR 白炭黑胶和 E-SBR
炭黑胶的湿抓着性和滚动阻力

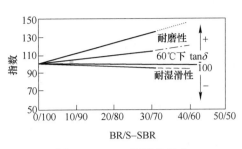

图6-25　BR 用量的影响

6.5.2　意大利对钕系顺丁橡胶性能的研究和评价

20世纪70年代，意大利 Enichem 公司开展对钕系催化二烯烃聚合的研究。钕系顺丁橡胶的研发始于1984年。1989年向市场推出牌号为 Europrene® NEOCIS 的新型钕系顺丁橡胶，有标准品级 NEOCIS BR40，门尼黏度38~48；高分子量品级 NEOCIS BR60，门尼黏度60~66；充油品级 NEOCIS BROE 母体为 BR60，门尼黏度为30~40，填充芳烃油37.5的充油胶三个品级。

与传统 BR 相比，NEOCIS Nd 系顺丁橡胶在生胶黏性（图6-26）、疲劳寿命（图6-27）、耐磨性（图6-28）等3个方面的性能尤为突出。Enichem 公司曾宣称 NEOCIS 钕系顺丁橡胶是制造轮胎胎侧的理想胶料[17~19,21]。

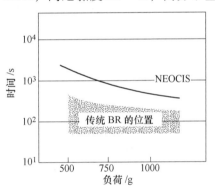

图6-26　生胶黏性比较

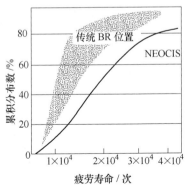

图6-27　1,2 疲劳寿命比较

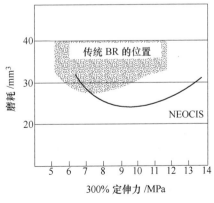

图6-28　DIN 磨耗比较

6.5.2.1 NEOCIS 钕系顺丁橡胶结构特征与生胶物化性能

NEOCIS BR40 的微观和宏观结构及物化性能与锂、钛、钴和镍催化剂商品顺丁橡胶的相关数据列于表 6 – 27，从表中对比可知，Nd – BR 的顺式含量高于其他商品顺丁橡胶，而 1,2 – 链节含量又低，可见 Nd – BR 具有最高的有规立构度。从宏观结构上看，Nd – BR 有较高的重均分子量，较宽的分子量分布和较低的支化度。NEOCIS BR40 的大分子具有完善的线型。最高的顺式含量、最低的 1,2 – 链节结构含量与链的线型相结合，使得 NEOCIS BR40 钕系顺丁橡胶的分子几乎完美无缺。

表 6 – 27　不同催化剂顺丁橡胶的结构和物性参数[18,19]

胶种	顺式 –1,4/%	1,2 –	M_w	M_n	M_w/M_n	T_g/℃	T_m/℃	支化指数 G
Nd – BR	98.2	0.8	44.4×10^4	13.3×10^4	3.3	– 102.1	– 4.2	0.96
Ni – BR	96.3	1.9	34.2×10^4	7.0×10^4	4.9			
Co – BR	97.3	1.3	29.8×10^4	11.9×10^4	2.5	– 101.2	– 6.8	0.85
Ti – BR	92.7	4.0	28.3×10^4	13.5×10^4	2.1	– 102.0		0.35
Li – BR	42.7	10.7	21.6×10^4	10.8×10^4	2.0	– 90.1		0.98

注：Europrene NEOCIS BR40。

6.5.2.2 NEOCIS 钕系胶的加工性能[18,19]

在用开炼机混炼时，弹性体最好在慢速辊上形成稳定的包辊胶，因此在开炼机上的加工性能可以用所谓 Tokita – White 阶段来描述，亦即：

（1）第一阶段：弹性体艰难地进入辊隙，并被破碎。

（2）第二阶段：通常在慢速辊上形成有弹性的、平整的包辊胶。

（3）第三阶段：包辊胶看上去较粗糙，有很多颗粒，而且常脱辊。

（4）第四阶段：包辊胶变得均匀有光泽，基本上是黏性的。

第二阶段（弹性行为）和第四阶段（黏性态）有关的流动状态创造了填充剂分散的条件。考虑到要求炭黑分散快而好，第二阶段是最佳的。由此可见，较好的开炼机混炼性能与聚合物在温度和辊距变化时具有较高稳定性有关。

图 6 – 29 展示了在 Tokita White 仪 2、3 状况的传递温度下，对开炼机混炼加工性能的评价，当聚合物在炼胶机上形成紧密的弹性胶带时，图中所示 2 状况下加工性能优良。且填充剂易获得良好分散。在 3 状况下胶料脱辊，且填充剂分散变得困难。聚合物的加工行为还取决于辊温和辊距。NEOCIS 橡胶表现出在 2 状况下的温度和辊距范围都比较宽，因此，它在各种实际加工条件下具有极好的混炼加工性能。

图 6 – 29 通过从第二阶段到第三阶段的温度转变（$T_{2~3}$）与辊距的关系显示

出了各种聚丁二烯用开炼机混炼的性能。具有最高顺式含量和熔融温度及分子量分布相当宽的 NEOCIS BR 显示出最好的开炼机加工性能。

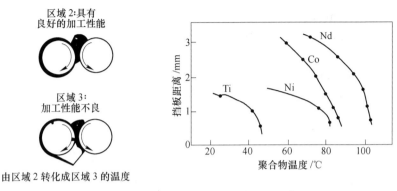

区域2:具有良好的加工性能

区域3:加工性能不良

由区域2转化成区域3的温度

图 6-29　NEOCIS BR40 的开炼加工性能

在用密炼机混炼胶时，对弹性体的加工性能很难评价，没有单一而简便的方法来测定混炼胶的好坏。但常用测量炭黑混入时间（BIT）的方法。它是与炭黑胶料转矩－时间曲线第二个峰对应的时间。表6-28给出了4种聚丁二烯的炭黑混入时间，NEOCIS 胶料的炭黑混入时间比钴和钛系聚丁二烯的胶料稍长，比镍系聚丁二烯稍短。锂系聚丁二烯最短。从炭黑的混入时间可知，加宽分子量分布或提高顺式－1,4 含量来提高物理性能对密炼机混炼行为有不利影响。其原因是加大了橡胶与填充剂界面的接触面积，使填充剂更容易混入，在密炼机中橡胶粉碎是主要机理。

表 6-28　在密炼加工中炭黑的混入时间[19]

胶　　种	门尼黏度	BIT/min
Nd－BR	43	4.5
Co－BR	43	3.75
Ti－BR	45	2.75
Li－BR	46	2.50

6.5.2.3　NEOCIS 钕系未硫化生胶的黏性与强度

自黏性和生胶强度是对轮胎成型特别重要的两种性能。在 BR 中，NEOCIS BR 的自黏性最好（图6-30），生胶强度最高（图6-31）[18]。胶料的自黏性能是按 Esh 法测量的，即在施加恒重下，使两块未硫化胶片分开所需的时间。这一性能与 BR 的顺式－1,4 含量、分子量分布有关，从而也与其物理性能有关。

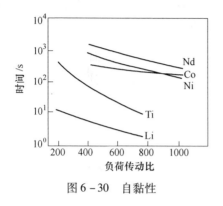

图 6 – 30　自黏性

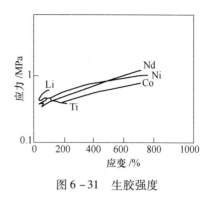

图 6 – 31　生胶强度

6.5.2.4　NEOCIS N BR 硫化胶的物理性能

A　强伸性能[18,19]

NEOCIS N BR 的抗拉强度（图 6 – 32）、扯断伸长率、撕裂强度（图 6 – 33）和 300% 定伸应力等强伸性能，在使用相同配方下，NEOCIS BR 均为最高。从图 6 – 32 可看出抗拉强度随着顺式 – 1,4 含量增加而提高。从图 6 – 33 也可看到与微观结构的关系，有最高顺式结构的 Nd – BR 显示出最高的撕裂强度。Ti – BR 的应变诱导结晶相当困难而且结晶缓慢，最大撕裂强度向低定伸应力方向移动，Li – BR 由于不结晶而撕裂强度最低。

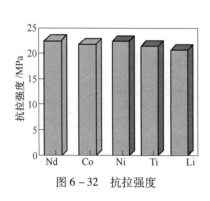

图 6 – 32　抗拉强度

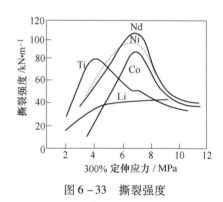

图 6 – 33　撕裂强度

B　疲劳寿命[18,19]

在物理性能中，抗疲劳破坏是轮胎中最有意义的重要性能。为了评价 Nd – BR 的疲劳性能，采用孟山都破坏疲劳试验，测试了具有不同交联密度，即不同 300% 定伸应力的几种胶料。图 6 – 34 给出 300% 定伸应力同为 10MPa 的不同胶料的疲劳寿命与顺式含量的关系。图 6 – 35 给出不同的 BR 在破坏至 50% 时的疲劳寿命。从两图可看出，BR 顺式含量由低到高，疲劳寿命显著提高。此处疲劳寿命即指威泊尔（Weibull）平均寿命，其定义为全部试样的 60% 发生疲劳的周期时间。Weibull 方程式 $F(n) = 1 - \exp\left[-\left(\frac{n}{b}\right)\right]^a$，校正系数 0.99，已被证实为

在高置信度范围内描述弹性体的行为是最合适的，因此选用来描述胶料的疲劳性

能。在高顺式 BR 中显然有着明显差别。虽然 NEOCIS BR 比 Co – BR 或 Ni – BR

的顺式单元含量仅高百分之几，但已足以使 Nd – BR 获得明显较好的物理

性能。

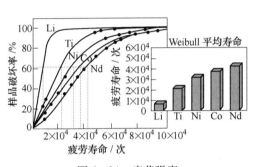

图 6 – 34　疲劳强度

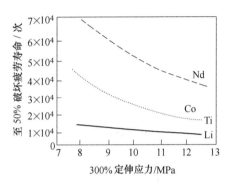

图 6 – 35　Europrene NEOCIS BR40 的至 50%

破坏的疲劳寿命与 300% 定伸应力的关系

C　磨耗和动态性能[18,19]

耐磨耗和低生热是对胎面胶料非常重要的性能。图 6 – 36 展示出 NEOCIS BR

在磨耗和生热两个方面的性能均优于传统 BR。磨耗过程的实质是橡胶从轮胎表

面被撕裂而脱落下来。能在拉伸下诱导结晶的弹性体，必然具有优异的耐磨性

能。耐磨性能还随着结晶聚合物熔点的升高而提高。因此 NEOCIS BR 优异的耐

磨性能也与其较高的熔点有关，也即与有规立构度高和非常高的线型链结构

有关。

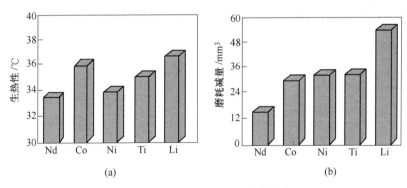

图 6 – 36　NEOCIS BR40 动态性能

（a）生热性；（b）磨耗减量

低滞后损失是 NEOCIS BR 的另一优点，这一优异性能，一是来自立构度较

高（低乙烯基含量，使 T_g 低于传统 BR）；二是由于大分子链线型度和高分子量而提高了其弹性。

6.5.2.5 NEOCIS 钕系顺丁橡胶在轮胎中的应用[19,26]

NEOCIS 橡胶表现出杰出的物理性能，即耐疲劳、耐磨耗和滞后性能，还具有极好的开炼机加工性能，高的黏性和生胶强度。这就使得 NEOCIS 橡胶适用于轮胎，尤其是胎侧和胎面胶。

Lauretti 等[19,26]采用最佳组合也是具有最佳平衡性能的胎面胶和胎侧胶配方（见表 6-29），对 Nd-BR 和 Co-BR 的使用性能进行了对比。Nd-BR 仍显示出优越性，尤其在胎面胶对比中，撕裂强度和耐磨性能好于 Co-BR，用固特里奇曲挠试验机测定的生热和动态力学分析的 tanδ 值估量的滞后损失低（见图 6-37）。

表 6-29 胎面胶和胎侧胶配方[19]

配　方		胎　面	胎　侧
NR		50	50
BR		28	50
SBR		22	0
氧化锌		4	4
硬脂酸		2	2
中超耐磨炉黑 N220		53	0
高耐磨炉黑 375		0	45
防老剂	San + oflex13	2	3
	AnoxHB	1	1.5
	Riowax721	0	2
芳烃油		5	4
加工助剂		3.5	4.2
促进剂 Somtecure NS		1.6	0.8
硫黄		1.2	2

在胎侧胶料中 Nd-BR 仍具有较高的撕裂强度和疲劳寿命（见图 6-38）。即使在胶料中 BR 用量只有一半，Nd-BR 仍能赋予胶料一定的优势。NEOCIS BR40 可以用在胎面和胎侧中替代传统高顺式 BR，尤其当需要提高轮胎性能时，应选择 Nd-BR。

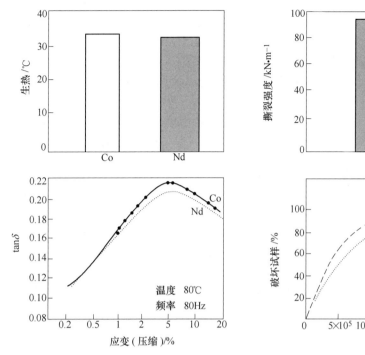

图 6 – 37 Europrene NEOCIS BR
胎面胶的动态性能

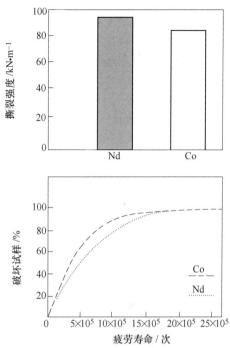

图 6 – 38 Europrene NEOCIS BR 胎侧胶料
的撕裂强度和孟山都耐疲劳性能

参 考 文 献

[1] 李素清，秦汶. 顺式 1,4 – 聚丁二烯的流变性质 II. 生胶的包辊性能 [J]. 高分子通讯，1984 (2)：125.

[2] Colombo L, 等. 改善轮胎性能的新型高顺式聚丁二烯橡胶 [J]. 轮胎工业，1994 (1)：23.

[3] 乔三阳. 顺丁橡胶中凝胶对性能的影响 [J]. 合成橡胶工业，1980, 3 (5)：317.

[4] 廖玉珍，胡振亚，柳希春. 稀土顺丁胶分子结构的某些特征及其对性能的影响 [J]. 合成橡胶工业，1979, 2 (5)：393.

[5] 廖玉珍，黄健平，胡振亚. 混炼对稀土顺丁橡胶分子结构及其性能的影响 [J]. 合成橡胶工业，1983, 6 (4)：293.

[6] 北京橡胶工业研究所设计院. 钕催化体系顺丁橡胶的基本性能 [R]. 北京：1998.

[7] 傅彦杰，赵振华，曹振刚. 国产稀土钕系 BR 性能研究 [J]. 轮胎工业，1997, 17, a (3)：164～167；b (4)：220～223；c (5)：286～291.

[8] 乔三阳. 稀土顺丁橡胶的实际使用试验结果 [R]. 1984.

[9] 廖玉珍，等. 丁二烯在环烷酸稀土盐 – 氢化二异丁基铝 – 氯化二异丁基铝体系下的聚合

［C］//稀土催化合成橡胶文集，北京：科学出版社，1980：25.

［10］黄绪正. 稀土顺丁橡胶在卡车轮胎胎面胶中的应用实验［J］. 橡胶工业，1987（7）：15.

［11］锦州石化公司.“钕系顺丁橡胶 BR9100”企业标准［S］. 1998.

［12］傅彦杰，乔三阳，刘燕生，等. 钕系 BR 的基本特征与应用性能试验［J］. 轮胎工业，2001，21，a（2）：85～89；b（3）：146～152；c（4）：209～214.

［13］辽宁轮胎集团公司技术中心. 中石化锦州石化公司钕系 BR 在载重斜交轮胎胎面胶中的应用［R］. 2001.

［14］杨树田，徐广森，包喜英，等. 钕系 BR 的基本性能与实用性能研究［J］. 轮胎工业，2001，21（12）：713～719.

［15］辽宁轮胎集团公司技术中心. 中石化锦州石化公司钕系 BR 基本性能与在载重轮胎整体配方中的应用［R］. 2001.

［16］傅中凯，朱凤文，欧阳立芳. 钕系 BR 在全刚载重子午线轮胎胎侧胶中的应用［J］. 轮胎工业，2000，20（1）：22～24.

［17］Enichem Europrene[R] NEOCIS 样本［Z］. 1989.

［18］Colombo L, et al. A New High Cis Polybutadiene for Improred Tyre Performance［J］. Kauts Gum Kunst，1993，46（6）：458～461.

［19］Lauretti E, et al. Tire Technology International［J］. 1993：72～78（涂学忠译，橡胶工业，1996，43（1）：12～19）.

［20］西德拜耳产品：稀土顺丁橡胶－布纳22，布纳23，布纳24［Z］. 1988.

［21］蒋洪理. 稀土钕系聚丁二烯橡胶的国外新进展［J］. 弹性体，1991，1（4）：42～50.

［22］Sylvester G, Stolltuss B. Synthesis and Properties of Cis 1,4－Polydienes Made with Rare Earth Catalysts［R］. 133 meeting of the Rubber Division of ACS，1988.

［23］肖凤亮，译. 朗盛橡胶工业手册［M］. 2012.

［24］刘丽，闫新杰. 聚丁二烯橡胶在轮胎中的应用趋势［J］. 轮胎工业，1997，17（9）：520～526.

［25］涂学忠. 轮胎用橡胶的发展［J］. 轮胎工业，2002，22（9）：526～527.

［26］Lauretti E, et al. Improving fatigue resistance with neodymium polybutadiene［J］. Rubber World，1994，210（2）：34～37（谭向东译，采用钕系聚丁二烯橡胶改善轮胎耐疲劳性能［J］. 轮胎工业，1995，15（7）：415～418）.

索　引

A

阿累尼乌斯定理　136

B

半衰期法　139
包辊性能　325
比浓对数黏度　292
表观速度常数　136
玻璃化转变温度　28
布纳橡胶　12
Buna S　12

C

CAFÉ 法规　41
差热分析法　152
长链支化　296
氘醇淬灭法　154
氘醇淬灭剂　172
醇烯橡胶　25

D

单晶结构　219
氘代丁二烯　174
低滚动阻力　28
低乙烯基顺丁橡胶　30
丁苯橡胶　16
丁二烯配位聚合催化剂　53
定积分法　147
丁基橡胶　25
丁腈橡胶　21
丁钠橡胶　14

动态力学性能　331
动态性能　17
动力学参数求解　159
独立作用定理　136

E

二甲基亚砜　255

F

返扣配位机理　175
反应速度常数　79
反应级数　86
反应活化能　136
放射活性法　154
分子链节序列结构　289

G

高功能氟橡胶　31
高乙烯基丁二烯橡胶　30
高性能特种橡胶　30
钴系催化剂　57
硅桥联二茂钕　112

H

核磁方法　152
合成天然橡胶　1
合成橡胶　1
宏观动力学　132
红外光谱分析　234
环烷酸镍　70
混炼胶强度　343

活性中心浓度 138

J

挤出速度 334

甲基橡胶 2

镜面法 141

聚丁二烯的性能 48

聚丁二烯的结晶结构 43

聚合反应动力学 110

聚合反应速度式 200

聚合机理 87

聚合反应过程模型 137

聚集态结构 304

绝热量热器法 152

L

冷橡胶技术 13

里程实验 337

链终止反应 135

链转移反应 135

邻菲罗啉 258

零剪切黏度 320

流变性能 320

氯丁橡胶 14

氯化铵 229

氯化稀土醇合物 230

氯化稀土复合物 89

氯化稀土醚合物 244

绿色轮胎 353

M

茂钒催化剂 109

茂钒配合物 107

茂钆配合物 117

茂金属催化剂 106

茂钐配合物 115

茂稀土金属催化剂 111

N

黏均分子量 98

镍系催化剂 23

凝胶 13

钕系顺丁橡胶 30

P

配位聚合 39

膨胀计法 150

疲劳寿命 349

Q

企业标准 338

R

热塑橡胶 31

溶聚丁苯橡胶 24

熔融温度 45

乳聚丁苯橡胶 17

S

三甲基氯硅烷 245

X 射线衍射方法 44

生长链平均寿命 186

实验测定法 151

双金属活性体 251

双金属配合物 117

顺式 – 1,4 聚丁二烯橡胶 22

顺式 – 1,4 聚异戊二烯橡胶 22

撕裂强度 52

松弛模量 315

T

胎侧胶料 350

胎冠胶料 349

钛系催化剂 56

炭黑补强 12

炭黑混入时间　355

天然橡胶　1

天然橡胶的园林化生产　5

天然橡胶的组成及分子结构　6

特性黏数　162

特种橡胶　25

W

微分法　139

微观动力学　132

微观结构　24

微凝胶　300

无水氯化稀土　229

X

相对黏度　292

橡胶　1

橡胶硫化法　4

π–烯丙基镍催化剂　83

稀土催化剂　41

稀土氯化物二元体系　234

稀土羧酸盐　41

斜交胎　27

新癸酸钕　97

新癸酸钕分子结构　212

Y

乙丙橡胶　23

乙二胺　257

一点法　292

应力松弛　315

异戊二烯　6

异辛酸钕　98

有规立构橡胶　21

游离酸　103

Z

杂质　57

中性磷酸酯　245

中乙烯基橡胶　41

质量作用定律　133

直接取样法　153

子午线轮胎　351

Ziegler – Natta 催化剂　22

阻聚法　154

作图法　139